일반통계학 및 실습

김혜중 · 이관제 · 심규박 · 조태경
이영섭 · 김선웅 · 안홍엽 · 김진석
주용성 · 손창균 · 박주현 지음

KYOWOO

머리말

통계학은 자연, 사회, 인간심리, 생명과학분야, 및 우주천체분야 등 인간을 둘러싸고 있는 모든 분야에 대하여 관련된 자료를 수집하고 분석하여 의사결정을 하는 학문이다. 이때 수집되는 자료는 종류도 다양해지고 크기도 쉽게 이해하기 어려울 정도로 클 뿐만 아니라 생성되는 속도도 과거와 비교할 수 없을 정도로 빠르다. 이름하여 빅데이터(BigData) 시대이다. 이것이 이 책의 초판 이후에 통계학 생태환경에서의 가장 크고 중요한 변화이다.

이 빅데이터 시대의 대용량 자료에 대한 통계적 분석을 하기 위해서는 다양하며 세분화된 컴퓨터 알고리즘이나 분석 프로그램을 필수적으로 사용하여야 한다. 또한 빅데이터 시대에는 대용량의 수치적 자료 외에 문자나 이미지 그리고 영상들도 분석의 대상으로 자리를 잡고 있는데 이러한 자료를 비정형 자료(unstructured data)라고 한다. 이 비정형 자료를 분석하기 위해서는 비정형 자료를 분석하도록 특화된 프로그램이나 알고리즘을 사용하여야 한다.

또한 빅데이터 시대의 통계자료분석에서의 변화는 '분석(analysis)'만을 중요하게 여기던 과거의 분석방법에서 변화하여, 스토리텔링(storytelling)과 표현이 강조된다. 여기서 표현이라 함은 직관적인 이해를 돕는 시각화(visualization)을 의미한다. 시각화에는 다양한 형태의 테이블과 그림 및 그래프 등을 말한다.

빅데이터 시대에서의 통계학의 발전과 진로는 IT산업의 발전과 인공지능(artificial intelligence)의 발달과 매우 밀접한 관계를 가지게 된다. 이 책의 독자들은 앞으로의 고급통계분석방법과 다양한 형태의 자료 그리고 대용량의 자료를 다루어야 하는 사람들의 기초통계학 입문서이다. 또한 자료들의 분석에 EXCEL를 이용하여 통계 분석를 하도록 쓰여져 있다. 이 EXCEL 프로그램은 빅데이터 분석에 사용되는 고급 프로그램과 효율적으로 어울려 사용할 수 있는 프로그램이다. 이 제2판에서는 최신의 EXCEL을 이용하여 다양한 예제 프로그램을 만들었다. 그러므로 초판에서 보다 EXCEL 프로그램을 이용한 통계학의 이론를 학습할 수 있도록 하였다.

2017. 2

저자 일동

차 례

차 례

제 1 장

통계학이란 무엇인가?

제1장 통계학이란 무엇인가?

영어로 "Statistics"라 하면 복수로는 통계를 말하고 단수로는 통계학을 의미하는데 이 단어는 라틴어의 "Status"에서 유래되었다. 복수로의 통계의 뜻은 한 국가의 경제, 인구, 정치에 관련된 자료를 나타내는 것이고, 단수로의 통계학은 비율, 평균, 도표 그리고 그래프를 이용해서 자료를 정리하고 전체집단을 파악하는 학문으로 인식하고 있다.[1]

또 일부 사람들은 통계학을 정보를 다루기 위한 규칙들과 방법을 구성하는 학문으로 이해하기도 하며 또 일부사람들은 불규칙적이고 불확실한 상황에서 합리적인 의사결정을 내리기 위한 방법을 연구하는 학문으로 이해하기도 한다. 이와 같은 여러 가지 해석을 오늘날의 현실에 맞게 정리하고 구분할 필요가 있다.

1.1 통계의 의미

통계는 집단에 대해 집단의 현상을 체계적인 숫자로 표현한 것이라고 정의할 수 있다. 즉, 궁극적으로 통계는 전체 집단 또는 부분 집단에 관한 사실을 객관적으로 나타내는 것이고, 통계수치가 의미를 가지려면 그 통계의 대상범위인 집단이 명확하게 정의되어야 한다. 따라서 통계의 대상은 집단이며, 또한 집단의 특성을 파악하기 위한 수단이라고 할 수 있다. 즉, 통계를 통해서 알고자 하는 집단의 현재, 과거, 미래의 상태를 추측할 수 있고, 그 집단만의 고유한 특성을 파악하여 타 집단과의 비교도 할 수 있다.

통계는 특정한 집단을 조사나 실험을 통하여 구하여진 결과를 요약한 형태의 표현

1) 복수로서의 "Statistics"에 한 가지 더 전문적인 의미가 있는데 표본으로부터 산출된 값을 뜻하는 통계량들을 의미한다.

1.2 통계의 종류

앞서 설명한 통계의 대상이 국가 또는 국가부처, 또는 지방자치단체일 경우에는 국가 정책에 직결되기 때문에 이러한 통계에 대해서는 작성 주체, 목적 및 방법 등을 법으로 제정하였는데 이것이 통계법이다. 이는 통계 작성이 어느 단체의 현상을 파악하는 호기심 또는 간단한 연구차원을 넘어서 경우에 따라서는 국가의 중요한 의사결정의 기준을 제공하기 때문일 것이다.

국가통계와 비국가통계2)

이러한 맥락에서 어느 통계들은 정부가 만들어서 정부뿐만 아니라 일반 이용자에게 제공하는 통계를 통계법에 따라 작성하고 배포한다. 이러한 목적으로 국가가 만드는 통계를 국가통계(national statistics)라고 하며, 정부통계 또는 공식통계(official statistics)라고도 한다. 지난 과거에서는 UN에서 제시한 공식통계(official statistics)를 주로 사용하였으나 최근에는 국가통계(national statistics)란 용어를 주로 많이 사용하고 있다.

그러나 정부기관이 자신의 목적을 위해 만든 후 일반 이용자에게 제공하지 않는 통계는 원칙적으로 국가통계에서 제외된다. 통계법 제3조에 따르면, '통계란 통계작성기관이 정부정책의 수립 · 평가 또는 경제 · 사회 현상의 연구 · 분석 등에 활용할 목적으로 산업 · 물가 · 인구 · 주택 · 문화 · 환경 등 특정의 집단이나 대상 등에 관하여 직접 또는 다른 기관이나 법인 또는 단체에 위임 위탁하여 작성하는 수량적 정보(통계작성기관이 내부적으로 사용할 목적으로 작성하는 경우는 제외)이다'로 정의하고 있다.

국가통계 : "통계작성기관에서 사전에 통계청장의 작성승인을 받아 작성하는 수량적 정보"
비국가통계 :
따라서 다음의 자료는 국가통계의 범위에서 제외
(제7차 국가통계위원회(2012.12.23)에서 채택)

- √ 내부적으로 사용할 목적으로 작성하는 자료는 모두 법 적용에서 제외된다.
- √ 통계작성 목적이 아닌 행정업무 추진 및 관리 및 감독을 위해 작성 · 집계하는 자료는 부로 발표하더라도 통계법 적용에서 제외. 예를 들어, 산하기관 등으로부터 보고 또는 제출 받은 실적 등의 단순 집계자료는 제외된다.
- √ 만족도 조사 등 주관적인 인식이나 의식조사는 외부로 발표하더라도 통계법에서 제외된다.

---

2) 참고자료 : 1. 통계법
2. 국가통계 이해. 통계교육원. http://sti.kostat.go.kr

지정통계와 일반통계

통계법에 의한 지정 여부에 따라 지정통계와 일반통계로 구분된다.

지정통계란 통계청장의 작성승인을 받은 통계 중 작성기관의 신청에 따라 정책의 수립평가 또는 다른 통계의 작성 등에 활용되는 통계로 통계청장이 지정통계로 지정한 통계를 말한다. 지정통계는 해당 통계의 작성을 위한 조사 등에 정당한 사유가 없는 한 이에 응하도록 통계법에 따라 응답의무가 부여되므로 엄격하게 지정하며, 전체 통계의 9.7%를 차지하고 있다.

다음은 통계법 제17조(지정통계의 지정 및 지정 취소)이다.

> 통계청장은 통계작성기관 장의 신청에 따라 정부의 각종 정책의 수립 또는 다른 통계의 작성 등에 널리 활용되는 통계로서 다음 각 호의 어느 하나에 해당하는 통계를 지정통계로 지정한다.
> 1. 전국을 대상으로 작성하는 통계.
> 2. 지역발전을 위한 정책수립 및 평가의 기초자료가 되는 통계.
> 3. 다른 통계의 모집단 자료로 활용 가능한 통계.
> 4. 국제연합 등 국제기구에서 권고하는 통일된 기준 및 작성방법에 따라 작성하는 통계.
> 5. 그 밖에 지정통계로 지정할 필요가 있다고 통계청장이 인정하는 통계.

일반통계는 국가승인 통계 중 지정통계의 지정을 받지 아니한 나머지 통계를 의미한다. 그러나 일반통계란 편의상 사용하는 것일 뿐 통계법상의 용어는 아니다.

조사통계와 보고(행정)통계

조사통계란 분석대상이 되는 집단을 대상으로 모두를 조사하거나, 일부를 뽑아 조사하여 그 결과인 조사표상의 기록에 따라 작성된 통계를 말한다. 따라서 통계작성기관은 필요한 통계를 작성하기 위해 개인, 가구, 사업체 등을 대상으로 통계조사를 실시한다. 2015년 11월 말 현재 국가통계의 44.1%인 415개의 국가통계가 조사통계에 해당된다.

보고통계란 행정업무에 수반하여 얻어지는 통계이다. 조사통계와 같은 막대한 비용이 소요되지 않는다는 가장 큰 장점이 있는 통계로 그 활용도가 갈수록 커지고 있다. 2015년 11월 말 현재 국가통계 중 가장 많은 447종(47.6%)이 만들어지고 있다.

1차 통계와 2차 통계

1차 통계란 통계집단 또는 그 부분집단에 속하는 개체의 수 또는 개체가 가지고 있는 특성을 전체적으로 나타내는 통계로서, 일반적으로 통계조사 결과로부터 직접 얻은 통계이다. 각종 통계조사

보고서에 통계표로 나타난 통계의 대부분이 1차 통계이다.

2차 통계는 가공통계라고도 하며, 1차 통계에 어떤 연산을 하여 얻은 통계로 1차 통계에 비하여 분석적이라는 특성이 있다. 2차 통계에는 집단의 특성값인 대푯값뿐만 아니라 물가지수, 경기지수 등의 지수, 추계인구, 국민소득통계 등 추계에 따른 통계도 포함된다.

1.3 통계학이란?

21세기를 살아가는 우리들은 거의 매일 "통계"란 말을 듣고 또한 통계를 우리도 모르는 사이에 이용하며 살아간다. 즉 통계는 우리 생활의 일부가 되었으며 통계를 잘 이해함으로써 우리 생활에 큰 보탬이 될 수 있다.

통계학은 불확실한 관심의 대상에 대해 자료를 수집하고 그 자료를 요약, 정리, 해석하며 불확실한 사실에 대한 합리적인 결론이나 일관성 등을 이끌어 내는 데 필요한 이론과 방법을 연구하는 학문

통계학의 관심의 대상은 항상 불확실하다는 것이다. 그런데, 우리 생활은 항상 불확실한 환경에 놓여 있으며 이것을 해결하는 방법이 바로 통계학이므로 우리는 통계학을 생활의 일부로 여길 수 밖에 없다.

몇 가지 예를 들어 보자. 우리는 매일 매스미디어에 의해 다음과 같은 광고들을 접하게 된다.

① A자동차의 연비는 동급 차들 중 가장 좋다.

② A진통제는 다른 진통제에 비해 빨리 효능을 나타낸다.

③ 오늘의 기온은 작년 오늘에 비해 따뜻하다.

④ 치과의사가 A칫솔을 추천하였다.

이와 같은 예 중에서 ①에서의 문제는 어떤 자료에 의해 그러한지 알 수 없는 것이다. ②에서는 얼마나 빨리 효능을 나타내느냐를 알 수 없다. ③에서의 문제는 작년 오늘과 금년 오늘을 직접 비교하는 것이 어떤 의미를 갖느냐 하는 것이다. ④에서는 얼마나 많은 치과의사를 조사하였는지 알 수가 없다는 것이다. 즉 우리는 많은 통계정보를 접하게 될 때 그 통계정보에 대한 분석 없이 그대로 받아들이면 잘못된 판단을 내리게 되어 손해를 볼 수도 있게 된다. 따라서 우리들은 통계학에 대한 기본적인 개념 이해와 통계처리기법에 대한 이해가 필요한 것이다. 다음의 예를 들어 보자.

예제 1

우리 대학에서 가장 훌륭한 교수님을 선정하려고 할 때 어떻게 할 것인가를 생각해 보자. 한 방법으로 학생들을 대상으로 조사를 할 수 있을 것이다. 이때 몇 명의 학생을 조사할 것인지, 어떻게 학생을 선정할 것인지, 누가 조사할 것인지, 어떻게 자료를 분석할 것인지 등 모든 것들은 통계적 방법으로 결정된다.

예제 2

A제품이 모든 다른 제품들에 비해 우수하다는 텔레비전 보도에 대해 반론을 제기하기 위해서는 어떻게 해야 될 것인가? 우선 모든 제품들에 대한 정보를 통계적인 방법으로 수집하여 분석해야 된다. 불충분한 정보나 정보의 잘못된 분석은 잘못된 보도를 나타낼 수 있기 때문이다.

1.4 통계학의 용어

앞에서 설명하였듯이 통계학에서는 불확실한 대상을 조사하여 결론을 얻기 위해서는 자료가 수집되어야 하는데 경우에 따라서 조사과정을 통하여 실제로 조사되는 대상과 조사 가능한 모든 대상과는 구분된다.

> 모집단(Population)
>
> 관심의 대상으로서 조사 가능한 정보나 개체의 모든 집합

> 표본(Sample)
>
> 모집단의 일부로서 실제 조사되는 대상 집합

〈예제 1〉에서 최고의 교수님이 누구인지를 조사하고자 할 때 모집단은 우리 대학에 다니는 전체 학생이다. 그런데 전체 학생들을 조사하는 것은 매우 어렵고 시간이 많이 소비되기 때문에 전체 학생 중에서 일부분을 뽑아 조사를 실시한다. 이 일부분의 학생이 표본이다.

모집단은 그것을 구성하는 개체들의 수에 따라 유한 모집단(finite population)과 무한 모집단(infinite population)으로 나누어진다.

유한 모집단
모집단을 구성하는 개체의 수가 유한 개인 모집단

무한 모집단
모집단을 구성하는 개체의 수가 무한 개인 모집단

예제 3

예제 1에서 우리 대학의 전체 학생들은 유한 모집단이다. 동전을 던지는 실험에서는 실험이 무한히 계속될 수 있으므로 무한 모집단이다.

통계학에서 이용되는 수치적 특성으로 통계량(Statistic)과 모수(Parameter)가 있다.

통계량
표본에서 얻어지는 수치적 특성

모수
모집단에서 얻어지는 수치적 특성

예제 4

우리 대학에서 흡연하는 학생들의 비율을 추정하기 위해서 200명을 조사하였다.
모수 : 우리 대학 전체 학생들 중 흡연비율
통계량 : 200명 학생들 중 흡연비율

1.5 기술통계학과 추측통계학

통계학은 목적에 따라 기술통계학(descriptive statistics)과 추측통계학(inferential statistics)으로 나누어진다.

기술통계학은 수집된 자료를 정리하고 요약하여 집단의 특성을 파악하려는 분야로서 방대하고 복잡한 자료를 그래프나 숫자로 요약하여 쉽고 보다 빠르게 전체를 이해할 수 있게 한다. 이 기법이 이용되는 대상은 모집단이나 표본 모두가 된다.

추측통계학은 모집단 전체를 조사 대상으로 하는 것이 아니고 표본을 조사하여 모집단의 특성을 추측하고 검정하는 분야이다. 그런데 조사된 표본은 모집단의 특성에 대하여 완전한 정보를 갖는 것이 아니고 표본에 따라 서로 다른 정보를 갖게 되므로 어떠한 표본으로부터 모집단의 특성을 추측하느냐에 따라 서로 다른 결과가 나타나게 된다. 이와 같이 모집단의 특성과 표본으로부터 얻어진 차이를 오차(error)라고 하며 추측통계학에서 오차는 불가피한 것이다.

예제 5

다음은 기술통계학의 예이다.

① 어떤 양궁 선수의 지난 열 게임에서의 평균 득점
② 어떤 정치인의 지난 대선에서 득표율
③ 지난 5년간 평균 물가 상승률
④ 금년도 신입생의 성적분포

예제 6

다음은 추측통계학의 예이다.

① 여론조사로부터 다음 대선에서 이길 가능성
② 과거의 주가를 토대로 내일의 주가 변동 예측
③ 새로 개발된 감기약의 효과 분석

제2장

자료의 요약

2.1 자료의 종류와 척도
2.2 도수분포표를 이용한 자료의 정리
2.3 그래프를 이용한 자료의 정리

제2장 자료의 요약

2.1 자료의 종류와 척도

통계학에서 가장 기본이 되는 단계는 자료를 수집하는 단계로서 수집된 자료는 목적에 따라 분류되고 정리되어 분석된다.

자료를 정리하는 방법은 분석의 대상이 되는 자료의 형태에 따라 달라지게 되는데 일반적으로 자료의 형태는 질적 자료(qualitative data)와 양적 자료(quantitative data)로 구분된다. 질적 자료는 관측된 결과가 숫자가 아닌 범주나 속성으로 분류되는 자료로서 범주형 자료(categorical data)라고도 한다. 양적 자료는 관측결과가 숫자로 표현되는 수치적 자료를 말하다.

예제 1

성별(남, 여), 색상(붉은색, 노란색, 파란색), 종교(불교, 천주교, 기독교), 혈액형(O, A, B, AB) 등은 질적 자료이다.

예제 2

무게, 연령, 길이, 성적 등은 양적자 료이다.

주의하여야 할 것은 질적 자료와 양적 자료의 구분이 단지 자료가 숫자로 표현되는가의 여부에 따라 구분되는 것은 아니라는 것이다. 숫자로 표현되는 자료라 하더라도 그것이 어떻게 만들어졌느냐에 따라 질적 변수일 수도 있고 양적 변수일 수도 있다. 예를 들어 찬성은 1, 반대는 0으로 찬·반을 나타낼 때 이 자료는 질적 자료로서 범주를 나타낸다. 그러나 크기로서 0, 1이 표현된다면 이것은 양적 자료이다. 양적 자료도 질적 자료의 형태로 변환하여 사용할 수 있다.

예제 3

개인의 키가 cm로 측정되면 양적 자료이고 170 이하, 170~180, 180 이상으로 나누어 키 작음, 키 중간, 키 큼으로 표현하면 질적 자료이다.

양적 자료는 관측되는 값의 성질에 따라 연속형과 이산형으로 나누어진다. 관측값이 셀 수 있는 값이면 이산형 자료이고, 관측값이 구간에서의 자료이면 연속형 자료이다.

예제 4

한 가족에서 어린이의 수, 개인의 봉급, 저금통 속의 동전수 등은 이산형 자료이다.

예제 5

자동차의 속도, 무게, 시간 등은 연속형 자료이다.

위와 같이 자료를 이분법으로 나누는 방법 외에 자료의 측정척도로 나누기도 하는데, 자료의 측정척도는 다음과 같이 네 가지－명목척도(nominal scale), 순위척도(ordinal scale), 구간척도(interval scale), 비율척도(ratio scale)－가 있다.

1.1.1 명목척도(nominal scale)

분류적인 의미로 둘 또는 둘 이상의 범주(category)로 구분되는 자료를 측정할 때 사용하는 척도이다. 예를 들면 남자, 여자를 나타내는 성별, 혈액형, 자동차 회사 등 주로 사물의 명칭에 관한 자료를 측정할 때 사용되는 척도이다. 아래 예제에서와 같이 명목척도에 의하여 측정되는 자료는 통계분석의 편의를 위하여 숫자로 나타내기도 하는데 이 숫자는 숫자로서의 의미가 없다. 즉 남자를 1로 표시하고 여자를 2로 표시한 경우에 이 숫자들의 크기나 차이에 의미가 없다. 그러므로 명목척도에 의하여 측정된 자료는 덧셈, 뺄셈, 곱셈 및 나눗셈에 의한 분석을 할 수 없고, 빈도(frequency)를 분석한다.

예제 6

주민등록번호, 차번호, 남(0), 여(1) 등은 명목척도이다.

1.1.2 순위척도(ordinal scale)

어느 사항의 정도에 따라 범주화하여 그 정도의 순서대로 배열한 것으로 범주 간의 상대적 순위를 측정한다. 여기서 사항의 정도라 함은 고객의 만족도나 상품의 선호도 등을 의미하며 주로 사회 및 여론조사의 설문에서 많이 사용되는 척도이다. 명목척도에서와 같이 자료처리 및 통계분석의 편의를 위하여 각 범주의 순위를 숫자로 표시하나 이 숫자들의 크기나 차이에 의미가 없다. 그러므로 순위척도에 의하여 측정된 자료도 덧셈, 뺄셈, 곱셈 및 나눗셈에 의한 분석을 할 수 없고, 빈도(frequency)를 분석한다.

순위척도는 측정이 범주형이고 각각의 범주 간에는 순서의 의미가 있다.

예제 7

- 성적 A, B, C, D, F
- 조교수, 부교수, 교수
- 초등학교, 중학교, 고등학교, 대학교 등은 순위척도이다.

1.1.3 구간척도(interval scale)

계측기나 자(ruler)로 자료를 측정할 때 사용하는 척도이나 0인 경우는 존재하지 않는다는 없는 척도이다. 가장 대표적인 예가 온도인데 섭씨나 화씨의 척도에서 절대적 0도(섭씨의 0도는 온도가 없다는 것이 아니라 물이 얼 때의 온도)의 개념이 없으므로 "몇 배로 덥다"는 해석은 옳지 않다. 즉 구간척도에 의하여 얻어지는 자료는 크기의 순서, 변수 간의 차(difference)에 대한 분석은 의미가 있으나, 비율(ratio)에 대한 분석을 의미가 없다. 평균과 분산이 의미가 있다.

측정된 관측치 간의 차이가 양적으로 계산될 수 있도록 순위척도로 측정된 자료를 구간척도라 한다. 두 값들 사이의 거리는 의미가 있고 구간척도는 반드시 양적이어야 한다. 구간 척도는 절대 0점이 존재하지 않는다.

예제 8

IQ 점수 : 두 점수 차이는 계산되지만 IQ 180이 IQ 90의 두 배를 나타내는 것은 아니다.
온도 : 0도는 온도가 없음을 뜻하는 것이 아니다.

1.1.4 비율척도(ratio scale)

계측기나 자(ruler)로 자료를 측정할 때 사용하는 척도이며, 절대 0의 개념이 있는 척도이다. 몸무게, 키, 혈압 등 대부분의 연속형 자료가 이 척도로 얻어진다. 평균과 분산이 의미가 있다.

비율척도는 구간척도가 갖는 특성에 0의 의미가 "없다"라는 뜻이 포함된 자료를 말한다. 비율척도는 비율계산이 가능한 일반적으로 사용되는 단위들이다.

이용되는 측정척도에 따라 자료를 분류하는 것은 중요한 일이다. 모집단에 대해 추론하기 위해 이용되는 기법은 측정척도의 형태에 의존한다. 만약 순위자료의 표본이 이용된다면 순위자료를 이용하는 통계적 기법이 이용되어야 한다.

2.2 도수분포표를 이용한 자료의 정리

자료를 정리하는 목적은 전체자료의 형태를 파악하고 간단하게 분석하기 위해서이다. 정리하기 전의 원래의 자료를 원자료(raw data)라 하며 원자료를 배열하는 하나의 방법은 자료를 크기순으로 정렬하는 것이다. 그러나 자료의 개수가 방대하면 크기순으로 배열하는 것은 다루기가 어렵기 때문에 표를 이용하여 원자료를 정리한다. 이 표를 도수분포표라 하며 도수는 동일한 측정값의 개수로서 질적 자료나 이산자료의 정리에 이용되며 f로 표시한다.

예제 9

다음은 9번의 농구 경기에서 실패한 자유투의 수이다.

2 4 7 6 7 2 4 7 8

x를 관측값이라 놓고 f를 도수라 하고 정리하면

x	2	4	6	7	8
f	2	2	1	3	1

이 된다.

다음 자료는 1학년 40명의 통계학 성적이다.

표 2.1 ▌통계학 성적

71	64	70	78	58	49	79	65	83	69
62	47	60	70	66	79	63	60	67	92
59	67	66	78	63	62	69	56	66	81
68	86	70	66	82	72	73	54	70	71

〈표 2.1〉과 같은 연속형 자료이거나 많은 관측값들로 구성되는 이산형 자료는 전체를 몇 개의 그룹으로 나누어 도수분포표를 만들면 된다. 이때 각 그룹을 계급(class)이라 하는데, 계급의 개수를 정하는 것은 특별한 법칙이 있는 것이 아니고, 자료의 총수에 비하여 너무 많거나 적은 개수의 계급을 사용하면 자료에 포함된 정보를 충분히 나타내지 못한다. 전체자료를 계급으로 나눌 때 다음과 같은 점을 유의하여야 한다.

① 각 계급은 동일한 간격(width)을 가져야 한다.
② 어느 두 계급도 겹쳐져서는 안 된다.
③ 모든 자료는 반드시 어느 하나의 계급에 속하여야 한다.

예제 10

〈표 2.1〉의 자료를 이용하여 도수분포표를 만들어 보자.

표 2.2 ▌통계학 성적의 도수분포표

계급	도수
41 ~ 50	2
51 ~ 60	6
61 ~ 70	18
71 ~ 80	9
81 ~ 90	4
91 ~ 100	1

〈예제 10〉에서 각 계급의 아래에 있는 값을 급하한(lower class limit)이라 하고 각 계급의 위에 있는 값을 급상한(upper class limit)이라 한다. 또한 급상한과 급하한 사이의 거리를 계급간격(class width)이라 한다. 이 예에서 급간격은 10이다.

급간격 = i번째 계급 급상한 − (i − 1)번째 계급 급상한

자료로부터 계급을 이용하여 도수분포표를 만드는 데는 특별한 법칙은 없으나 경험에 의해 5~15개의 계급을 만드는 것이 전체자료를 요약하는 데 적당하다.

근사적으로 필요한 계급의 수를 결정하는 데 Sturger의 법칙을 이용하기도 한다.

Sturger의 법칙

$$c = 3.3(\log_{10}^{n}) + 1$$

n은 자료의 수

여기서 c의 값은 일반적으로 가장 가까운 정수로 반올림된다.

자료의 범위(range)를 R이라 하면

범위

R = 최댓값 − 최솟값

계급 간격은

계급 간격

$$W = \frac{R}{C}$$

W의 값은 $\frac{R}{C}$보다 큰 최소 정수를 취한다.

따라서 최솟값이 첫 계급에 포함되도록 첫 계급의 급하한을 정하고 동일한 급간격으로 순차적으

로 c개의 계급을 구하면 도수분포표를 만들 수 있다.

예제 11

〈표 2.1〉을 Sturger의 법칙을 이용하여 계급의 수를 구하여 보자.

$c = 3.3(\log_{10}^{40}) + 1 = 5.806 = 6$

$R =$ 최댓값 − 최솟값 $= 92 - 47 = 45$

$W = \dfrac{R}{C} = \dfrac{45}{6} = 7.5$

도수분포표에서 각 계급을 대표하기 위하여 각 계급의 중앙값을 이용하는데 이 값을 계급값(class mark)이라 한다. 계급값을 이용하면 원자료를 이용하는 것보다 계산이 쉽고 간단하다. 그러나 정확도는 떨어진다.

$$\text{계급 값} = \frac{l_1 + l_2}{2}$$

여기서 l_1 : 급하한 l_2 : 급상한

도수분포표의 작성

1) 자료의 최솟값과 최댓값을 찾아 범위 R을 구한다.
2) 자료의 크기를 고려하여 5~15개의 계급의 개수 c를 정하고 적당한 계급의 간격 w를 정한다.
3) 최솟값이 첫 번째 계급에 포함되도록 첫 계급 하한을 정한 후 동일한 계급간격으로 중복되지 않도록 순차적으로 c개의 계급을 정한다.
4) 각 계급의 중앙값으로 계급값을 정한다.
5) 각 계급에 속하는 관측값의 개수를 세어 도수를 구한다.

상대 도수분포표

도수분포표에서 각 계급의 도수를 전체 관측자료 총수에 대한 비율로 나타내는 것이 유용할 때가 있다. 이 비율을 상대도수(relative frequency)라고 한다.

$$\text{상대도수} = \frac{f}{n}$$

도수분포표에 상대도수를 포함한 표를 상대 도수분포표라 한다.

누적 도수분포표

도수분포표에서 각 계급의 급상한보다 작은 값을 갖는 자료의 수를 각 계급에서의 누적도수(cumulative frequency)라 하며, 누적도수를 포함하는 도수분포표를 누적 도수분포표라 한다.

예제 12

〈표 2.1〉의 자료를 이용하여 누적 도수분포표를 만들어 보자.

표 2.3 ▮ 통계학 성적의 누적 도수분포표

계급	계급표	도수	상대도수	누적도수
41~50	45.5	2	2/40	2
51~60	55.5	6	6/40	8
61~70	65.5	18	18/40	26
71~80	75.5	9	9/40	35
81~90	85.5	4	4/40	39
91~100	95.5	1	1/40	40

2.3 그래프를 이용한 자료의 정리

그래프는 자료를 묘사하고 요약하는 그림을 뜻한다. 자료를 그림으로 표현하는 것이 때로는 도수분포표보다 자료의 특징을 명백하게 보여준다. 따라서 자료를 표현하는 데 그래프를 많이 이용하게 된다. 그래프에는 원그래프, 막대그래프, 선그래프, 히스토그램 등이 있다.

막대그래프와 원그래프

일반적으로 많이 사용되는 그래프는 막대그래프와 원그래프이다. 이 그래프들은 주로 범주형 자료와 명목형 자료에 이용된다. 특히 원그래프는 예산정보의 표현에서처럼 전체에 대해 각 부분들을 나타낼 때 많이 이용된다. 범주형 자료에서 수평축에는 범주를, 수직축에는 각 범주에 대응되는 도수를 막대의 높이나 도수의 크기에 비례하도록 그린다.

예제 13

다음 자료는 어느 사회단체에서 한 해 동안 받은 기부금의 내역이다. 막대그래프를 그리시오.

표 2.4 ▌기부금 수령분야

수령분야	기부금액(억)
종교	31.0
문화	4.1
사회	6.9
교육	9.0
건강	9.2
기타	4.7

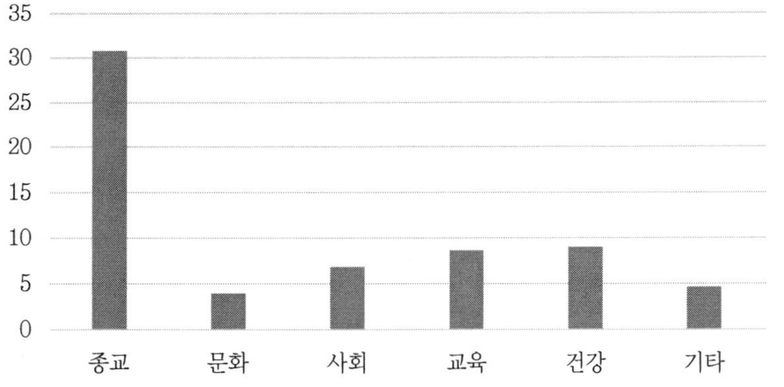

그림 2.1 기부금 수령분야 막대그래프

원그래프는 먼저 원을 그린 후 원의 중심각을 각 범주의 도수에 비례하도록 나누어 부채꼴 형태로 그림을 그린다. 조각의 크기순으로 인접하여 그리면 전체를 해석하는 데 용이하다.

예제 14

<표 2.3>의 자료를 이용하여 원그래프를 그리시오.

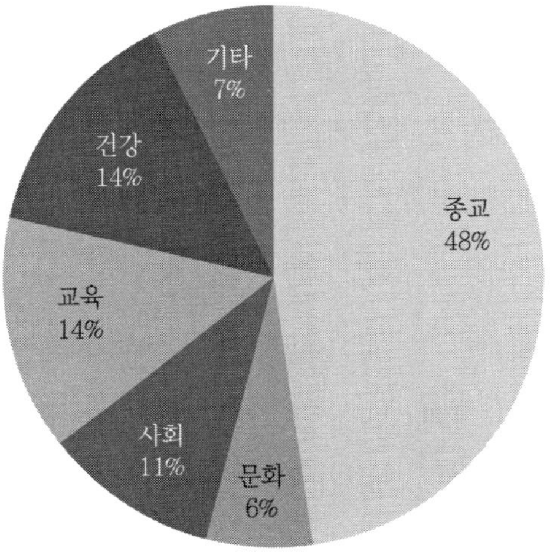

그림 2.2 기금 수령분야 원그래프

히스토그램

히스토그램(histogram)은 도수분포표에서의 막대그래프의 일종이다. 히스토그램은 범주형 자료에서도 이용될 수 있다. 히스토그램을 작성할 때에는 막대의 넓이가 도수에 비례되도록 하기 위하여 막대의 폭을 일정하게 하여야 한다.

예제 15

어느 회사에서 지난 한 달간 직원들의 지각 현황을 조사한 자료가 다음과 같다. 히스토그램을 그리시오.

표 2.5 ▌직원들의 지각 현황

지각 횟수	도수
0	15
1	8
2	14
3	9
4	4

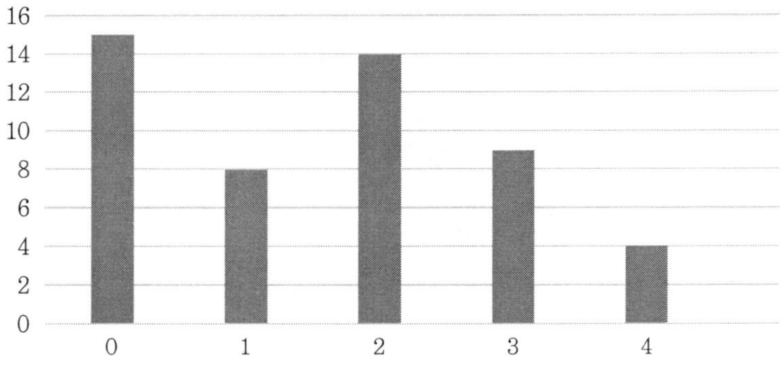

그림 2.3 직원들의 지각 현황 히스토그램

예제 16

다음 도수분포표를 이용하여 히스토그램을 작성하시오.

표 2.6 ▌직원들의 지각 현황 도수분포표

계급	도수	계급	도수
3.7~5.1	5	9.7~11.1	0
5.2~6.6	12	11.2~12.6	1
6.7~8.1	6	12.7~14.1	2
8.2~9.6	1	계	27

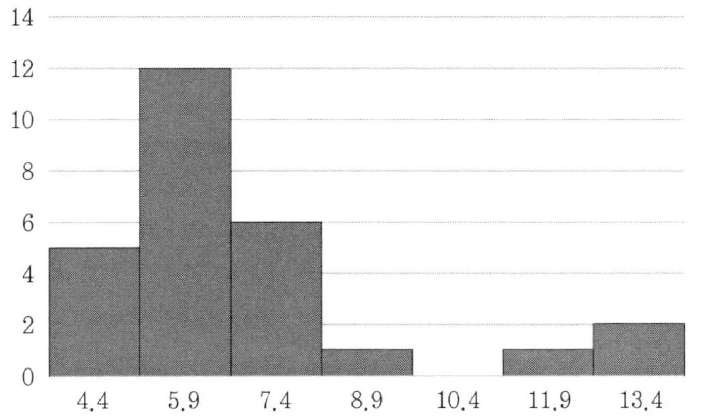

그림 2.4 직원들의 지각 현황 히스토그램

[상대도수 다각형]

상대도수 다각형은 히스토그램에서 막대의 윗부분에 있는 중심점(계급값)을 직선으로 연결하여 그린 것이다.

[줄기-잎 그림]

모든 자료들을 계급으로 나누어 도수분포표를 만들면 본래의 관측값에 대한 정보가 손실된다. 이와 같은 도수분포표의 단점을 보완하기 위해 줄기-잎 그림을 이용한다. 줄기-잎 그림(stem-and-leaf plot)을 작성하기 위해서는 관측값들의 자릿수를 고려하여 처음 몇 자리는 줄기로 정하고 나머지 부분을 잎으로 결정한다. 예를 들면 275라는 숫자를

줄기	잎		줄기	잎
2	75		27	5

로 나눈다. 이와 같이 모든 자료를 줄기와 잎으로 나누어 세로축에 줄기를 크기순으로 나열하고 각 줄기에 잎을 가로로 나열한다.

> **줄기-잎 그림 작성순서**
>
> 1) 모든 자료에서 줄기 부분을 결정하고 나머지를 잎으로 결정한다.
> 2) 줄기를 세로축에 크기순으로 나열하고 그 옆에 수직선을 긋는다. 각 줄기에 해당되는 자료의 잎 부분을 그 줄기의 오른쪽에 가로로 나열한다.
> 3) 각 줄기에서 잎의 값을 크기순으로 나열한다.

예제 17

통계학 수강인원 25명에 대한 성적이 다음과 같다. 줄기-잎 그림을 작성하시오.

64	84	82	81	68	85	76	89	93
77	66	64	86	74	64	70	53	
98	59	79	57	59	65	67	80	

1단계 : 십의 자리를 줄기. 일의 자리를 잎.

2단계 : 줄기를 세로축에 크기순으로 나열하고 각 줄기에 잎을 가로로 나열한다.

줄기	잎						
5	3	9	7	9			
6	4	8	6	4	4	5	7
7	6	7	4	0	9		
8	4	2	1	5	9	6	0
9	3	8					

3단계 : 잎의 값을 크기순으로 나열한다.

줄기	잎						
5	3	7	9	9			
6	4	4	4	5	6	7	8
7	0	4	6	7	9		
8	0	1	2	4	5	6	9
9	3	8					

〈예제 17〉에서 알 수 있듯이 줄기-잎 그림은 원자료의 값을 확인할 수 있기 때문에 히스토그램보다 더 많은 정보를 포함하고 있다. 또한 모든 자료값이 크기 순서로 나열되어 있기 때문에 특정 자료값의 상대적 위치를 알 수 있다. 그러나 줄기-잎 그림은 원 자료의 수가 많을 경우 모든 자료를 나열하는 것이 불가능할 수 있다. 또한 각 자료값이 흩어져 있거나 각 자료값의 자릿수가 클 경우 부적절하다.

[실습 1] 통계분석을 위한 [데이터 분석] 기능 활성화

도수분포표, 히스토그램, 상관분석, 회귀분석, 검정 등의 통계분석을 간단하게 하기 위해서는 Excel의 [데이터 분석] 기능을 활성화시켜야만 한다. 이 기능을 활성화시키기 위한 방법은 아래와 같다.

1단계 : Excel의 메뉴에서 [파일] → [옵션]을 선택

2단계 : [Excel 옵션] 대화상자에서 [추가 기능] 메뉴에서 '관리'에 [Excel 추가 기능]을 선택 후 "이동"

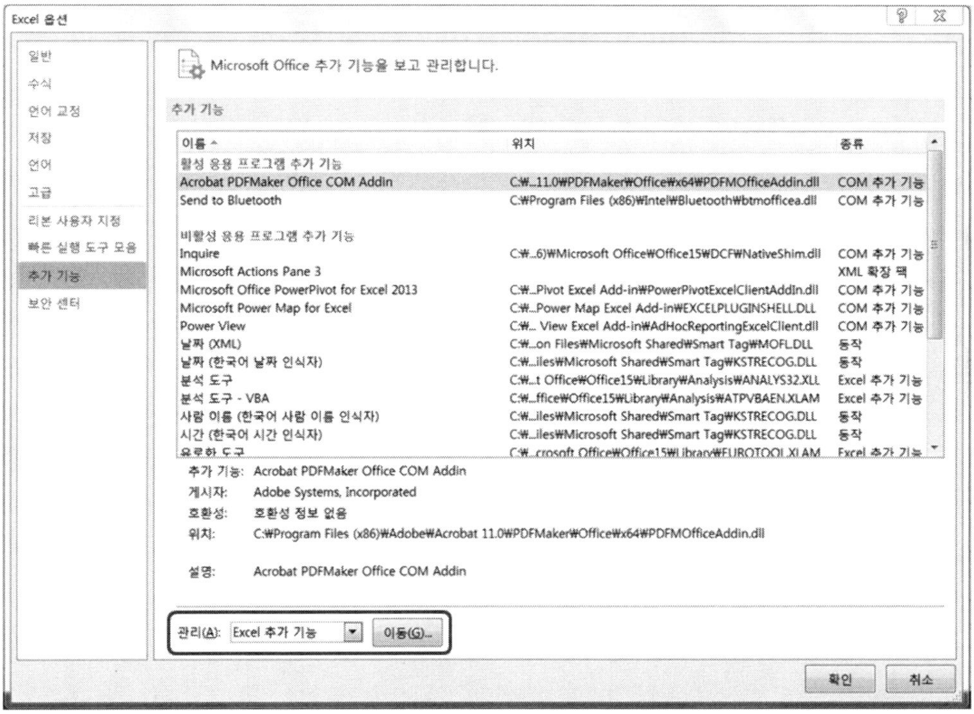

그림 2.5 [Excel 옵션] 대화상자의 추가 기능

3단계 : [추가 기능] 대화상자에서 [분석 도구]를 선택 후 "확인"

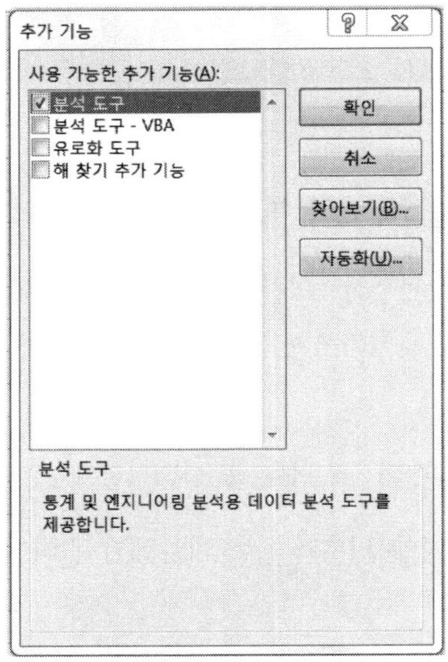

그림 2.6 [추가 기능]을 통한 [분석도구] 활성화

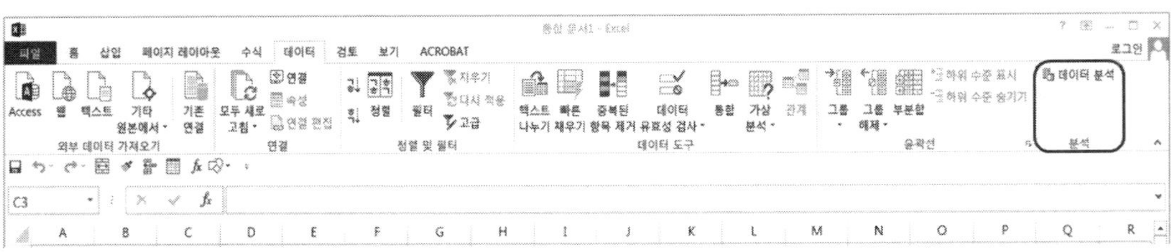

그림 2.7 활성화된 [데이터 분석] 기능

[실습 2] 도수분포표 작성

〈표 2.1〉의 자료를 이용하여 도수분포표를 그려보자.

1단계 : 자료 입력

	A	B	C	D	E	F	G	H	I	J
1	1학년 40명의 통계학 성적									
2	71	64	70	78	58	49	79	65	83	69
3	62	47	60	70	66	79	63	60	67	92
4	59	67	66	78	63	62	69	56	66	81
5	68	86	70	66	82	72	73	54	70	71
6										

그림 2.8 통계학 성적 자료 입력

2단계 : 계급구간 입력

입력되는 계급구간의 값은 〈표 2.2〉에서 각 구간의 급상한값이며(각 구간이 x 이상 ~ y 이하, y값을 입력함), 단 마지막 구간에는 최댓값(여기서는 100)을 입력한다.

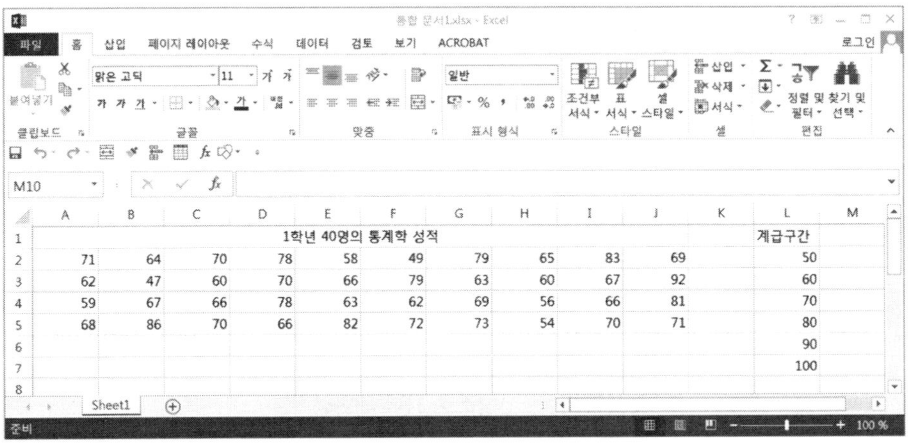

그림 2.9 통계학 성적 계급구간 입력

3단계 : [데이터] → [데이터 분석]을 선택

4단계 : [통계 데이터 분석] 대화상자가 나타나면 [히스토그램]을 선택

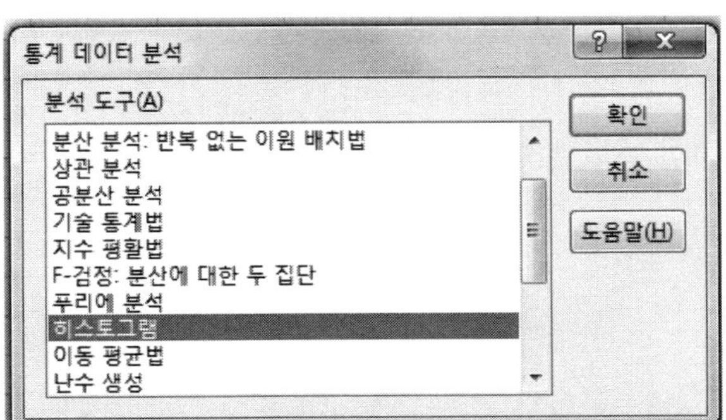

그림 2.10 통계 데이터 분석의 히스토그램

5단계 : [히스토그램] 대화상자가 나타나면 [입력]과 [출력 옵션]을 입력

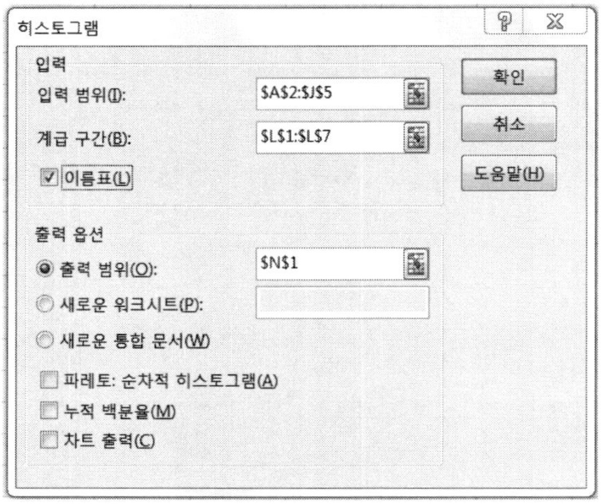

그림 2.11 [히스토그램] 대화상자

[입력]

입력범위 : A2 : J5 (자료가 입력된 범위)

계급구간 : L1 : L7 [계급구간이 입력된 범위(제목을 포함)][3)]

이름표 : 선택 (제목을 포함할 경우)

[출력 옵션]

출력 범위 : N1 [자료가 출력될 시작 지점(임의의 셀)]

지정이 끝났으면 “확인” 버튼을 누르면 아래와 같은 결과가 출력된다.

---

3) 계급구간을 따로 지정해 주지 않으면, Excel이 자동으로 계급구간을 지정하여 결과를 나타낸다.

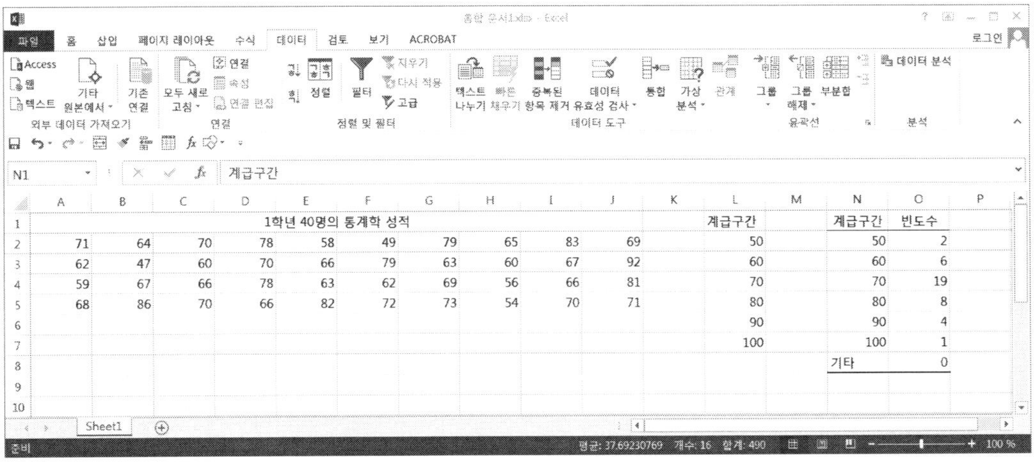

	A	B	C	D	E	F	G	H	I	J	K	L	M	N	O
1	1학년 40명의 통계학 성적											계급구간		계급구간	빈도수
2	71	64	70	78	58	49	79	65	83	69		50		50	2
3	62	47	60	70	66	79	63	60	67	92		60		60	6
4	59	67	66	78	63	62	69	56	66	81		70		70	19
5	68	86	70	66	82	72	73	54	70	71		80		80	8
6												90		90	4
7												100		100	1
8														기타	0

그림 2.12 통계학 성적의 도수분포표 출력 결과

[실습 3] 막대그래프

〈표 2.3〉의 자료를 이용하여 막대그래프를 그려보자.

1단계 : 자료 입력

	A	B	C	D
1	수령분야	기부금액 (억)		
2	종교	31		
3	문화	4.1		
4	사회	6.9		
5	교육	9		
6	건강	9.2		
7	기타	4.7		
8				
9				

그림 2.13 기금 수령분야 자료 입력

2단계 : 입력 자료를 드래그 하여 [삽입] → [세로 막대형 차트 삽입] → [세로 막대형 차트 더 보기]를 선택

3단계 : [차트 삽입] 대화상자에서 [모든 차트]－[세로 막대형]을 선택

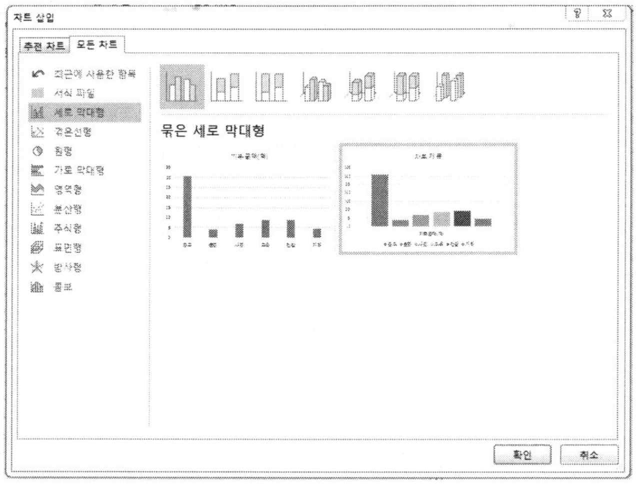

그림 2.14 [차트 삽입] 대화상자에서 세로 막대형 차트

원하는 차트를 선택하고 "확인"을 누르면 아래의 막대그래프가 출력된다.

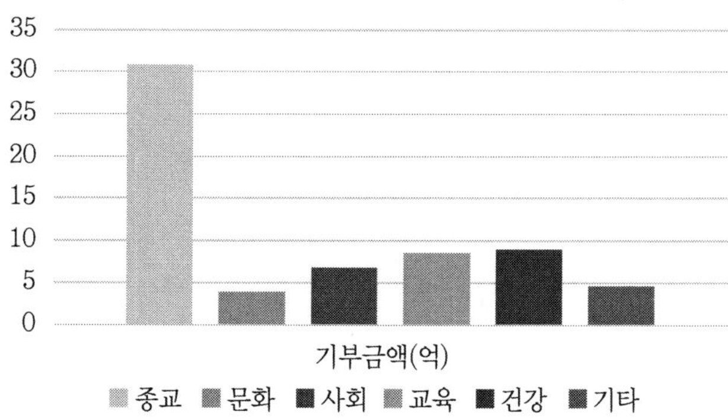

그림 2.15 기금 수령분야 막대그래프

[실습 4] 원그래프

〈표 2.3〉의 자료를 이용하여 원그래프를 그려보자.

1단계 : 자료 입력 (실습 3과 유사)

2단계 : 입력 자료를 드래그하여 [삽입] → [원형 또는 도넛형 차트 삽입] → [다른 원형 차트]을 선택

3단계 : [차트 삽입] 대화상자에서 [모든 차트]-[원형]을 선택

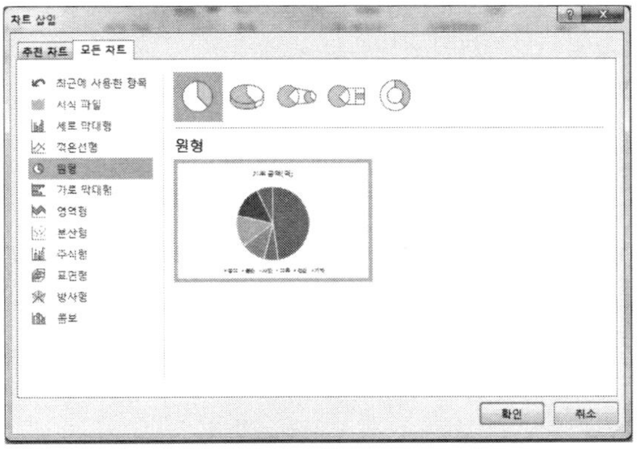

그림 2.16 [차트 삽입] 대화상자에서 원형 차트

원하는 차트를 선택하고 "확인"을 누르면 아래의 원그래프가 출력된다.

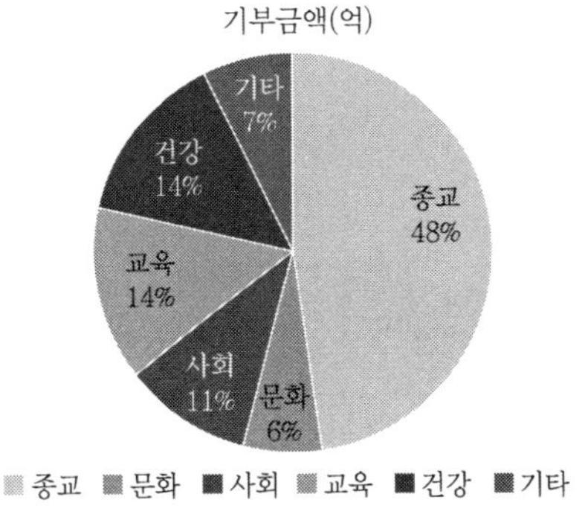

그림 2.17 기금 수령분야 원그래프

[실습 5] 히스토그램

〈표 2.1〉의 자료를 이용하여 히스토그램을 그리시오.

1단계 : 자료 입력

2단계 : 계급 구간 입력

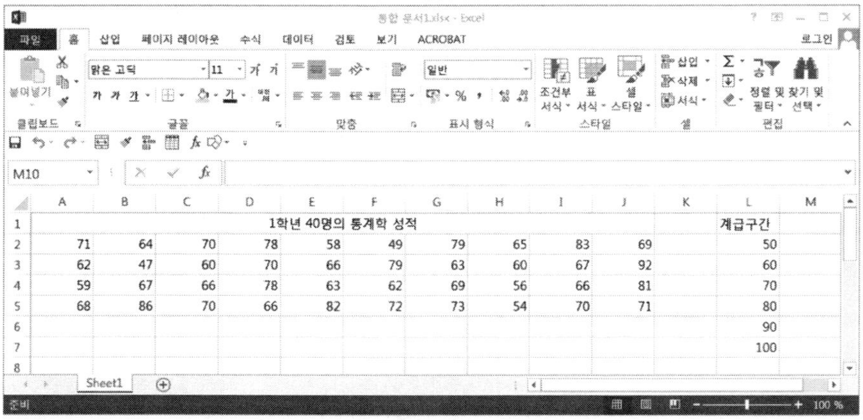

그림 2.18 통계학 성적 자료 및 계급 구간 입력

3단계 : [데이터] → [데이터 분석]을 선택

4단계 : [통계 데이터 분석] 대화상자가 나타나면 [히스토그램]을 선택

5단계 : [히스토그램] 대화상자가 나타나면 [입력]과 [출력 옵션]을 입력

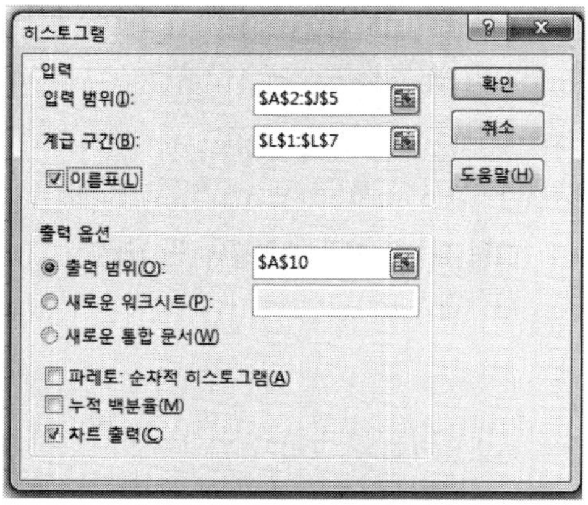

그림 2.19 [히스토그램] 대화상자

[입력]

입력범위 : A2 : J5 (자료가 입력된 범위)
계급구간 : L1 : L7 (계급구간이 입력된 범위)
이름표 : 선택

[출력 옵션]

출력 범위 : A10 [자료가 출력될 시작 지점(임의의 셀)]

차트 출력 : 선택

지정이 끝났으면 "확인" 버튼을 누르면 아래와 같은 결과가 출력된다.

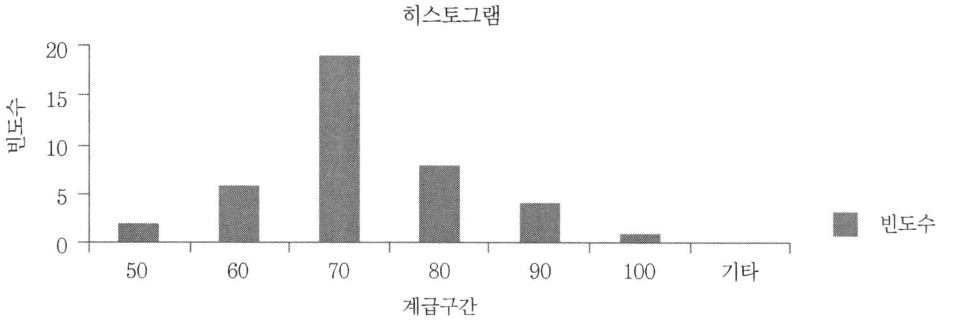

그림 2.20 통계학 성적의 히스토그램

[실습 6] 상대도수의 다각형

상대도수 다각형은 히스토그램에서 막대의 윗부분에 있는 중심점(계급값)을 직선으로 연결하여 그린 것이다.

[실습 2]를 통해 출력한 도수분포표를 이용하여 상대도수의 다각형을 그려보자.

	A	B	C	D	E	F	G	H	I	J	K	L	M	N	O	P
1	1학년 40명의 통계학 성적											계급구간		계급구간	빈도수	
2	71	64	70	78	58	49	79	65	83	69		50		50	2	
3	62	47	60	70	66	79	63	60	67	92		60		60	6	
4	59	67	66	78	63	62	69	56	66	81		70		70	19	
5	68	86	70	66	82	72	73	54	70	71		80		80	8	
6												90		90	4	
7												100		100	1	
8														기타	0	
9																
10																

그림 2.21 통계학 성적의 도수분포표

1단계 : 도수분포표를 드래그하여 [삽입] → [꺾은선형 차트 삽입] → [다른 꺾은선형 차트]를 선택

2단계 : [차트 삽입] 대화상자에서 [모든 차트]-[꺾은선형]을 선택

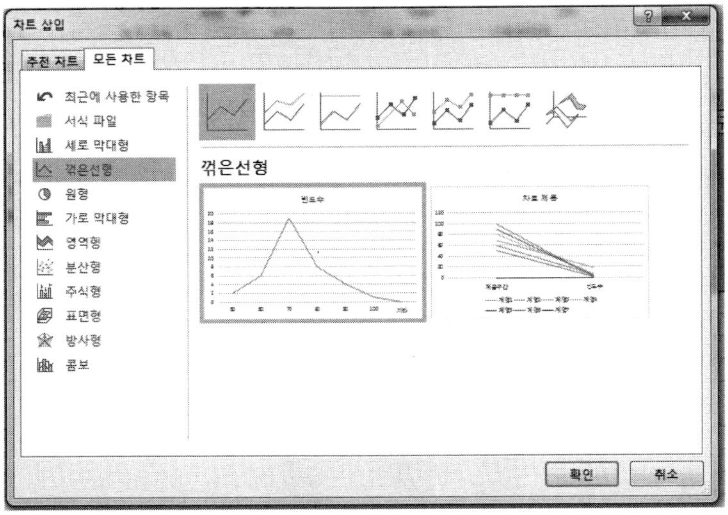

그림 2.22 [차트 삽입] 대화상자에서 꺾은선형 차트

원하는 차트를 선택하고 "확인"을 누르면 아래의 상대도수 다각형이 출력된다.

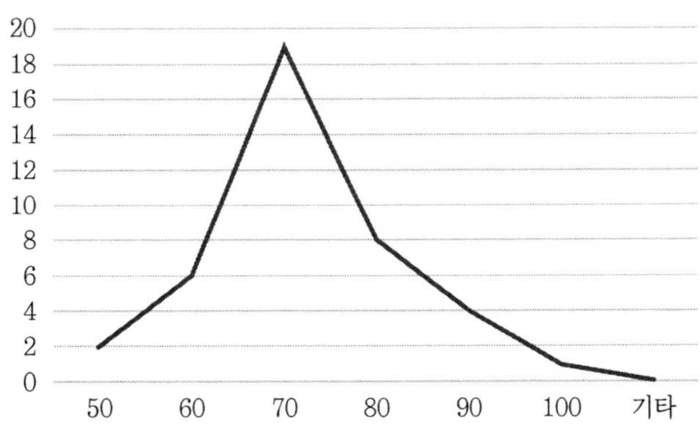

그림 2.23 통계학 성적의 상대도수 다각형

연습문제

01 아래의 각 조건의 경우에 계급의 간격 w를 구하시오.

1) $L = 17$, $U = 81$, $c = 8$

2) $L = 14.5$, $U = 102.3$, $c = 7$

3) $L = 23$, $U = 204$, $c = 11$

4) $L = 13.6$, $U = 73.6$, $c = 12$

02 아래의 각 조건의 경우에 첫 계급 구간의 상한을 구하시오.

1) $L = 17$, $U = 81$, $c = 8$, 측정단위 $= 1$

2) $L = 14.5$, $U = 102.3$, $c = 7$, 측정단위 $= 0.1$

3) $L = 23$, $U = 204$, $c = 11$, 측정단위 $= 1$

4) $L = 23.65$, $U = 67.24$, $c = 10$, 측정단위 $= 0.01$

5) $L = 13.6$, $U = 73.6$, $c = 12$, 측정단위 $= 0.1$

03 연습문제 [2]에서 각 조건의 경우에 첫 계급의 구간의 한계값을 구하시오.

04 아래의 그룹화된 도수분포표를 사용하여 다음을 구하시오.

1) 상대 도수분포표

2) 누적 도수분포표

3) 누적상대 도수분포표

계급	도수
1 ~ 4	14
5 ~ 8	18
9 ~ 12	12
13 ~ 16	16
17 ~ 20	20

05 **아래의 도수분포표를 사용하여 다음을 구하시오.**

1) 상대 도수분포표
2) 누적 도수분포표
3) 누적상대 도수분포표

x	f
4	1
7	3
8	6
9	4
10	2

06 **Sturges 공식을 사용하여 자료의 수집의 크기가 다음과 같을 때 계급의 수를 계산하시오.**

1) 25
2) 50
3) 75
4) 100
5) 500

07 **다음의 자료는 25명의 학생들이 기말고사 기간에 소비한 스낵의 양을 나타낸 것이다.**

57	28	63	38	29	89	77	72	39
47	64	84	88	42	36	72	69	
68	41	52	39	72	45	52	84	

6개의 계급으로 나누어 도수분포표를 그리시오.

08 **다음은 어느 마을의 과거 28년 동안에 7월 1일 정오의 온도(화씨 온도)를 기록한 것이다.**

66	83	77	90	78	84	83	80	77	79
75	88	72	66	83	85	94	88	79	79
72	78	76	84	81	73	80	90		

이 자료를 이용하여 6개의 계급으로 나누어 누적 도수분포표를 그리시오.

09 학점에 대한 표본 자료는 다음과 같다.

A	C	D	B	C	C	C	D	F	F
D	F	A	D	C	B	C	D	D	B

1) 막대그래프 2) 원그래프를 그리시오.

10 다음의 데이터에 대한 히스토그램을 작성하시오. 단 6개의 막대를 이용하시오.

17	14	16	8	31	16	14	9	17	11
25	24	28	10	48	24	12	13	43	24
32	37	33	42	11	34	16	41	21	15

11 다음의 데이터에 대한 줄기-잎 그림을 작성하시오.

49	62	53	61	51	51	49	64	54	52
48	49	62	60	45	62	49	53	51	45
52	61	61	62	63	53	61	59	62	51
50	50	65	54	67	66	59	72	75	62

12 다음 그룹의 도수분포표에 대응하는 누적 도수분포표를 작성하시오.

계급	도수
1-4	1
5-8	18
9-12	12
13-16	16
17-29	20

13 병원 환자 100명 중에서 30명의 혈액은 O형이었고, 38명은 A형, 22명은 B형, 10명은 AB형이었다. 이 데이터에 대하여 다음을 그리시오.

1) 막대그래프　　　2) 원그래프

14 다음은 자동차 판매사원의 지난해 주당 평균 판매 대수에 대한 데이터이다. 이를 이용하여 히스토그램을 그리시오.

판매 대수	빈도수
0	4
1	17
2	12
3	13
4	2
5	3
6	0
7	1

제3장

기술통계 : 일변량 자료의 분석

제3장 기술통계 : 일변량 자료의 분석

통계학은 기술통계학(descriptive statistics)과 추측통계학(inferential statistics)으로 분류할 수 있다. 기술통계학은 관측된 자료를 해석하기 쉽게 기술하는 방법의 연구를 목적으로 하고, 추측통계학은 표본의 자료를 기초로 하여 모집단에 대한 추론을 목적으로 한다. 일반적으로 통계학은 개개의 측정결과를 연구대상으로 하는 것이 아니고 측정값들이 발생된 집단을 연구대상으로 한다. 기술통계는 자료를 정리, 요약하고 비교하여 집단의 특징을 기술하는 것이다.

우리는 제2장에서 주어진 자료를 도표와 그림으로써 정리하는 방법들을 배웠다. 그리고 이러한 기법들은 관측된 자료의 분포모양, 연관성, 패턴 또는 경향들을 시각적으로 살펴보는 데 도움이 된다는 것을 알았다. 그러나 도표와 그림의 작성에는 계급의 간격, 계급의 수, 줄기의 수 등 분석자의 주관적인 판단에 따라 한 자료에서 여러 형태의 도표와 그림이 나올 수 있어 분석에 어려움이 따른다. 이 장에서는 자료의 분포모양이나 특징들을 보다 객관적으로 요약하고 설명 · 비교할 수 있도록 하는 여러 가지 기술통계에 대해서 배우고자 한다. 이는 분석자가 표와 그래프를 통해 얻은 자료에 대한 시각적인 정보를 심층적으로 해석하게 하는 역할을 한다. 자료의 특징을 나타내는 기술통계에는 분포의 중심위치를 나타내는 통계인 대푯값, 자료의 측정값들이 흩어져 있는 정도를 나타내는 통계인 산포도, 그리고 측정값들의 상대적 위치를 나타내는 통계인 분위수 등이 있다.

3.1 중심위치를 나타내는 통계값 (대푯값)

대푯값은 자료 분포의 중심 또는 중심적 경향(central tendency)을 나타낸다. 일반적으로 자료의 분포를 정확하게 파악하는 것은 매우 복잡하고 어렵다. 따라서 자료의 분포를 전부 파악하는 대신 대푯값을 사용하여 그 분포의 특징을 기술한다. 대푯값에는 평균(mean), 중앙값(median), 중앙값최빈값(mode), 중앙범위(midrange) 등이 있다. 이들 통계값들은 중심위치를 나타내는 데 있어 각각 장단점을 가지고 있기 때문에 자료의 성격이나 분석목적에 따라 적절히 선택하여 사용하여야 한다.

다음 네 가지 예를 고려해 보자.

① 체중자료 − 45, 46, 52, 55, 60 (kg)

② 시험성적자료 – 31, 74, 78, 79, 80, 81

③ 승용차의 색상자료 – 흰색 3대, 적색 4대, 흑색 7대, 청색 1대

④ 교원 직위자료 – 교수 7명, 부교수 3명, 조교수 2명, 외래교수 10명

①과 ②에서 사용된 자료의 유형은 비율형(ratio)이고, ③은 명목형(nominal), ④는 순서형(ordinal)이다. 위와 같이 자료의 형태에 따라 자료의 중심을 나타내는 데 사용되는 대푯값은 다르다. 위 예에서 ①의 대푯값으로는 평균, ②는 중앙값 그리고 ③과 ④는 최빈값이 사용될 것이다.

대푯값의 종류

평균 : 자료의 산술평균
중앙값 : 자료를 크기 순서로 나열하여 찾은 중간위치의 수
최빈값 : 자료 중에서 가장 많이 반복해 나타나는 수
중앙범위 : 자료의 최댓값과 최솟값의 산술평균

3.1.1 평균

평균은 모집단 자료와 표본자료에서 공통적으로 사용되는 대푯값이다. 이때 유의할 사항은 각 자료에서 평균을 계산하는 방법은 동일하지만 서로 다른 기호를 사용하는 점이다.

모평균과 표본평균

모평균(또는 모집단 평균)

크기 N인 유한 모집단의 자료가 $\{x_1, x_2, \cdots, x_N\}$일 때, 모평균은 μ("뮤"라고 읽음)로 다음과 같이 정의된다.

$$\mu = \frac{1}{N}\sum_{i=1}^{N} x_i$$

표본평균

크기 n인 표본자료를 $\{x_1, x_2, \cdots, x_n\}$이라고 할 때, 표본평균은 $\bar{x}$("x 바"라고 읽음)로 다음과 같이 정의된다.

$$\bar{x} = \frac{1}{n}\sum_{i=1}^{n} x_i$$

무한개의 측정값들로 이루어진 무한 모집단의 평균 μ는 계산이 불가능하며, 이들 중에서 몇 개를 표본으로 추출하여 구한 표본자료의 표본평균으로 그 값을 추정한다.

예제 1

미 농무성에서 조사한 자료에 의하면 1974년에서 1983년까지 미국의 연간 농산물 수출액은 219, 219, 230, 236, 294, 347, 412, 433, 391, 337억 불이었다. 이 기간 동안 미국의 연간 농산물 수출액의 평균을 구하시오.

풀이 자료의 합은 $\sum_{i=1}^{N} x_i = 3,118$이므로, 모평균은

$$\mu = \frac{1}{N}\sum_{i=1}^{N} x_i = \frac{3118}{10} = 311.8$$

때때로 측정값들이 동일한 값을 가지는 경우가 있다. 어느 대학의 1학년 10명을 대상으로 나이를 조사한 결과 다음과 같은 표본자료를 얻었다고 하자.

18 18 18 18 19 19 19 20 20 21

이 표본자료의 평균을 구하면

$$\bar{x} = \frac{1}{n}\sum_{i=1}^{n} x_i = \frac{190}{10} = 19$$

가 된다.

한편, 위의 자료를 도수분포표로 나타내면 〈표 3.1〉이 된다.

표 3.1 ▮ 대학 1학년 나이의 도수분포표

x_i^*	f_i	$f_i x_i^*$
18	4	72
19	3	57
20	2	40
21	1	21
	10	190

위 표를 이용하여 표본평균을 구하면 앞에서 계산된 평균값과 동일하다.

$$\bar{x} = \sum_{i=1}^{k} f_i x_i^* \ / \sum_{i=1}^{k} f_i = \frac{190}{10} = 19$$

> **도수분포표에서의 평균계산**
>
> 관측된 자료의 도수분포표에서 각 계급의 계급값들을 $x_1^*, x_2^*, \cdots, x_k^*$ 라 하고, 이에 대응하는 도수를 각각 $f_1, f_2, \cdots, f_k$라 하면,
>
> $$\mu = \sum_{i=1}^{k} f_i x_i^* \ / \sum_{i=1}^{k} f_i \text{, 단, } \sum_{i=1}^{k} f_i = N \text{ (유한모집단 자료의 경우)}$$
>
> $$\bar{x} = \sum_{i=1}^{k} f_i x_i^* \ / \sum_{i=1}^{k} f_i \text{, 단, } \sum_{i=1}^{k} f_i = n \text{ (표본자료의 경우)}$$

평균은 모든 자료를 다 사용하므로 자료에 있는 극단적인 측정값(이상값)에 크게 영향을 받는 경향이 있다. 이상값이 포함된 자료에서는 평균 대신 다음에 설명하는 중앙값을 대푯값으로 사용하는 것이 바람직하다.

3.1.2 중앙값

중앙값은 구간척도(interval scale)나 비율척도(ratio scale)로 관측된 자료에 사용되는 대푯값의 일종으로, 자료의 측정값들을 크기 순서로 배열하였을 때 그 배열의 중간에 위치한 값을 말한다. 예를 들어, 크기 순서로 배열한 측정값 9, 22, 37, 45, 57의 중앙값은 37이 된다.

> **중앙값 계산**
>
> ① 자료의 수가 n인 자료들을 크기 순서로 정렬한다.
>
> ② 만약 n이 홀수이면 중앙값은 중간순위인 $\left(\frac{n+1}{2}\right)$번째 되는 측정값이고, n이 짝수이면 $\left(\frac{n}{2}\right)$번째와 $\left(\frac{n}{2}+1\right)$번째의 순위를 가진 측정값들의 산술평균으로 중앙값을 구한다.

일반적으로 모집단의 중앙값은 M, 그리고 표본의 중앙값은 $\tilde{x}$(“x 틸드”로 읽음)로 표기한다.

예제 2

7번의 농구 경기에서 A선수의 득점수는 다음과 같다.

6 10 3 21 0 35 14

이 점수들을 크기 순서로 배열하면

0 3 6 10 14 21 35

가 되고, 중간 위치 값인 10이 이 자료의 중앙값이다. 만약 8번째 경기에서 A선수가 얻은 득점이 42점이라고 하면, 이 점수를 포함시켜 얻은 자료의 크기순 점수는 0 3 6 10 14 21 35 42이고, $(10+14)/2=12$가 새로운 자료의 중앙값이 된다.

중앙값은 자료에 포함된 이상값들의 영향을 받지 않으나 자료의 수가 아주 많은 경우 자료를 크기 순서로 배열하여 중간위치에 해당하는 값을 찾는 데 어려움이 따른다.

예제 3

다음 도수분포표는 2006년 1학기에 D대학에서 개설한 정보통계학 수강생들이 한 학기 동안 결석한 일수를 조사하여 나타낸 것이다. 이 표로부터 결석횟수 자료의 중앙값을 구하시오.

표 3.2 ▌결석일수자료

결석일수	도수(학생수)	누적도수
0	10	10
1	10	20
2	8	28
3	4	32
4	8	40

풀이》 자료는 측정값이 짝수인 40개로, 중앙값은 측정값들을 크기 순서로 배열했을 때 20 $(n/2)$번째와 21$(n/2+1)$번째 값의 산술평균값이 된다. 따라서, 결석일수의 중앙값은 $(1+2)/2=1.5$이다.

예제 4

어느 마라톤 선수가 국내 6개 마라톤 대회에서 거둔 성적은 3등, 5등, 4등, 6등, 2등, 85등이다. 이 자료의 대푯값을 구하시오.

풀이 》 자료의 평균은 $\mu = 17.5$등이다. 그러나, 이 선수가 5번째 대회까지는 6등이 최저 성적이었음을 감안할 때 평균 17.5등은 이 선수의 성적을 대표한다고 볼 수 없다. 이 경우 중앙값인 $(4+5)/2 = 4.5$를 대푯값으로 사용하는 것이 바람직하다.

3.1.3 최빈값

최빈값(mode)은 자료의 측정값들 중에서 가장 높은 빈도를 갖는 값이다. 최빈값은 평균과 중앙값과는 달리 질적 자료에 사용되는 대푯값이다.

예제 5

관측된 자료가 1, 1, 3, 3, 2, 3, 8일 때 최빈값은 3이다.

최빈값을 사용할 경우 다음과 같은 장단점이 있다.

장점

① 최빈값은 중앙값과 함께 자료에 포함된 이상값들의 영향을 받지 않는 대푯값이다. 여기서 이상값이란 자료를 크기 순서로 나열했을 때 그 크기가 다른 값들에 비해 훨씬 크거나 작은 값을 의미한다.

예제 6

두 자료 A와 B의 최빈값은 2이다.

A : 1, 2, 2, 2, 3, 78   B : 1, 2, 2, 2, 3, 8

② 최빈값은 질적 자료의 분석에서 유일하게 사용되는 대푯값이다.

예제 7

대학생 12명을 대상으로 혈액형을 조사한 결과,

A, A, B, A, AB, O, O, B, O, A, B, AB

를 얻었다. 이 명목자료의 최빈값은 A형이다.

③ 최빈값은 자료가 숫자로 관측되었으나 그 숫자가 질적인 의미를 가졌을 경우 유일하게 사용되는 대푯값이다.

예제 8

자료 02, 051, 042, 02, 051, 042, 042는 어느 시점에서 통화된 시외통화의 지역번호를 조사한 자료이다. 이 자료는 051(부산)과 같이 숫자가 질적인 의미를 지녔다. 대푯값은 최빈값 042(대전)이다.

단점

① 자료의 측정값들이 모두 동일한 빈도수를 가진 경우, 그 자료에는 최빈값이 존재하지 않는다.

예제 9

측정값이 적색, 백색, 갈색, 청색일 때 이 자료의 최빈값은 존재하지 않는다.

② 자료에 따라 여러 개의 최빈값이 존재할 수 있다.

예제 10

측정값들이 2, 2, 3, 3, 4, 5, 6일 때 2와 3이 최빈값이며, 이러한 자료를 이봉자료(bimodal data)라 한다.

3.1.4 중앙범위

자료의 측정값들 중에서 얻은 최댓값과 최솟값의 산술평균을 중앙범위(midrange)라고 한다.

예제 11

다음 자료는 여중생 8명의 몸무게를 측정한 것이다.

32, 38, 45, 44, 27, 36, 40, 38

중앙범위를 구하시오.

풀이》 자료 중에서 최댓값은 $U = 45$, 최솟값은 $L = 27$이다. 그러므로,
중앙범위 $= (U + L)/2 = 36$

3.2 자료의 위치점

어느 자료의 p % 위치점(position point)이란, 자료의 측정값들을 작은 것부터 크기 순서로 나열하였을 때 전체 측정값 중에서 주어진 비율 p만큼의 측정값들이 그 값보다 작거나 같고 $(1-p)$ 비율만큼의 측정값들이 그 값과 같거나 큰 값으로 정의된다. 위치점의 전형적인 예는 중앙값이며, 그 외에도 백분위수(percentiles), 십분위수(deciles) 그리고 사분위수(quartiles)가 있다.

예제 12

자료의 분포에서 50%($p = 0.5$)가 중앙값과 같거나 작고 나머지 50%가 중앙값과 같거나 크다. 그러므로 중앙값은 50% 위치점이다.

3.2.1 백분위수

백분위수

n% 백분위수 p_n은 측정값들을 작은 것부터 크기 순서로 나열하였을 때 적어도 n%의 측정값들이 p_n과 같거나 작고, $(100-n)$%의 관측값들이 p_n과 같거나 큰 값이 되도록 하는 값으로 정의된다.

예제 13

다음의 줄기-잎 그림(stem-and-leaf diagram)에서 25% 백분위수 p_{25}를 구하시오.

3	4	4	6	9				
4	3	6	7	[8]	[9]			
5	0	1	1	5	7	7	8	9
6	0	0	4	4	7			
7	1	5	8	8	8	9		
8	4	6	8	8				

풀이 표본의 크기는 32이다. 정의에 의하면 p_{25}는 측정값들을 작은 것부터 순서대로 나열하였을 때 $32\times(25\%)=8$개의 측정값들이 p_{25}와 같거나 작고 $32\times(75\%)=24$개의 측정값들이 p_{25}와 같거나 큰 값이어야 된다. 이 두 조건을 만족시키는 값은 $p_{25}=(48+49)/2=48.5$이다.

예제 14

위의 줄기-잎 그림에서 30% 백분위수를 찾으면 $p_{30}=50$이 된다.

3.2.2 사분위수

자료의 분포에는 3개의 사분위수(quartile)가 있다. 사분위수는 제1사분위수(Q_1), 제2사분위수(Q_2), 그리고 제3사분위수(Q_3)로 구분된다. 이들은 자료의 측정값들을 작은 것부터 크기 순서로 나열한 것을 25%씩 4등분하는 위치점들이며, 백분위수와는 다음과 같은 관계가 있다.

① $Q_1=p_{25}$ (25% 백분위수)

② $Q_2=\tilde{x}$ (중앙값) $=p_{50}$ (50% 백분위수)

③ $Q_3=p_{75}$ (75% 백분위수)

3.2.3 십분위수

십분위수는 자료의 측정값들을 작은 것부터 크기 순서대로 나열한 것을 10등분하는 위치점들이다. 자료의 십분위수는 9개가 있다. 십분위수는 제1십분위수(D_1), 제2십분위수(D_2), …, 제9십분위수(D_9)로 구분된다. 그리고, 십분위수와 백분위수의 관계는 $D_1 = p_{10}$, $D_2 = p_{20}$, $\cdots, D_9 = p_{90}$이 성립된다.

예제 15

역도선수 12명을 대상으로 팔목힘(kg)을 조사한 자료가 다음과 같다.

80.6	89.9	101.4	102.6	115.0	120.1
123.4	126.3	131.8	138.6	151.6	160.5

1) 제1사분위수를 구하시오.
2) 제2십분위수를 구하시오.

풀이 1) 제1사분위수는 25% 백분위수이므로 $12 \times (25\%) = 3$개의 측정값들이 Q_1과 같거나 작고 $12 \times (75\%) = 9$개의 측정값들이 Q_1과 같거나 큰 것을 만족시키는 Q_1값의 후보를 찾으면, 101.4와 102.6의 중앙값이 이에 해당된다.
따라서 $Q_1 = (101.4 + 102.6)/2 = 102$이다.

2) 제2십분위수 D_2는 20% 백분위수이므로 $12 \times (20\%) = 2.4$개의 측정값들이 D_2와 같거나 작고 $12 \times (80\%) = 9.6$개의 측정값들이 D_2와 같거나 큰 것을 만족시키는 D_2값을 찾으면 $D_2 = 101.4$이다.

앞에서 배운 위치점들은 자료의 모든 측정값들이 모두 주어져야 정확하게 구할 수 있다. 만약 자료가 아래와 같은 도수분포표로 기술되어 있을 때에는 그 값을 정확하게 구할 수 없다. 다만 아래에서 설명된 방법으로 위치점들을 근사적으로 구한다. 도수분포표로부터 위치점을 계산하는 절차를 60% 백분위수 p_{60}의 계산 예로 설명해 보자.

표 3.3 | 도수분포표

계급	계급값 (x^*)	도수(f)	누적도수(F)
1~5	2.5	3	3
5~10	7.5	2	5
10~15	12.5	5	10
15~20	17.5	8	18
20~25	22.5	7	25
25~30	27.5	10	35
합 계		35	

먼저 $n = 35$의 측정값들 중에서 $35 \times 0.6(60\%) = 21$번째 측정값(p_{60})이 위치한 계급(20~25)을 찾아 다음 공식을 사용하여 p_{60}을 구한다.

도수분포표상에서 백분위수 계산공식

$$L + (\frac{n \times \text{백분율} - F}{f}) \times w$$

단, L = 백분위수가 위치한 계급의 하한
F = 백분위수가 위치한 계급 전까지의 누적도수
f = 백분위수가 위치한 계급의 도수
w = 중앙값이 속한 계급의 폭

$$p_{60} = 20 + \frac{(21-18)}{7} \times 5 = 22.14$$

위 식은 백분위수뿐 아니라 중앙값, 사분위수 및 십분위수의 계산에도 적용된다. 즉, 구하는 수를 백분위수로 나타낸 후 위 공식을 이용하여 위치점을 계산한다.

3.3 산포도를 나타내는 통계값

일반적으로 앞에서 배운 대푯값과 위치점만으로는 측정된 자료의 분포가 가진 특징을 적절하게 설명할 수 없다. 예를 들어 보자. 다음의 도수분포표는 "갑"과 "을" 두 양궁선수가 각각 화살을 25발씩 쏘아 얻은 점수를 나타낸 것이다.

점수		1	2	3	4	5	6	7	8	9	10
도수	갑	2	3	4	7	2	1	1	1	2	2
	을	0	0	7	9	6	5	0	0	0	0

위 표의 자료에 의하면 "갑"과 "을"의 평균득점은 $\overline{x} = 4.68$로 동일하다. 그러나 "갑"과 "을"의 득점 패턴에는 현저한 차이가 있다. 〈그림 3.1〉에 의하면 "갑"이 득점한 점수가 "을"의 점수보다 더 산포(dispersion)되어 있어 "갑"점수의 변동성(variability)이 "을"보다 더 큼을 알 수 있다.

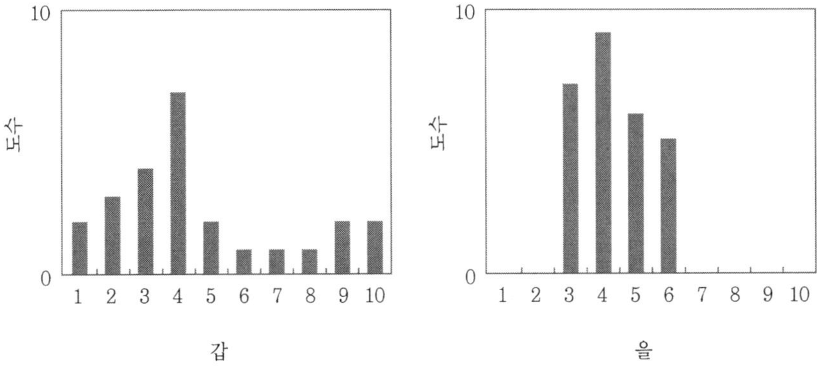

그림 3.1 두 선수의 득점에 대한 막대그래프

우리는 앞의 예에서 측정된 자료의 분포를 적절하게 설명하기 위해서 대푯값과 위치점 이외에도 자료의 변동성(또는 산포도의 정도)을 측정하는 통계값이 필요함을 알았다.

> **산포도**
>
> 자료(모집단자료 또는 표본자료)의 측정값들이 그 대푯값 주위에서 어느 정도 크기의 변동을 하며 분포되어 있는가를 계량하는 통계값

변동성은 통계학에서 매우 중요한 개념이기 때문에, 현재 양적 자료의 변동성을 계량할 수 있는 산포도가 여러 종류 개발되어 있다. 그중에서 현재 자주 사용되는 산포도인 범위(range), 사분위수 범위(interquartile range), 분산(variance), 표준편차(standard deviation) 그리고 변이계수(coefficient of variation)에 대해서 알아보기로 하자.

3.3.1 범위

범위

자료의 측정값이 $x_1, x_2, \cdots, x_n$일 때 범위는 $R = U - L$로 정의된다. 단,

$$U = \text{최댓값} = \max_{1 \le i \le n} \{x_i\}, \quad L = \text{최솟값} = \min_{1 \le i \le n} \{x_i\}$$

이다.

예제 16

어느 가족의 연령분포가 30, 2, 1, 7, 4, 32, 10일 때 범위는

$$R = U - L = 32 - 1 = 31$$

이다.

범위(range)는 계산이 간단하여 가끔 계산이 복잡한 산포도를 간접적으로 추정하는 데도 사용된다. 그러나, 유용하게 사용되는 산포도는 아니며 자료에 포함된 이상값에 크게 영향을 받는다.

예제 17

A와 B 실직선 상에 나타낸 두 자료의 산포도는 어느 것이 큰가? 두 자료의 범위는 $R = 16$으로 같다. 그러나 〈그림 3.2〉에 의하면 자료 A가 자료 B보다 더 산포되어 있다. 이 예는 범위가 유용한 산포도가 아님을 보여준다.

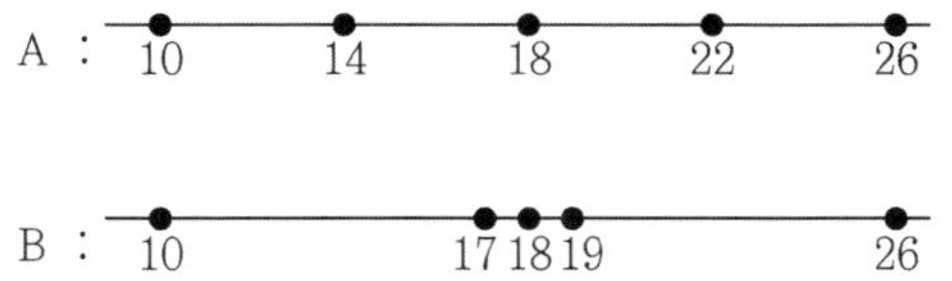

그림 3.2 기금 수령분야 막대그래프

3.3.2 사분위수 범위

> **사분위수 범위**
>
> 자료의 제1사분위수를 Q_1, 제3사분위수를 Q_3라 할 때 사분위수 범위를 IQR로 나타내고 $IQR = Q_3 - Q_1$으로 정의된다.

사분위수 범위(interquartile range)는 자료에 포함된 이상값들의 영향을 받지 않으며, 중앙값을 대푯값으로 사용할 때, 이에 대응하는 산포도로 사분위수 범위를 사용한다.

예제 18

다음은 중년남성 21명을 대상으로 측정한 폐활량지수(ml/kg · min)이다. 이 자료의 사분위수 범위를 구하시오.

12.81	14.95	15.83	15.97	17.90	18.27	18.34	19.82	19.94	20.62
20.88	20.93	20.99	21.15	22.16	22.24	23.16	23.56	24.01	35.78
36.73									

풀이 적어도 $(0.25)(21) = 5.25$개의 측정값들이 Q_1과 같거나 작고, 적어도 $(0.75)(21) = 15.75$개 측정값들이 Q_1값과 같거나 큰 Q_1값을 자료에서 찾으면 $Q_1 = 18.27$이다. 같은 방법에 의하면 $Q_3 = 22.16$임을 알 수 있다. 따라서, $IQR = Q_3 - Q_1 = 22.16 - 18.27 = 3.89$이며 범위와는 달리 이상값인 36.73과 35.78의 영향을 받지 않음을 알 수 있다.

앞에서 배운 범위와 사분위수 범위는 그 계산에 자료의 일부분만을 사용하고 있어 측정값들이 가진 산포에 대한 정보를 모두 반영하지 못한다. 즉 범위의 계산에는 측정값들의 최댓값과 최솟값만 필요하며, 사분위수 범위의 계산에는 Q_1보다 작고 Q_3보다 큰 측정값들의 정보는 제외된다. 한편 앞으로 배울 분산(variance)과 표준편차(standard deviation)는 자료에 있는 측정값들을 모두 사용하여 계산하는 것으로 이상값이 없는 경우 범위와 사분위수 범위보다 더 정확한 산포도로 평가받고 있다.

3.3.3 분산과 표준편차

측정값들이 $x_1, x_2, \cdots, x_N$인 유한 모집단의 자료와 측정값들이 $x_1, x_2, \cdots, x_n$인 표본자료의 분산(variance)은 각각 다음과 같이 정의된다.

분산

• 모집단 분산(population variance) : $\sigma^2 = \dfrac{\sum_{i=1}^{N}(x_i - \mu)^2}{N}$

• 표본 분산(sample variance) : $s^2 = \dfrac{\sum_{i=1}^{n}(x_i - \overline{x})^2}{n-1}$

여기서 모분산은 표본분산인 s^2("에스 제곱"으로 읽음)과 구분하며 σ^2("시그마 제곱"으로 읽음)으로 표기한다.

분산의 계산에 필요한 용어들을 알아보자. i 번째 관측값 x_i 와 평균의 차인 $x_i - \overline{x}$(또는 $x_i - \mu$) 값을 편차점수(deviation score)라 하고, 모든 관측값들의 편차점수의 제곱합인 $\sum_{i=1}^{n}(x_i - \overline{x})^2$(또는 $\sum_{i=1}^{N}(x_i - \mu)^2$)을 제곱합(sum of squares)이라 한다. 편차점수와 제곱합의 성질은 다음과 같다.

① $\sum_{i=1}^{N}(x_i - \mu) = 0$ 또는 $\sum_{i=1}^{n}(x_i - \overline{x}) = 0$

② $\sum_{i=1}^{N}(x_i - \mu)^2 = \sum_{i=1}^{N}x_i^2 - N\mu^2$ 또는 $\sum_{i=1}^{n}(x_i - \overline{x})^2 = \sum_{i=1}^{n}x_i^2 - n\,\overline{x}^2$

예제 19

A 고등학교에서 표본으로 뽑은 학생 5명의 영어점수는 62, 80, 83, 72, 73이었다. 이 자료의 분산을 구하시오.

풀이

• 표본평균 : $\overline{x} = \frac{1}{5}(62+80+83+72+73) = 74$

• 제곱합 : $\sum_{i=1}^{5}(x_i-\overline{x})^2 = (62-74)^2+(80-74)^2+(83-74)^2$

$+(72-74)^2+(73-74)^2 = 226$

또는 $\sum_{i=1}^{5}x_i^2 - n\overline{x}^2 = 62^2+80^2+83^2+72^2+73^2-5(74)^2 = 226$

따라서, $s^2 = \sum_{i=1}^{5}(x_i-\overline{x})^2/(5-1) = 226/4 = 56.5$

예제 20

〈예제 19〉에서 주어진 영어점수가 다섯 학생으로 구성된 모집단의 자료인 경우 모집단의 분산은 $\sigma^2 = 226/5 = 53.2$가 된다.

때때로 자료가 아래와 같은 도수분포표로 기술되어 있을 때, 이 표로부터 분산을 근사적으로 구해야 할 경우가 있다.

계급	계급값 (x^*)	도수 (f)
$a_0 \sim a_1$	x_1^*	f_1
$a_1 \sim a_2$	x_2^*	f_2
⋮	⋮	⋮
$a_{k-1} \sim a_k$	x_k^*	f_k
총도수		N 또는 n

이때 사용되는 분산의 계산식은 다음과 같다.

도수분포표에서의 근사분산 계산식

k개 계급으로 구성된 도수분포표의 계급값을 x_1^*, x_2^*, $\cdots$, x_k^* 그리고 이에 대응하는 도수를 각각 f_1, f_2, $\cdots$, f_k라고 하면, 자료의 분산은 다음 공식에 의해 근사적으로 계산된다.

$$\text{유한 모집단의 분산 : } \sigma^2 = \frac{\sum_{i=1}^{k} f_i (x_i^* - \mu)^2}{N}, \quad \text{단 } \mu = \frac{1}{N}\sum_{i=1}^{k} f_i x_i^*$$

$$\text{표본분산 : } s^2 = \frac{\sum_{i=1}^{k} f_i (x_i^* - \overline{x})^2}{n-1}, \quad \text{단 } \overline{x} = \frac{1}{n}\sum_{i=1}^{k} f_i x_i^*$$

위 식에서 분자의 계산에 $\sum_{i=1}^{k} f_i (x_i^* - \mu)^2 = \sum_{i=1}^{k} f_i x_i^{*2} - N\mu^2$를 사용하면 분산의 계산이 훨씬 쉬워진다($s^2$의 계산에는 이 관계식에 μ 대신 $\overline{x}$ 를 대입시킴).

예제 21

다음 자료는 15명의 학생이 일주일간 지하철을 탄 횟수이다. 표본평균과 표본분산을 구하시오.

계급값(x^*)	10	15	17	20	22
빈도수(f)	1	3	5	2	4

풀이 다음은 계산과정을 나타낸 표이다.

x^*	f	$f x^*$	x^{*2}	$f x^{*2}$
10	1	10	100	100
15	3	45	225	675
17	5	85	289	1445
20	2	40	400	800
22	4	88	484	1936
	15	268		4956

위 표로부터

$$\overline{x} = \frac{1}{n}\sum_{i=1}^{5} f_i x_i^* = 268/15 = 17.87$$

$$\sum_{i=1}^{k} f_i\,(x_i^* - \bar{x})^2 = \sum_{i=1}^{k} f_i\,x_i^{*2} - n\,\bar{x}^2 = 4{,}956 - 15 \cdot (268/15)^2 = 167.73$$

따라서, $\bar{x} = 17.87,\ \ s^2 = 167.73/14 = 11.98$

분산공식에 의하면 분산의 측정단위가 측정값의 원래 단위의 제곱형태이므로 분산 값을 해석하는 데 어려움이 있다. 예를 들어, 측정값의 단위가 "원"이면 분산의 측정단위는 "원제곱"이 된다. 이 점을 감안하여 원래 자료를 단위로 나타낼 수 있는 분산의 양의 제곱근을 사용한 산포도가 제안되었으며, 이것을 표준편차(standard deviation)라 한다.

> **표준편차**
>
> 표본 표준편차 : $s = \sqrt{s^2} = \sqrt{\text{표본분산}}$
> 모집단 표준편차 : $\sigma = \sqrt{\sigma^2} = \sqrt{\text{모분산}}$

자료의 범위를 이용하면 계산이 복잡한 표본표준편차의 근사값을 간단히 계산할 수 있다. 표본 자료의 크기가 20 이상이고 종형분포(bell-shaped distribution)를 따르는 경우 아래의 공식으로 표본표준편차를 근사적으로 계산할 수 있다.

> **s의 근사 계산**
>
> $s \approx R/4$, 단 R은 범위

그리고 이 근사값은 표준편차 공식에 의해서 계산된 s의 계산에 오류가 있는지를 확인하는데 유용하게 사용된다. 즉, $R/4$ 과 s값을 비교해서 두 값이 서로 두 배 이상의 차이를 보이면 s의 계산에 오류가 있을 가능성이 크다.

예제 22

어떤 표본 자료의 최댓값은 90이고 최솟값은 30이다. 또한, 이 자료로부터 계산된 표준편차는 185였다. s의 계산 결과를 믿을 수 있는가?

풀이 》 범위는 $R = 90 - 30 = 60$이고 s의 추정값은 $s \approx 60/4 = 15$이다. 그러므로 추정된 값 15와 계산된 s값 185 간에 차이가 너무 커서 s의 계산에 오류가 있을 가능성이 크다.

분산과 표준편차는 자료의 측정값들이 평균을 중심으로 어느 정도 흩어져 분포하고 있는지를 측정하는 통계값이다. 그러나, 이들은 이상값(outliers)들의 영향을 많이 받는 산포도라는 것을 염두에 두고 사용해야 된다. 만약, 자료에 이상값이 포함되어 있으면 분산과 표준편차 대신 사분위수 범위를 산포도로 사용하는 것이 바람직하다.

한편, 러시아 수학자 체비셰프(chebyshev)는 자료의 측정값들이 평균을 중심으로 어느 정도 퍼져 분포하는지를 표준편차의 크기와 연계시켜 나타낼 수 있도록 하는 다음의 정리를 제시하였다.

체비셰프 정리

분포의 모양에 관계없이 표본자료의 평균을 $\overline{x}$, 표준편차를 s라고 할 때, $\overline{x} \pm ks$구간 내에 분포하는 측정값들의 비율은 $(1 - \frac{1}{k^2})$ 이상이다. 단, $k \geq 1$인 실수이다.

자료가 모집단의 자료인 경우에도 체비셰프의 정리는 성립하며, 이때는 $\overline{x}$와 s 대신 μ와 σ를 각각 사용하면 된다.

예제 23

만일 $k = 3l2$이면 $1 - 1/(3/2)^2 = \frac{5}{9} \approx 56\%$이다. 체비셰프 정리에 의하면 $\overline{x} \pm 1.5\,s$구간 내에 적어도 자료의 56%가 분포한다.

예제 24

자료의 평균이 $\overline{x} = 52.89$이고 표준편차는 $s = 12.94$라 하자. 체비셰프 정리에 의하면, $\overline{x} \pm 2s = 52.89 \pm 12.94$ 구간 내에 $1 - 1/2^2 = 75\%$ 이상의 자료가 분포한다.

3.3.4 변이계수

변이계수

자료의 측정값 분포에서 평균을 $\overline{x}$, 표준편차를 s라 할 때, 이 자료의 변이계수(coefficient of variation) V_c는

$$V_c = \frac{s}{\overline{x}} \times 100\,(\%) \text{ (표본 자료)}$$

로 정의된다. 이때, V_c^2을 상대분산(relative variance)이라 한다. 모집단 자료인 경우는 다음과 같다.

$$V_c = \frac{\sigma}{\mu} \times 100\,(\%) \text{ (모집단 자료)}$$

변이계수는 상대적 산포도(relative dispersion)라고 하며, 앞에서 이미 설명한 산포도들은 절대적 산포도(absolute dispersion)라고 한다. 변이계수는 성질이나 평균이 크게 다른 여러 집단의 산포도를 서로 비교하는 데 사용되며, 보통 백분율(%)로 나타낸다.

예제 25

40대 여자의 체중과 10대 여자의 체중비교가 아래와 같다. 변이계수를 구하여 비교하시오.(단위 : kg)

	$\overline{X}$	s
40대	51	5
10대	26.5	3.7

풀이 》 40대 : $V_c = 5/51 \times 100 = 9.8(\%)$

10대 : $V_c = 3.7/26.5 \times 100 = 14.0(\%)$

따라서 10대의 산포도가 크다.

3.4 자료의 적률

평균이나 분산식인 $\overline{x} = \frac{1}{n}\sum_{i=1}^{k} f_i x_i$, $s^2 = \frac{1}{n-1}\left(\sum_{i=1}^{k} f_i x_i^2 - n\,\overline{x}^2\right)$에서 알 수 있듯이 기술통계에서 자료의 분포를 설명하는데 사용되는 중요한 통계량은 적률(moments)로 정의되는 $\frac{1}{n}\sum_{i=1}^{k} f_i x_i$, $\frac{1}{n}\sum_{i=1}^{k} f_i x_i^2$, $\frac{1}{n}\sum_{i=1}^{k} f_i x_i^3$과 같은 식들의 결합으로 표현되는 것을 알 수 있다. 이 절에서는 여러 종류의 적률과 그 계산식에 관하여 설명한다.

3.4.1 원점에 관한 적률

자료에 있는 $n\left(= \sum_{i=1}^{k} f_i\right)$개 측정값들의 도수분포표가 다음과 같고, 그 평균을 $\overline{x}$, 분산을 s^2이라 하자.

X의 측정값 또는 계급값	x_1	x_2	$\cdots$	x_k
도수(f)	f_1	f_2	$\cdots$	f_k

원점에 관한 r차 표본적률

n개 측정값들의 원점에 관한 r차 표본적률(the r-th sample moment about the zero)을 ν_r로 나타내면

$$\nu_r = \frac{1}{n}\sum_{i=1}^{k} f_i\, x_i^r$$

과 같이 정의된다. 여기서, $\nu_0 = 1$ 이고$\nu_1 = \overline{x}$ 이다.

3.4.2 평균에 관한 적률

평균에 관한 r차 표본적률

n개 측정값들의 평균에 관한 r차 표본적률(the r-th sample moment about the mean)을 μ_r로 나타내면

$$\mu_r = \frac{1}{n}\sum_{i=1}^{k} f_i\,(x_i - \overline{x})^r$$

과 같이 정의된다. 여기서, $\mu_0 = 1$, $\mu_1 = 0$, $\mu_2 = \frac{1}{n}\sum_{i=1}^{k} f_i\,(x_i - \overline{x})^2 = S^2$이다.

3.4.3 계승적률

계승적률

n개 측정값들의 r차 계승적률(the r -th factorial moment)을 $\alpha_{[r]}$이라 하면

$$\alpha_{[r]} = \frac{1}{n}\sum_{i=1}^{k} f_i x_i (x_i - 1)(x_i - 2) \cdots (x_i - r + 1)$$

로 정의된다.

3.4.4 표준화적률

표준화적률

측정값 $x_1, x_2, \cdots, x_k$의 표준점수(standard scores)들을 $u_1, u_2, \cdots, u_k$라 하자. r차 표준화적률(r-th standardized moments)이란 u_i들의 평균에 관한 r차 표본적률로 정의되며 α_r로 나타낸다(단, $u_i = (x_i - \overline{x}) / s,\ i = 1, 2, \cdots, k$).

표준점수들의 평균과 표본분산은 $\overline{u} = 0$과 $s_u^2 = 1$이다. 따라서, $u_1, u_2, \cdots, u_k$의 평균에 관한 r차 표본적률은 다음과 같다.

$$\begin{aligned}\alpha_r &= \frac{1}{n}\sum_{i=1}^{k} f_i (u_i - \overline{u})^r \\ &= \frac{1}{n}\sum_{i=1}^{k} f_i u_i^r \\ &= \frac{1}{n}\sum_{i=1}^{k} f_i \left(\frac{x_i - \overline{x}}{s}\right)^r \\ &= \frac{\mu_r}{s^r}\end{aligned}$$

3.4.5 왜도(또는 비대칭도)와 첨도

측정값들의 평균과 표준편차(또는 분산)의 값만으로는 자료가 가진 분포모양을 완전하게 설명할 수 없다. 자료 분포의 특징을 더 정확하게 기술하는 데에는 이들과 함께 표준화적률(standardized moments)이 사용된다.

예를 들어, 50명으로 구성된 A, B, C 세 그룹의 성적이 다음 표와 같은 경우를 생각하자.

점수	인원수
20	0
30	6
40	12
50	14
60	12
70	6
80	0
	50

(A)

점수	인원수
20	2
30	2
40	10
50	22
60	10
70	2
80	2
	50

(B)

점수	인원수
20	0
30	2
40	20
50	12
60	10
70	4
80	2
	50

(C)

이 자료들의 평균과 표준편차를 각각 구하면 세 반 모두 평균(50점)과 표준편차(12점)가 같다. 그러나 분포상태는 현저히 다르다. 이것을 히스토그램으로 그려보면 다음과 같다.

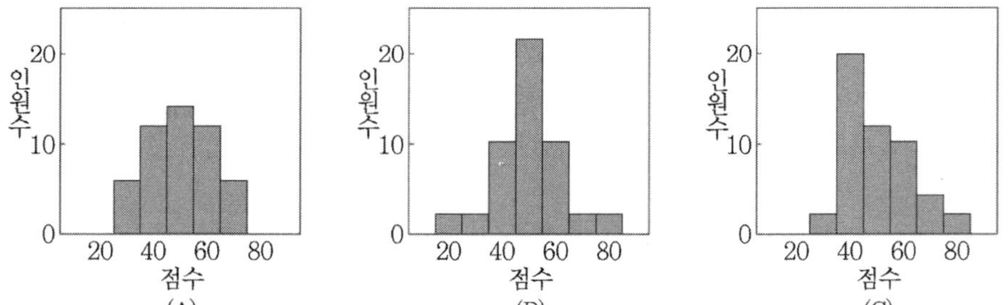

(A) (B) (C)

히스토그램으로부터 알 수 있듯이 (A)와 (B)는 평균 50점에 관하여 대칭이나 (C)는 비대칭이다. 또 대칭인 (A)와 (B)를 비교할 때 (A)보다는 (B)에서 꼬리부분(평균에서 멀리 떨어진 부분)에 자료가 더 많이 관측되고 있음을 알 수 있다. 분포의 대칭이나 비대칭 또는 분포에서 꼬리부분의 두꺼운 정도를 판정하는 데 쓰이는 통계값에는 왜도(歪度, skewness)와 첨도(尖度, kurtosis)가 있다.

왜도와 첨도

측정값들의 왜도(또는 비대칭도)는 3차 표준화 적률인 $\alpha_3 = \dfrac{\mu_3}{\sigma^3}$로 정의하고, 첨도(첨예의 정도)는 4차 표준화 적률인 $\alpha_4 = \dfrac{\mu_4}{\sigma^4}$로 정의된다.

자료의 분포가 평균을 중심으로 보이는 비대칭의 정도 및 형태를 왜도의 값으로 설명할 수 있다. 위의 예에서 그림 (A)와 (B)는 히스토그램이 평균 50을 중심으로 대칭이다. 이와 같이, 대칭형 히스토그램을 가진 자료의 왜도는 $\alpha_3 = 0$이며, 그림 (C)와 같이 분포의 우측에 긴 꼬리(우 비대칭 분포)가 있는 경우는 $\alpha_3 > 0$이 되고 이와 반대로 좌측에 긴 꼬리(좌 비대칭 분포)가 있는 경우는 $\alpha_3 < 0$의 값을 가진다.

분포에서 꼬리부분의 두꺼움 정도를 측정하는 첨도는 $\alpha_4 = 3$일 때 중첨(mesokurtic), $\alpha_4 > 3$인 경우는 급첨(leptokurtic), $\alpha_4 < 3$일 때는 완첨(platykurtic)이라 한다. 경우에 따라, $\beta = \alpha_4 - 3$을 첨도로 사용하기도 한다. 앞으로 배울 정규분포는 왜도와 첨도가 각각 $\alpha_3 = 0$과 $\alpha_4 = 3$인($\beta = 0$) 분포이다.

3.5 표준점수

어느 학생이 전국적으로 치른 수능시험에서 얻은 점수가 어느 정도 수준인지 알고자 한다. 이때 표준점수는 그 학생의 점수가 다른 학생들과 비교해 어느 정도인지를 나타내는 상대적인 위치를 나타내는 측도로 사용된다.

표준점수

어느 자료의 평균과 분산을 알고 있을 때 그 자료의 i번째 측정값 x_i의 표준점수는 다음과 같다.

- 모집단 자료의 경우 : $Z = \dfrac{x_i - \mu}{\sigma}$
- 표본자료인 경우 : $Z = \dfrac{x_i - \overline{x}}{s}$

위와 같이 정의된 표준점수(standard scores)를 Z점수(Z score)라 부르기도 한다. 표준점수는 측정단위가 없는 단순한 숫자이며, 이런 이유로 표준점수는 서로 다른 분포를 가진 자료의 측정값들을 상호 비교하는 데에도 사용된다.

예제 26

갑은 SAT의 수학부문에서 700점을 기록했고, 을은 CPT(College Placement Test)의 수학부문에서 24점을 받았다. SAT 수학점수의 평균과 표준편차는 500점과 100점이고, CPT 수학점수의 평균과 표준편차는 각각 18점과 6점이었다. 두 시험이 모두 학생의 수학에 대한 능력을 시험하는 것이라고 가정한다면, 두 학생 중에서 어느 학생이 더 시험 석차가 좋은가?

풀이 갑의 Z점수는 $(700-500)/100=2$이고 을은 $(24-18)/6=1$이다. 위의 정의에 의하면 갑과 을 모두 평균보다 높은 성적을 받았다. 또한, 갑은 SAT 수학 평균점수보다 표준편차의 2배 더 높은 점수를 받았고, 을은 CPT 수학 평균점수보다 표준편차의 1배 더 높은 점수를 받았다. 따라서 갑이 을보다 더 좋은 석차를 기록했다.

예제 27

다음은 도시 15곳의 돼지고기 가격과 닭고기 가격을 조사한 표이다. 타 도시들과 비교해 볼 때 서울에서는 돼지고기 가격과 닭고기 가격 중 어느 것이 더 비싸게 거래된다고 생각하는가?

도시	돼지고기	닭고기
속초	661	400
부산	238	274
대구	127	108
대전	136	203
전주	206	260
광주	156	181
인천	233	315
성남	108	229
울산	199	398
진주	247	237
포항	195	176
부천	246	296
구리	535	254
시흥	419	238
서울	329	269

풀이 위의 자료에 의하면 돼지고기와 닭고기 가격의 평균은 각각 $\overline{x}_1 = 269$이고 $\overline{x}_2 = 256$이다. 표준편차는 각각 $s_1 = 157$, $s_2 = 77$이다. 이들을 갖고 서울에서의 돼지고기와 닭고기 가격의 Z점수를 계산하면, 돼지고기 가격의 Z점수$(Z_1) = (329 - 269)/157 = 0.38$이고 닭고기 가격의 Z점수$(Z_2) = (269 - 256)/77 = 0.17$이다. 따라서 타 도시와 비교해 볼 때 서울에서는 돼지고기가 닭고기보다 더 비싸게 거래되고 있다.

3.6 상자그림과 이상값

3.6.1 상자그림

상자그림(box plots)은 자료의 중심위치, 산포도, 대칭 또는 비대칭의 정도를 한꺼번에 보여주는 그림으로 상자-수염 그림(box-and-whisker diagrams)이라고도 한다. 이 그림은 사분위수들과 측정값들의 최댓값 및 최솟값을 이용하여 다음과 같이 그린다.

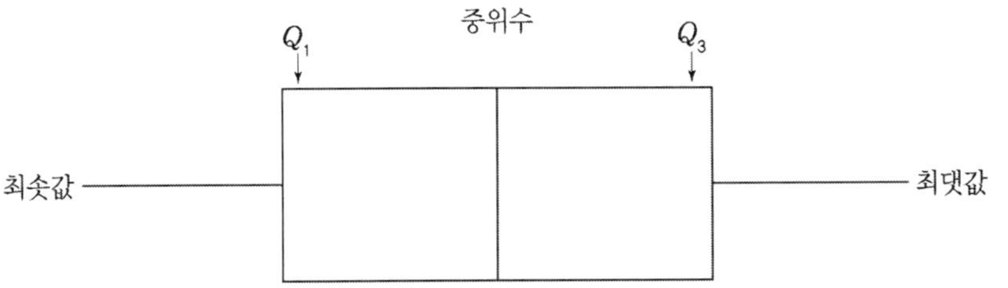

그림 3.3 상자그림

3.6.2 이상값

이상값(outlier)들은 자료에 포함된 극단적으로 크거나 작은 측정값들을 말하며, 가끔 기록오류나 입력오류에 의해 발생되기도 한다. 이상값들은 이미 배운 것과 같이 평균과 분산에 큰 영향을 주어, 결국은 자료의 중심위치 및 산포도의 측정을 왜곡시킨다. 따라서 이상값을 찾아 그것이 오류에 의한 것으로 판단되면 자료를 수정하거나 이상값을 자료에서 제외시키고, 중요한 의미를 가진 것이면 이를 자료에 포함시켜서 분석한다. 자료에서 이상값을 찾는 방법은 다음의 두 가지가 있다.

방법1 : 크기가 $n \geq 10$인 자료의 도수분포가 종형일 때, 이 자료에서 측정값의 Z점수가 3 이상 또는 -3 이하인 것들은 이상값으로 판단한다.

방법2 : 자료에서 제1사분위수(Q_1), 제3사분위수(Q_3) 및 사분위수 범위인 $IQR = Q_3 - Q_1$를 계산하고 측정값이 $Q_1 - 1.5\,IQR$보다 작거나 $Q_3 + 1.5\,IQR$보다 크면 이상값으로 판단한다.

예제 28

다음 자료는 중년 남성 21명의 폐활량을 조사한 것이다. 이들 중에서 마지막 자료 35.78이 이상값인지 알아보시오.

12.81, 14.95, 15.83, 15.97, 19.90, 18.34, 19.82, 19.94, 20.62, 36.73, 20.88, 20.93, 20.98, 21.15, 22.24, 23.16, 22.24, 23.16, 23.56, 35.78

풀이 》 위의 자료에 대한 히스토그램이나 줄기－잎 그림을 그리면 도수분포가 종형이 아님을 알 수 있다. 따라서 이 자료의 이상값 탐색에 방법1은 사용할 수 없다.
방법2에 의하면, $Q_1 = 18.27$, $Q_3 = 22.16$이고 $IQR = Q_3 - Q_1 = 3.89$에 의해 $22.26 + 1.5(3.89) = 28.095$이다. 마지막 자료 35.78과 이 값을 비교하면 $35.78 > 28.095$가 되어 이상값이 된다.

EXCEL 실습

[실습 1] EXCEL 함수를 이용한 기술통계

다음은 20개 국가의 이자율을 조사한 자료이다. 이 자료들의 기술통계를 통계함수를 이용해 계산하는 연습을 해 보자.

4.4	6.4	3.0	4.1	0.8	5.7	2.0	3.9	1.9	5.7
2.8	4.1	3.8	1.6	3.4	8.4	5.2	6.9	2.7	1.9

1단계 : 자료 입력

	A	B
1	이자율	
2	4.4	
3	6.4	
4	3.0	
5	4.1	
6	0.8	
7	5.7	
8	2.0	
9	3.9	
10	1.9	
11	5.7	
12	2.8	
13	4.1	
14	3.8	
15	1.6	
16	3.4	
17	8.4	
18	5.2	
19	6.9	
20	2.7	
21	1.9	

2단계 : 엑셀 통계함수의 입력

D4에서 D15까지 엑셀 통계함수를 입력해 통계량을 구한다.

각 셀에 입력되는 내용은 다음과 같다.

평　균 : D4 = AVERAGE(A2 : A21)

분　산 : D5 = VAR(A2 : A21)

표준편차 : D6 = STDEV(A2 : A21)

중위수 : D7 = MEDIAN(A2 : A21)

최솟값 : D8 = MIN(A2 : A21)

최댓값 : D9 = MAX(A2 : A21)

범　위 : D10 = D9−D8

첨　도 : D11 = KURT(A2 : A21)

왜　도 : D12 = SKEW(A2 : A21)

제1사분위수 : D13 = QUARTILE(A2 : A21, 1)

제3사분위수 : D14 = QUARTILE(A2 : A21, 3)

사분위수범위 : D15 = D14−D13

	A	B	C	D
1	이자율			
2	4.4		자료의 요약	
3	6.4			
4	3		평균	3.935
5	4.1		분산	3.905552632
6	0.8		표준편차	1.976247108
7	5.7		중위수	3.85
8	2		최소값	0.8
9	3.9		최대값	8.4
10	1.9		범위	7.6
11	5.7		첨도	-0.161759611
12	2.8		왜도	0.539677538
13	4.1		제1사분위수	2.525
14	3.8		제3사분위수	5.325
15	1.6		사분위수범위	2.8
16	3.4			
17	8.4			
18	5.2			
19	6.9			
20	2.7			
21	1.9			
22				

[실습 2] EXCEL 함수를 이용한 기술통계 계산

다음으로 엑셀의 데이터 분석 도구를 이용해 기술 통계량을 구하여 보자.

1단계 : 메뉴에서 [데이터] → [데이터 분석]을 선택

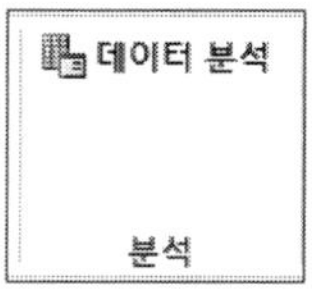

2단계 : [통계 데이터 분석] 대화상자가 나타나면 [기술 통계법]을 선택

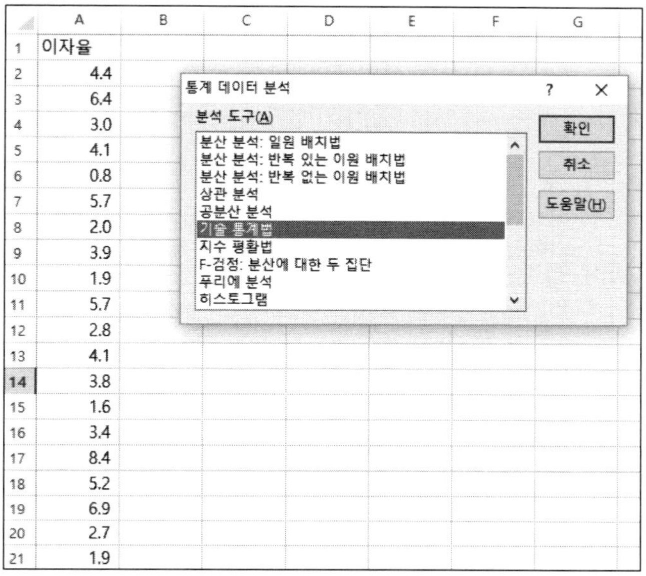

3단계 : [기술 통계법] 대화상자가 나타나면 [입력]과 [출력 옵션]을 입력

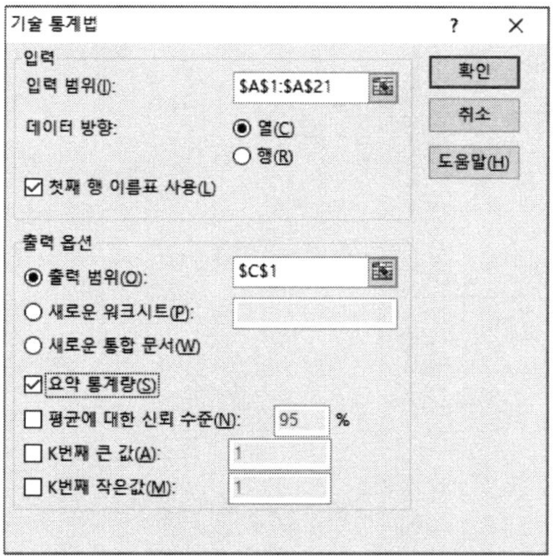

[입력]

입력범위 : A1 : A21
데이터 방향 : 열 선택
첫째 행 이름표 사용 : 선택

[출력 옵션]

출력 범위 : C1

요약 통계량 : 선택

지정이 끝났으면 확인 단추를 누름.

다음과 같은 출력이 워크시트에 출력된다.

	A	B	C	D	E
1	이자율		이자율		
2	4.4				
3	6.4		평균	3.935	
4	3.0		표준 오차	0.441902	
5	4.1		중앙값	3.85	
6	0.8		최빈값	4.1	
7	5.7		표준 편차	1.976247	
8	2.0		분산	3.905553	
9	3.9		첨도	-0.16176	
10	1.9		왜도	0.539678	
11	5.7		범위	7.6	
12	2.8		최소값	0.8	
13	4.1		최대값	8.4	
14	3.8		합	78.7	
15	1.6		관측수	20	
16	3.4				
17	8.4				
18	5.2				
19	6.9				
20	2.7				
21	1.9				

연습문제

01 어느 볼링선수가 6게임에서 얻은 득점이 201, 187, 162, 234, 208, 198이었다. 이 자료를 갖고 다음의 통계값들을 구하시오.

1) 평균 2) 중앙값 3) 최빈값

4) 중앙범위 5) Q_1과 Q_3 6) D_4

02 각각 15명, 20명, 10명, 18명으로 구성된 4개의 학급이 있다. 각 학급의 평균체중이 각각 63kg, 62kg, 66kg, 64kg이라면 전체 학생들의 평균체중은 얼마인가?

03 다음 도수분포표는 대기업 간부 100명의 연봉(백만 원)을 나타낸 것이다.

연봉	55	60	70	80	300
도수	7	5	6	4	3

이 표로부터 다음의 통계값들을 구하시오.

1) 중앙값 2) 평균 3) 중앙범위 4) 왜도

5) IQR 6) D_6 7) 표준편차

04 자료의 측정값들이 백분율로 주어졌을 때, 이 자료의 평균계산에는 주로 기하평균(geometric mean)이 사용된다. 기하평균은

$$\bar{x}_g = (x_1 \times x_2 \times \cdots \times x_n)^{1/n}, \qquad \text{단 } x_i > 0, \quad i = 1, 2, \cdots, n$$

다음의 백분율 자료 95%, 125%, 140%, 100%로부터 기하평균을 계산하시오.

05 다음은 어느 공장 근로자들의 연간 소득분포표이다(단위 : 만 원). 연간소득의 산술평균, 중앙값, 최빈값을 구하시오.

소득(X)	인원(f)
118~126	3
127~135	5
136~144	9
145~153	12
154~162	5
163~171	4
172~180	2

06 자료의 측정값들이 일정 거리를 달린 어떤 물체의 속도로 주어졌을 때, 이들의 평균속도 계산에는 조화평균(harmonic mean)이 사용된다. 주어진 일정구간 속도의 측정값들이 $x_1, x_2, \cdots, x_n$일 때 이들의 조화평균은

$$\overline{x_h} = n \,/\, \sum_{i=1}^{n} (1 \,/\, x_i)$$

로 정의된다. 만약 한 자동차 운전자가 40km를 달리는데 처음 20km를 30km/hr의 속도로, 그 이후 구간을 60km/hr로 달렸다면, 이 운전자가 40km의 거리를 달린 평균속도는 얼마인가?

07 다음은 한 학급의 통계학 시험점수를 도수분포표로 작성한 것이다.

시험점수(X)	도수(f)
50~59	2
60~69	12
70~79	26
80~89	15
90~99	5

1) 시험점수의 산술평균, 중앙값, 최빈값을 각각 구하시오.
2) 표준편차와 분산을 구하시오.
3) 왜도를 구하고 분포의 모양을 설명하시오.

08 **어떤 회사 사무직 직원 9명에 대한 월급(단위 : 만 원)을 조사한 결과 다음과 같은 자료를 얻었다.**

42	58	61	52	66	38	72	95	420

1) 평균과 중앙값을 구하시오.
2) 평균과 중앙값 중 어느 것을 중심위치를 나타내는 데 바람직한가?
3) 표준편차를 계산하시오.

09 **표본자료의 통계값들이 다음과 같을 때 표본분산(s^2)과 표본표준편차(s)를 계산하시오.**

1) $\sum_{i=1}^{n} x_i^2 = 52, \quad \sum_{i=1}^{n} x_i = 7, \quad n = 9$

2) $\sum_{i=1}^{n} x_i^2 = 25, \quad \sum_{i=1}^{n} x_i = 12, \quad n = 20$

10 **다음은 서울 올림픽의 여자 양궁 결승에서 한국선수와 스웨덴선수가 기록한 점수이다.**

회수	한국	스웨덴
1	118	119
2	116	105
3	117	110

1) 각 선수의 점수에 대한 평균과 표준편차를 구하시오.
2) 어느 나라 선수가 더 우수한 선수라고 판단되는지를 설명하시오.

11 **유한 모집단으로부터 얻은 자료가 4, 8, 12, 16, 20일 때, 다음의 모수들을 구하시오.**

1) μ
2) σ
3) 각 측정값들의 Z점수
4) Z점수들의 평균과 분산

12 **다음 자료의 상자그림을 작성하시오.**

1.32, 1.41, 0.95, 1.06, 1.18, 1.26, 0.99, 1.26, 1.10

13 통계학 시험을 본 다섯 학급(A, B, C, D, E)의 평균과 표준편차는 다음과 같다. 만일, 당신의 통계학 시험 점수가 75점일 때, 이 점수는 어느 학급에서 가장 석차가 높은 것일까?

A : $\mu = 65$, $\sigma = 10$　　B : $\mu = 70$, $\sigma = 5$　　C : $\mu = 55$, $\sigma = 15$
D : $\mu = 75$, $\sigma = 2$　　E : $\mu = 70$, $\sigma = 3$

14 다음 자료는 서울의 어느 초등학교 6학년 학생 60명의 앉은키를 조사한 결과이다. 범위와 사분위수를 구하시오.

76	74	80	81	83	82	78	76	83	76	81	73	77	77	72	75	76	77
82	79	75	71	78	75	82	70	77	71	80	81	80	75	82	72	85	84
82	72	72	70	77	80	71	85	85	80	78	78	73	81	82	72	78	81
82	78	83	81	77	75												

15 다음 표본자료는 특정 자동차 34대의 연비(km/ℓ)를 측정한 것이다.

9, 9, 13.5, 7, 6.5, 11, 9, 11.7, 11, 11, 12, 9.8, 5, 13, 8, 11, 9, 9,
8, 9, 10, 13, 13.7, 8, 13, 8, 13, 12, 11, 10.5, 9, 14, 10, 13

1) 자료의 상자그림을 작성하시오.
2) 자료 중에 이상값이 있으면 찾으시오.

16 80명으로 구성된 어떤 학급 학생들의 통계학 성적의 평균은 80점, 표준편차는 10점, 수학성적의 평균은 70점, 표준편차는 8점이었다. 랜덤으로 뽑은 한 학생의 통계학 점수가 75점, 수학점수가 70점이었다면, 이 학생은 어느 과목에서 더 우수한 성적을 얻었다고 할 수 있는가?

17 400명 학생의 수학성적의 평균과 분산은 각각 600과 400이다. 이 성적분포가 종 모양이라면 구간 530과 670 사이에는 몇 명이 들어 있는가? 구간 460과 740 사이에는 근사적으로 몇 명인가?

18 다음의 측정값은 우유병에 들어 있는 우유의 양(온스)으로 7.1, 7.2, 7.0, 7.3, 7.0이다. $\bar{y}$, s^2 그리고 s를 계산하시오.

19 바다의 미생물 수를 알아보기 위해 10군데에서 바닷물을 채취하여 미생물의 수(100$m\ell$당 박테리아 수)를 조사한 자료가 다음과 같다.

49, 70, 54, 67, 59, 40, 61, 69, 71, 52

1) 범위를 사용하여 s의 근사값을 계산하시오.
2) $\bar{y}$와 s를 계산하고 (1)에서 구한 s의 근사값과 비교하시오.

20 지능지수 IQ는 생활연령에 대한 정신연령의 비에 100을 곱하여 지능을 나타낸다. 그래서 평균(정신연령이 생활연령과 같을 때)은 100이 된다. 다음 IQ점수의 평균과 분산을 구하시오.

100	103	99	101	100	120	109	82
101	112	95	118	118	89	114	113
92	137	130	94	87	93	111	96
93	98	101	96	84	86	89	90

21 다음 표본자료는 세계 19대 도시를 대상으로 월 전화 기본요금(단위 : 달러)을 조사한 것이다.

7.28, 8.54, 15.28, 5.51, 3.17, 6.34, 3.80, 4.59, 5.12, 9.98,
7.04, 10.00, 11.96, 5.48, 2.30, 5.85, 9.39, 8.73, 7.66

1) 평균 $\bar{x}$를 구하시오.
2) 표준편차 s를 계산하시오.
3) 미국 뉴욕의 월 전화 기본요금이 10(달러)일 때, 이 측정값의 Z점수를 구하시오.
4) 상자그림을 작성하시오.

22 쥐의 맥박 수는 매 분당 평균 23회이고, 표준편차는 4.5이다. 이 분포가 종 모양의 분포를 따르면 분당 맥박수가 18.5와 32 사이일 백분율은 얼마인가?

23 100마리 여우의 임의표본을 통하여 특정 기생충의 유병률을 결정하고자 한다. 여우 한 마리당 기생충 수를 세어 보니 69마리가 기생충이 전혀 없으며 17마리가 기생충 하나를 갖고 있다. 다음은 도수분포표이다.

기생충수(y)	0	1	2	3	4	5	6	7	8
여우마리수(f)	69	17	6	3	1	2	1	0	1

1) y(마리당 기생충 수)의 상대도수 히스토그램을 작성하시오.

2) $\overline{y}$와 s를 계산하시오.

3) 기생충의 수가 평균에서 두 표준편차 이내 ($\overline{y} \pm 2s$)에 해당되는 비율은? 이들 결과는 체비셰프의 정리와 일치하는가?

24 볼트를 생산하는 데 평균직경은 0.51인치이고 0.01인치의 표준편차를 갖는다. 볼트직경의 분포가 거의 종 모양의 분포를 따르면 직경이 구간 0.49인치에서 0.53인치 사이인 볼트의 비율은?

25 5개의 측정값 2, 3, 3, 5, 7의 평균값 $\overline{x}$를 구하시오.

26 측정값 2, 3, 3, 5, 7로부터 평균에 대한 적률 $\mu_2,\ \mu_3,\ \mu_4$를 구하시오.

27 다음은 500명 학생의 시험성적에 대한 도수분포표이다. 평균 $\overline{x}$, 표준편차 s, 왜도 α_3, 첨도 β를 구하시오.

점수	15~29	30~44	45~59	60~74	75~89	90~104	105~119	105~119	120~134	135~149	150~164	165~179
도수	3	11	29	53	100	119	79	79	42	33	20	71

28 n개의 측정값 $x_1, x_2, \cdots, x_n$에 대하여 다음 식이 성립함을 증명하시오.

$$\min(x_1, x_2, \cdots, x_n) \le \overline{x} \le \max(x_1, x_2, \cdots, x_n)$$

29 2개의 수 x_1, x_2 의 분산은 $s^2 = \frac{1}{2}(x_1 - x_2)^2$임을 증명하시오.

30 $x_1, x_2, \cdots, x_m$의 평균을 $\overline{x}$, 분산을 s_x^2 이라 하고, $y_1, y_2, \cdots, y_n$의 평균을 $\overline{y}$, 분산을 s_y^2이라 하면 $m+n$개의 측정값 $x_1, x_2, \cdots, x_m, y_1, y_2, \cdots, y_n$의 평균($M$)과 분산($s^2$)이 각각 다음과 같음을 증명하시오.

$$M = \frac{m\overline{x} + n\overline{y}}{m+n}$$

$$s^2 = \frac{(m-1){s_x}^2 + (n-1){s_y}^2}{m+n-1} + \frac{mn}{(m+n)(m+n-1)}(\overline{x} - \overline{y})^2$$

제4장

기술통계 : 이변량 자료의 정리

제4장 기술통계 : 이변량 자료의 정리

지금까지 모집단의 특성을 나타내는 일변량 X에 관한 통계자료를 기술하는 방법에 대하여 고찰하였다. 그러나 경우에 따라 모집단의 두 가지 특성을 나타내는 이변량 X와 Y에 대한 통계자료를 비교하고 관찰하여 변수 간에 존재하는 어떤 상호관계를 분석해야 될 필요가 종종 있다. 이에 대한 전형적인 예는 다음과 같다.

- A지방의 교사 월급 X와 나이 Y 간의 관계
- 학생들의 키 X와 몸무게 Y 간의 관계
- 어느 지방의 강수량 X와 기온 Y 간의 관계

여기서, 이변량 X와 Y의 자료란 $\{(x_i, y_i),\ i = 1, 2, \cdots, n\}$과 같이 쌍으로 측정된 값들의 집합을 말한다. 이변량 자료에 존재하는 상호관계에는 선형 및 비선형 관계가 있으며, 이를 분석하는 방법에는 도표를 비롯한 상관(correlation)과 회귀(regression)분석이 있다. 이 장에서는 이들 분석법에 대하여 살펴보기로 한다.

4.1 이변량 자료의 도표

이변량 자료를 하나의 표로써 요약한 것으로 일변량 자료의 도수분포표에 해당하는 것이 분할표(contingency table)이다. 이 표는 이변량 자료를 정리하여 두 변량 간의 관계를 연구하는 데 매우 효과적인 도표이다. 두 변량의 측정값이 질적 속성을 나타내거나 이산적인 수이면서 측정값의 종류가 많지 않은 경우에 사용한다. 분할표의 작성요령은 이변량 자료의 범주를 행과 열로 나눈 후 해당 칸(cell)에 측정값의 도수(또는 상대도수)를 조사하여 기록한다. 〈표 4.1〉은 400명 학생의 국어, 영어, 수학 세 과목의 선호도를 조사한 결과를 분할표로 나타낸 것이다.

표 4.1 ▌분할표

	국어	영어	수학	합계
남자	.18	.24	.18	.60
여자	.14	.16	.10	.40
합계	.32	.40	.28	1.00

표본자료가 일차원인 경우 도수분포표를 이용하여 막대그래프를 작성하듯이, 이차원인 경우에도 분할표를 이용하여 이차원 막대그래프를 그릴 수 있다. 이 경우에는 평면 위에 각 이차원 측정값의 위치를 잡고 그 위로 도수(또는 상대도수)에 비례하는 높이의 막대를 그리면 된다.

두 변량의 측정값들이 연속적인 수이거나 또는 이산적이지만 매우 다양한 값을 가진 경우에는 도수분포표를 작성할 때와 같이 각 변량의 측정값들의 범위를 몇 개의 계급으로 나누어 〈표 4.2〉와 같은 모양의 분할표를 작성한다. 또한, 이를 이용하여 이차원 히스토그램도 그릴 수 있다. 이차원 히스토그램은 이차원 계급을 평면 위에 표시하고 그 위에 각 이차원 계급의 상대도수를 부피로 하는 직육면체를 그린 것이다.

예제 1

다음은 키(단위 : cm)와 몸무게(단위 : kg) 자료로 첫 번째 값은 키이고, 두 번째 값은 몸무게이다. 이 표본자료를 이용하여 분할표와 이차원 히스토그램을 작성하여라.

(183, 82)	(168, 52)	(165, 52)	(158, 55)	(180, 93)
(176, 57)	(168, 60)	(160, 48)	(160, 50)	(150, 49)
(180, 79)	(183, 73)	(170, 60)	(170, 66)	(185, 74)
(170, 82)	(165, 57)	(170, 54)	(168, 57)	(154, 55)
(152, 50)	(173, 63)	(173, 60)	(165, 49)	(163, 63)
(163, 57)	(160, 57)	(178, 77)	(138, 54)	(171, 69)
(163, 50)	(168, 57)	(165, 54)	(165, 59)	(178, 79)
(170, 54)	(168, 79)	(183, 70)	(145, 37)	(174, 65)

풀이 키와 몸무게를 각각 6개의 계급으로 나누어 분할표를 작성하면 〈표 4.2〉와 같다. 이를 이용하여 이차원 히스토그램을 그리면 〈그림 4.1〉과 같다.

표 4.2 ▌예제 1의 분할표

키 \ 몸무게	36.5~46.5	46.5~56.5	56.5~66.5	66.5~76.5	76.5~86.5	86.5~96.5	합계
137.5~145.5	.025	.025	.000	.000	.000	.000	.050
145.5~153.5	.000	.050	.000	.000	.000	.000	.050
153.5~161.5	.000	.100	.025	.000	.000	.000	.125
161.5~169.5	.000	.125	.175	.000	.025	.000	.325
169.5~177.5	.000	.050	.150	.025	.025	.000	.250
177.5~185.5	.000	.000	.000	.075	.100	.025	.200
합계	.025	.350	.350	.100	.150	.025	1.000

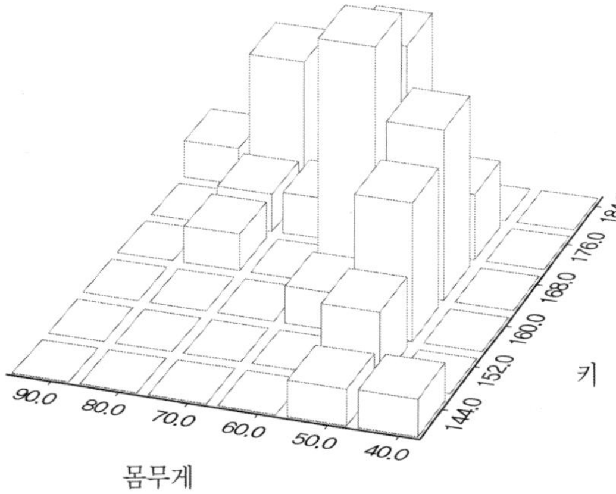

그림 4.1 예제 1의 이차원 히스토그램

두 변량의 값이 연속적인 수인 경우, 이변량 자료를 그림으로 나타내는 또 다른 방법으로 산점도(scatter plot)와 리그레쏘그램(regressogram)이 있다. 산점도란 두 변량 사이의 관계를 그림으로 분석하기 위해서 한 변량을 x축, 다른 변량을 y축으로 하여 각 이변량 측정값 (x_i, y_i)를 xy −좌표 평면 위의 점으로 나타낸 것이다. 〈그림 4.2〉는 예제 1의 자료를 산점도로 나타낸 것이다. 이와 같이 산점도는 두 변량 간의 관계를 시각적으로 파악할 수 있게 해주는 그림이다.

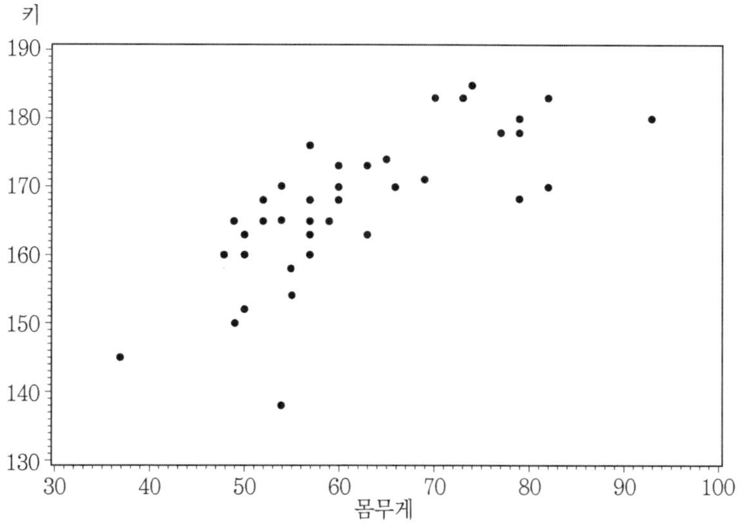

그림 4.2 예제 1의 산점도

예제 1의 자료를 이용하여 리그레쏘그램을 그리는 방법에 대하여 알아보자. 먼저, 두 변량 중 하나에 대하여 측정값의 범위를 히스토그램을 그릴 때와 같이 몇 개의 계급으로 나눈 후 각 그룹에서 평균값을 구한다. 예제 1의 자료에서 몸무게를 6개의 계급으로 나누고 이에 따라 전체 표본자료를 나눈 다음 각 그룹에서 키의 평균을 구하면 다음 표와 같다.

몸무게의 계급	키의 값	평균
36.5~46.5	145	145.0
46.5~56.5	168, 165, 158, 160, 160, 150, 170, 154, 152, 165, 138, 163, 165, 170	159.9
56.5~66.5	176, 168, 170, 170, 165, 168, 173, 173, 163, 163, 160, 168, 165, 174	168.3
66.5~76.5	183, 185, 171, 183	180.5
76.5~86.5	183, 180, 170, 178, 168	176.2
86.5~96.5	180	180

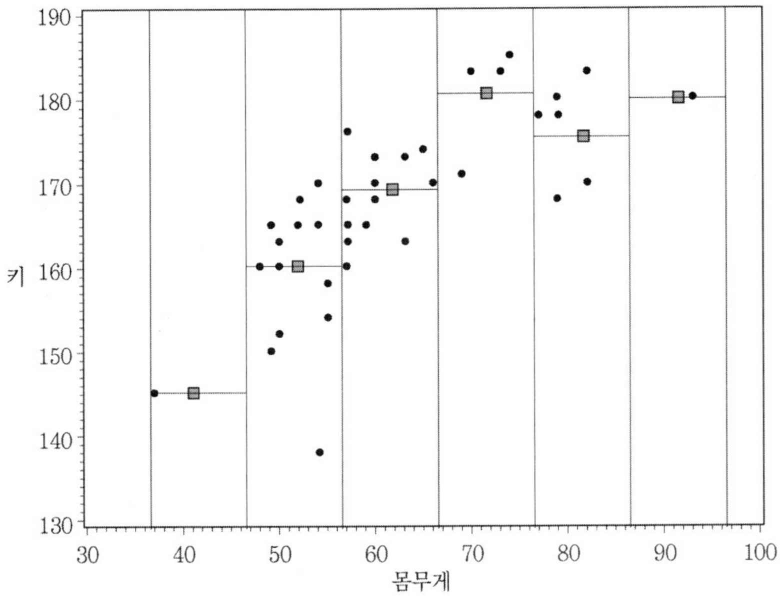

그림 4.3 예제 1의 리그레쏘그램

이와 같이 산점도와 리그레쏘그램은 두 변수의 변화 관계를 쉽게 알아볼 수 있는 그래프이다. 일반적으로, 산점도보다 리그레쏘그램이 두 특성의 변화 관계를 파악하는 데 더 효율적인 그래프이다.

4.2 상관분석

두 개의 변량이 가지고 있는 어떤 상호관계는 이들에 대한 자료(이변량 자료)를 통해 구할 수 있으며, 이를 상관관계(correlation)라고 한다. 상관분석(correlation analysis)이란 두 변량 간에 존재하는 상관관계(선형 또는 비선형적인 종속관계)의 강도를 측정하는 일련의 방법을 의미한다. 두 변량 간의 상관관계를 조사하려면 먼저 이변량 자료의 산점도 작성이 필요하다. 산점도에서 두 변량 간의 관계가 대체로 직선적인 경우는 상관계수(correlation coefficient)를 계산하여 그 상관의 정도를 파악할 수 있다. 만일 두 변량 간의 관계가 곡선적인 경향을 보이는 경우는 상관의 정도를 상관비(correlation ratio)로 계산한다. 이 장에서는 상관계수에 대해서만 설명할 것이며, 상관비에 대한 내용은 다른 서적을 참고하기 바란다.

4.2.1 공분산

예제 1의 자료를 가지고 학생의 몸무게와 키 간의 관계를 조사하기 위해서 〈그림 4.2〉의 산점도를 그렸다고 하자. 이와 같은 산점도는 이변량 자료가 지닌 분포의 개략적인 형태를 파악하는 데 적합하다. 〈그림 4.2〉의 산점도는 두 변량의 측정값들 간에 기울기가 양(positive)인 직선적인 관계가 있음을 보이고 있다. 이러한 관계를 한 개의 숫자로 나타내는 통계값에는 공분산(covariance)과 상관계수(correlation coefficient)가 있다. 공분산은 두 변량 간에 존재하는 선형적 관계를 평균적으로 측정하는 것인 데 반하여, 상관계수는 선형적 관계를 크기(또는 강도)로 측정하는 통계값이다.

4.2.2 상관계수

표본상관계수

이변량 자료를 (x_1, y_1), (x_2, y_2), $\cdots$, (x_n, y_n)이라 하고, X와 Y의 표본상관계수(sample correlation coefficient)를 r_{XY}로 나타내면

$$r_{XY} = \frac{s_{XY}}{s_X s_Y}$$

$$= \frac{1}{n-1}\sum\left(\frac{x_i - \overline{x}}{s_X}\right)\left(\frac{y_i - \overline{y}}{s_Y}\right)$$

$$= \frac{\sum(x_i - \overline{x})(y_i - \overline{y})}{\sqrt{\sum(x_i - \overline{x})^2 \sum(y_i - \overline{y})^2}}$$

로 정의된다. 여기서 s_{XY}는 공분산이고 s_X와 s_Y는 이변량 자료로부터 각각 계산된 표본표준편차들을 나타낸다.

한편, 모집단의 상관계수는 ρ_{XY}로 표기하고, 이 값은 위에서 정의된 표본상관계수로 추정한다. 표본상관계수 다음과 같은 성질이 있어 표본공분산과는 달리 두 변량 간의 선형적 강도의 크기를 측정하는 데 적합하다.

① r_{XY}의 값은 $-1 \leq r_{XY} \leq 1$의 범위 안에 있다.

② $r_{XY} = 0$일 때 두 변량은 무상관이다.

③ $0 < r_{XY} < 1$일 때 두 변량의 관계는 한쪽 변량이 증가(감소)하면 다른 쪽 변량도 증가(감소)하

는 비례적인 관계를 나타낸다. 이 경우, 두 변량 사이의 상관을 양(선형)상관(positive linear correlation)이라 한다.

④ $-1 < r_{XY} < 0$일 때 두 변량의 관계는 한쪽 변량이 증가(감소)하면 다른 쪽 변량은 역으로 감소(증가)하는 반비례적인 관계를 나타낸다. 이때 두 변량 사이의 상관을 음(선형)상관(negative linear correlation)이라 한다.

⑤ 산점도에서 두 변량의 측정값들이 일직선상에 놓여 있을 때 $r_{XY} = \pm 1$이 된다. 이때 두 변량 사이의 상관은 완전(선형)상관(perfect linear correlation)이라 하고, $r_{XY} = 1$일 경우 양의 완전(선형)상관, $r_{XY} = -1$인 경우는 음의 완전(선형)상관이라 한다.

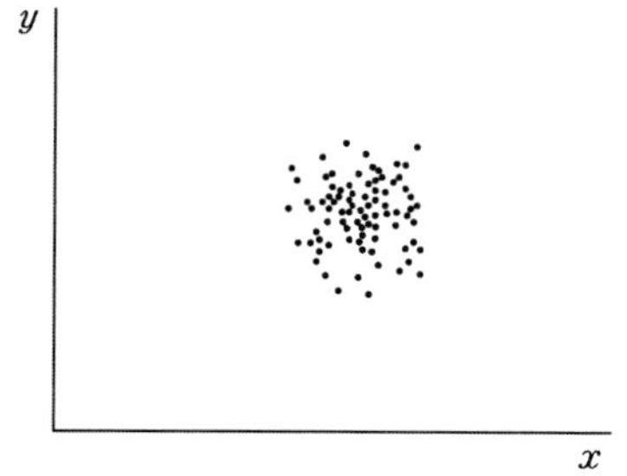

$r = 0$

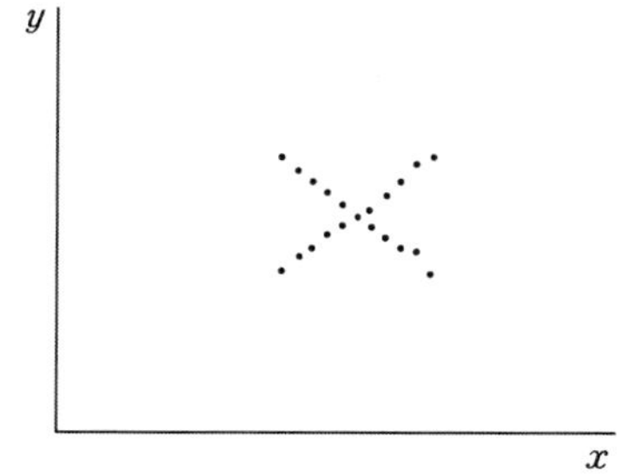

$r = 0$

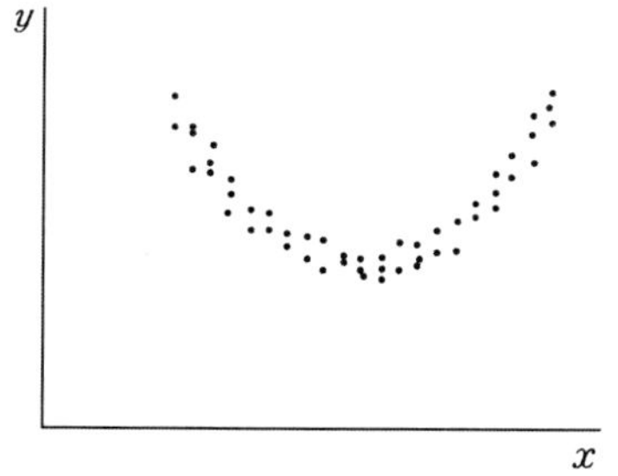

$r = 0$

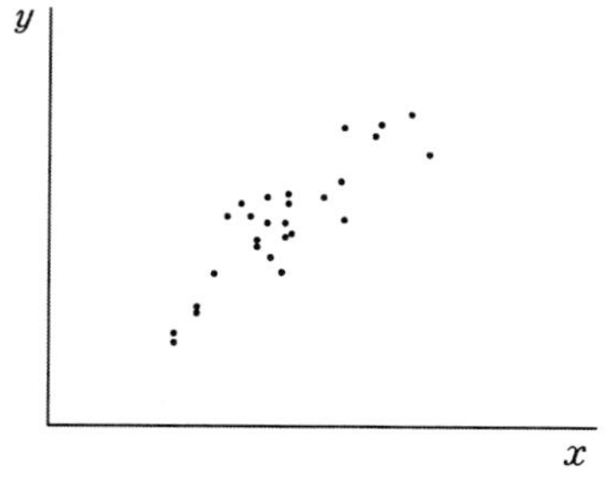

$0 < r < 1$

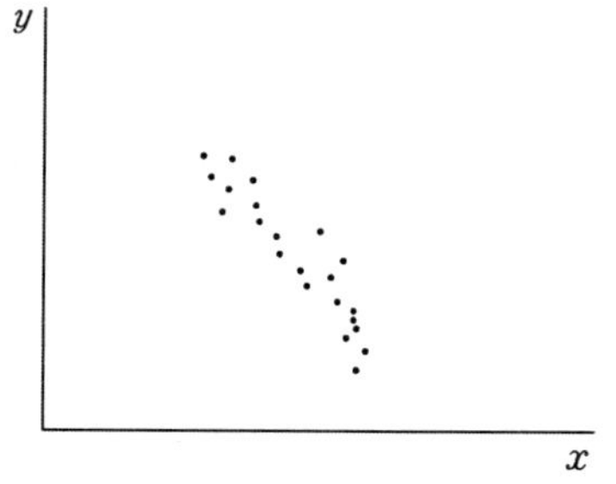

$-1 < r < 0$

예제 2

다음 자료를 가지고 두 변량인 시험공부시간(X)과 시험점수(Y) 간의 표본상관계수를 구하시오.

X	3	6	5	2	7	8	5	3	6	5
Y	70	80	75	65	70	95	80	70	85	80

풀이》 표본평균이 $\overline{x} = 5$, $\overline{y} = 77$이고 $s_{XY} = 12.8$이다. 두 변량의 표준편차를 계산하면 $s_X = 1.89$이고 $s_Y = 8.88$이 된다. 따라서 상관계수 공식에 대입시키면 $r_{XY} = s_{XY}/(s_X s_Y) = 12.8/(1.89 \times 8.88) = 0.763$이다. 상관계수가 양수이므로 두 변량 간에 양의 상관이 존재함을 알 수 있다.

4.2.3 순위상관계수

음악경연대회나 국가대표 선발대회와 같이 성적이 순위로 주어지는 경우, 상관계수 대신 순위상관계수(Spearman's rank correlation coefficient)를 사용하여 두 변량 음악경연대회 성적 X와 국가대표 선발대회 성적 Y 간의 상관을 측정한다.

순위상관계수

두 변량 X와 Y의 n개의 측정값들이 각각 순위 x_i와 y_i로 측정되었을 때, 이들 순위의 짝인 (x_i, y_i)를 만든다. 이때 i번째 개체의 순위 차를 d_i라 하면, 순위상관계수를 r_s는

$$r_s = 1 - \frac{6 \sum_{i=1}^{n} d_i^2}{n(n^2 - 1)}$$

으로 정의한다. 단 $d_i = x_i - y_i$이다.

예제 3

다음 표는 학생 10명의 음악과 미술성적을 순위로 나타낸 자료이다. 순위상관계수를 구하시오.

표 4.3 ▌학생의 음악과 미술성적 순위

학생	음악성적의 순위	음악성적의 수정순위(x)	미술성적의 순위	미술성적의 수정순위(y)	$d=x-y$	d^2
A	2등	2등	1등	1등	1	1
B	9	9	5	5	4	16
C	7 or 8	7.5	9	9	−1.5	2.25
D	1	1	2 or 3	2.5	−1.5	2.25
E	4 or 5	4.5	6	6	−1.5	2.25
F	3	3	2 or 3	2.5	0.5	0.25
G	4 or 5	4.5	7	7	−2.5	6.25
H	7 or 8	7.5	4	4	3.5	12.25
I	6	6	8	8	−2.0	4
J	10	10	10	10	0	0
Σ						46.5

풀이》 순위상관계수의 정의에 의하여

$$r_s = 1 - \frac{6\sum d_i^2}{n(n^2-1)} = 1 - \frac{6 \times 46.5}{10(10^2-1)} = 0.72$$

4.3 단순선형회귀분석

회귀분석은 영국의 유전학자 S. F. Galton(1822~1911)이 제안한 방법으로, 독립변수라 불리는 한 개 또는 그 이상의 변량들에 대하여 종속변수라 불리는 다른 한 변수 사이의 관계를 수학적인 함수식을 사용하여 규명하고, 규명된 함수식을 이용하여 독립변수의 변화로부터 종속변수의 변화를 예측하고자 할 경우에 사용되는 통계적 방법이다.

회귀분석에서 독립변수를 한 개만 사용할 경우를 단순회귀분석(simple regression analysis)이라 하고, 이 경우 종속변수를 설명변수의 1차 선형함수 관계로 분석하는 것을 단순선형회귀분석(simple linear regression analysis)이라고 한다. 또한 두 개 이상의 독립변수를 사용할 경우를 중회귀분석(multiple regression analysis)이라 한다. 이 장에서는 단순선형회귀분석에 대해서만 간단히 설명하기로 한다. 회귀분석에 대한 자세한 내용은 14장을 참고하기 바란다.

4.3.1 회귀직선의 추정

회귀분석의 첫 번째 목적은 독립변수 X의 변동에 대한 종속변수 Y의 평균적인 관계변동을 나타내는 함수식을 규명하는 것이다. 이 함수식을 회귀선 또는 회귀방정식(regression equation)이라 한다.

두 변량에 관한 자료인 $(x_i, y_i): i = 1, 2, \cdots, n$로부터 구체적인 회귀선을 찾아내는 것을 회귀선의 추정이라 한다. 회귀선은 그 모양에 따라 회귀직선(regression line)과 회귀곡선(regression curve) 0으로 나눠진다. 회귀직선은 독립변수와 종속변수 사이의 관계를 일차함수로 나타낸 것이다. 〈그림 4.2〉와 같이 산점도(scatter plot)상에 나타난 점 (x_i, y_i)들에 가장 적합한 회귀직선을

$$y = \alpha + \beta x$$

라 가정하자. 여기서 α와 β는 미지의 모수이며, 측정값으로부터 추정할 회귀계수들이다. 반응변수 y_i와 적합된 회귀직선 간의 차이인

$$\epsilon_i = y_i - (\alpha + \beta x_i), \quad i = 1, 2, \cdots, n$$

을 오차(errors)라 한다. 산점도의 점들을 가장 잘 적합하는 회귀직선은 오차 ϵ_i들의 제곱합이 최소가 되는 직선일 것이다. 이렇게 구한 오차들의 제곱합을

$$Q = \sum_{i=1}^{n} \{y_i - (\alpha + \beta x_i)\}^2$$

로 하자. 최소제곱법(method of least squares)의 원리를 사용하면 오차의 제곱합을 최소로 하는 미지의 회귀계수를 구할 수 있다.

4.3.2 최소제곱법

최소제곱법은 오차의 제곱합 $Q = \sum_{i=1}^{n} \{y_i - (\alpha + \beta x_i)\}^2$를 최소화하는 미지의 계수 α(회귀직선의 절편)와 β(회귀직선의 기울기 또는 회귀계수)를 구하는 방법이다.

최소제곱법에 의한 α와 β의 추정은 오차의 제곱합 $Q = \sum_{i=1}^{n}\{y_i - (\alpha + \beta x_i)\}^2$를 α와 β에 대해 각각 편미분하여 0으로 놓은 정규방정식(normal equations)을 풀어 구한다. 구체적으로 a와 b를 α와 β의 추정값이라 할 때

$$\frac{\partial Q}{\partial \alpha} = -2\sum_{i=1}^{n}(y_i - \alpha - \beta x_i) \text{과 } \frac{\partial Q}{\partial \beta} = -2\sum_{i=1}^{n}(y_i - \alpha - \beta x_i)x_i$$

를 구하고, 위 식들을 0으로 하는 α와 β의 추정값들을 a와 b라 하면 다음과 같은 정규방정식을

얻는다.

$$\sum_{i=1}^{n} y_i = na + b\sum_{i=1}^{n} x_i$$

$$\sum_{i=1}^{n} x_i y_i = a\sum_{i=1}^{n} x_i + b\sum_{i=1}^{n} x_i^2$$

위 방정식으로부터 구한 a와 b는 각각 다음과 같다.

회귀직선의 절편과 회귀계수

$$a = \bar{y} - b\bar{x},\ b = \frac{s_{XY}}{s_X^2}$$

따라서 추정된 회귀직선은

$$\hat{y} = a + bx$$

이다. 이 식은 두 변량 간의 함수관계를 규명할 뿐 아니라 y값의 예측에도 사용되어 예측선(prediction line)이라고도 한다. 즉 임의의 x_0 값이 주어지면 예측선에 대입하여 y_0의 예측값인 $\widehat{y_0}$를 구한다.

한편, 두 변량의 표본상관계수 r_{XY}와 회귀계수의 추정값인 b 간에는

$$r_{XY} = b\frac{s_X}{s_Y} \text{ 와 } b = r_{XY}\frac{s_Y}{s_X}$$

의 관계가 성립함을 쉽게 알 수 있다. 이것은 Y의 X에 관한 회귀계수로부터 두 변량 Y와 X 간에 상관계수를 추정할 수 있음을 의미한다.

예제 4

다음은 어떤 상품의 가격 P와 그 수요량 D와의 관계를 나타낸 표이다. 수요 직선 $D = \alpha + \beta P$를 추정하여라. 그리고 가격이 2,000원일 때의 수요량을 예측하시오.

가격(백 원) : P	11	12	13	14	15	16	17	18
수요량 : D	17	15	14	14	12	10	10	8

풀이》 이변량 자료가 직선적인 경향을 보이므로 회귀직선 $D = \alpha + \beta P$를 고려한다. 이 회귀직선의 정규방정식은

$$\sum D = na + b\sum P$$

$$\sum PD = a\sum P + b\sum P^2$$

과 같다. $n = 8$이고 식 속의 $\sum$ 항을 계산하기 위하여 표에 $\sum PD$, $\sum P^2$의 칸을 추가한다.

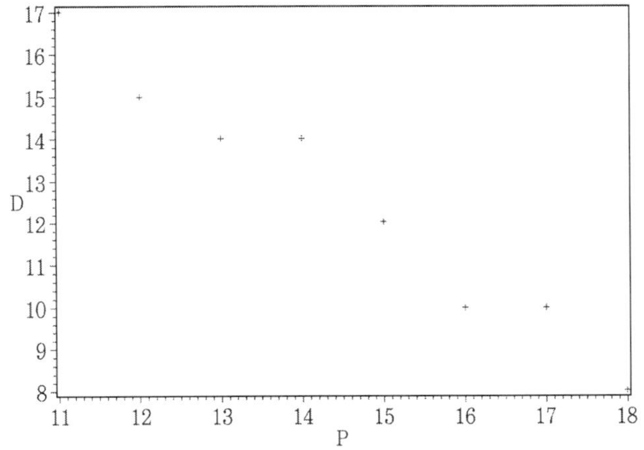

P	11	12	13	14	15	16	17	18	$\sum P = 116$
D	17	15	14	14	12	10	10	8	$\sum D = 100$
PD	187	180	182	196	180	160	170	144	$\sum PD = 1399$
P^2	121	144	169	196	225	256	289	324	$\sum P^2 = 1724$

풀이》 표에서 구한 $\sum$ 항의 계산 값을 위의 정규방정식에 대입시키면

$$100 = 8a + 116b \text{와 } 1399 = 116a + 1724b$$

의 두 방정식을 얻는다. 이 두 식을 연립하여 구한 α와 β의 추정값은 각각 $a = 30.11$과 $b = -1.124$이며, 따라서 추정된 수요식은

$$\hat{D} = 30.11 - 1.124P$$

이다. 이 예측선을 이용하면 가격이 2,000원일 때의 수요는

$$\widehat{D_0} = 30.11 - 1.124(20) = 7.63$$

이 된다.

EXCEL 실습

[실습 1] 산점도 그리기

1단계 : 자료입력

	A	B	C
1	온도	아이스크림판매량	
2	23	27	
3	25	23	
4	26	25	
5	27	28	
6	28	35	
7	29	36	
8	30	38	
9	32	33	
10	33	30	

그림 4.4 자료입력

2단계 : 데이터 범위를 A1에서 B10까지를 지정한다.

	A	B	C
1	온도	아이스크림판매량	
2	23	27	
3	25	23	
4	26	25	
5	27	28	
6	28	35	
7	29	36	
8	30	38	
9	32	33	
10	33	30	

3단계 : 삽입–차트

4단계 : [추천 차트]에서 분산형을 선택한다.

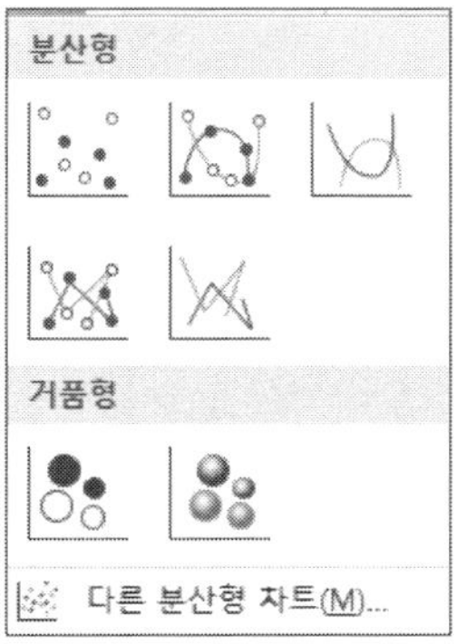

5단계 : 출력에 필요한 옵션을 수정한다.

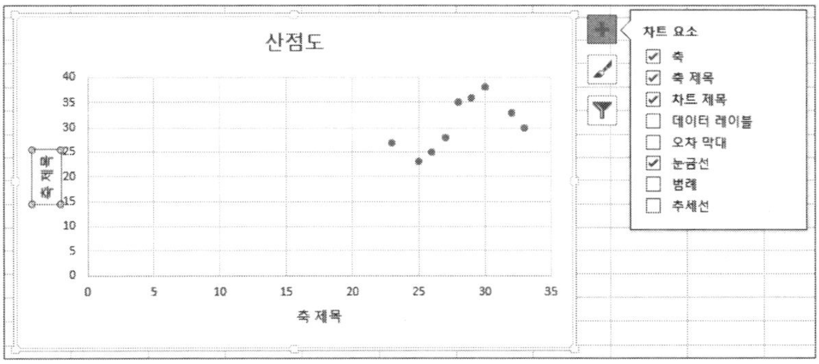

6단계 : 차트의 제목 및 축 제목을 수정한다.

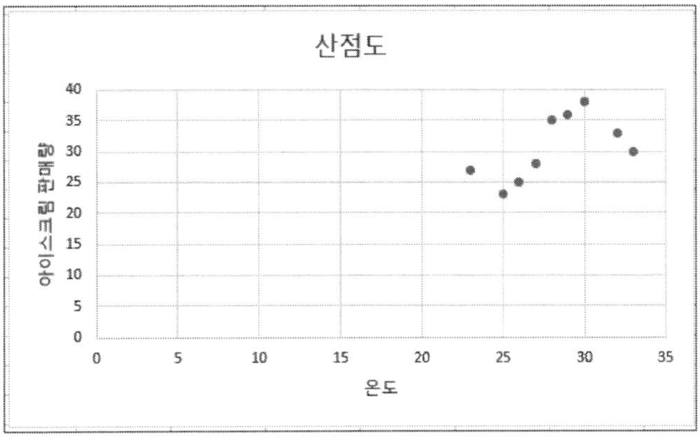

7단계 : 차트 위치를 지정하기 위해 차트이동에서 “새시트”를 선택한다.

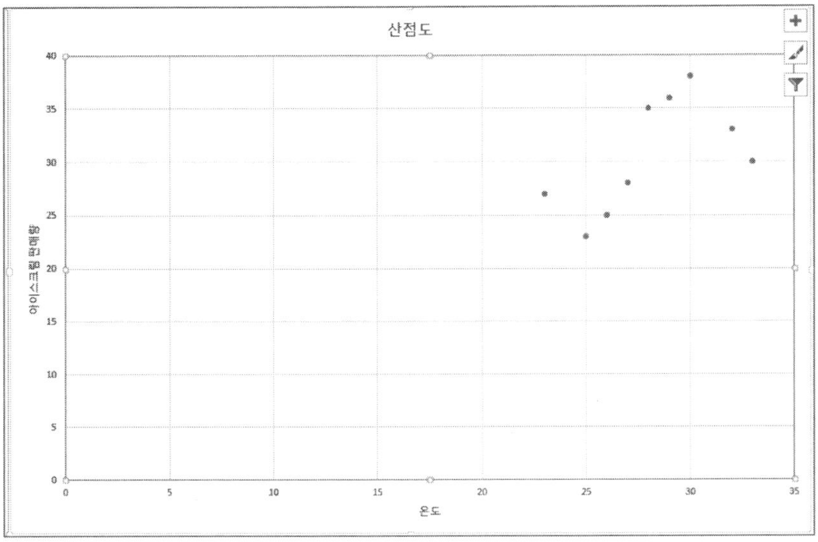

[실습 2] 공분산분석

1단계 : 온도와 아이스크림 판매량 자료를 이용하자. 자료를 다음과 같이 입력한다.

	A	B	C
1	온도	아이스크림판매량	
2	23	27	
3	25	23	
4	26	25	
5	27	28	
6	28	35	
7	29	36	
8	30	38	
9	32	33	
10	33	30	

2단계 : 메뉴에서 [데이터]→[데이터 분석] 선택

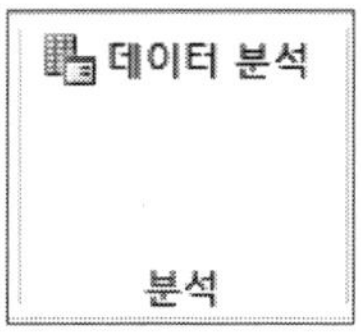

3단계 : [공분산 분석]을 선택한다.

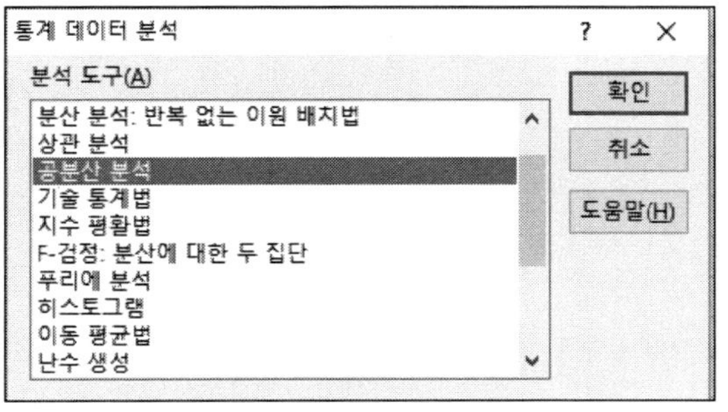

4단계 : [공분산 분석] 대화상자를 입력한다.

입력 범위(I) → A1 : B10

첫째 행 이름표 사용(L) → 선택

입력이 완료되면 "확인" 단추를 누른다.

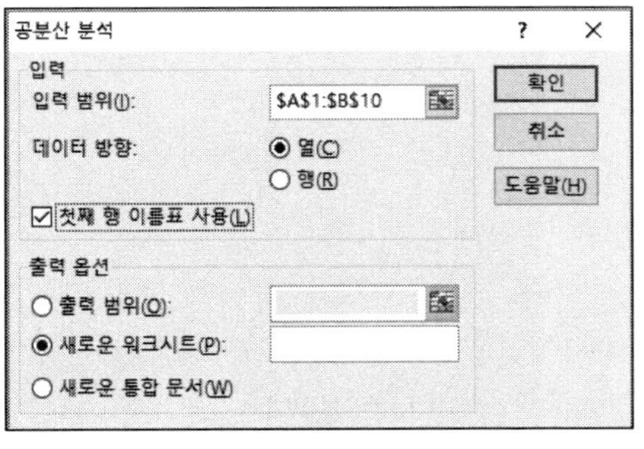

다음과 같은 출력이 나타난다.

	A	B	C
1		온도	아이스크림판매량
2	온도	9.432099	
3	아이스크림판매량	9.049383	
4			

그림 4.5

〈그림 4.5〉에 의하면 두 변량 온도 X와 판매량 Y의 표본공분산은 s_{XY} = 9.049383이고, 온도와 아이스크림 판매량의 분산은 각각 s_X^2 = 9.432099와 s_Y^2 = 24.24691로 계산되었다.

[실습 3] 상관분석

1단계 : 온도와 아이스크림 판매량 자료를 이용하자. 자료를 다음과 같이 입력.

	A	B	C
1	온도	아이스크림판매량	
2	23	27	
3	25	23	
4	26	25	
5	27	28	
6	28	35	
7	29	36	
8	30	38	
9	32	33	
10	33	30	

2단계 : 메뉴에서 [데이터]→[데이터 분석] 선택

3단계 : 대화상자에서 [상관분석]을 선택한다.

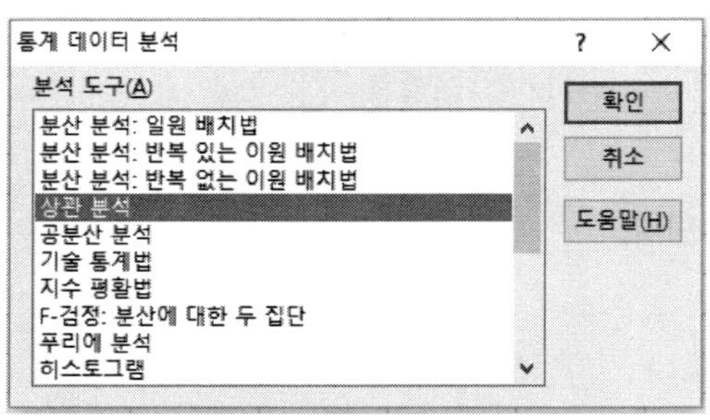

그림 4.6 [통계 데이터 분석] 대화상자

4단계 : [상관분석] 대화상자를 입력한다.

입력 범위(I) → A1 : B10

첫째 행 이름표 사용(L) → 선택

입력이 완료되면 "확인" 단추를 누른다.

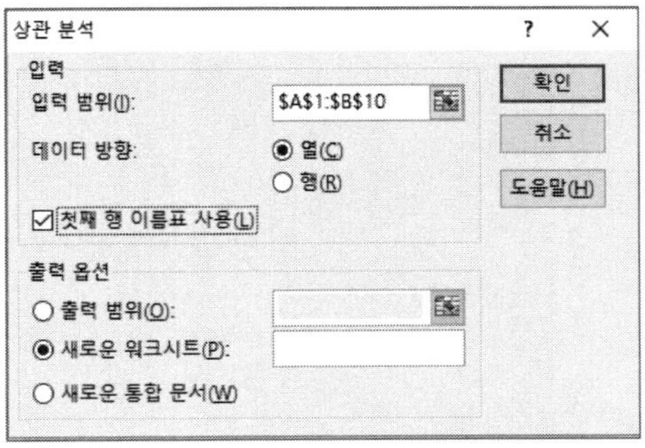

다음과 같은 〈그림 4.7〉 출력이 나타난다.

	A	B	C
1		온도	아이스크림판매량
2	온도	1	
3	아이스크림판매량	0.598393068	1
4			

그림 4.7 상관분석 결과

두 변량 온도와 판매량의 상관계수는 $r = 0.5984$로 나타났다. 이제 다음과 같이 엑셀 함수를 입력해 상관계수에 대한 추론을 해 보도록 하자.

[실습 4] 회귀분석

1단계 : 다음과 같이 자료를 입력한다.

	A	B	C
1	온도	생산량	
2	20	16	
3	26	18	
4	23	15	
5	30	20	
6	29	17	
7	22	14	
8	25	18	
9	24	18	
10	27	18	
11	25	16	
12	28	19	
13	27	21	
14	26	17	
15	21	15	

2단계 : 메뉴에서 [데이터] →[데이터 분석] 선택

3단계 : [회귀분석]을 선택한다.

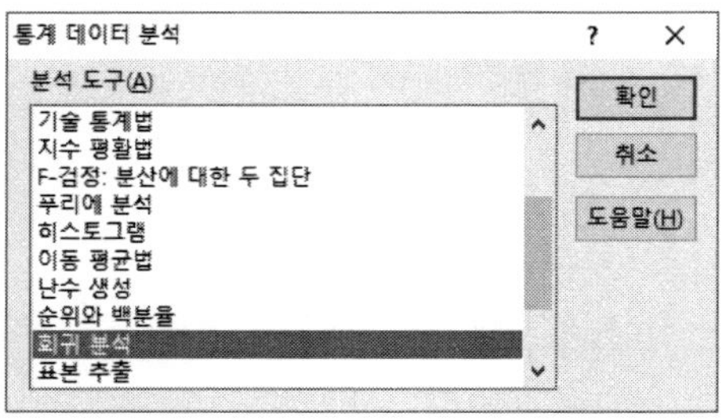

4단계 : [회귀분석] 대화상자를 입력한다.

Y축 입력 범위 (Y) → B1 : B15 (종속변수)

X축 입력 범위 (X) → A1 : A15 (독립변수)

이름표 (L) → 선택

잔차 (R) → 선택

잔차도 (D) → 선택

표준잔차 (T) → 선택

선적합도 (I) → 선택

입력이 완료되면 "확인" 단추를 누른다.

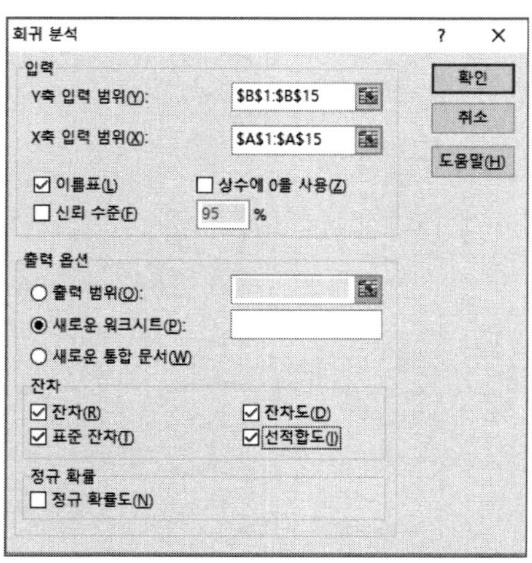

다음 〈그림 4.8〉과 같은 출력이 나타난다.

요약 출력

회귀분석 통계량	
다중 상관:	0.736185
결정계수	0.541968
조정된 결:	0.503799
표준 오차	1.393263
관측수	14

분산 분석

	자유도	제곱합	제곱 평균	F 비	유의한 F
회귀	1	27.56295	27.56295	14.19905	0.002681
잔차	12	23.29419	1.941183		
계	13	50.85714			

	계수	표준 오차	t 통계량	P-값	하위 95%	상위 95%	하위 95.0%	상위 95.0%
Y 절편	4.906933	3.306134	1.484191	0.163544	-2.29651	12.11038	-2.29651	12.11038
온도	0.490943	0.130287	3.768163	0.002681	0.207072	0.774814	0.207072	0.774814

잔차 출력

관측수	측치 생산	잔차	표준 잔차
1	14.7258	1.274204	0.95189
2	17.67146	0.328545	0.245438
3	16.19863	-1.19863	-0.89543
4	19.63523	0.364772	0.272502
5	19.14428	-2.14428	-1.60188
6	15.70768	-1.70768	-1.27572

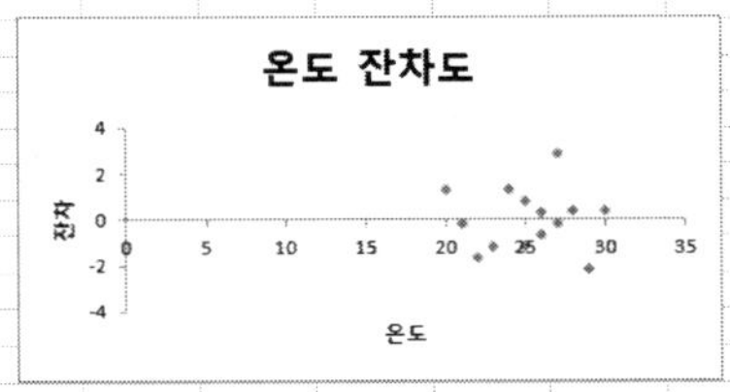

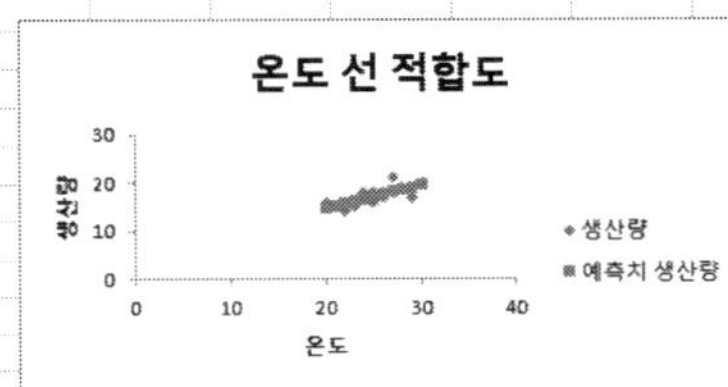

그림 4.8 출력결과

실행 결과에 의한 적합된 회귀직선 식은 $\hat{y} = 4.907 + 0.491\,x$이다.

연습문제

01 다음과 같은 이변량 자료가 주어졌다고 하자.

x	0	1	4	-5	2	6
y	-2	-1	2	-7	0	4

1) 산점도를 그리시오.

2) 상관계수 r을 계산하고, 두 변량 X와 Y 간의 관계를 분석하시오.

02 만일 이변량 자료의 모든 측정값들이 같은 직선상에 있고

1) 그 직선의 기울기가 양수이면 r의 값은 얼마인가?

2) 그 직선의 기울기가 음수이면 r의 값은 얼마인가?

03 다음의 이변량 자료로부터 회귀직선 식을 추정하시오.

x	0	1	4	-5	2	6
y	-2	-1	2	-7	0	4

04 두 변량에 대한 10개의 측정값 자료로부터 계산한 통계값들이 다음과 같다. 이 값들을 사용하여 회귀직선 식 $\hat{y} = a + bx$ 를 구하시오.

$\overline{x} = 2.8$, $\overline{y} = 3.1$, $r_{XY} = .049$, $s_X = 1.476$, $s_Y = 1.853$, $n = 10$

05 한 슈퍼마켓에서 A제품의 판매량이 매장의 크기와 어떤 관계가 있는지 알기 위해서 12주 동안 다른 매장은 3평으로 고정시켜 놓고, A제품 매장은 3평에서 6평과 9평으로 랜덤하게 변화시킨 결과 다음과 같은 자료를 얻었다.

판매량	526	421	581	630	412	560	434	443	590	570	346	672
매장의 크기	6	3	6	9	3	9	6	3	9	6	3	9

1) 이 자료를 사용하여 회귀직선을 구하시오.
2) 상관계수를 구하시오.
3) 매장이 6평으로 주어졌을 때 90% 신뢰구간을 이용하여 미래 어느 시점의 판매량을 예측하시오.

06 **다음 자료에 대하여**

x	1	2	3	4	5	6
y	7	5	5	3	2	0

1) 회귀직선을 구하시오.
2) 상관계수 r을 구하고 그 의미를 설명하시오.

07 **선거비용과 선거에서 득표간의 관계를 알아보기 위해 다섯 후보의 선거비용과 득표수를 조사한 자료이다.**

선거비용(억)	3	4	2	5	1
득표수(천명)	14	12	5	20	4

1) 산점도를 작성하시오.
2) 상관계수 r을 계산하시오.
3) 득표수 Y와 선거비용 X 간의 회귀직선 식을 구하시오.
4) 선거비용을 1억 추가로 지출하면 득표수는 몇 표가 증가될 것으로 기대하는가?
5) 선거비용에 3.5억을 투입하면 득표수는 몇 표가 될 것으로 예측하는가?
6) 산점도와 회귀직선 식을 겹쳐서 그리시오.

08 **어떤 이변량 자료의 회귀분석 결과는 다음과 같다.**

$$\hat{y} = 25.1875\,x - 878.8583$$

$$s_Y = 278.5247,\ \ s_X = 9.3956,\ \ \bar{x} = 51.5,\ \ \bar{y} = 418.3,\ \ n = 10$$

1) 두 변량 간의 표본상관계수 r_{XY}를 계산하시오.

2) x값이 45일 때 y의 예측값은?

3) x값이 한 단위 증가할 때 y는 몇 단위 증가하는가?

09 다음 식이 성립함을 증명하시오.

$$s_{XY} = \frac{1}{n}\sum_{i=1}^{n}(x_i - \bar{x})(y_i - \bar{y}) = \frac{1}{n}\sum_{i=1}^{n} x_i y_i - \bar{x}\,\bar{y}$$

10 학생 20명의 수학점수 X와 영어점수 Y가 다음 표와 같다. 분할표를 작성하시오.

No	1	2	3	4	5	6	7	8	9	10	11	12	13	14	15	16	17	18	19	20
X	50	70	70	40	90	70	60	50	80	60	90	70	70	70	80	60	80	50	90	80
Y	60	60	80	50	80	60	60	60	80	70	80	60	70	70	70	50	80	50	90	60

11 학생 10명의 키 X와 체중 Y를 측정하여 다음 표를 얻었다. 두 변량 X와 Y의 상관계수 및 Y의 X에 관한 회귀직선과 X의 Y에 관한 회귀직선을 구하시오.

X(cm)	123	122	132	131	130	130	125	121	127	121
Y(kg)	25	26	32	25	24	29	25	25	26	23

제5장

확률과 확률분포

제5장 확률과 확률분포

5.1 서론

이 장에서는 통계학 이론에 근간으로서 사용되는 확률이론의 기초를 소개한다. 흔히 확률은 어떠한 사건의 발생 가능성을 계량화하기 위해 사용되는 일종의 척도로 이해되곤 한다. 확률론에서 이러한 척도를 정의하기 위해서는 시행(trial), 사건(event), 확률함수(probability function)와 같은 개념을 먼저 정의하는 것에서 시작한다.

다음의 예를 먼저 생각해 보자.

1. 40대 남성의 수축기 혈압이 140 이상일 가능성은 어느 정도인가?
2. 야구팀 두산이 야구팀 삼성을 이길 가능성은 어느 정도인가?
3. 서울에서 부산발 첫 KTX가 정시에 도착할 가능성은 어느 정도인가?

위 예의 의미를 조금 더 구체적으로 정리하기 위해 다음과 같이 구분해 보도록 한다.

예	시행	사건
1	수축기 혈압 측정하기	측정혈압이 140 이상
2	두산과 삼성이 경기하기	두산이 승리
3	첫 KTX도착 시각 측정하기	도착이 정시

시행을 통해 관측되는 값을 살펴보면 각 예마다 형태에 있어 다른 점을 확인할 수 있다. 예 1의 경우는 혈압, 예 2는 경기의 승패, 예 3은 도착 시간이 된다. 통계학에서 자료 분석을 실시할 때 자료의 성격을 구분하는 이유와 그 중요성은 이미 앞에서 살펴봤는데 확률을 정의하는 데 요구되는 시행의 결과물이 자료이므로 시행 결과물의 형태를 구분하는 것이 필요함을 알 수 있다. 물론 혈압과 도착 시각은 수치형 자료이고, 경기의 승패는 범주형 자료임을 쉽게 알 수 있다. 그러한 자료를 바탕으로 정의된 특정 사건이 발생할 가능성, 즉 사건 발생 확률을 정의하기 위한 확률함수를 이제 살펴보도록 한다.

확률함수는 사건의 가능성을 0과 1 사이의 값으로 매기는 함수를 의미한다. 수학에서 의미하는 함수의 정의역과 공변역의 개념을 확률함수에 적용하면 정의역은 시행을 바탕으로 정의할 수 있는 모든 사건들의 집합을 의미한다. 공변역은 0과 1 사이의 실수가 된다. 그리고 확률함수의 값이 1에 가까울수록 사건의 발생 가능성이 더욱 높은 것으로 정의한다.

다만, 시행의 결과로서 정의되는 개별 사건에 대해 확률을 정의하는 확률함수를 구체적으로 어떻게 정의할 것인가는 쉽지 않은 문제가 되곤 한다. 가령 예 2의 경우 두산이 이길 확률을 정의하기 위해서 지금까지의 두산과 삼성의 경기 결과를 다 조사한 후 총 경기 횟수 대비 두산이 이긴 경기 수의 비율을 '두산이 승리'라는 사건의 확률로 정의할 수 있다. 하지만 예 1의 경우는 조금 양상이 다르다. 시행이 이루어지는 대상이 예 2에서는 두산과 삼성의 경기로 국한이 되지만 예 1의 경우 40대 남성이다. 40대 남성을 대상으로 혈압을 재는 것은 일단 대상의 규모가 매우 크기 때문에 한순간에 모두 측정이 불가능하다. 따라서 이런 경우 사건의 확률은 예 2와는 다르게 구해야 한다.

여기서 시행의 대상, 즉 모집단(population)의 규정은 확률을 정의하는 데 또 하나의 필요한 개념임을 알 수 있다. 그리고 모집단에서 시행을 실시하여 얻을 수 있는 관측값들의 모임을 생각할 수 있는데 이를 표본공간(sample space)이라고 한다.

예	모집단	시행	표본공간	사건
1	40대 남성	수축기 혈압 측정하기	70~190	측정혈압이 140 이상
2	두산과 삼성의 경기	두산과 삼성이 경기하기	두산 승, 삼성 승, 비김	두산이 승리
3	서울에서 부산발 첫 KTX의 도착 시각	첫 KTX 도착 시각 측정하기	7 : 50~8 : 13	도착이 정시임

한 가지 주의할 것은 모집단 전체를 대상으로 시행을 실시하여 얻은 결과를 활용하면 각 사건의 확률함수를 정확히 정의할 수 있지만, 현실은 그러하지 못한 경우가 대부분이기 때문에 통계학에서는 모집단에서 표본(sample)을 추출하여 시행한다. 그리고 그 결과를 바탕으로 구한 확률을 해당 사건이 모집단에서 발생할 확률에 대한 추정값(estimate)이라고 한다.

5.2 확률함수

표본공간(sample space)은 시행을 통해 관측될 수 있는 결과값들의 집합을 의미하고 Ω로 표시한다. 간단한 예를 들면, 동전을 던졌을 때 관측할 수 있는 경우를 보면 두 가지로 정리할 수 있다. 앞면(H)과 뒷면(T)이고 $\Omega = \{H,\ T\}$로 표시한다. 물론 이때의 시행은 동전을 던지는 행위로 정의할 수 있다.

표본공간을 구성하는 값들의 부분집합을 사건이라고 정의한다. 동전을 던지는 행위에서 고려될 수 있는 사건을 모두 나열해보면 $\varnothing$, $\{H\}$, $\{T\}$, Ω가 된다. 이 사건들의 집합을 $F=\{\varnothing, \{H\}, \{T\}, \Omega\}$로 표기한다. 결국 동전을 던지는 시행에서 고려될 수 있는 사건은 총 4가지임을 알 수 있다. 여기서 사건 $\varnothing$는 공집합으로 시행의 결과로 아무것도 관측이 되지 않음을 의미하고 표본공간에 없는 경우이므로 그 확률을 '0'으로 정의한다. 그리고 사건이 표본공간 Ω인 경우는 시행의 결과가 무조건에 포함된 경우이므로 그 확률을 1로 정의한다. 이러한 사건들에 대해 각각의 확률을 정의하는 함수를 확률함수(probability function)라 하고 $P(\ )$로 표기한다.

$$P : F \rightarrow [0,\ 1]$$

또 다른 예를 생각해 보자. 혈액형을 검사하는 시행을 생각해 보면, 표본공간은

$$\Omega=\{A, B, O, AB\}$$

으로 표현이 가능한 것을 알 수 있다. 그리고 혈액형을 검사하는 시행에서 고려될 수 있는 사건들을 나열하면

$$\varnothing, \{A\}, \{B\}, \{O\}, \{AB\}, \{A, B\}, \{A, O\}, \{A, AB\}, \{B, O\}$$
$$\{B, AB\}, \{O, AB\}, \{A, B, O\}, \{A, B, AB\}, \{A, O, AB\}, \{B, O, AB\}, \Omega$$

으로 총 $2^4=16$가지로 정리할 수 있다. 다르게 표현하면 확률함수의 정의역 F는 16개의 사건들로 구성되어 있고 16가지의 사건 각각에 대해 0에서 1까지의 실수값을 확률로 정의하면 비로소 확률함수가 정의된 것으로 이해할 수 있다.

예제 1

다음 시행의 표본공간을 기술하시오.
a. 1개의 동전과 1개의 주사위를 마룻바닥에 던진다.
b. 세 명이 분식점에서 점심을 함께 한다. 오늘 메뉴는 라면, 김밥, 만두가 있다.
c. 고등학교 3학년 남학생과 여학생의 키를 측정한다.

풀이 a. 동전을 던졌을 때 앞면이 나오는 경우를 H, 뒷면이 나오는 경우를 T라 하면

$$\Omega=\{HH,\ HT,\ TT\}$$

b. 라면을 먹는 경우를 A, 김밥을 먹는 경우를 B, 만두를 먹는 경우를 C라 할 때

$$\Omega=\{AAA,\ AAB,\ AAC,\ ABA,\ ABB,\ ABC,\ \cdots,\ CCB,\ CCC\}$$

c. 키가 가장 작은 학생의 키를 a, 키가 가장 큰 학생의 키를 b라 했을 때 학생들의 키는 다음과 같은 표본공간을 갖는다.

$$\Omega=\{x : a \le x \le b\}$$

이와 같은 확률함수 정의 방법은 표본공간의 원소, 즉 근원사건의 개수가 늘어남에 따라 확률함수의 값을 사건 단위별로 정의하는 데 비효율적임을 쉽게 알 수 있다. 뿐만 아니라 표본공간이 혈압의 예에서와 같이 $\Omega = \{x : 70 \le x \le 190\}$인 경우는 사건의 개수는 단순히 많은 정도가 아닌 헤아릴 수 없을 정도로 많다. 이러한 이유로 확률함수를 단순 나열이 아닌 '공식'으로 표현하는 것이 요구된다.

사건들의 확률값을 일일이 정하여 확률함수를 정의하더라도 확률함수로서의 최소요건은 반드시 만족되어야 한다. 그 최소요건을 확률의 법칙이라고 한다.

확률의 법칙

1. $P(A) \ge 0,\ A \in F$
2. $P(\Omega) = 1$
3. $A_i \cap A_j = \varnothing \ \Rightarrow P(A_i \cup A_j) = P(A_i) + P(A_j)$

확률의 법칙 1은 모든 사건의 확률은 음수가 되지 않음을 의미하고 동시에 최소 확률은 0으로 정의함을 의미한다. 확률의 법칙 2는 표본공간 Ω의 확률은 1로서 표본공간의 정의를 생각하면 사건 Ω는 반드시 발생하므로 당연한 전제임을 알 수 있다. 확률의 법칙 3은 두 사건이 서로 배반인 경우, 즉 사건 A_i와 사건 A_j의 교집합이 공집합($\varnothing$)이면 두 사건의 합집합의 확률은 각각의 확률의 합으로 계산할 수 있음을 의미한다. 확률함수는 반드시 위 3가지 법칙을 만족해야 확률함수로서 간주될 수 있다.

동전을 던지는 시행의 확률함수를 정의해 보자. 먼저 확률의 법칙에 의하면

$$P(\varnothing) = 0,\ P(\Omega) = 1$$

임을 알 수 있다. 또한 $P(\{H\}) = p$라고 하면 $P(\{T\}) = 1 - p$임을 알 수 있다. 따라서 확률함수는

$$P(A) = \begin{cases} 0, & A = \varnothing \\ p, & A = \{\text{앞면}\} \\ 1-p, & A = \{\text{뒷면}\} \\ 1, & A = \Omega \end{cases}$$

으로 정리가 된다. 그리고 어떠한 시행에서도 $P(A) = \begin{cases} 0, & A = \varnothing \\ 1, & A = \Omega \end{cases}$ 임을 감안하면

$$P(A) = \begin{cases} p, & A = \{\text{앞면}\} \\ 1-p, & A = \{\text{뒷면}\} \end{cases}$$

으로 조금 더 단순하게 정리할 수 있다.

혈액형의 경우를 생각해 보자. F는 총 16가지의 사건들로 이루어져 있다. 이 중에 $\varnothing$, Ω를 제외하면 총 14가지가 된다. 즉 표본공간의 근원사건 4가지와 이들의 조합으로 이루어진 10가지의 사건들로 구성이 된다. 확률함수를 정의하는 데 확률의 법칙을 고려하면 이제 근원사건의 조합으로 이루어진 사건 10가지에 대한 확률을 정의하는 것은 불필요하다는 것을 알 수 있다. 가령, $\{A,\ O\}$의 확률을 생각하면 이는 혈액형을 조사했을 때 혈액형이 A형이 나오거나 O형이 나올 확률을 의미한다. 당연한 이야기지만 혈액형이 A형이면서 O형의 결과가 동시에 나올 수는 없다. 즉 $\{A\} \cap \{O\} = \varnothing$이다. 따라서 확률의 법칙 3에 의해 $\{A,\ O\}$의 확률은

$$P(\{A,\ O\}) = P(\{A \cup \{O\}) = P(\{A\}) + P(\{O\})$$

으로 쉽게 구할 수 있다. 다른 조합에도 동일한 방식으로 정리하여 확률을 구할 수 있기 때문에 확률함수를 정의할 때 10가지의 사건에 대한 확률을 나열할 필요는 없게 된다. 따라서 확률함수는

$$P(A) = \begin{cases} p_1, & A = \{A\} \\ p_2, & A = \{B\} \\ p_3, & A = \{O\} \\ 1 - p_1 - p_2 - p_3, & A = \{AB\} \end{cases}$$

으로 표현하는 것만으로도 충분하다. 이를 정리하면 확률함수를 정의하기 위해서 모든 사건의 확률을 정의할 필요는 없고 표본공간에 포함된 근원사건의 확률만 정의하는 것으로도 충분한 것을 확인할 수 있다.

근원사건들의 조합으로 이루어진 사건의 확률을 구하는 방식을 생각해 보면 임의의 사건의 확률을 구할 때 집합의 연산자의 활용성을 생각할 수 있다. 집합의 연산자는 합집합(∪), 교집합(∩), 여집합(c)이 있고 이들 연산자를 이용하여 새롭게 정의된 사건을 각각 합사건, 교사건, 여사건이라 한다. 집합의 연산자는 논리연산자이므로 합사건, 교사건, 여사건을 다음과 같이 이해하면 확률을 구하는 데 편리하다.

사건	표시	의미
A와 B의 합사건	$A \cup B$	시행의 결과가 A 또는 B가 관측
A와 B의 교사건	$A \cap B$	시행의 결과가 A이고 B인 경우
A의 여사상	A^c	시행의 결과가 A 이외인 경우

예제 2

다음을 확률의 법칙을 이용하여 증명하시오.

a. $P(\varnothing) = 0$

b. $P(A^c) = 1 - P(A)$

c. $A \subset B \Rightarrow P(A) \leq P(B)$

d. $P(A \cap B) \leq P(A)$

e. $P(A \cup B) = P(A) + P(B) - P(A \cap B)$

f. $P(A \cap B^C) = P(A) - P(A \cap B)$

풀이》 a. $\Omega \cap \varnothing = \varnothing$ 이므로 확률의 법칙 3에 의해

$$P(\Omega \cup \varnothing) = P(\Omega) + P(\varnothing)$$

을 알 수 있다. 그리고 합사상과 확률의 법칙 2에 의해

$$P(\Omega \cup \varnothing) = P(\Omega) = 1$$

을 알 수 있다. 따라서

$$P(\Omega \cup \varnothing) = P(\Omega) = P(\Omega) + P(\varnothing)$$

이므로 $P(\varnothing) = 0$이 성립된다.

b. $A \cap A^c = \varnothing$ 이므로 확률의 법칙 3에 의해

$$P(A \cup A^c) = P(A) + P(A^c)$$

이고 $P(\Omega) = P(A \cup A^c) = 1$이 되므로 $P(A^c) = 1 - P(A)$이 된다.

c. $A \subset B$이므로

$$B = A \cup (B \cap A^c)$$

으로 정리할 수 있다. 그리고 $A \cap (B \cap A^c) = \varnothing$ 이므로 확률의 법칙 3에 의해

$$P(B) = P\big(A \cup (B \cap A^c)\big) = P(A) + P(B \cap A^c)$$

이 된다. 확률의 법칙 1에 의해 $P(B \cap A^c) \geq 0$이 되기 때문에 위 식은

$$P(B) = P(A) + P(B \cap A^c) \geq P(A)$$

으로 볼 수 있으므로 $P(B) \geq P(A)$가 성립한다.

d. $(A \cap B) \subset A$ 이므로 c의 결과를 이용하면 $P(A) \geq P(A \cap B)$이 성립한다.

e. 사건 A, B, $A \cup B$는

$$A = (A \cap B) \cup (A \cap B^c)$$

$$B = (A \cap B) \cup (A^c \cap B)$$

$$A \cup B = (A \cap B^c) \cup (A \cap B) \cup (A^c \cap B)$$

으로 정리가 가능하다. 뿐만 아니라 $(A\cap B^c)$, $(A\cap B)$, $(A^c\cap B)$는 서로 배반이다. 따라서 확률의 법칙 3을 이용하면

$$P(A)=P(A\cap B)+P(A\cap B^c)$$

$$P(B)=P(A\cap B)+P(A^c\cap B)$$

$$P(A\cup B)=P(A\cap B^c)+P(A\cap B)+P(A^c\cap B)$$

와 같은 결과를 얻을 수 있다. 이 결과들을

$$P(A\cup B)=P(A)+P(B)-P((A\cap B))$$

에 대입하면

$$\begin{aligned}P(A\cup B)&=P(A\cap B^c)+P(A\cap B)+P(A^c\cap B)\\&=P(A\cap B)+P(A\cap B^c)+P(A\cap B)+P(A^c\cap B)-P(A\cap B)\\&=P(A)+P(B)-P(A\cap B)\end{aligned}$$

이 된다.

f. $A=A\cap\Omega=A\cap(B\cup B^c)=(A\cap B)\cup(A\cap B^c)$이고, $(A\cap B)\cap(A\cap B^c)=A\cap(B\cap B^c)=A\cap\varnothing=\varnothing$이므로 확률의 법칙 3번에 의해 $P(A)=P(A\cap B)+P(A\cap B^c)$이 성립하며 $P(A\cap B^c)=P(A)-P(A\cap B)$이다.

혈액형을 측정하는 시행을 이제 조금 변형을 해 보자. 시행을 혈액형 측정과 성별 확인으로 정의하고, 남자와 여자를 각각 m과 f로 표시하면 표본공간은 다음과 같이 표현할 수 있다.

$$\Omega=\{(f,\ A),\ (f,\ B),\ (f,\ O),(f,\ AB),\ (m,\ A),\ (m,\ B),\ (m,\ O),(m,\ AB)\}$$

근원사건의 개수는 총 8개이므로 확률함수의 정의역 F의 원소, 즉 사건의 개수는 $2^8=256$개에 달한다. 하지만 앞에서 살펴본 바와 같이 확률함수는 표본공간의 각 근원사건에 대해서만 확률값이 정의되는 것으로 충분하다. 예를 들어 다음과 같이 확률값을 정의해 보자.

근원사건	$(f,\ A)$	$(f,\ B)$	$(f,\ O)$	$(f,\ AB)$	$(m,\ A)$	$(m,\ B)$	$(m,\ O)$	$(m,\ AB)$
확률	$\frac{1}{20}$	$\frac{3}{20}$	$\frac{2}{20}$	$\frac{7}{20}$	$\frac{2}{20}$	$\frac{3}{20}$	$\frac{1}{20}$	$\frac{1}{20}$

근원사건에 정의된 확률값과 확률의 법칙을 적용하면 F에 포함되는 어떠한 사건에 대해서도 확률값을 계산하는 것이 가능하다. 그러한 이유로 확률분포 또는 확률함수가 요구될 때 위와 같은 표로 제시되곤 한다.

앞에서 사건은 기본적으로 표본공간의 부분집합이라고 했다. 따라서 사건들은 결국 근원사건들의 조합으로 이해할 수 있다. 그런데 우리가 확률을 알고자 하는 사건을 표현하는 데 있어 자연어

(natural language)를 사용하는 경우에 그 표현 방법이 매우 다양함을 고려해야 한다. 예컨대 사건 $A=\{(f,\ AB),\ (m,\ AB)\}$인 경우 그 확률은 확률의 법칙을 적용하면 쉽게

$$P(A)=P(\{(f,\ AB),(m,AB)\})=P(\{(f,AB)\})+P(\{(m,AB)\})=\frac{7}{20}+\frac{1}{20}=\frac{8}{20}=0.4$$

임을 확인할 수 있다. 하지만 사건 A를 수학적 기호로 표현하는 대신 '혈액형이 AB형이다'라고 표현한다면 그 사건을 간혹 $A=\{AB\}$로 정리하게 된다. 그런데 $\{AB\}$는 표본공간에 포함되어 있지 않은 근원사건이다. 여기서 자연어로 기술된 사건을 수학적 기호로 표현하는 것이 중요하면서 때때로 힘들기도 하다는 점을 인지해야 할 것이다. 시행이 혈액형과 성별을 모두 조사한다는 사실에 비추어 해석한다면, 이 경우 '혈액형이 AB형이다'라는 사건을 '성별에 상관없이 혈액형이 AB형이다'로 보는 것이 타당할 것이고 $A=\{(f,\ AB),\ (m,\ AB)\}$로 정리하게 된다.

조금 더 복잡한 사건을 생각해 보자. 사건 A가 '혈액형 B형인 환자에게 수혈한다'인 경우를 생각해 보자. 사건 A의 확률을 구하기에 앞서 자연어로 표현된 사건의 의미를 생각해 보면 이 사건은 '혈액형이 B형 또는 O형이다'로 먼저 해석함이 타당하다. 그리고 이를 표본공간의 근원사건들로 표현해 보면

$$\begin{aligned} A &= \text{'혈액형이 } B\text{형 또는 } O\text{형이다'} \\ &= \{(f,\ B),\ (m,\ B)\}\cup\{(f,\ O),\ (m,\ O)\} \\ &= \{(f,\ B),\ (m,\ B),\ (f,\ O),\ (m,\ O)\} \end{aligned}$$

이 된다. 따라서 사건 A의 확률은

$$\begin{aligned} P(A) &= P(\{(f,\ B)\})+P(\{(m,\ B)\})+P(\{(f,\ O)\})+P(\{(m,\ O)\}) \\ &= \frac{3}{20}+\frac{3}{20}+\frac{2}{20}+\frac{1}{20} \\ &= 0.36 \end{aligned}$$

이 된다.

이제 사건 B를 '남성이다'로 정한 후, 사건 $A=$'혈액형이 B형 또는 O형이다'와의 합사상과 교사상의 확률을 확인해 보자. 합사상은

$$\begin{aligned} A\cup B &= \{(m,\ A),\ (m,\ B),\ (m,\ O),\ (m,\ AB)\}\cup\{(f,\ B),\ (f,\ O),\ (m,\ B),\ (m,\ O)\} \\ &= \{(f,\ B),\ (f,\ O),\ (m,\ A),\ (m,\ B),\ (m,\ O),\ (m,\ AB)\} \\ &= \{(f,\ A),\ (f,\ AB)\}^C \\ &= \text{'여성 } A\text{형도 여성 } AB\text{형도 아니다'} \end{aligned}$$

로 정리가 가능하고, 그 확률은

$$P(A \cup B) = P(\{(f,\ A),\ (f,\ AB)\}^c)$$
$$= P\{(f,\ A),\ (f,\ AB)\}$$
$$= 1 - \left(\frac{1}{20} + \frac{7}{20}\right) = 0.6$$

으로 계산이 된다. 교사상은

$$A \cap B = \{(m,\ A),\ (m,\ B),\ (m,\ O),\ (m,\ AB)\} \cap \{(f,\ B),\ (f,\ O),\ (m,\ B),\ (m,\ O)\}$$
$$= \{(m,\ B),\ (m,\ O)\}$$

='남성 B형 또는 남성 O형이다'

로 정리가 되며 확률은

$$P(A \cap B) = \{(m,\ B),\ (m,\ O)\}$$
$$= \frac{3}{20} + \frac{1}{20} = 0.2$$

가 된다.

예제 3

동전과 주사위를 각각 1회씩 던지는 시행을 하고 있다. 확률분포는 다음과 같다. 근원사건의 H는 동전의 앞면을 T는 뒷면을 의미하고 숫자는 주사위의 값을 의미한다.

근원사건	(H1)	(H2)	(H3)	(H4)	(H5)	(H6)	(T1)	(T2)	(T3)	(T4)	(T5)	(T6)
확률	$\frac{3}{60}$	$\frac{2}{60}$	$\frac{4}{60}$	$\frac{2}{60}$	$\frac{6}{60}$	$\frac{7}{60}$	$\frac{4}{60}$	$\frac{10}{60}$	$\frac{3}{60}$	$\frac{8}{60}$	$\frac{2}{60}$	$\frac{9}{60}$

a. 표본공간을 기술하시오.
b. '앞면(H)이다'의 확률을 구하시오.
c. '주사위 값이 4 이상이다'의 확률을 구하시오.
d. '동전이 앞면일 때는 주사위는 3 이하이고 뒷면일 때는 5 이상이다'의 확률을 구하시오.

풀이 》 a. 동전의 앞면과 뒷면이 나오는 사건 A에서 앞면이 나오는 경우를 H, 뒷면이 나오는 경우를 T, 주사위를 던지는 사건 B에서 주사위의 각 눈이 나오는 경우를 1, 2, 3, 4, 5, 6이라 했을 때 표본공간은 다음과 같다.

$$\Omega = \{H1,\ H2,\ H3,\ H4,\ H5,\ H6,\ T1,\ T2,\ T3,\ T4,\ T5,\ T6\}$$

b. $$\begin{aligned} P(H) &= P\{(H1)\}+P\{(H2)\}+P\{(H3)\}+P\{(H4)\}+P\{(H5)\}+P\{(H6)\} \\ &= \frac{3}{60}+\frac{2}{60}+\frac{4}{60}+\frac{2}{60}+\frac{6}{60}+\frac{7}{60} \\ &= \frac{24}{60}=0.4 \end{aligned}$$

c. $$\begin{aligned} P(\text{'주사위 값이 4 이상이다.'}) &= P(\{H4,\ H5,\ H6,\ T4,\ T5,\ T6\} \\ &= P\{(H4)\}+P\{(H5)\}+P\{(H6)\}+P\{(T4)\}+ \\ &\quad + P\{(T5)\}+P\{(T6)\} \\ &= \frac{2}{60}+\frac{6}{60}+\frac{7}{60}+\frac{8}{60}+\frac{2}{60}+\frac{9}{60} \\ &= \frac{34}{60} \end{aligned}$$

d. 사건 A를 '동전이 앞면일 때는 주사위는 3 이하이고 뒷면일 때는 5 이상이다'라 하고, 사건 B를 '동전이 앞면이다', 사건 C를 '주사위가 3 이하다', 사건 D를 '주사위가 5 이상이다'로 정의하면 사건 A는 다음과 같이 표현할 수 있다.

$$A = (B\cap C)\cup(B^c\cap D)$$

또한 $(B\cap C)$와 $(B^c\cap D)$는 서로 배반이므로 확률의 법칙 3에 의해

$$P(A) = P(B\cap C)+P(B^c\cap D)$$

임을 알 수 있다. 따라서

$$P(B\cap C) = P(\{H1,\ H2,\ H3\} = \frac{3}{60}+\frac{2}{60}+\frac{4}{60}$$

$$P(B^c\cap D) = P(\{T5,\ T6\}) = \frac{2}{60}+\frac{9}{60}$$

이고 사건 A의 확률은 다음과 같다.

$$\begin{aligned} P(A) &= P(B\cap C)+P(B^c\cap D) \\ &= \frac{3}{60}+\frac{2}{60}+\frac{4}{60}+\frac{2}{60}+\frac{9}{60} \\ &= \frac{1}{3} \end{aligned}$$

표본공간에 근원사건의 개수가 유한한 경우와 달리 근원사건의 개수가 무한인 경우 각 근원사건의 확률을 일일이 정의하기는 힘들다. 다음의 예를 생각해 보자. 앞면이 나올 때까지 동전을 던지는 시행을 생각해 보면 표본공간은

$$\Omega = \{H,\ TH,\ TTH,\ TTTH,\ TTTTH, \cdots\}$$

또는 이 시행의 관측되는 자료는 앞면이 나올 때까지 던진 횟수로 볼 수 있으므로

$$\Omega = \{1,\ 2,\ 3,\ 4,\ 5, \cdots\}$$

이 된다. 각 근원사건의 확률을 일일이 지정하는 것보다는 몇 가지 수용 가능한 가정을 주고 확률함수를 정할 수 있다.

가정 1. 매회 동일한 동전을 던지므로 앞면이 나올 확률은 p로 모두 동일하다.
가정 2. 이번 회에 던진 동전의 결과와 다음 회에 던진 동전의 결과는 서로 영향을 주지 않는다.

위의 가정을 전제로 하면 확률함수는 다음과 같이 정의할 수 있다.

$$\begin{aligned} &P(\{1\}) = P(\{H3\}) = p \\ &P(\{2\}) = P(\{T\})P(\{H\}) = (1-p)p \\ &P(\{3\}) = P(\{T\})P(\{T\})P(\{H\}) = (1-p)^2 p \\ &\qquad\qquad \vdots \\ &P(\{n\}) = p(1-p)^{n-1},\ n = 1,\ 2,\ 3, \cdots \end{aligned}$$

각각의 근원사건의 확률값들의 관계를 수식으로 도출하여 확률함수를 정하면 다양한 사건에 대한 확률을 계산하는 데 사용할 수 있다. 이러한 예는 이산형 확률분포에서 더 자세히 다루도록 한다.

시행의 관측 결과값이 연속형 자료인 경우 표본공간이 실수 구간의 형태로 표현할 수 있다. 이 경우 개개의 실수값을 근원사건으로 간주하여 확률을 구하는 방식으로는 확률함수를 정할 수 없고 구간의 확률을 이용하여 확률함수를 정의한다. 자세한 사항은 연속형 확률분포에서 다루도록 한다.

5.3 조건부확률

확률을 정의하는 데 표본공간의 역할을 살펴보았다. 이제 시행의 결과들의 집합인 표본공간에 대해 일종의 제약이 주어진 경우의 확률에 대해 알아보도록 한다.

혈액형 문제를 다시 생각해 보자. 시행은 혈액형과 성별을 조사하는 것이었고 표본공간과 확률함수는 다음과 같았다.

$$\Omega = \{(f,A),\ (f,B), (f,O),\ (f,AB),\ (m,A),\ (m,B), (m,O),\ (m,AB)\}$$

근원사건	(f,A)	(f,B)	(f,O)	(f,AB)	(m,A)	(m,B)	(m,O)	(m,AB)
확률	$\frac{1}{20}$	$\frac{3}{20}$	$\frac{2}{20}$	$\frac{7}{20}$	$\frac{2}{20}$	$\frac{3}{20}$	$\frac{1}{20}$	$\frac{1}{20}$

이 시행에서 조사 대상은 남녀 모두였고, 그에 따른 확률함수는 위와 같았다. 이 확률함수를 활용하여 가령 '여성이고 혈액형이 B형이다'는 사건의 확률은 $\frac{3}{20}$임을 쉽게 알 수 있다. 그런데 사건이 만일 '여성 중에서 혈액형이 B형이다'면 그 확률을 $\frac{3}{20}$이라고 하는 것은 적절해 보이지 않는다. 두 사건이 의미하는 바가 다르기 때문이다. 앞의 사건은 남녀 모두에서 B형 혈액형을 가진 여성의 비율을 의미하는 것에 반해, 다음 사건은 여성 중에서 B형 혈액형을 가진 여성의 비율을 의미하기 때문이다. 확률론에서 이러한 문제를 설명하기 위해 조건부확률의 개념을 이용한다.

사건 $\boldsymbol{B}$의 조건 하에서 사건 $\boldsymbol{A}$의 조건부확률(The conditional probability of $\boldsymbol{A}$ given $\boldsymbol{B}$)

$$P(A|B)=\frac{P(A\cap B)}{P(B)},\ \text{여기서}\ \ P(B)>0$$

사건 '여성 중에서 혈액형이 B형이다'의 기술 내용 중에 조사 대상이 여성이라는 사실을 확인할 수 있다. 사건이 구체적으로 모집단을 제한한 경우로 볼 수 있다. 많은 경우 조건부확률에서의 조건은 모집단을 기술하는 사건으로 볼 수 있다. 따라서 본 사건의 확률은 다음과 같이 정리할 수 있다.

$$\begin{aligned}
&P(\text{여성 중에서 혈액형이 }B\text{형이다})\\
&\quad=P('\text{혈핵형이 }B\text{형이다}'\,|\,'\text{여성이다}')\\
&\quad=P(\{(f,B),\ (m,B)\,|\,(f,A),\ (f,B),(f,O),\ (f,AB)\}\\
&\quad=\frac{P(\{(f,B),\ (m,B)\}\cap\{(f,A),\ (f,B),(f,O),\ (f,AB)\})}{P(\{(f,A),\ (f,B),(f,O),\ (f,AB)\})}\\
&\quad=\frac{P(\{(f,B)\})}{P(\{(f,A),\ (f,B),(f,O),\ (f,AB)\})}\\
&\quad=\frac{\frac{3}{20}}{\frac{1}{20}+\frac{3}{20}+\frac{2}{20}+\frac{7}{20}}\\
&\quad=\frac{3}{13}
\end{aligned}$$

조건부확률함수 $P(A|B)$도 결국 사건 A의 확률함수로 볼 수 있기 때문에 확률의 법칙과 유사한 결과들을 도출할 수 있다.

조건부확률의 정리 : $\boldsymbol{P(B) > 0,\ B \in F}$

1. $P(A|B) \geq 0,\ A \in F$
2. $P(\Omega|B) = 1,\ P(B|B) = 1$
3. $A_i \cap A_j = \varnothing \Rightarrow P(A_i \cup A_j|B) = P(A_i|B) + P(A_j|B)$
4. $P(A_1 \cap A_2 \cap A_3) = P(A_1)P(A_2|A_1)P(A_3|A_1 \cap A_2)$

예제 4

조건부확률의 정리를 증명하시오.

풀이 1.

$$P(A|B) = \frac{P(A \cap B)}{P(B)}$$

이며, 확률의 법칙 1에 의해 $P(A \cap B) \geq 0,\ P(B) \geq 0$이므로 $P(A|B) \geq 0$이 성립한다.

2.

$$P(\Omega|B) = \frac{P(\Omega \cap B)}{P(B)} = \frac{P(B)}{P(B)} = 1$$

$$P(B|B) = \frac{P(B \cap B)}{P(B)} = \frac{P(B)}{P(B)} = 1$$

3.

$$\begin{aligned} P(A_i \cup A_j|B) &= \frac{P[(A_i \cup A_j) \cap B]}{P(B)} \\ &= \frac{P[(A_i \cap B) \cup (A_j \cap B)]}{P(B)} \end{aligned}$$

이며 $(A_i \cap B) \cap (A_j \cap B) = B \cap (A_i \cap A_j) = B \cap \varnothing = \varnothing$ 이므로 확률의 법칙 3에 의해

$$\begin{aligned} P(A_i \cup A_j|B) &= \frac{P(A_i \cap B) + P(A_j \cap B)}{P(B)} \\ &= \frac{P(A_i \cap B)}{P(B)} + \frac{P(A_j \cap B)}{P(B)} \\ &= P(A_i|B) + P(A_j|B) \end{aligned}$$

4.
$$P(A_1 \cap A_2 \cap A_3) = P[(A_1 \cap A_2) \cap A_3] = \frac{P[(A_1 \cap A_2) \cap A_3]P(A_1 \cap A_2)}{P(A_1 \cap A_2)} = P(A_3|A_1 \cap A_2)P(A_1 \cap A_2)$$

이고,

$$P(A_1 \cap A_2) = \frac{P(A_1 \cap A_2)P(A_1)}{P(A_1)} = P(A_2 | A_1)P(A_1)$$

이므로 $P(A_1 \cap A_2 \cap A_3)= P(A_1)P(A_2|A_1)P(A_3|A_1 \cap A_2)$이다.

임의의 사건 A의 확률 $P(A)$는 조건부확률의 표기방식을 이용하면 $P(A|\Omega)$로 표현할 수 있다. 즉 $P(A)$는 표본공간 Ω에 포함된 결과물들 중에 A에 해당하는 결과물이 나올 비율을 의미하는 것으로 해석이 가능함을 의미한다. 물론 $P(A|B)$에서는 표본공간이 이제 Ω가 아니고 대신에 B를 의미한다. 즉 B에 포함된 결과물들 중에서 사건 A에 해당하는 결과물이 나올 비율을 의미한다. 다만 사건 A에 포함되는 결과물이 B에 포함되지 않는 경우를 배제하기 위해 조건부확률의 정의에서와 같이 분자의 사건은 $A \cap B$로 대체가 된다. 혈액형 문제에서 가령 사건 A를 'AB형이다', 사건 B를 '남자다'로 한 경우 $P(A) = \frac{8}{20}$이고 $P(A|B) = \frac{1}{7}$이 된다. 그런데 만일 $P(A|B) = P(A)$인 경우가 발생하면 확률론에서 이러한 경우를 사건 A와 B가 서로 독립이라고 정의한다.

사건 **A**와 **B**의 독립 :

$\boldsymbol{P(A|B) = P(A)}$ 또는 $\boldsymbol{P(B|A) = P(B)}$

예제 5

$P(A|B) = P(A)$는 $P(B|A) = P(B)$의 필요충분조건임을 보이시오.

풀이

$$P(A|B) = \frac{P(A \cap B)}{P(B)} = P(A)$$

이면 $P(A \cap B) = P(A)P(B)$이므로

$$P(B|A) = \frac{P(A \cap B)}{P(A)} = \frac{P(A)P(B)}{P(A)} = P(B)$$

이다. 반대의 경우

$$P(B|A) = \frac{P(A \cap B)}{P(A)} = P(B),\ P(A \cap B) = P(A)P(B)$$

이므로

$$P(A|B) = \frac{P(A\cap B)}{P(B)} = \frac{P(A)P(B)}{P(B)} = P(A)$$

가 성립하기 때문에 $P(A|B) = P(A)$는 $P(B|A) = P(B)$의 필요충분조건이다.

예제 6

$P(A\cap B) = P(A)P(B)$는 사건 A와 B의 독립의 필요충분조건임을 보이시오.

풀이 $P(A\cap B) = P(A)P(B)$인 경우

$$P(A|B) = \frac{P(A\cap B)}{P(B)} = \frac{P(A)P(B)}{P(B)} = P(A)$$

이므로 사건 A와 B는 독립이다.

사건 A와 B가 독립일 경우 $P(A|B) = P(A)$를 만족하기 때문에

$$P(A|B) = \frac{P(A\cap B)}{P(B)} = P(A)$$

이다. 따라서 $P(A\cap B) = P(A)P(B)$는 사건 A와 B의 독립의 필요충분조건이다.

예제 7

사건 A와 B가 독립일 때, A와 B^c의 독립여부와 A^c와 B^c의 독립여부를 확인하시오.

풀이 1. A와 B^c의 독립여부

$$\begin{aligned} P(A\cap B^c) &= P(A\cap(\Omega - B)) = P(A - (A\cap B)) = P(A) - P(A\cap B) \\ &= P(A) - P(A)P(B) = P(A)(1-P(B)) = P(A)P(B^c) \end{aligned}$$

이므로 사건 A와 B^c는 독립이다.

2. A^c와 B^c의 독립여부

$$P(A^c\cap B^c) = P((A\cup B)^c) = 1 - P(A\cup B)$$

이며

$$P(A\cup B) = P(A) + P(B) - P(A\cap B)$$

이므로

$$1 - P(A\cup B) = 1 - P(A) - P(B) + P(A\cap B) = (1-P(A))(1-P(B))$$

$$= P(A^c)P(B^c)$$

가 성립하여 사건 A^c와 B^c는 독립이다.

조건부확률을 활용하는 데 유용하게 사용되는 분할(partition)을 알아본다. 분할은 다음과 같이 정의된다.

> 표본공간의 Ω의 분할
>
> $B_1, B_2, \cdots, B_k$는 다음 두 조건을 만족하면 표본공간Ω의 분할이다.
>
> 1. $B_i \cap B_j = \varnothing$, $i \neq j$, $i, j \in \{1, 2, \cdots, k\}$
> 2. $B_1 \cup B_2 \cup \cdots \cup B_k = \Omega$

분할을 이용하면 임의의 사건 A에 대해

$$\begin{aligned} P(A) &= P(A \cap \Omega) \\ &= P\{A \cap (B_1 \cup B_2 \cup \cdots \cup B_k)\} \\ &= P\{(A \cap B_1) \cup (A \cap B_2) \cup \cdots \cup (A \cap B_k)\} \\ &= P(A \cap B_1) + P(A \cap B_2) + \cdots + P(A \cap B_k) \\ &= \sum_{i=1}^{k} P(A \cap B_i) \\ &= \sum_{i=1}^{k} P(A|B_i)P(B_i) \end{aligned}$$

로 정리할 수 있다. 주의할 것은 분할은 한 가지 형태만 존재하는 것이 아니라는 점이다. 예를 들면 혈액형 문제를 생각해 보면,

$$A_1 = A\text{형}$$
$$A_2 = B\text{형}$$
$$A_3 = O\text{형}$$
$$A_4 = AB\text{형}$$

으로 정의한 A_1, A_2, A_3, A_4는 표본공간의 분할이다. 또한

$$B_1 = 남자$$
$$B_2 = 여자$$

으로 정의한 B_1, B_2도 표본공간의 분할이다. 이러한 분할을 이용하여 조건부확률에 관한 유용한 정리로 소개되는 베이즈 정리(Bayes' rule)을 살펴보자.

베이즈 정리

$$\begin{aligned} P(A|B) &= \frac{P(A \cap B)}{P(B)} \\ &= \frac{P(B|A)P(A)}{P(A \cap B) + P(A^c \cap B)} \\ &= \frac{P(B|A)P(A)}{P(B|A)P(A) + P(B|A^c)P(A^c)} \end{aligned}$$

베이즈 정리의 특징은 조건부확률의 사건 A와 조건 B가 서로 교체되어 조건이 A인 사건 B의 조건부확률과 조건이 A^c인 사건 B의 조건부확률로 정리된다는 사실이다. 주의할 사항은 다음 두 사항

$$P(A|B) + P(A^c|B) = 1$$
$$P(B|A) + P(B|A^c) \neq 1$$

의 의미를 정확히 구분하는 것이다. 전자는 동일한 표본공간 B에서의 여사상의 특징이라면 후자는 서로 다른 표본공간에서의 확률이므로 이러한 관계를 논하는 것 자체가 의미가 없는 사항이다.

예제 8

B_1, B_2, $\cdots$, B_k가 표본공간 Ω의 분할일 때, 다음이 성립함을 보이시오.

$$P(B_1|A) = \frac{P(A|B_1)P(B_1)}{\sum_{j=1}^{k} P(A|B_j)P(B_j)}$$

풀이 B_1, B_2, $\cdots$, B_k가 표본공간 Ω의 분할이므로 다음이 성립한다.

$$\Omega = B_1 \cup B_2 \cup \cdots \cup B_k$$
$$B_i \cap B_j = \varnothing\,,\ i \neq j$$

따라서 A는 다음과 같이 표현할 수 있다.

$$A=(B_1\cap A)\cup(B_2\cap A)\cup\cdots\ \cup(B_k\cap A)$$

그러므로

$$\begin{aligned}P(A)&=\sum_{j=1}^{k}P(B_j\cap A)\\&=\sum_{j=1}^{k}P(B_j)P(A\mid B_j)\ \cdots\cdots\cdots\ ①\end{aligned}$$

이다. 사건 A가 주어졌을 때 B_1의 조건부확률은

$$P(B_1\mid A)=\frac{P(B_1\cap A)}{P(A)}=\frac{P(B_1)P(A\mid B_1)}{P(A)}\ \cdots\cdots\cdots\ ②$$

이며, ②의 식에 ①을 대입하면 다음의 식을 얻는다.

$$P(B_1\mid A)=\frac{P(B_1)P(A\mid B_1)}{\sum_{j=1}^{k}P(B_j)P(A\mid B_j)}$$

예제 9

어느 지역의 특수 질병에 대한 새로운 치료방법의 효과에 대하여 자료를 수집한 결과가 다음과 같다.

	도시 거주자		농촌 거주자	
	치료받음	치료받지 않음	치료받음	치료받지 않음
생존	1,000	50	95	5,000
사망	9,000	950	5	5,000

이 질병에 걸린 환자가 생존할 사건을 A, 치료를 받을 사건을 T, 도시에 거주할 사건을 C라고 할 때 다음 확률을 구하시오.

1) 치료에 대한 생존확률 $P(A\mid T)$를 구하시오.
2) 도시 거주자에 대한 생존확률 $P(A\mid C)$를 구하시오.
3) 농촌거주자이면서 치료받은 사람에 대한 생존확률 $P(A\mid C^c\cap T)$를 구하시오.

풀이》

1) $P(A\mid T)=\dfrac{1000+95}{1000+9000+95+5}=0.108$

2) $P(A\mid C)=\dfrac{1000+50}{1000+9000+50+950}=0.095$

3) $P(A\mid C^c\cap T)=\dfrac{95}{95+5}=0.95$

5.4 확률변수

지금까지 표본공간에서 생성되는 사건들에 대해 확률을 정하는 확률함수의 개념에 대해 살펴보았다. 이제 사건을 기술하는 데 유용하게 사용되는 확률변수(random variable)에 대해 알아보도록 하자.

앞에서 사건은 기본적으로 표본공간의 부분집합이고, 확률함수는 표본공간으로부터 도출할 수 있는 사건들의 집합 F를 정의역으로 하는 함수로 정의된다는 것을 확인하였다. 또한 표본공간은 시행에 따라 다양하게 기술될 수 있으며, 특히 사건을 자연어로 기술하면 매우 다양하게 표현할 수 있다는 점도 살펴보았다.

혈액형 문제의 확률분포를 다시 살펴보자.

$$\Omega = \{(f,A),\ (f,B),\ (f,O),(f,AB),\ (m,A),\ (m,B),\ (m,O),(m,AB)\}$$

근원사건	(f,A)	(f,B)	(f,O)	(f,AB)	(m,A)	(m,B)	(m,O)	(m,AB)
확률	$\frac{1}{20}$	$\frac{3}{20}$	$\frac{2}{20}$	$\frac{7}{20}$	$\frac{2}{20}$	$\frac{3}{20}$	$\frac{1}{20}$	$\frac{1}{20}$

그리고 다음의 함수를 정의해보자.

$$X(\omega) = \begin{cases} 1, & \omega = (f,A) \\ 2, & \omega = (f,B) \\ 3, & \omega = (f,O) \\ 4, & \omega = (f,AB) \\ 5, & \omega = (m,A) \\ 6, & \omega = (m,B) \\ 7, & \omega = (m,O) \\ 8, & \omega = (m,AB) \end{cases}$$

가령 '남자다'라는 사건을 A라고 하면

$$\begin{aligned} A &= \{(m,A),\ (m,B),\ (m,O),\ (m,AB)\} \\ &= \{\omega : X(\omega) \geq 5\} \end{aligned}$$

로 정리할 수 있다. 그리고 사건 A의 확률은

$$\begin{aligned} P(A) &= P(\{(m,A),\ (m,B),\ (m,O),\ (m,AB)\}) \\ &= P(\{\omega : X(\omega) \geq 5\}) \\ &= P(X \geq 5) \end{aligned}$$

로 표현할 수 있다. 위 세 가지 표현 모두 동일한 것으로 이 중에서 가장 단순한 형태를 고르라면 마지막의 경우라는 것을 쉽게 알 수 있다. 여기서 대문자로 표기된 X를 확률변수라고 한다. 확률변수는 이름에 비록 변수라는 표현이 포함되어 있지만, 정의역은 표본공간이고 공변역은 실수인 함수다.

$$X : \Omega \rightarrow R$$

앞면과 뒷면을 각각 H, T로 표기하고, 뒷면이 나올 때까지 동전을 던지는 시행의 표본공간을

$$\Omega = \{H,\ TH,\ TTH,\ TTTH,\ TTTTH, \cdots\}$$

으로 표현할 때 확률변수를

$$X(\omega) = \omega\text{의 글자 수},\ \omega \in \Omega$$

로 정의하면, 가령 확률변수의 X의 확률함수는 다음과 같이 정의할 수 있다.

$$P(X = x) = p^{x-1}(1-p),\ \ p = P(\{H\})$$

예제 10

위 확률함수를 정의하는 데 필요한 충분조건을 기술하시오.

풀이》 1. 임의의 실수 x에 대하여, $P(X = x) = p^{x-1}(1-p) \geq 0$이다.

2. $\sum_{x \in \Omega} P(X = x) = 1$

3. 임의의 두 실수 $a < b$에 대하여, $P(a < X \leq b) = \sum_{a < x \leq b} P(X = x)$

확률변수를 이용하여 사건을 기술하게 되면 확률함수를 공식으로 표현하는 것이 매우 단순해지기 때문에 다양한 확률 이론을 간략히 정리할 수 있게 된다. 또한 확률변수의 공변역은 실수라고 했는데 만일 치역이 연속형인 경우와 이산형인 경우로 정리가 가능하면 이때 확률분포를 각각 연속형 확률분포와 이산형 확률분포로 정의한다. 물론 확률분포가 연속형 확률분포와 이산형 확률분포만 존재하는 것은 아니다. 예를 들어 치역이 특정 실수 구간과 정수들이 혼재되어 있는 경우는 연속형과 이산형 확률분포가 혼재되어 있는 경우도 볼 수 있는데 이런 경우는 앞에서 얘기한 어느 분포에도 해당되지 않는다.

확률변수 $\boldsymbol{X}$의 누적 분포함수

$$F_X(x) = P(X \leq x)$$

확률변수와 확률함수를 이용하여 위와 같은 누적 분포함수(Cumulative distribution function)를 정의할 수 있다. 누적 분포함수는 정의역이 실수이고 공변역이 0에서 1 사이의 실수인 함수로 다음과 같은 성질을 갖고 있다.

누적 분포함수 $F_X(x)$는 다음 4가지의 성질을 만족한다.

1. $F_X(a) \leq F_X(b), \ a < b$
2. $\lim_{c \to -\infty} F_X(c) = 0$
3. $\lim_{c \to \infty} F_X(c) = 1$
4. $\lim_{c \to k+} F_X(c) = F_X(k)$

일반적으로 연속형 확률분포의 경우 누적 분포함수는 전 실수 구간에서 연속이고 미분 가능한 함수이지만 이산형 확률분포의 경우 그 형태가 계단과 비슷한 모양을 갖는다.

예제 11

혈액형 시행 문제를 위해 확률변수를 정의하고 누적 분포함수를 그려보시오.

풀이

$$X(\omega) = \begin{cases} 1, & \omega = A \\ 2, & \omega = B \\ 3, & \omega = O \\ 4, & \omega = AB \end{cases}$$

$$P(1) = \frac{3}{20}, \ P(2) = \frac{6}{20}, \ P(3) = \frac{3}{20}, \ P(4) = \frac{8}{20}$$

$$P_x(1) = \frac{3}{20}, \ F_x(2) = \frac{9}{20}, \ F_x(3) = \frac{12}{20}, \ F_y(4) = 1$$

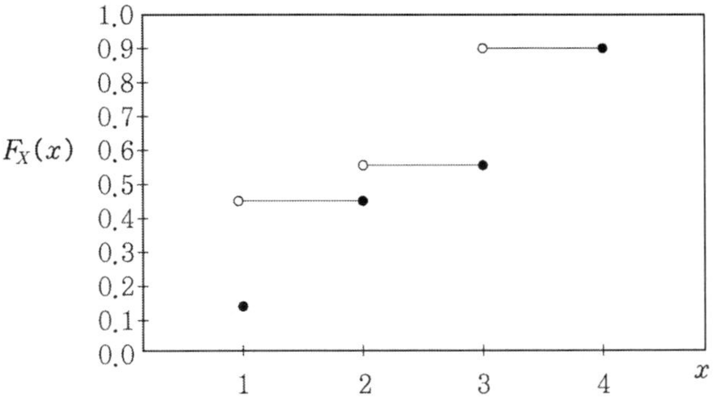

예제 12

뒷면이 나올 때까지 동전을 던지는 시행의 확률변수를 정의하고 누적 분포함수를 그려보시오.

풀이 》

$$X(\omega) = \text{뒷면이 나올 때까지 시행한 횟수},\ \omega \in \Omega$$
$$P(X = x) = (1 - 0.5)^{x-1}0.5 = (0.5)^x$$

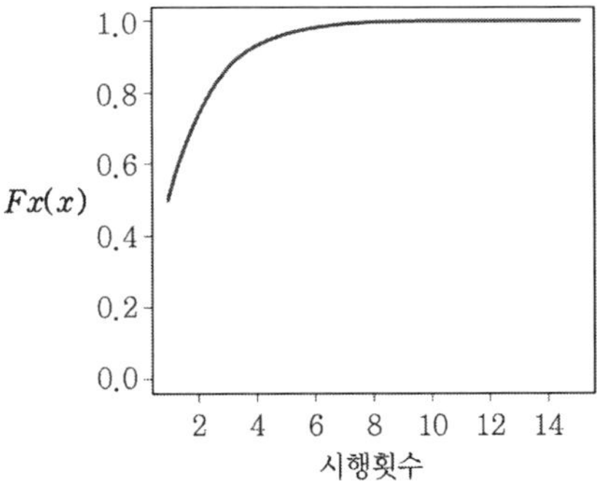

예제 13

X의 확률함수의 누적 분포함수를 구하시오.

$P(1) = \frac{1}{4}$, $P(2) = \frac{1}{2}$, $P(3) = \frac{1}{8}$, $P(4) = \frac{1}{8}$

풀이 》

$$F_X(x) = \begin{cases} \frac{1}{4}, & x = 1 \\ \frac{3}{4}, & x = 2 \\ \frac{7}{8}, & x = 3 \\ 1, & x = 4 \end{cases}$$

확률변수의 종류에 따라 이산형 확률분포와 연속형 확률분포가 정의됨을 살펴보았는데, 확률함수도 확률변수의 종류에 따라 구분을 한다. 이산형 확률분포의 경우 확률함수 $f_X(x)$를 확률질량함수(probability mass function)라 부르고

$$\begin{aligned} f_X(x) &= P(X = x) \\ &= F_X(x) - F_X(x_*), \qquad x_* = \max\{y : y < x,\ y \in \Omega\} \end{aligned}$$

로 정의한다.

연속형 확률분포의 경우는 확률함수를 확률밀도함수(probability density function)라 하며

$$f_X(x) = \frac{d}{dx} F_X(x)$$

로 정의된다. 주의할 사항으로 확률밀도함수는 확률을 계산하는 데 활용되기에 확률함수라 불리긴 하지만 확률의 법칙의 $P(\ )$와는 다소 다른 부분이 있다. 가령 확률함수는 1보다 클 수는 없지만 확률밀도함수 자체는 그러한 제한이 없고, 구간으로 주어진 사건의 확률을

$$P(a \le X \le b) = \int_a^b f_X(x)dx$$

와 같이 구한다. 이러한 이유로 연속형 확률분포에서

$$P(X = c) = P(c \le X \le c) = \int_c^c f_X(x)dx = 0$$

처럼 확률변수가 임의의 값 c가 될 확률은 항상 0이 된다.

확률변수의 종류에 따른 확률함수를 살펴보았다. 이제 확률변수의 기댓값과 분산을 알아보자. 기대값 $E(X)$와 분산 $Var(X)$는 이산형 확률분포의 경우 다음과 같이 정의한다.

$$E(X) = \sum_x x\, P(X = x)$$

$$Var(X) = \sum_x (x - E(X))^2 \, P(X = x)$$
$$= E(X - E(X))^2$$
$$= E(x^2) - (E(X))^2$$

연속형 확률분포에서는 기대값과 분산은 다음과 같이 정의된다.

$$E(X) = \int_{-\infty}^{\infty} x f_X(x) dx$$
$$Var(X) = \int_{-\infty}^{\infty} (x - E(X))^2 f_X(x) dx$$

기댓값과 분산은 각 분포의 특징을 결정하는 데 유용하게 사용된다. 뒤에서 다룰 여러 가지 특정 분포들은 통계 분석에서 사용되곤 한다. 각 통계 분석은 특정 분포의 성질을 이용하여 개발된 방법이기 때문에 분석하고자 하는 자료가 해당 분포에 유사하다는 전제하에 통계 분석이 이루어지게 된다. 그리고 자료의 실제 분포와 통계 분석 방법의 근간이 되는 분포와의 유사성을 확인하는 최소한의 척도로서 기댓값과 분산이 사용되곤 한다.

예제 14

X의 확률밀도 함수가 다음과 같다.

$$f_X(x) = c(4x - 2x^2) \, I(0 < x < 2)$$

1) 상수 c 값을 구하시오.
2) $F(1)$을 구하시오.
3) X의 평균을 구하시오.
4) X의 분산을 구하시오.

풀이 1)

$$\int_R f_X(x) dx = \int_R c(4x - 2x^2) \, I(0 < x < 2) dx = \int_0^2 c(4x - 2x^2) dx$$
$$= \left[c\left(2x^2 - \frac{2}{3}x^3\right) \right]_0^2 = c\left(8 - \frac{16}{3}\right) = \frac{8}{3}c = 1$$
$$\therefore \ c = \frac{3}{8}$$

2)

$$F(1) = \int_{-\infty}^{1} f_X(x) dx = \int_{-\infty}^{1} \frac{3}{8}(4x - 2x^2) \, I(0 < x < x) dx$$
$$= \int_0^1 \frac{3}{8}(4x - 2x^2) dx = \frac{3}{8}\left[2x^2 - \frac{2}{3}x^3\right]_0^1 = \frac{3}{8}\left(2 - \frac{2}{3}\right) = \frac{1}{2}$$

3)
$$E(X) = \int_R x f_X(x)dx = \int_R \frac{3}{8}x(4x-2x^2)\ I(0<x<2)dx = \int_0^2 \frac{3}{8}x(4x-2x^2)dx$$
$$= \frac{3}{8}\left[\frac{4}{3}x^3 - \frac{1}{2}x^4\right]_0^2 = \frac{3}{8}\left(\frac{32}{3}-8\right) = 1$$

4)
$$Var(X) = E(X^2) - (E(X))^2$$
$$E(X^2) = \int_R x^2 f_X(x)dx = \int_R \frac{3}{8}x^2(4x-2x^2)\ I(0<x<2)dx = \int_0^2 \frac{3}{8}x^2(4x-2x^2)dx$$
$$= \frac{3}{8}\left[x^4 - \frac{2}{5}x^5\right]_0^2 = \frac{3}{8}\left(16-\frac{64}{5}\right) = \frac{6}{5}$$

이므로

$$Var(X) = \frac{6}{5} - 1^2 = \frac{1}{5}$$

이다.

연습문제

01 동전을 세 번 던지는 시행에서 앞면을 H, 뒷면을 T라 할 때, 다음에 답하시오.

1) 표본공간을 정의하시오.
2) 두 번째 시행에서 앞면이 나오는 사건을 A, 앞면이 꼭 두 번만 나오는 사건을 B라 할 때, 사건 A와 B를 나타내시오.
3) 2)에서 정의한 사건 A, B에 대하여 $A \cup B$, $A \cap B$, A^c, B^c, $(A \cap B)^c$, $A^c \cap B$를 구하시오.

02 임의의 사건 A, B, C에 대하여 다음이 성립함을 증명하시오.

1) $A \cup B = A \cap B$이면, $A = B$이다.
2) $A \cup B = \varnothing$ 이면, $(A \cap C) \cap (B \cap C) = \varnothing$ 이다.
3) $A - (B \cup C) = (A - B) \cap (A - C)$
4) $(A \cup B) - (A \cap B) = (A \cap B^c) \cup (A^c \cap B)$

03 $\Omega = A \cup (A \cap B)^c$임 보이시오.

04 다음 드모르간의 법칙이 성립함을 보이시오.

$$(A_1 \cap A_2 \cap \cdots \cap A_n)^c = A_1^c \cup A_2^c \cup \cdots \cup A_n^c$$

05 한 개의 주사위와 두 개의 동전을 던지는 확률실험을 하였다. 예상되는 실험 결과는 몇 가지인가?

06 주사위를 던져서 나오는 눈의 수를 x라 하자. 이때 $x^2 - 2x > 0$을 만족하는 경우의 수를 구하시오.

07 0, 1, 2, 3, 4, 5의 숫자가 적혀 있는 6장의 카드를 이용하여 만들 수 있는 4자리 짝수는 몇 개인가?

08 서점에 A, B, C 세 종류의 책이 각각 2, 3, 4권 새로 들어왔다. 새로 들어온 책들끼리 한 곳에 진열하는데, 진열방법은 몇 가지인가?

09 어느 백화점에서 고객에게 7가지 경품 중에서 3가지를 선택하여 가질 수 있는 행사를 실시하였다. 선물을 고를 수 있는 방법은 몇 가지인가?

10 다음은 각 사건의 발생 빈도를 표로 정리한 것이다. 이 표를 이용하여 다음의 확률을 구하시오.

	A_1	A_2	A_3
B_1	15	2	20
B_2	10	15	15

1) $P(A_1)$
2) $P(A_2 \cap B_1)$
3) $P(A_3 \cup B_2)$
4) $P(A_1 \cap A_3 \cap B_2^c)$

11 x는 동전을 던져서 앞, 뒷면이 나옴에 따라 각각 1, 2라 하고, y는 주사위를 던져서 나오는 눈의 개수라 하자.

1) $x+y \geq 6$일 확률을 구하시오.
2) $x+y \leq 3$일 확률을 구하시오.
3) $x \geq y$일 확률을 구하시오.

12 졸업예정자 30명 중에서 운전면허 소지자는 21명이고, 운전면허증과 정보처리기사 자격증 모두 없는 사람은 2명이다. 그렇다면 임의로 한 사람을 선택했을 때 정보처리기사 자격증만 소지하고 있는 학생이 선택될 확률은 얼마인가?

13 어느 슈퍼마켓에서 판매되는 옥수수는 A, B지역에서 생산되는 옥수수가 각각 30%, 40%이다.

1) $P(A \cup B) = 1$인가? 참인지 판별하고 선택한 답에 관하여 설명하시오.
2) $P(A \cap B) = 0$인가? 참인지 판별하고 선택한 답에 관하여 설명하시오.

14 냉장고에 흰 우유, 딸기 우유가 각각 4개씩 들어 있다. 5명의 어린이가 우유를 하나씩 선택했다.

1) 딸기 우유가 적어도 2개 선택될 확률을 구하시오.
2) 딸기 우유가 많아야 2개 선택될 확률을 구하시오.

15 다음을 증명하시오.

$$P(A \cup B \cup C)$$
$$= P(A) + P(B) + P(C) - P(A \cap C) - P(B \cap C) + P(A \cap B \cap C)$$

16 항아리 A에는 5개의 흰 공과 7개의 검은 공이, 항아리 B에는 3개의 흰 공과 12개의 검은 공이 들어 있다. 공정한 동전을 한 번 던지는 실험에서 앞면이 나타나면 A로부터, 뒷면이 나타나면 B로부터 한 개의 공을 추출한다. 만일 뽑힌 공이 흰 공이라고 하자. 동전의 뒷면이 나타날 확률을 구하시오.

17 두 개의 주사위를 던져서, 눈의 합이 8일 사건을 A, 두 주사위가 모두 짝수의 눈을 가질 사건을 B라고 하자. 두 사건은 독립인가?

18 어떤 기금 모금의 행사에서 1달러, 5달러, 10달러의 상품이 각각 25개 5개, 1개 들어 있는 추첨함이 준비되어 있다. 돈을 지불하면 한 번의 뽑는 기회가 주어진다고 하고, 지불한 금액과 같은 값의 상품을 얻으려면 얼마를 지불하면 되는가?

19 주사위를 한 개 던져 나온 수의 제곱의 점수를 얻을 때 점수의 기대값을 구하시오.

20 지하철이 A역에 7시에서 7시 10분 사이에 정차를 한다. 어떤 사람이 7시에서 7시 10분 사이의 임의의 시간에 A역에 도착한다고 한다. 이 사람이 7시 이후에 A역에 도착하는 시간을 X라 하면, X의 확률밀도함수는 다음과 같다.

$$f(x) = \begin{cases} \frac{1}{10}, & 0 \le x \le 10 \\ 0, & \text{그 밖에서} \end{cases}$$

1) $E(X)$를 구하시오.

2) $\sigma = Var(X)$를 구하시오.

제 6 장

이산확률분포

제6장 이산확률분포

앞서 5장에서 설명한 바와 같이 확률변수란 확률실험에 따라 정의되는 표본공간 Ω의 각 원소에 적절한 실수 값을 대응시키는 함수이다. 그리고 확률분포는 확률변수가 대응시킨 실수 값들이 가질 확률들을 정리하여 표나 수식으로 표현한 것을 말한다. 확률변수가 대응시킨 값들의 집합을 확률변수의 영역이라 한다. 만약 확률변수의 영역이 유한 개 또는 무한 개이면서 셀 수 있는(countably infinite) 실수로 이루어진 경우 이를 이산확률변수(discrete random variable)라 하며, 그 영역이 실수구간으로만 나타나 있을 때는 연속확률변수(continuous random variable)라 한다.

확률변수는 보통 알파벳 마지막 부분의 대문자인 X, Y, Z 등에 의해 표기되며, 확률변수의 실현 값들은 소문자인 x, y, z 등으로 표기한다. 이산확률변수 X의 확률분포는 X의 영역인 $x \in R_X$와 X가 영역에 있는 값을 가질 확률로 표현된다. 이 장에서는 이산확률변수의 여러 확률분포들 중에서 통계분석에서 많이 사용하는 분포인 베르누이분포, 이항분포, 초기하분포, 포아송분포에 대해 알아보고 연속확률변수의 확률분포는 7장에서 다루기로 한다.

6.1 이항분포

6.1.1 이항분포

이 절에서는 이항실험(binomial experiment)을 설명하고 이 실험에서 정의되는 확률변수가 가지는 이항분포(binomial distribution)에 대하여 알아보고자 한다. 이항분포는 이산확률분포 중에서 가장 기본적이고 중요한 분포이다. 흔히 확률실험의 결과가 성공과 실패의 두 가지로만 나오는 경우가 있는데, 이렇게 표본공간이 Ω={성공, 실패}인 실험을 **베르누이실험**(Bernoulli experiment)이라 한다. 즉 확률실험의 결과가 성공인지 실패인지(예컨대, 암컷인가 수컷인가, 양품인가 불량품인가, 앞면인가 뒷면인가 등등)를 알아보는 확률실험이다.

베르누이시행(Bernoulli trials)이란 동일한 성공의 확률이 p인 베르누이 실험을 독립적으로 n번 반복 시행하는 실험을 말한다. 예를 들면 균형이 잡힌 동전을 세 번 던져서 앞면이 나오는 횟수를 관찰하는 실험을 생각해 보자. 이 실험은 다음과 같은 특징을 가지고 있어 베르누이시행에 해당된다.

① 동전 하나를 던지는 실험을 세 번 반복 시행한다.
② 각 시행은 성공(앞면)과 실패(뒷면)의 두 가지 결과만을 갖는다.
③ 각 시행은 서로 독립으로 각 시행의 결과가 다른 시행에 영향을 주지 않는다.
④ 각 시행에서 동전의 앞면이 나타날 확률은 동일한 값 p이다. 이 실험에서는 균형이 잡힌 동전이므로 p는 0.5이다.

이러한 베르누이시행에서 앞면과 뒷면이 일어나는 경우를 각각 H와 T로 각각 나타내면, 이 확률실험의 표본공간은

$$\Omega = \{HHH,\ THT, HTH,\ TTH, HHH,\ THH, HTT,\ TTT\}$$

로 8가지 사상으로 구성되었으며 각 사상이 일어날 가능성이 같으므로 각 사상의 확률은 $1/8$로 생각할 수 있다.

한편 **이항실험**(binomial experiment)이란 베르누이시행에서 성공의 횟수를 세는 확률실험이다. 따라서 예와 같이 반복수가 3번인 베르누이시행에서 앞면이 나오는 횟수를 확률변수 X로 나타내면 X의 영역은 $x = 0,\ 1,\ 2,\ 3$이 된다.

이 실험에서 일어난 사상들과 이에 대응하는 확률변수 X의 영역 및 확률분포는 다음과 같은 도표로 대응시킬 수 있다.

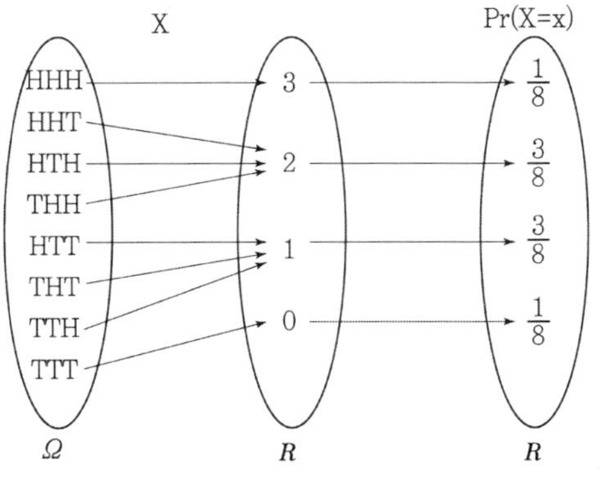

따라서 이항실험에서 얻어진 성공횟수(앞면의 발생횟수)인 확률변수 X의 확률분포는 확률질량함수(probability mass function)인

$$P(X = x) = \binom{3}{x}\left(\frac{1}{2}\right)^{x}(1-\frac{1}{2})^{3-x},\ \ x = 0,\ 1,\ 2,\ 3$$

으로 나타내거나, 다음의 분포표 〈표 6.1〉로도 나타낼 수도 있다.

표 6.1 ▌동전을 세 번 던질 때 앞면이 나온 횟수 X의 확률분포

x	0	1	2	3	합계
$P(X=x)$	$\frac{1}{8}$	$\frac{3}{8}$	$\frac{3}{8}$	$\frac{1}{8}$	1

일반적으로, 어떤 실험의 결과가 성공(S)과 실패(F)와 같이 오직 두 가지 중의 하나이며, 성공의 확률이 p인 베르누이실험을 독립적으로 반복해서 n번 시행할 때, 이러한 베르누이시행에서 성공한 횟수를 관찰하는 실험을 이항실험이라 한다. 그리고 이 실험에서 얻어지는 성공의 횟수를 확률변수 X로 나타내면 X는 이항확률변수(binomial random variable)라 하고, 성공한 횟수인 X의 분포는 이항분포(binomial distribution)라 한다.

이러한 베르누이실험, 이항실험과 베르누이확률변수, 이항확률변수의 특징을 요약하면 다음과 같다.

(베르누이실험)
실험의 결과가 성공(S)과 실패(F)의 두 결과만 나타나는 실험.
(베르누이확률변수)
성공의 확률이 $P(S)=p$인 베르누이실험에서 성공의 횟수를 나타내는 확률변수이다. 따라서 그 영역은 $\{0, 1\}$이 된다.
(이항실험)
성공의 확률이 $P(S)=p$인 베르누이실험을 n번의 독립적으로 반복 시행하여 발생되는 성공의 횟수를 세는 실험.
(이항확률변수)
이항실험을 통해 얻어지는 성공의 횟수를 나타내는 확률변수. 따라서 그 영역은 $\{0, 1, \cdots, n\}$이 된다.

위와 같이 n번의 베르누이시행을 동반한 이항실험에서 정의되는 이항확률변수(즉 성공한 횟수) X의 확률분포(또는 확률질량함수)를 구하는 방법을 생각해 보자. 따라서 X의 영역은 $x=0, 1, 2, \cdots, n$이다. n회의 베르누이시행에서 성공인 횟수가 x번이라고 할 때, 나머지 $n-x$번은 실패한 횟수가 된다.

이때 성공이 x번, 실패가 $n-x$번 일어날 확률은 성공과 실패의 순서에 관계없이 모두 $p^x(1-p)^{n-x}$로 주어지며, 특정한 순서대로 늘어놓을 수 있는 경우의 수는 모두 $\binom{n}{x}$가지가 됨을 알 수 있다. 따라서 n번의 베르누이 시행에서 x번의 성공이 일어날 확률, 즉 이항확률변수의 확률질량함수인 이항분포는 다음과 같다.

$$f(x) = P(X = x) = \binom{n}{x} p^x (1-p)^{n-x},\ x = 0, 1, 2, \cdots, n \tag{6.1}$$

따라서 어떤 확률변수 X 의 확률분포가 (6.1)에 주어진 이항분포와 같을 때, X 는 성공확률 p와 반복횟수 n인 베르누이시행에서 정의된 이항확률변수이며, 이항분포를 따르는 변수 X 를

$$X \sim Bin(n, p) \tag{6.2}$$

로 간단히 나타낸다. 여기서 n과 p를 이항분포의 모수(parameter)라 한다. 특히 반복수 $n = 1$인 경우는 이항확률실험과 베르누이실험이 동일하게 된다. 따라서 $X \sim Bin(1, p)$인 경우 X는 베르누이확률변수이며, X의 베르누이분포는 $Bin(1, p)$ 대신 $Be(p)$로 나타내어 이항분포와 차별을 두고 있다. 따라서 $X \sim Be(p)$일 때 베르누이분포의 형태는 다음과 같다.

$$f(x) = P(X = x) = p^x (1-p)^{n-x},\ x = 0, 1$$

예제 1

동전을 세 번 던지는 실험에서 앞면이 나온 횟수를 X 라 하면, $n = 3$ (시행횟수), $p = 1/2$(공평한 동전에서 앞면이 나올 확률)이 된다. 식 (6.1)을 사용하면, 확률분포는 다음과 같다.

표 6.2 ▍ $n = 3,\ p = 0.5$인 이항확률변수의 분포

x	$P(X = x)$
0	$\binom{3}{0}\left(\frac{1}{2}\right)^0\left(\frac{1}{2}\right)^3 = \frac{1}{8}$
1	$\binom{3}{1}\left(\frac{1}{2}\right)^1\left(\frac{1}{2}\right)^2 = \frac{3}{8}$
2	$\binom{3}{2}\left(\frac{1}{2}\right)^2\left(\frac{1}{2}\right)^1 = \frac{3}{8}$
3	$\binom{3}{3}\left(\frac{1}{2}\right)^3\left(\frac{1}{2}\right)^0 = \frac{1}{8}$

위의 〈표 6.2〉는 〈표 6.1〉과 같음을 알 수 있다.

예제 2

최근의 한 통계에 의하면 우리나라 고등학생 중 40%가 담배를 피운다고 조사되었다. 만약 6명의 고등학생을 무작위로 추출한다면, 그중에서 3명이 담배를 피울 확률을 구하시오.

풀이》 X를 고등학생 6명 중 담배를 피우는 학생의 수라 하면, X는 이항분포 $Bin(6, 0.4)$를 따른다. 따라서

$$P(X=3) = \binom{6}{3}(0.4)(0.6)^3$$

이고, 또한 이 값은 부록 〈표 2〉의 이항분포표에서 구할 수 있다.

예제 3

5지선다형 시험에서 총 문제의 수는 10문제라고 하자. 무작위로 답을 써넣은 경우에
1) 모든 문제가 다 맞을 확률을 구하시오.
2) 하나도 맞지 않을 확률을 구하시오.
3) 기껏해야 3문제가 정답일 확률을 구하시오.
4) 정답이 4개에서 6개 사이일 확률을 구하시오.

풀이》 5지선다형이므로 각 문제에서 맞출 확률은 $p = 1/5 = 0.2$이다. 확률변수 X를 10문제 중 정답을 고른 문제의 수라고 하면, X는 이항분포 $Bin(10, 0.2)$를 따른다. 따라서 부록 〈표 2〉의 이항분포표를 이용하여 다음을 구할 수 있다.

1) $P(X=10) = 0$
2) $P(X=0) = 0.107$
3) $P(X \le 3) = P(X=0) + P(X=1) + P(X=2) + P(X=3) = 0.878$
4) $P(4 \le X \le 6) = P(X=4) + P(X=5) + P(X=6)$
$= 0.088 + 0.026 + 0.006 = 0.120$

참고 : 일부 교재에서는 이항분포표가 누적확률분포로 주어져 있다. 이 경우에는 위의 각 확률은 다음과 같이 누적확률을 이용하여 구할 수 있다.
1) $P(X=10) = P(X \le 10) - P(X \le 9) = 0$
2) $P(X \le 3) = 0.878$
3) $P(4 \le X \le 6) = P(X \le 6) - P(X \le 3) = 0.999 - 0.878 = 0.121$

6.1.2 이항분포의 평균과 분산

이항분포의 평균을 구하는 방법을 알아보도록 하자. 이항분포에서 평균은 성공한 횟수 X 에 대한 기대값으로 앞장에서 언급한 바와 같이 다음과 같이 나타낼 수 있다.

$$\mu = E(X) = \sum_{x} x\, P(X = x) \tag{6.3}$$

이 식을 이용하여 공평한 동전을 5번 던졌을 때 나오는 앞면의 수 X 의 평균을 구해보자. 먼저 확률분포는 다음과 같다.

표 6.3 ▌동전을 5번 던졌을 때 앞면이 나오는 횟수 X 의 확률분포

x	0	1	2	3	4	5	합계
$P(X=x)$	$\frac{1}{32}$	$\frac{5}{32}$	$\frac{10}{32}$	$\frac{10}{32}$	$\frac{5}{32}$	$\frac{1}{32}$	1

식 (6.3)을 이용하여 평균을 구해보면,

$$\begin{aligned} E(X) &= \sum_{x} x\, P(X = x) \\ &= 0\,P(X=0) + 1\,P(X=1) + 2\,P(X=2) + 3\,P(X=3) \\ &\quad + 4\,P(X=4) + 5\,P(X=5) \\ &= 0\left(\frac{1}{32}\right) + 1\left(\frac{5}{32}\right) + 2\left(\frac{10}{32}\right) + 3\left(\frac{10}{32}\right) + 4\left(\frac{5}{32}\right) + 5\left(\frac{1}{32}\right) = \frac{80}{32} \\ &= 2.5 \end{aligned}$$

여기에서 평균 2.5는 어떻게 해석할 것인가? 물론 공평한 동전을 5번 던졌을 때 앞면이 2.5번 나올 것이라고 기대할 수는 없다. 다만 많은 사람들에게 각각 동전을 5번 던지게 하여 나온 앞면의 횟수를 평균 내면 2.5에 가까운 값을 얻을 것이며 더 많은 사람들에게 시행하면 2.5와 거의 같아질 것이라는 의미이다.

식 (6.3)을 이용하여 평균을 구한다면 계산하는 방법이 복잡하거나 지루할 수가 있다. 따라서 다음과 같은 방법으로 생각해 볼 수 있다. 공정한 동전을 300번 던지면 앞면이 $300 \times 0.5 = 150$번 정도 나올 것이라고 기대할 수 있다. 즉 n번의 독립적인 베르누이시행에서 성공확률이 p일 때 얻게 될 성공 횟수의 평균(또는 기댓값)은 np가 된다.

$X \sim Bin(n, p)$인 이항분포의 평균은 다음과 같다.

$$\mu = E(X) = np \tag{6.4}$$

앞의 예에서 $\mu = np = 5 \times 0.5 = 2.5$로 앞의 계산과 동일하다. 이항분포의 경우 수학적으로 (6.4)는 (6.3)과 같은 값을 가지지만 (6.4)가 더 간단하고 계산하기 편리한 형태이다.

다음은 이항분포의 분산에 대하여 알아보자. 앞 장에서 확률변수 X의 분산은

$$\sigma^2 = \sum_x (x-\mu)^2 P(X=x) = \sum_x x^2 P(X=x) - \mu^2 \tag{6.5}$$

으로 구하였다.

예를 들어 공평한 동전을 세 번 던졌을 때 앞면이 나온 횟수를 X라 하면, $X \sim Bin\left(3, \frac{1}{2}\right)$이 되며 평균은 $\mu = np = 3 \times \frac{1}{2} = 1.5$가 된다. 분산을 구하기 위하여 다음과 같은 X의 분포표가 필요하다.

표 6.4 ▌동전을 세 번 던졌을 때 앞면이 나온 횟수 X의 분산

x	$P(X=x)$	$x-\mu$	$(x-\mu)^2$	$(x-\mu)^2 P(X=x)$
0	1/8	−1.5	2.25	0.2812
1	3/8	−0.5	0.25	0.0938
2	3/8	0.5	0.25	0.0938
3	1/8	1.5	2.25	0.2812
				0.75

그러므로 분산은 $\sigma^2 = 0.75$이다.

앞의 평균의 경우와 마찬가지로 식 (6.5)를 이용하여 〈표 6.4〉처럼 계산하는 것은 복잡하고 자칫 실수하기가 쉽다. 따라서 수학적으로 동일하지만 더 간편한 다른 방법으로 이항분포의 분산을 구할 수 있다.

확률변수 X가 이항분포 $Bin(n, p)$를 따를 때 분산은

$$\sigma^2 = np(1-p) \tag{6.6}$$

이다. 마찬가지로 표준편차는 분산의 제곱근이 된다. 즉

$$\sigma = \sqrt{np(1-p)} \tag{6.7}$$

이다.

예제 4

총 100문제의 객관식으로 된 기초통계학 중간고사에서 각 문제는 5개의 보기 중 하나의 정답을 가진 5지 선다형 문제들이다. 어떤 학생이 시험 준비를 하지 않아서 모든 문제를 마음대로 정답을 추측하여 답한다고 할 때, 이 학생의 답 중에서 맞은 문제의 개수를 X라 하자. 확률변수 X의 평균과 분산, 표준편차를 구하시오.

풀이》 이항확률변수 $X \sim Bin(100, 0.20)$이므로

$$\mu = np = 100 \times 0.20 = 20$$
$$\sigma^2 = np(1-p) = 100 \times 0.2 \times 0.8 = 16$$
$$\sigma = \sqrt{np(1-p)} = \sqrt{16} = 4$$

이다. 이 학생은 100문제를 단지 추측만으로 답하여도 20문제는 맞출 수 있다고 기대할 수 있다. 만약 정답을 맞힌 문제보다 틀린 문제에 더 관심을 갖는다면 Y는 100문제 중 틀린 문제의 수가 되며 확률변수 $Y \sim Bin(100, 0.80)$이 된다. 따라서

$$\mu = np = 100 \times 0.80 = 80$$
$$\sigma = \sqrt{np(1-p)} = \sqrt{100 \times 0.8 \times 0.2} = 4$$

가 된다. 확률변수 X와 Y의 표준편차(또는 분산)는 같고 두 평균을 합하면 100($= n$)과 같아진다는 것을 알 수 있다.

마지막으로 이항분포의 모양에 대하여 알아보도록 하자. 이항분포는 모수인 n과 p의 값에 따라서 이항분포의 모양이 결정되는데 〈그림 6.1〉은 $n=6$일 때 p의 값에 따라 이항분포의 그래프가 어떻게 변하는가를 보여주고 있다.

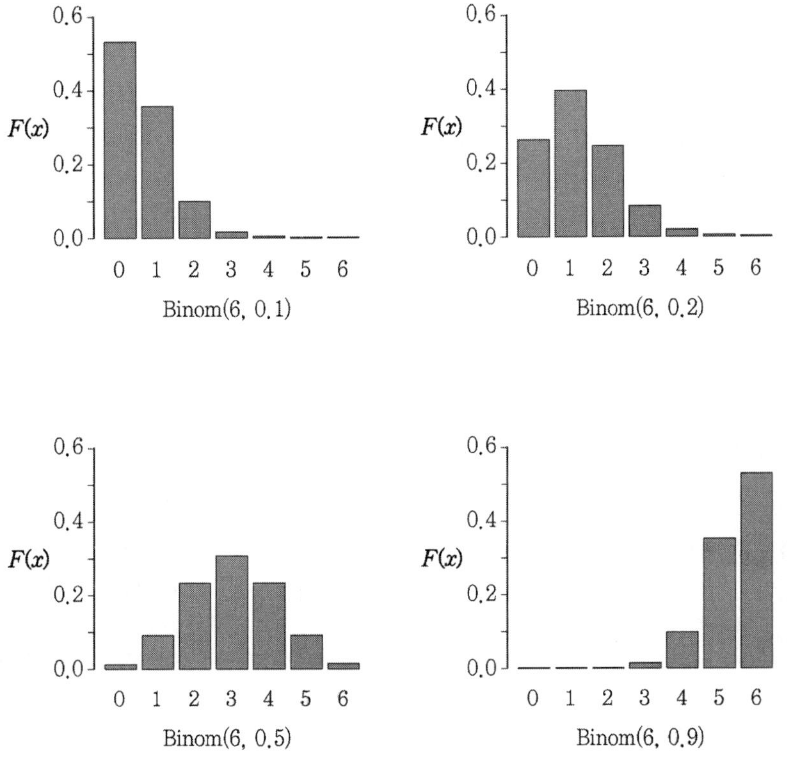

그림 6.1

〈그림 6.2〉는 $p = 0.1$일 때 n의 값에 따라 여러 이항분포의 그래프를 나타내고 있다. 〈그림 6.1〉에서 보는 바와 같이 $p = 0.5$일 때 이항분포는 항상 대칭이다. $p < 0.5$일 때는 오른쪽 꼬리가 긴 분포(우비대칭분포; right-skewed distribution)형태이고 $p > 0.5$일 때는 왼쪽 꼬리가 긴 분포(좌비대칭분포; left-skewed distribution) 형태이다. 그러나 〈그림 6.2〉에서와 같이 n이 점점 커지고 $np \geq 5$, $n(1-p) \geq 5$이면, p값의 크기와 관계없이 이항분포는 평균 np를 중심으로 대칭인 분포형태를 가진다.

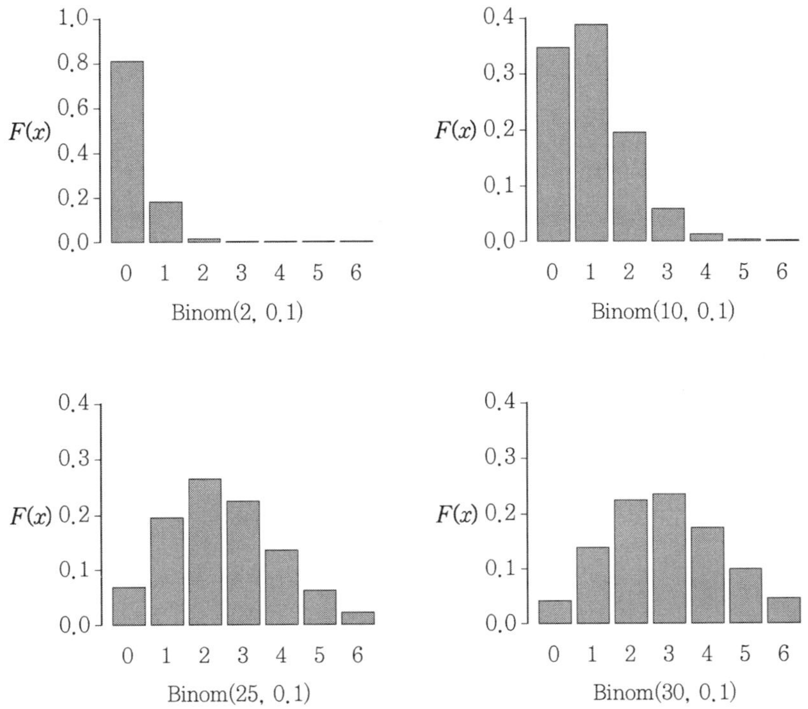

그림 6.2

6.2 초기하분포

앞 절에서 설명한 이항실험과 달리 종속적인 베르누이시행을 n번 반복하여 성공의 횟수를 관찰하는 실험을 초기하(hypergeometric) 확률실험이라 한다. 흰색 공 N_1개와 검정색 공 N_2개가 들어 있는 보자기에서 n개의 공을 뽑았을 때 흰색 공이 몇 개 뽑혔는지를 세는 실험은 초기하 확률실험의 전형적인 예이다. 이 절에서는 초기하 확률실험에서 정의되는 확률변수 및 확률분포를 설명할 것이다.

베르누이실험을 n번 반복할 때, i번째 실험으로 생성되는 확률변수 $X_i \sim Be(p_i)$들을 차례로 수집하는 작업을 베르누이표본추출(Bernoulli; sompling)이라 부르고 수집된 확률변수들의 집합인 $\{X_1, X_2, \cdots, X_n\}$은 베르누이표본이라 한다. 따라서 확률변수 $Y = \sum_{i=1}^{n} X_i$은 n번 반복된 베르누이시행에서 관찰되는 성공의 횟수를 나타낸다. 한편 $\{X_1, X_2, \cdots, X_n\}$의 추출에서 복원추출(sampling with replacement)을 사용하면 각 베르누이시행의 독립성을 유지할 수 있으나, 비복원추출

(sampling without replacement)인 경우는 각 시행이 전에 행해진 시행의 영향을 받아 종속적이 된다. 초기하 확률실험은 비복원추출을 사용하는 실험으로 반복 시행 때마다 성공의 확률 p_i가 변하는 종속적인 베르누이시행을 통해 성공의 횟수를 세는 실험이다.

만약 크기가 N인 어떤 상자에 N_1개의 불량제품과 $N_2 = N - N_1$개의 정상제품이 있다고 하자. 이 상자에서 n개의 제품을 비복원추출하여 성공(불량품)의 개수를 알아보는 실험은 초기하확률실험이 된다. 그리고 이 실험에서 얻어진 불량제품의 개수를 나타내는 확률변수 Y는 초기하확률변수라 부르며, Y 확률분포는 초기하분포가 된다.

위 실험에서 불량제품의 개수 Y의 값이 y 일 경우의 수는 N_1 개 중에서 y 개를 뽑고 나머지 $N-N_1$ 개 중에서 $N-y$ 개를 뽑는 경우의 수와 같으며 $\binom{N_1}{y}\binom{N-N_1}{n-y}$가지이다. 또한 N 개의 모집단에서 크기(size) n 인 표본을 추출하는 경우의 수는 $\binom{N}{n}$ 이며, 각 경우의 수에 해당되는 표본의 추출확률은 $1/\binom{N}{n}$ 으로 동일하다. 따라서 불량제품(성공)의 개수 Y 의 분포인 초기하분포의 확률질량함수는 다음과 같다.

$$f(y) = P(Y=y) = \frac{\binom{N_1}{y}\binom{N-N_1}{n-y}}{\binom{N}{n}},$$

$$y \le n,\ y \le N_1,\ n-y \le N_2,\ N = N_1 + N_2 \tag{6.8}$$

식 (6.8)에서 나타낸 Y의 영역인 y 값 범위는 $\max(0, n-N+N_1) \le y \le \min(n, N_1)$ 로도 간단히 표현하지만, 일반적으로 $y = 0,\ 1,\ \cdots,\ n$이라 해도 기초통계학의 과정에서 큰 무리는 없다. 위와 같은 초기하분포를 따르는 확률변수 Y 의 분포는

$$Y \sim Hypgeom(n, N_1, N), \quad N_2 = N - N_1 \tag{6.9}$$

로 간단히 나타낸다. 여기서 n, N_1, N는 초기하분포의 모수(parameter)이다. 여기서

N : 모집단의 크기

N_1 : 모집단 내에서 성공(관심 있는 속성)의 개수

n : 추출될 표본의 크기

Y : 추출된 표본 내에서 성공의 개수

참고로 모집단으로부터 n 개의 표본을 추출한다는 것은 한 번에 (또는 한 묶음으로) 추출하는 경우를 말한다. 이 경우는 n 개를 하나씩 비복원으로 추출하는 것을 의미한다. 표본 추출에 관한 자세한 내용은 8장에서 다룰 것이다. <그림 6.3>은 여러 $Hypgeom\,(n,\ N_1,\ N)$분포의 확률히스토그램 형태를 나타낸다.

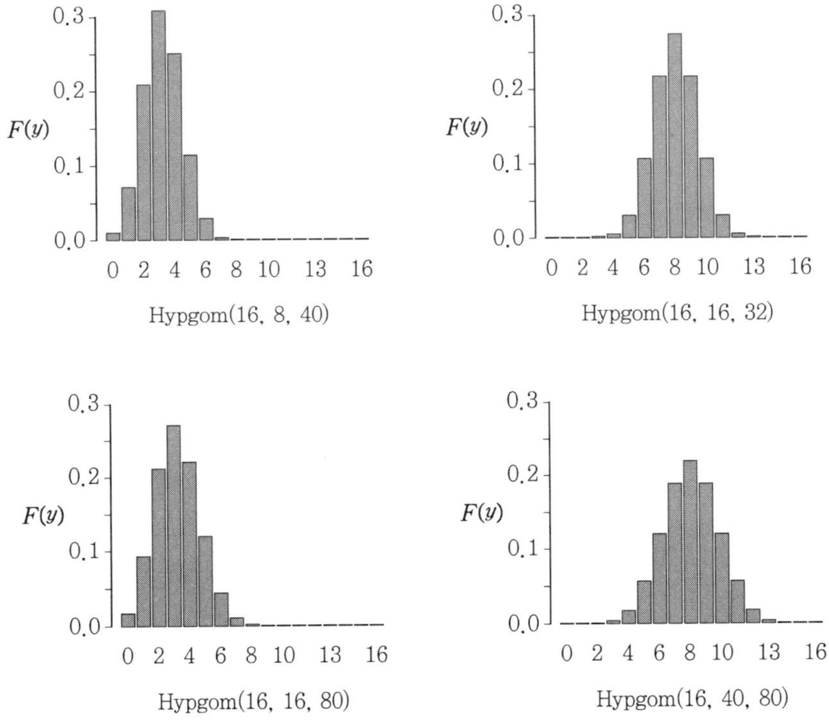

그림 6.3

예제 5

빨간 공 3개와 흰 공 4개가 들어 있는 항아리에서 3개를 한꺼번에 추출하였을 때, 추출된 빨간 공의 개수 Y에 대한 확률분포를 구하시오.

풀이 비복원 추출이므로 Y를 빨간 공의 개수로 정의하면, Y는 $N=7$,$N_1=3$, $n=3$인 초기하분포를 따른다. Y의 영역은 $y=0,\ 1,\ 2,\ 3$이므로 $Y \sim Hypgeom\,(3, 3, 7)$이며 확률질량함수는 식 (6.8)에 의해

$$f(y) = P(Y = x) = \frac{\binom{3}{y}\binom{4}{3-y}}{\binom{7}{3}}, \quad y = 0, 1, 2, 3$$

가 된다. 따라서 각 값에 대한 확률분포는 〈표 6.5〉와 같이 계산된다.

표 6.5 ▮ 〈예제 5〉의 초기하 확률분포

x	0	1	2	3	합계
$P(X=x)$	$\frac{\binom{3}{0}\binom{4}{3}}{\binom{7}{3}} = \frac{4}{35}$	$\frac{\binom{3}{1}\binom{4}{2}}{\binom{7}{3}} = \frac{18}{35}$	$\frac{\binom{3}{2}\binom{4}{1}}{\binom{7}{3}} = \frac{12}{35}$	$\frac{\binom{3}{3}\binom{4}{0}}{\binom{7}{3}} = \frac{1}{35}$	1

다음은 초기하분포의 평균과 분산에 대하여 알아보자. N 개 중 N_1개의 빨간 공이 있는 항아리에서 n 개의 공을 비복원추출할 때, 빨간 공의 개수에 대한 기댓값은 $n \times \frac{N_1}{N}$이 될 것이다. 다시 말해서 식 (6.9)의 초기하분포에서 $\frac{N_1}{N}$을 p로 표기하면 초기하분포의 평균과 분산은 다음과 같다.

> $Y \sim Hypgeom(n, N_1, N)$, 즉 확률변수 Y가 초기하분포 $Hypgeom(n, N_1, N)$을 따를 때 평균과 분산은
>
> $$E(Y) = np = n\left(\frac{N_1}{N}\right),$$
>
> $$Var(Y) = np(1-p)\left(\frac{N-n}{N-1}\right)$$
>
> 이다. 여기에서 $\frac{N-n}{N-1}$는 유한모집단수정계수(finite population correction coefficient)이다.

한편 N이 상대적으로 n보다 훨씬 크면 유한모집단수정계수인 $\frac{N-n}{N-1}$가 1에 가까운 값을 갖는다. 이로 인해 $Var(Y) \approx np(1-p)$가 되어, 초기하분포의 분산과 이항분포의 분산이 거의 같은 값을 가지게 된다. 이상을 종합하면, 모집단의 크기 N이 표본의 크기인 n보다 훨씬 큰 경우는 초기하분포 $Hypgeom(n, N_1, N)$는 이항분포인 $Bin(n, p)$는 근사적으로 같아진다.

단, $p = N_1/N$.

6.3 포아송분포

포아송(Poisson)실험이란 단위 시간이나 단위 공간 등 주어진 물리적 단위에서 희귀하게 일어나는 사건의 횟수를 알아보는 확률실험을 말한다. 포아송실험은 여러 분야에서 다양하게 이용되고 있는데 몇 가지 예는 다음과 같다.

- 어떤 책의 한 페이지에서 발생하는 오자의 수를 측정하는 실험
- 어떤 지역에서 100세 이상 사는 사람의 수를 알아보는 실험
- 지정된 시간에 응급실에 오는 환자의 수를 세는 실험
- 하루에 잘못 걸려오는 전화의 수를 기록하는 실험
- 고속도로에서 지정된 거리에서 일어나는 교통사고 발생 건수를 알아보는 실험

위와 같은 확률실험에서 단위당 평균 λ 개의 사건이 일어난다고 할 때 일정한 시간이나 단위 공간에서 드물게 일어나는 사건의 횟수를 나타내는 확률변수 X 를 포아송 확률변수라 부르고 X 의 분포인 포아송분포는

$$f(x) = P(X = x) = \frac{e^{-\lambda}\lambda^x}{x!}, \quad x = 0, 1, 2, \cdots, \ \lambda > 0 \tag{6.10}$$

가 된다. 여기서 평균 사건발생 건수 λ 는 포아송분포의 모수가 된다.

이와 같이 포아송 확률변수 X가 따르는 포아송분포는

$$X \sim P_o(\lambda)$$

로 간단히 표기되며, 포아송분포의 평균과 분산은 다음과 같다.

> $X \sim P_o(\lambda)$, 즉 확률변수 X 가 포아송분포 $P_o(\lambda)$를 따를 때
>
> $$E(X) = \lambda$$
> $$Var(X) = \lambda$$
>
> 으로 평균과 분산이 같다.

〈그림 6.4〉는 여러 λ값에 대한 포아송분포의 확률히스토그램 형태를 나타낸다.

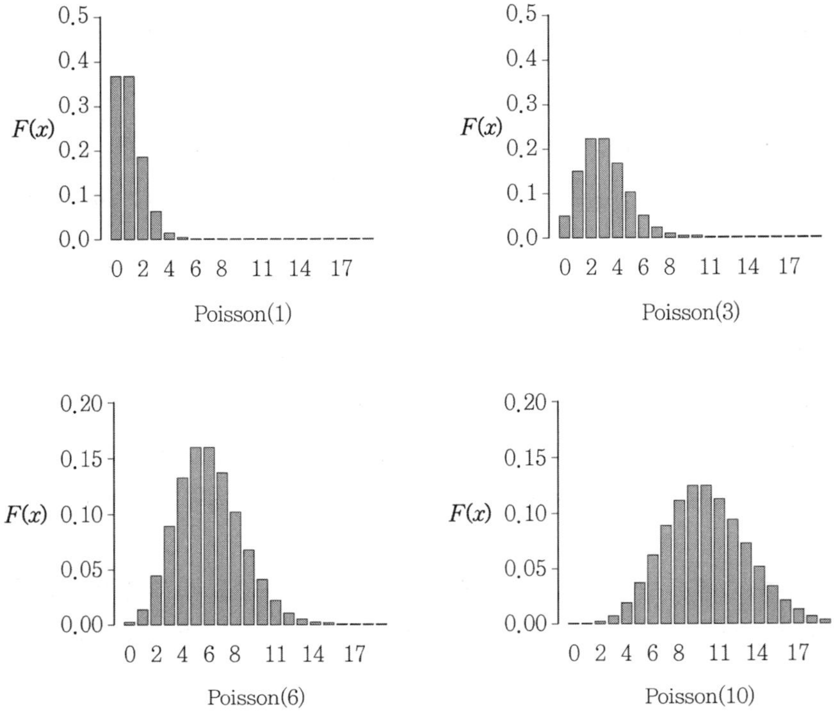

그림 6.4 포아송분포의 확률히스토그램

한편 이항확률변수인 $X \sim Bin(n, p)$에서 n 이 너무 크고, 성공확률 p 가 상대적으로 아주 작을 경우에는 이항확률분포인 식 (6.1)에 의해 $p(X=x)$값을 계산하기가 어려워진다. 일반적으로 $Bin(n, p)$ 분포에서 시행횟수가 많고($n \geq 100$) 성공의 확률 p 가 아주 작은 경우($n \geq 100$ 이고, 평균인 $\lambda = np$ 의 값이 $\lambda < 5$ 인 경우), 이항분포인 $Bin(n, p)$ 분포는 포아송분포인 $P_o(\lambda)$분포로 근사한다. 단, $\lambda = np$. 즉 np 를 포아송분포의 평균인 λ 로 대체하면 식 (6.10)은 아래와 같이 이항분포의 확률에 근사한다.

$$f(x) = P(X=x) = \binom{n}{x} p^x (1-p)^{n-x} \approx \frac{e^{-np}(np)^x}{x!}, \quad x = 0, 1, 2, \cdots . \qquad (6.11)$$

따라서 n이 크고 성공확률 p 가 아주 작은 경우, 계산이 복잡한 이항분포의 확률을 식 (6.11)에서와 같이 포아송분포를 사용하여 근사적으로 계산할 수 있다.

예제 6

일반적으로 한 여객선이 항해 중 암초에 부딪쳐 좌초될 확률이 0.0001이라고 알려져 있다면, 항해 중인 20,000척의 여객선 중에서 8척이 암초에 부딪쳐 좌초될 확률을 구하시오.

풀이 여객선이 항해하는 것을 시행이라 하고 각 시행마다 암초에 부딪쳐 좌초될 확률을 성공 확률 p 라고 했을 때, 좌초될 여객선의 수 X 는 이항분포 $Bin(20000, 0.0001)$ 을 따른다. 따라서 구하고자 하는 확률은

$$P(8) = P(X=8) = \binom{20000}{8}(0.0001)^8(0.9999)^{19992}$$

이다. 이 확률은 컴퓨터를 사용하지 않으면 계산하기가 매우 어렵다.
$n = 20,000,\ \ p = 0.0001$ 에 대한 이항분포표가 없고 p 가 작으므로 포아송분포를 이용하여 근사확률을 구한다. $\lambda = np = 2$ 이므로

$$P(8) = P(x=8) = \frac{e^{-2}2^8}{8!} = 0.00009$$

위의 계산은 부록에 있는 〈표 3〉의 포아송분포표를 이용하여 구할 수 있다.

예제 7

어떤 전자 교환대는 시간당 평균 6회의 전화를 받는다고 할 때, 어느 특정한 시간에
1) 3회 이상의 전화를 받을 확률을 구하시오.
2) 4회 혹은 5회의 전화를 받을 확률을 구하시오.
3) 단지 1번만 전화를 받을 확률을 구하시오.

풀이 X 를 시간당 전화를 받는 횟수라 할 때, X 는 평균(λ)이 6인 포아송분포를 따른다. 부록에 있는 〈표 3〉의 포아송분포표를 이용하여 다음을 구할 수 있다.

1) $P(X \geq 3) = 1 - P(X \leq 2)$
$= 1 - [P(X=0) + P(X=1) + P(X=2)]$
$= 1 - (0.0025 + 0.0149 + 0.0446) = 0.938$

2) $P(X=4) + P(X=5) = 0.1339 + 0.1606 = 0.2945$

3) $P(X=1) = 0.0149$

참고 : 일부 교재에서는 포아송분포표가 누적확률분포표로 주어져 있다. 이 경우에는 위의 각 확률은 다음과 같이 누적확률을 이용하여 구할 수 있다.

1) $P(X \geq 3) = 1 - P(X \leq 2) = 1 - 0.062 = 0.938$

2) $P(X=4) + P(X=5) = P(X \leq 5) - P(X \leq 3)$
$= 0.446 - 0.151 = 0.295$

3) $P(X=1) = P(X \leq 1) - P(X \leq 0)$
$= P(X \leq 1) - P(X=0)$
$= 0.017 - 0.002 = 0.015$

EXCEL 실습

[실습 1] 이항분포 확률계산

(예제2)의 $X \sim Bin(6, 0.4)$인 이항분포에서 $P(X=3)$을 엑셀을 이용하여 구해보자.

1단계 : [수식] 메뉴 ⇒ [함수삽입]을 누르면 [함수 마법사] 대화상자가 나옴.

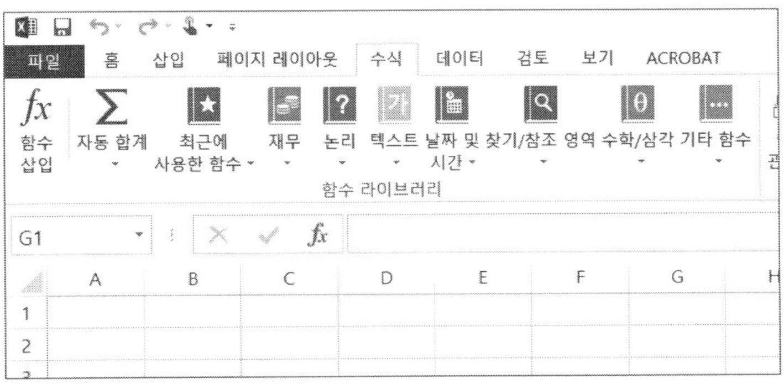

2단계 : [범주선택]에서 [통계]를 선택 ⇒ [BINOM.DIST] 선택 후 “확인”

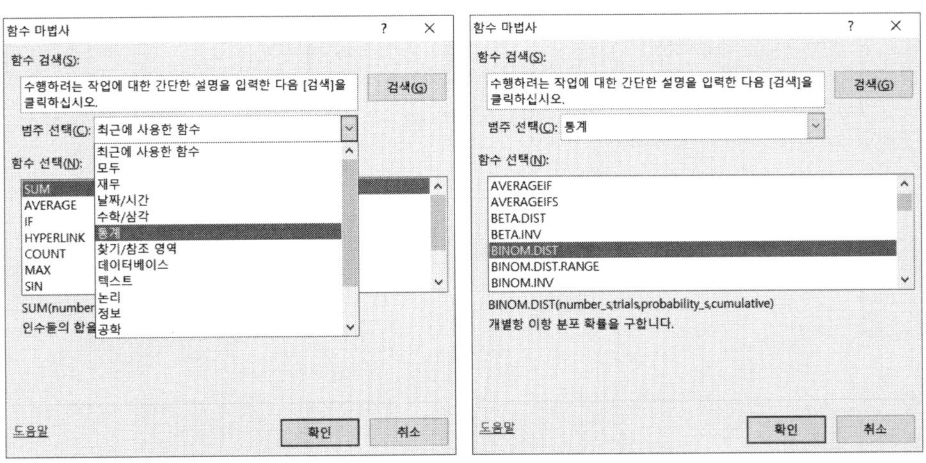

3단계 : [Numbers]에 3. [Trials]에 6, [Probability_s]에 0.4 그리고 [Cumulative] 0을 입력한 후 “확인”을 누르면, $P(X=3)$을 구할 수 있다.

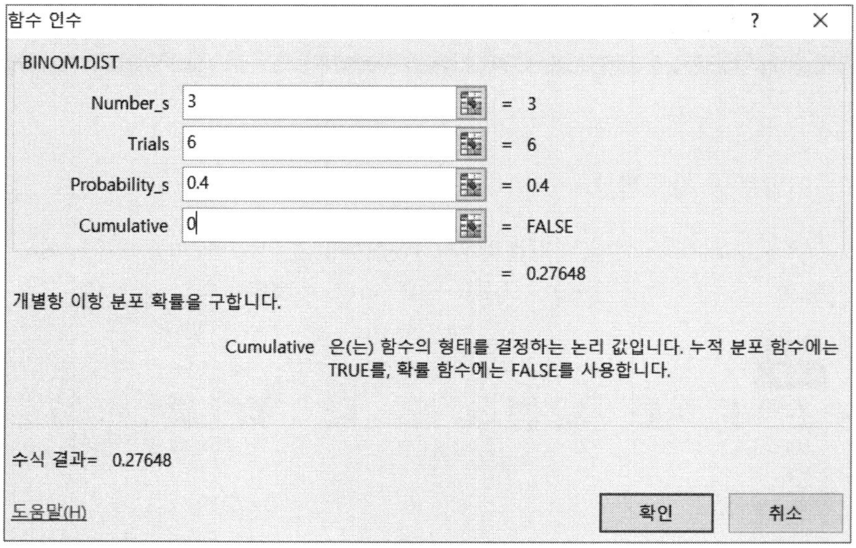

참고1 : 단계 3의 [Cumulative]에 1을 입력하면 누적확률함수의 값을 구해준다,

참고2 : 간단히 수식입력란에 BINOM.DIST(3, 6, 0,4, 0)이라고 입력해도 같은 확률 값을 얻는다.

참고3 : 엑셀에서 사용되는 이산형 확률분포의 확률 값을 구하는 함수(외울 필요는 없고, Excel 도움말을 참조하면 된다.)

이항분포 : BINOM.DIST

초기하분포 : HYPERGEOM.DIST

포아송분포 : POISSON.DIST

음이항분포 : NEGBINOM.DIST

[실습 2] 이항분포의 난수 생성

(예제2)의 이항분포 확률에서일 때의 난수를 엑셀을 이용하여 구해보자.

1단계 : [파일] 메뉴 ⇒ [옵션]을 누르면 [Excel 옵션] 대화상자가 나옴.

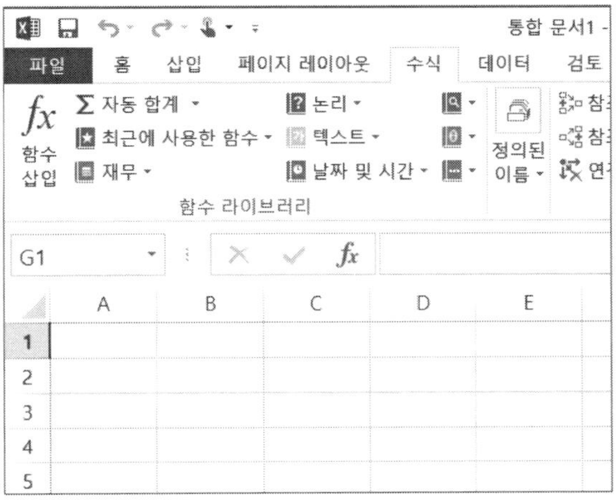

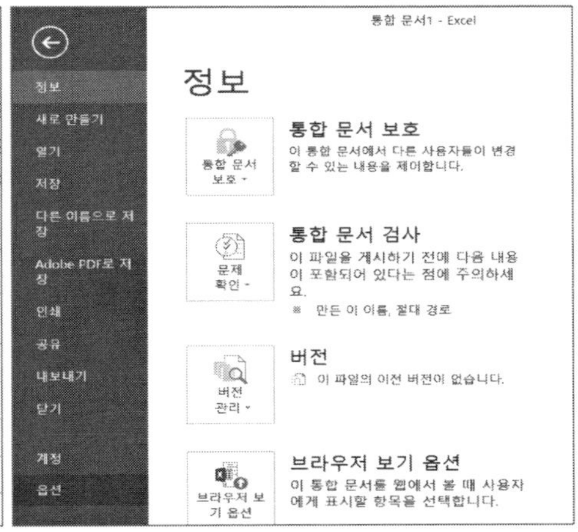

2단계 : [Excel 옵션] ⇒ [추가 기능]을 누른 후, [관리(A) :] 우측의 "이동" 버튼을 누름.

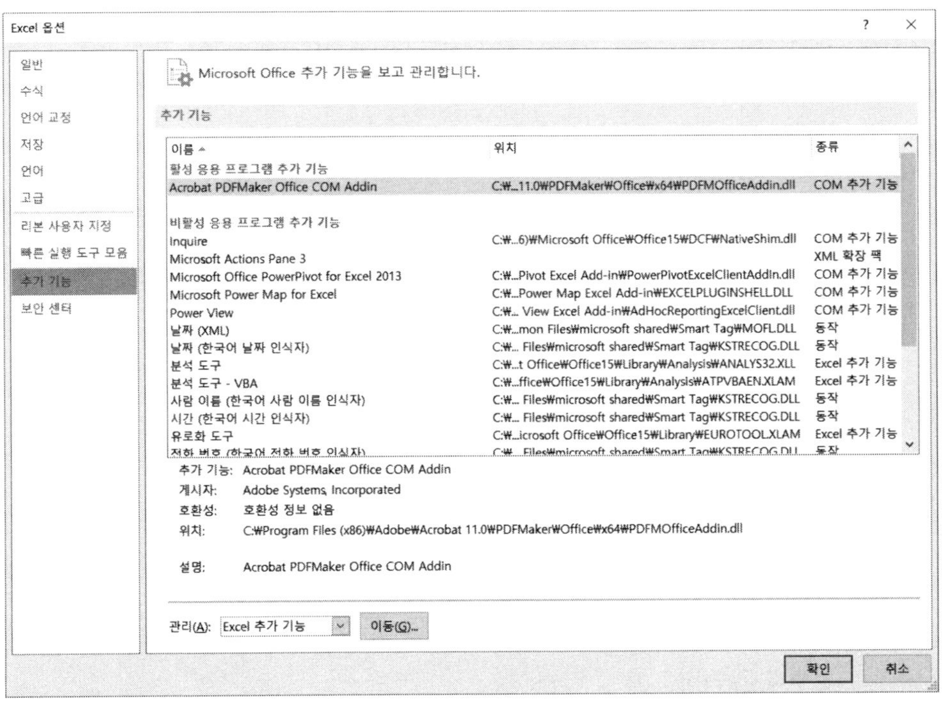

3단계 : [추가 기능]에서 "분석 도구" 및 "분석 도구-VBA" 체크박스를 선택 후 "확인"을 누르면, 엑셀 메뉴의 [데이터] 탭에서 [데이터 분석] 메뉴가 생성됨.

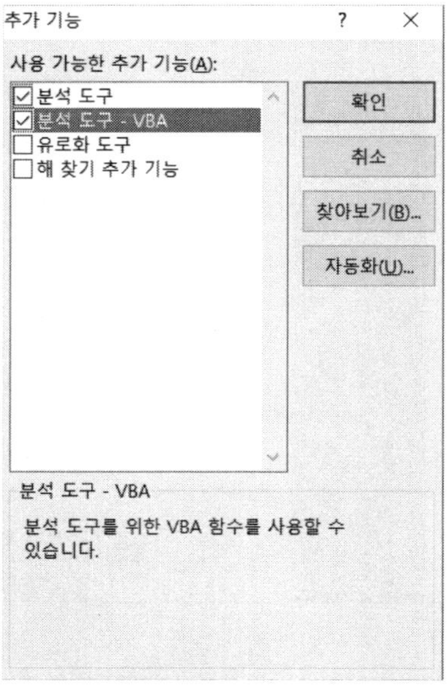

4단계 : [데이터 분석] 기능을 누르면 [통계 데이터 분석] 대화상자가 나오며, [분석 도구(A)]에서 "난수 생성"을 누른 후 "확인" 버튼을 누름.

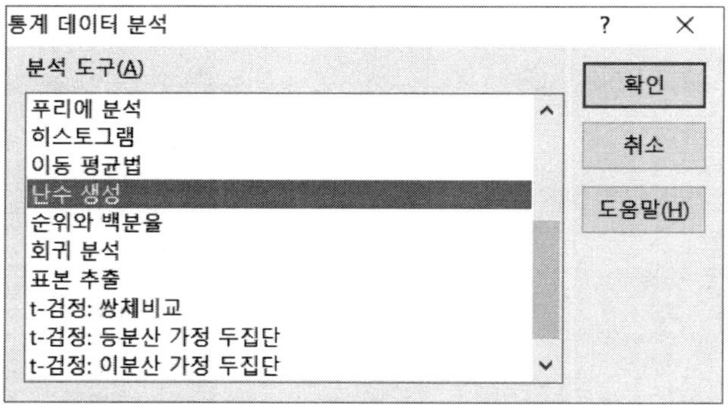

5단계 : 주어진, (예제2)의 이항분포 $X \sim Bin(6,\ 0.4)$에서 X의 관측값인 난수를 20개 생성하기 위해 다음과 같은 값을 입력한 후 "확인"을 누름.

변수의 개수(V) : 1

난수의 개수(B) : 20

분포(D) : 이항 분포

성공률(A) : 0.6

시행 횟수(N) : 6

"출력 옵션"은 지정하지 않아도 됨.

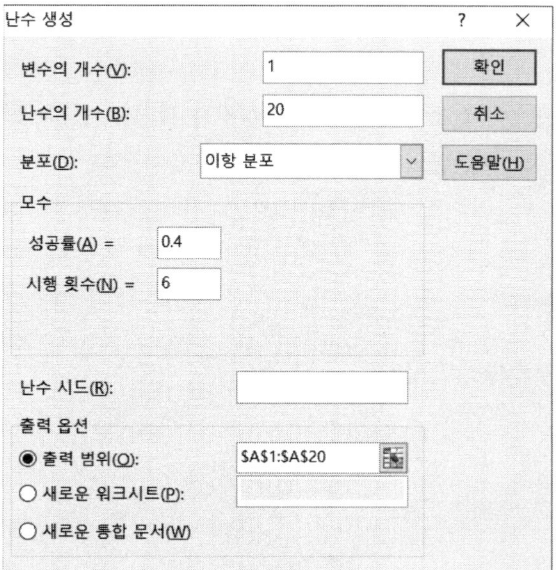

6단계 : 위의 1 ~ 5단계를 통하여 ⟨표 1⟩과 같이 난수 20개가 출력됨.

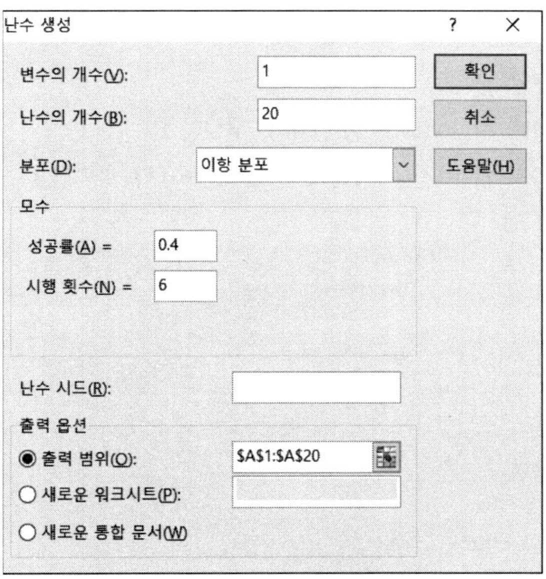

생성된 난수 20개

1	3
2	4
3	4
4	5
5	5
6	2
7	4
8	2
9	5
10	3
11	4
12	3
13	5
14	4
15	3
16	1
17	4
18	4
19	1
20	3

⟨표 1⟩

[실습 3] 이항분포의 히스토그램 작성

(예제2)의 $X \sim Bin(6,\ 0.4)$인 이항분포에서 생성된 난수 20개를 이용하여 히스토그램을 작성해보자.

1단계 : [데이터 분석] 기능을 누르면 [통계 데이터 분석] 대화상자가 나오며, [분석 도구(A)]에서 "히스토그램"을 누른 후 "확인" 버튼을 누름.

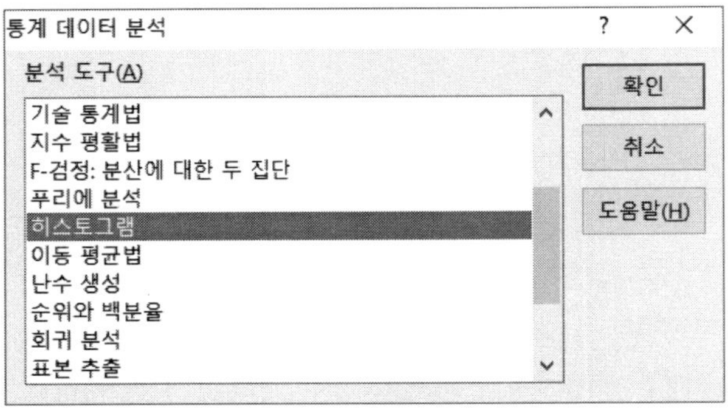

2단계 : $n=6, p=0.4$일 때의 이항분포에서 생성된 난수 20개의 히스토그램을 생성하는 단계

- 입력 범위(I) : \$A\$1 : \$A\$20

  ※ 데이터가 존재하는 셀을 드래그하여 지정할 수 있음.
- 계급 구간(B) : 입력하지 않는 경우, 자동분할
- "출력 옵션"은 지정하지 않아도 됨.
- "차트 출력" 체크박스 선택 시 히스토그램 그래프 생성

  ※ "차트 출력"을 선택하지 않는 경우 엑셀에서 도수분포표만 출력됨.

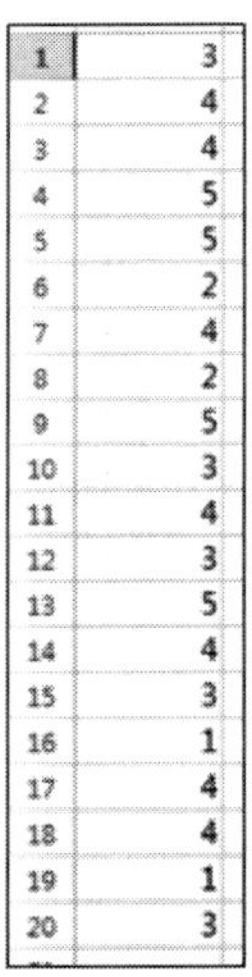

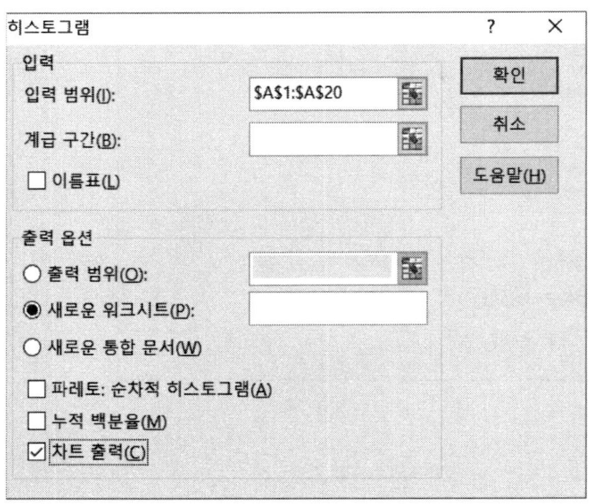

3단계 : 위의 1, 2단계를 통하여 다음과 같은 히스토그램이 출력됨.

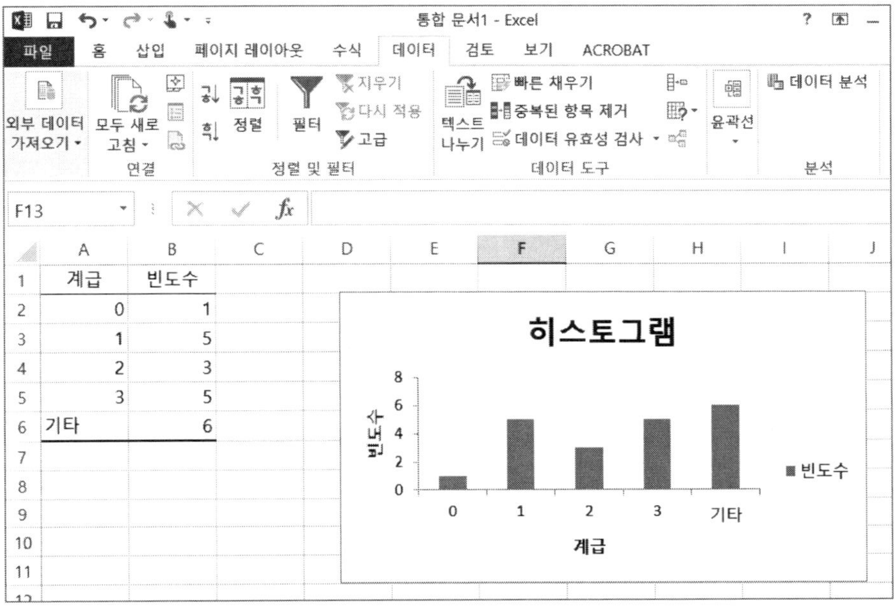

연습문제

01 $X \sim Bin(n, p)$인 이항확률변수를 성공하는 횟수라고 했을 때 다음의 확률을 구하시오.

1) $X = 3,\quad n = 10,\quad p = 0.6$
2) $X = 11,\ n = 20,\quad p = 0.8$
3) $X = 5,\quad n = 9,\quad p = 0.3$

02 $X \sim Bin(n, p)$일 때, 다음의 모수를 가지는 이항확률분포의 평균과 분산을 구하시오.

1) $n = 15,\quad p = 0.9$
2) $n = 500,\quad p = 0.3$
3) $n = 30,\quad p = 0.7$

03 확률변수 X가 $Bin(15, 0.7)$을 따를 때 다음의 확률을 구하시오.

1) $P(X \leq 5)$
2) $P(X > 8)$
3) $P(6 \leq X \leq 10)$

04 A전자회사에서 만드는 TV 중 30%가 불량인 제품이라고 알려져 있다. 무작위로 A전자회사의 TV 20대를 추출하였을 때 다음의 확률을 구하시오.

1) 정확히 5대가 불량인 제품일 확률은?
2) 불량인 제품이 많아야 10대일 확률은?
3) 적어도 3대가 불량인 제품일 확률은?

05 문제 [4]의 확률변수의 평균과 표준편차를 구하시오.

06 D 대학교 신입생의 남녀비율을 조사한 결과 여학생 6명당 남학생이 4명인 것으로 조사되었다. 임의로 신입생 7명을 추출하였을 때, 다음을 구하시오.

1) 여학생의 수가 적어도 4명 이상일 확률은?
2) 여학생 수의 평균과 표준편차를 구하시오.

07 현재의 대학입시 제도에 관한 고등학교 3학년 학생들의 만족도가 60%라고, 한 조사기관이 발표하였다. 15명의 고등학교 3학년 학생들을 임의로 추출하여 만족여부에 관하여 질문하였다고 했을 때 다음 물음에 답하시오.

1) 많아야 5명이 만족한다고 대답할 확률은?
2) 적어도 5명이 만족한다고 대답할 확률은?
3) 만족하는 학생 수의 평균과 표준편차를 구하시오.

08 사냥을 좋아하는 어떤 사람의 경험에 의하면 과녁에 명중할 확률이 72%였다. 만약 이 사람이 15발을 사격한다면 과녁에 명중할 수의 평균과 분산을 구하시오.

09 조사결과 총 인구 중 어떤 희귀한 혈액형의 비율이 0.05%라고 알려져 있다. 3,000명의 사람을 임의로 추출하여 혈액형을 조사하였을 때, 적어도 2명이 이 희귀한 혈액형을 가질 확률을 구하시오.

10 한 방송국에서 어제 방송한 특집 방송의 시청률을 조사한 결과 20%였다. 오늘 지나가는 시민 20명을 무작위로 추출하여 특집방송 시청여부를 물어보았을 때, 다음의 확률을 구하시오.

1) 정확히 5명이 특집방송을 시청하였다.
2) 특집방송을 시청한 수가 6명에서 10명 사이이다.

11 10번 문제에서 20명 중 특집방송을 시청한 시민의 수에 대한 평균과 분산을 구하시오.

12 어떤 대학원 수업에 8명의 학생이 수강을 한다. 이 중에서 정확히 3명의 학생 생일이 3월이나 11월일 확률을 구하시오.

13 6명이 있는 어떤 가족에 적어도 2명은 가을에 태어나지 않았을 확률은? 단, 모든 가족 구성원이 사계절 중 하나의 계절에 태어날 가능성은 같다고 가정한다.

14 어느 항아리에 4개의 빨간 공과 6개의 흰 공이 들어 있다. 임의로 3개의 공을 비복원추출한다고 했을 때, 뽑은 3개의 공들 중에서 흰 공의 수를 확률변수 X 라고 정의하자.

1) X 는 어떤 분포를 따르는가?
2) X 의 확률분포표를 작성하시오.

15 14번 문제의 실험에서 모든 조건은 같고 단지 복원추출을 하였을 경우를 고려해보자.

1) 이 경우 X 는 어떤 분포를 따르며 모수가 무엇인지 결정하시오.
2) X 의 확률분포표를 작성하시오.

16 어느 대학의 수리과학부는 통계학과와 수학과가 있고, 통계학과에는 4명의 교수님이, 수학과에는 7명의 교수님이 있다. 수리과학부의 발전을 위해서 임의로 4명의 교수님을 통계학과와 수학과에서 선출하여 발전위원회를 구성하려고 한다.

1) 선출된 위원 중 통계학과 교수님 수의 분포를 구하시오.
2) 위원회에 적어도 한 명 이상의 통계학과 교수님이 포함될 확률을 구하시오.
3) 위원회에 통계학과 교수님 몇 명이 포함되리라고 기대할 수 있는가?

17 20개의 계산기가 들어 있는 상자에 5개의 불량품이 있다. 이 상자로부터 4개의 계산기를 한 번에 임의로 뽑았을 때, 다음의 확률을 구하시오.

1) 정확하게 2개가 불량품일 확률은?

2) 많아야 1개가 불량품일 확률은?

3) 4개 모두가 불량품일 확률은?

18 17번 문제에서 뽑은 4개의 계산기 중 평균적으로 몇 개의 불량품이 있으리라고 기대할 수 있는가?

19 $X \sim Poisson(\lambda)$일 때, 다음의 모수를 가지는 포아송분포의 확률을 구하시오.

1) $X=0, \quad \lambda=0.6$

2) $X=10, \quad \lambda=10$

3) $X=6, \quad \lambda=1.5$

20 $n=1{,}000$ 이고 $p=0.002$ 인 이항확률변수 X가 있다고 하자. 다음의 확률을 포아송분포 근사를 이용하여 구하시오.

1) $P(X=3)$

2) $P(X<2)$

3) $P(X>1)$

21 대학교 2학년 학생이 사법고시에 합격할 확률은 0.02라고 하자. 올해 500명의 대학교 2학년 학생이 사법시험에 응시하였을 때 포아송분포를 이용하여 다음의 근사 확률을 구하시오.

1) 8명이 시험에 합격할 확률

2) 많아야 6명이 시험에 합격할 확률

3) 적어도 2명이 시험에 합격할 확률

22 어느 사무실에 시간당 3번의 전화가 걸려온다고 하자. 어느 날 사무실에 혼자 있던 직원이 20분 동안 사무실을 비웠을 때 그 사이에 전화가 올 확률은 얼마인가?

23 매주 복권을 60장 산다고 하자. 만약 복권이 당첨될 확률이 5%라면, 다음 주에 복권이 당첨될 확률은 얼마인가?

24 만약 확률변수 X가 모수가 λ인 포아송분포를 따르고, $P(X=0)=0.223$이라고 할 때, $P(X>1)$를 구하시오.

제 7 장

연속확률분포

제7장 연속확률분포

제6장에서 확률변수의 값이 자연수 또는 유한 값과 일대일 대응이 되는 값의 분포인 이산확률분포에 대하여 다루었다. 이 장에서는 확률변수의 값을 연속적인 양의 측도로 나타내는 연속확률분포에 대하여 알아보고자 한다.

예를 들어 대학교 신입생들의 키의 분포를 조사한다고 하자. 만약 키의 값이 이산확률변수라면 174cm 다음으로 큰 값은 175cm일 것이다. 그러나 키의 값은 연속적인 값을 가질 수 있으므로 174cm 다음으로 큰 키의 값은 175cm가 아니라 그 사이의 키의 값은 측정하는 도구 단위의 정확성이나 제약성에 따라 무수히 많은 값을 가질 수 있다. 이와 같이 관측 값이 연속적인 값을 가지는 확률변수를 연속확률변수(continuous random variable)라 하고 연속확률변수가 가지는 값들을 그래프나 수식으로 표현한 것을 연속확률분포(continuous distribution)라 한다. 이러한 연속확률분포를 나타내는 방법에 대하여 알아보자.

7.1 확률밀도함수

연속확률변수 X는 주어진 구간에 가질 수 있는 값이 무한히 많으므로 이산확률분포처럼 X의 실현치 x를 모두 나열하여 각각의 확률에 대응시키기에는 적절치 못하다. 이 경우 어떤 주어진 실현치의 확률을 구하는 대신 주어진 실현치들의 구간에 대한 확률을 구하는 것이 더 의미가 있다.

다음은 대학 신입생들의 키의 분포를 가지고 연속확률분포에 대해서 좀 더 자세히 알아보도록 하자. 임의 추출한 어느 대학 신입생 100명의 키를 조사하여 10cm의 계급간격으로 상대도수의 히스토그램을 그린 결과가 〈그림 7.1〉과 같았다.

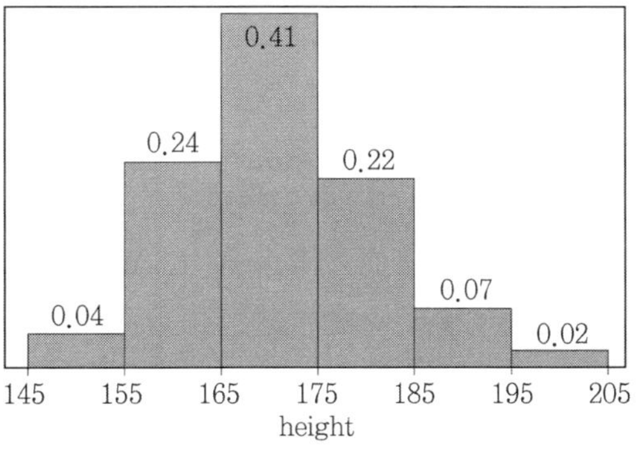

그림 7.1 계급간격이 10cm인 어느 대학 신입생 100명의 키에 대한 상대도수 히스토그램

신입생 모집단에 대한 키의 분포를 자세히 알기 위해 표본수를 1,000명으로 늘려 조사하여 계급간격을 더 줄임으로써 상대도수 히스토그램을 그린 결과가 〈그림 7.2〉와 같았다.

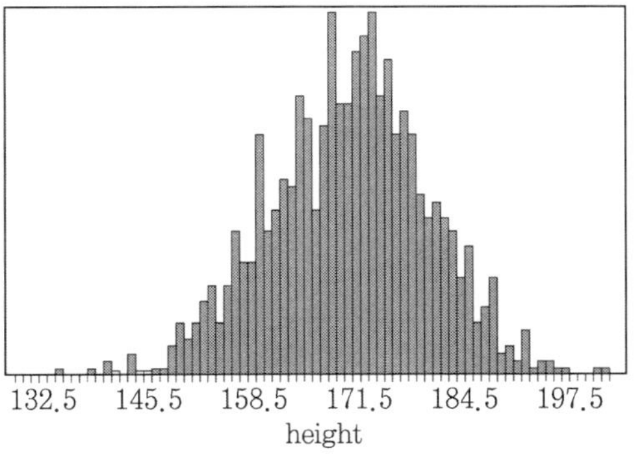

그림 7.2 계급간격이 1cm인 어느 대학 신입생 1,000명의 키에 대한 상대도수 히스토그램

이와 같이 측정대상의 관찰치수를 증가시키고 계급간격을 더 좁게 하면 더욱더 정교하고 상세한 모집단의 분포상태를 나타내는 상대도수 히스토그램을 그릴 수 있다. 히스토그램을 정교화하는 과정을 계속해 나감에 따라 직사각형의 히스토그램의 형태는 〈그림 7.3〉과 같이 부드러운 곡선 형태로 가까워지게 된다. 이 곡선을 어느 대학교 신입생들의 키에 대한 모집단의 분포로 생각할 수 있다. 어느 대학교 신입생의 키를 연속확률변수 X라 했을 때 이 곡선을 X의 확률밀도곡선이라 하고, 이 곡선의 수학적 함수 $f(x)$를 연속확률변수 X의 확률밀도함수(probability density function, p.d.f.)라 한다.

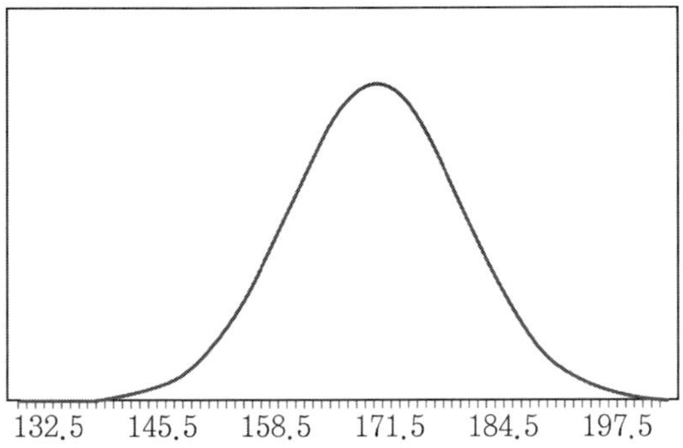

그림 7.3 연속확률변수 X(어느 대학 신입생의 키)에 대한 확률밀도함수

다시 말해서 연속확률변수 X가 다음의 성질을 만족하는 함수 $f(x)$를 가질 때, 함수 $f(x)$를 X의 확률밀도함수라 한다.

① 모든 x에 대하여 $f(x) \geq 0$

② 확률밀도함수 아래쪽의 총면적은 1이다. 즉, $\int_{-\infty}^{\infty} f(x)dx = 1$

③ X가 임의의 구간 $[a, b]$는 속할 확률은 a와 b 사이의 확률밀도함수 아래쪽의 면적이다.
즉, $P(a \leq X \leq b) = \int_{a}^{b} f(x)dx$

앞서 언급한 바와 같이 각각의 점에서 확률을 갖는 이산확률분포와는 달리 연속확률분포의 경우 확률은 구간 내의 면적이 된다. 즉, 연속확률변수 X가 $[a, b]$ 사이의 값을 취할 확률은 $P(a \leq X \leq b) = \int_{a}^{b} f(x)dx$ 이며, 이를 그림으로 나타내면 〈그림 7.4〉에서 색칠된 a와 b 사이의 확률밀도함수 아래쪽 면적이 된다.

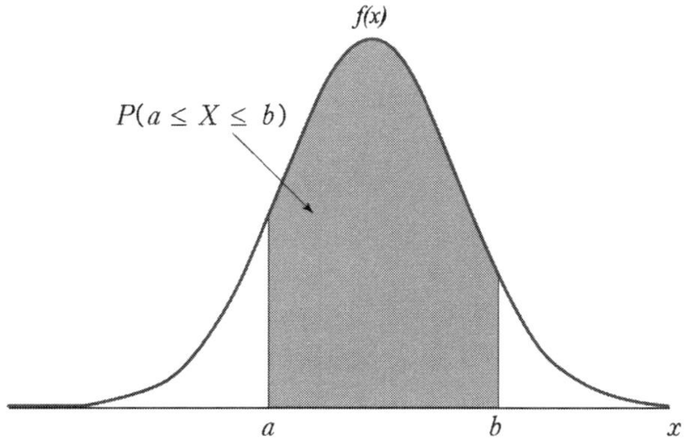

그림 7.4 $P(a \leq X \leq b)$

이산확률분포와는 다르게 연속확률분포의 경우 $X = x$ 에서의 확률은 항상 0이다. 즉, 임의의 한 점 x에 대한 확률 $P(X = x)$는 한 점 x에서의 면적이므로 0이 됨을 알 수 있다.

연속확률분포의 경우 X가 어떤 구간 내에 들어갈 확률만이 의미가 있다. 따라서 $P(X = a) = P(X = b) = 0$이므로, $P(a \leq X \leq b) = P(a < X \leq b) = P(a < X < b)$이다. 이러한 관계는 이산확률분포에서는 성립하지 않을 수 있음을 유의하기 바란다.

이 장에서는 여러 연속확률분포 중에서 가장 많이 쓰이는 균등분포, 정규분포에 대하여 소개하고, 그 분포들의 여러 가지 성질 및 이항분포의 정규분포 근사법 등에 관하여 알아보고자 한다.

7.2 균등분포

균등분포(uniform distribution)는 연속확률분포의 가장 간단한 형태로서, 확률함수는 주어진 구간 내에 X축 위의 수평으로 그어진 직선형태로 나타낸다. 물론 이 직선 아래의 총 면적은 1이 되어야 한다.

실수 a와 b 사이의 구간에서 정의되는 균등분포는 $U(a,b)$로 나타내며, 확률밀도함수는 다음과 같다.

$$f(x) = \begin{cases} \dfrac{1}{b-a} & , \ a \leq x \leq b \\ 0 & , \ \text{이외} \end{cases}$$

구간 (a, b)에서 균등분포를 따르는 확률밀도함수는 〈그림 7.5〉와 같다.

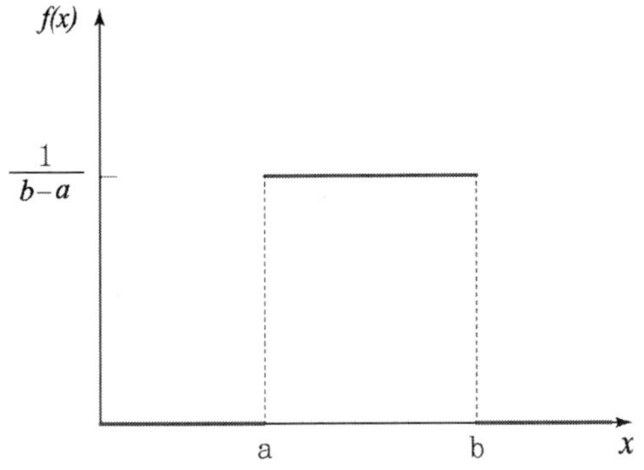

그림 7.5 균등분포 $U(a, b)$ 의 확률밀도함수

x가 a와 b 사이에 있지 않으면 $f(x)=0$이 된다. 〈그림 7.5〉에서 총면적은 위의 그래프에서 직사각형의 면적으로 (길이)×(높이)$=(b-a)\times\dfrac{1}{(b-a)}=1$이 되므로 확률밀도함수가 되는 조건을 만족한다. 앞에서 언급한 바와 같이 연속확률변수의 한 점에서의 확률은 0이므로, 균등확률분포 구간이 경계점을 포함하든 포함하지 않든 확률값은 같다.

마찬가지로 확률변수 X가 구간(a, b)에서 균등분포를 따른다면 평균과 분산은 다음과 같다.

$$E(X)=\frac{a+b}{2} \tag{7.1}$$

$$Var(X)=\frac{(b-a)^2}{12} \tag{7.2}$$

예제 1

연속확률변수 X가 구간(0, 10)에서 균등분포를 따를 때 다음의 확률을 구하시오.

1) $P(X<2)$
2) $P(X>7)$
3) $P(4<X<8)$

풀이》 먼저 확률밀도함수는

$$f(x)=\begin{cases}\dfrac{1}{10}, & 0\le x\le 10\\ 0\ , & \text{기타}\end{cases}$$

이다. 따라서

1) $P(X<2)=\int_0^2 \frac{1}{10}dx = \frac{2}{10}$

2) $P(X>7)=\int_7^{10} \frac{1}{10}dx = \frac{3}{10}$

3) $P(4<X<8)=\int_4^8 \frac{1}{10}dx = \frac{4}{10}$

위의 문제 3)을 그래프로 그려보면 〈그림 7.6〉에서 빗금 친 부분의 면적이 된다. 따라서 면적=(길이)×(높이)=(8−4)×1/10=4×1/10=4/10가 된다.

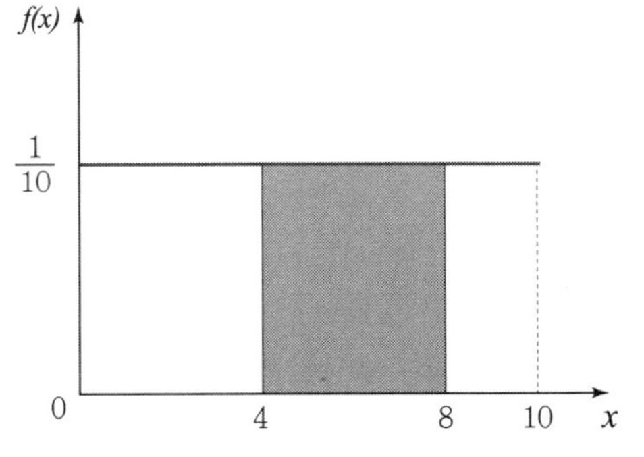

그림 7.6 $X\sim U(0,10)$에서 $P(4<X<8)$

예제 2

서울의 4호선 지하철이 아침 5시 30분부터 5분 간격으로 수유역에 도착한다고 하자. 즉, 5 : 30, 5 : 35, 5 : 40, …에 도착한다. 어떤 승객이 지하철을 타기 위해 수유역에 5 : 30에서 5 : 45 사이에 나타날 가능성이 동일하다고 할 때, 그 승객이 지하철을

1) 2분 이하로 기다릴 확률을 구하시오.
2) 3분 이상 기다릴 확률을 구하시오.

풀이》 연속확률변수 X를 그 승객이 5 : 30 이후에 나타나는 시각(분)이라고 하면, 확률변수 $X\sim U(0,\ 15)$를 따른다. 따라서 $f(x)=\frac{1}{15}$, $0<x<15$가 된다.

1) 그 승객이 2분 이내로 기다려야 한다면, 5 : 33～5 : 35, 5 : 38～5 : 40, 5 : 43～5 : 45에 나타나야만 한다. 따라서 구하고자 하는 확률은

$$P(3<X<5)+P(8<X<10)+P(13<X<15)$$

$$= \int_{3}^{5} \frac{1}{15} dx + \int_{8}^{10} \frac{1}{15} dx + \int_{13}^{15} \frac{1}{15} dx$$

$$= \frac{2}{15} + \frac{2}{15} + \frac{2}{15} = \frac{6}{15} = \frac{2}{5}$$

이다.

2) 1)과 마찬가지로 그 승객이 3분 이상 기다려야 한다면 5 : 30 ~ 5 : 32, 5 : 35 ~ 5 : 37, 5 : 40 ~ 5 : 42에 나타나야만 한다. 구하고자 하는 확률은

$$P(0 < X < 2) + P(5 < X < 7) + P(10 < X < 12)$$

$$= \int_{0}^{2} \frac{1}{15} dx + \int_{5}^{7} \frac{1}{15} dx + \int_{10}^{12} \frac{1}{15} dx = \frac{2}{5}$$ 이다.

7.3 정규분포

7.3.1 정규분포

연속확률분포 중에서 가장 중요하고 널리 쓰이는 분포가 정규분포(normal distribution)이다. 정규분포는 수학자인 C. Gauss(1777~1855)에 의해서 각종 물리학이나 천문학 실험에서 많이 응용되었기 때문에 가우스 분포(Gauss distribution)라고도 부른다. 확률변수 X의 평균이 μ, 표준편차가 σ인 정규분포를 따를 때, $X \sim N(\mu, \sigma^2)$이라 표시하고 확률밀도함수는

$$f(x) = \frac{1}{\sqrt{2\pi\sigma^2}} e^{-\frac{(x-\mu)^2}{2\sigma^2}}, \quad -\infty < x < \infty$$

이다.

이러한 정규분포의 특징은 다음과 같다.

① 확률밀도함수는 종 모양(bell shape)이다.
② 확률밀도함수 아래쪽 영역의 총면적은 항상 1이다.
③ 평균은 확률밀도함수의 중앙에 위치해 있고, 평균값 μ에 관해 좌우 대칭이며 평균값 μ에서 확률밀도함수가 최댓값을 가진다.
④ 평균, 중위수, 최빈치는 모두 같은 값이다.
⑤ 정규분포의 모양과 위치는 평균 μ와 표준편차 σ에 따라 달라진다.

위의 ⑤의 특징을 좀 더 자세히 알아보도록 하자. 평균을 같게 하고 표준편차를 달리하는 경우 〈그림 7.7〉과 같이 변화한다. 표준편차가 작아질수록 분포모양이 평균 μ 근처에 집중되고, 표준편차가 커질수록 분포모양은 평평해진다. 즉, 같은 평균에 대해 표준편차가 달라지면 곡선의 높이와 모양이 달라진다. 반면, 표준편차를 같게 하고 평균을 달리하는 경우 〈그림 7.8〉과 같이 중심위치만 변할 뿐 곡선의 모양은 변하지 않는다.

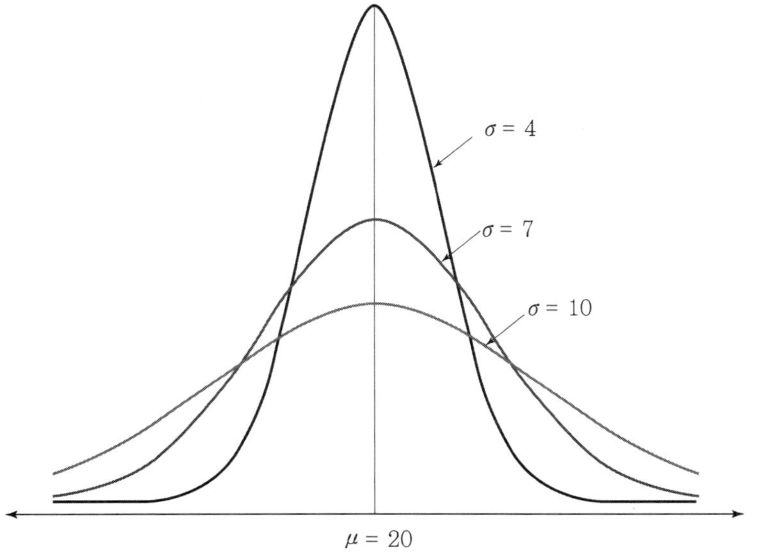

그림 7.7 평균은 같고 표준편차가 다른 정규분포

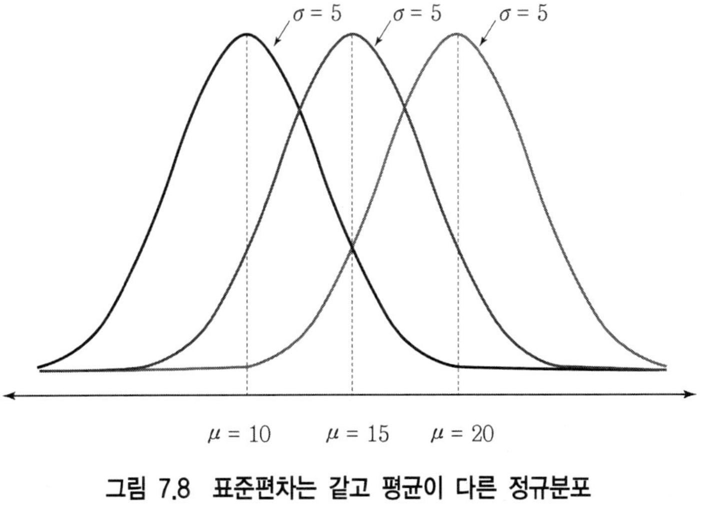

그림 7.8 표준편차는 같고 평균이 다른 정규분포

확률변수 X의 평균이 μ, 표준편차가 σ를 갖는 정규분포를 따른다고 하자. 즉, $X \sim N(\mu,\ \sigma^2)$ 일 때 〈그림 7.9〉는 가장 많이 쓰이는 범위의 면적을 나타내고 있다.

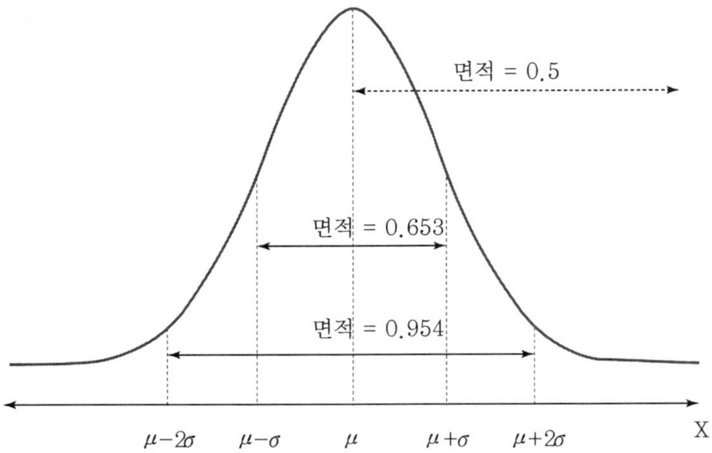

그림 7.9 정규분포 $N(\mu,\ \sigma^2)$의 확률밀도함수

〈그림 7.9〉에 나타난 대표적인 면적을 확률로 표시하면 다음과 같다.

$X \sim N(\mu,\ \sigma^2)$ 일 때,

$$
\begin{aligned}
&P(\mu-\sigma \leqq X \leqq \mu+\sigma) = 0.683 \\
&P(\mu-2\sigma \leqq X \leqq \mu+2\sigma) = 0.954 \\
&P(\mu-3\sigma \leqq X \leqq \mu+3\sigma) = 0.997 \\
&P(X \geqq \mu) = P(X \leqq \mu) = 0.5
\end{aligned}
\qquad (7.3)
$$

7.3.2 표준정규분포

여러 가지 정규분포 중 평균이 0, 표준편차가 1인 정규분포를 특히 표준정규분포(standard normal distribution)라고 한다. 표준정규분포를 따르는 확률변수를 관례상 Z로 표시한다. 어떠한 형태의 정규분포든지 다음과 같은 변환을 하면 표준정규분포로 변환할 수 있다. $X \sim N(\mu,\ \sigma^2)$일 때,

$$Z = \frac{X-\mu}{\sigma} \sim N(0,1)$$

이다. 즉, 평균이 μ이고 표준편차가 σ인 확률변수 X가 정규분포를 따를 때, 그것의 평균 μ를 빼고 표준편차 σ로 나누어주면(이러한 과정을 표준화(standardization)라고 한다), 표준화된 확률변수 Z는

평균이 0이고 표준편차가 1인 표준정규분포를 따른다.

부록의 〈표 3〉은 평균 0에서 오른쪽의 특정 z 값까지의 면적을 나타내는 표준 정규분포표로서 이 표를 이용하여 여러 가지 정규분포와 관련된 확률을 구할 수 있다. 표준정규확률변수 Z는 0을 중심으로 대칭인 분포를 갖게 되고

$$P(Z \geq 0) = P(Z \leq 0) = 0.5$$

이므로, 〈그림 7.10〉에서처럼

$$P(Z \geq z) = 0.5 - P(0 \leq Z \leq z) \qquad (7.4)$$
$$P(Z \leq -z) = P(Z \geq z) \qquad (7.5)$$

으로 나타낼 수 있으며 $P(0 \leq Z \leq z)$는 부록 〈표 3〉의 표준정규분포표에서 찾을 수 있다.

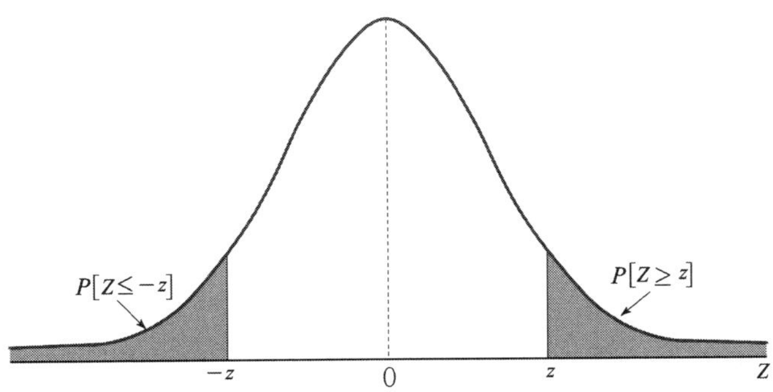

그림 7.10 표준정규분포 $N(0, 1)$의 확률 계산

마찬가지로 임의의 실수 $a < b$에 대하여 Z가 구간 $[a, b]$에 있을 확률은

$$P(a \leq Z \leq b) = P(Z \leq b) - P(Z \leq a)$$

로 계산할 수 있으며 $P(Z \leq b)$와 $P(Z \leq a)$는 식 (7.4), (7.5)와 부록 〈표 3〉의 표준정규분포표를 이용하여 구할 수 있다. 식 (7.3)에 나타난 대표적인 면적들을 표준화시킨 다음 표준정규분포표를 이용하여 구해보면

$$P(\mu - \sigma \leq X \leq \mu + \sigma) = P(-1 \leq Z \leq 1) = 2P(0 \leq Z \leq 1) = 2 \times 0.3413 = 0.683$$
$$P(\mu - 2\sigma \leq X \leq \mu + 2\sigma) = P(-2 \leq Z \leq 2) = 2P(0 \leq Z \leq 2) = 2 \times 0.4772 = 0.954$$
$$P(\mu - 3\sigma \leq X \leq \mu + 3\sigma) = P(-3 \leq Z \leq 3) = 2P(0 \leq Z \leq 3) = 2 \times 0.4987 = 0.997$$

로서 표준정규분포를 이용하여도 같은 값을 가짐을 알 수 있다. 즉, 〈그림 7.9〉를 표준정규분포로 변환한 후의 확률밀도함수는 〈그림 7.11〉과 같다.

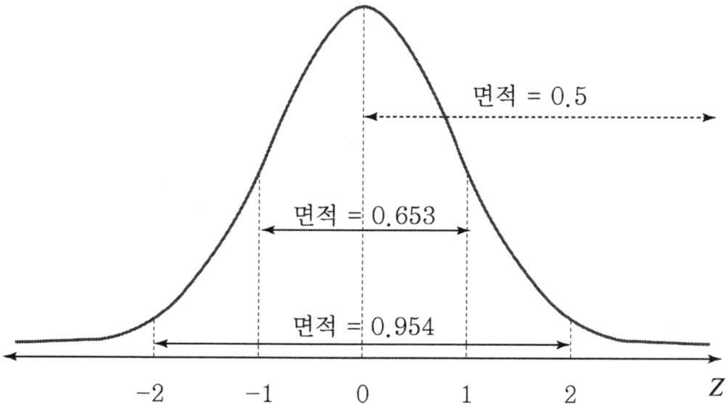

그림 7.11 표준정규분포 $N(0, 1)$의 확률밀도함수

예제 3

다음 표준정규분포의 확률을 구하시오.

1) $P(Z \le -1.9)$
2) $P(1.34 \le Z \le 2.38)$
3) $P(Z \ge z) = 0.025$가 되는 z는?

풀이》 정규분포의 확률밀도함수 그래프와 부록 〈표 3〉의 표준정규분포표를 이용하여 확률을 구해보면,

1) $P(Z \le -1.9) = P(Z \ge 1.9) = 0.5 - P(0 \le Z \le 1.9)$
$= 0.5 - 0.4713 = 0.0287$

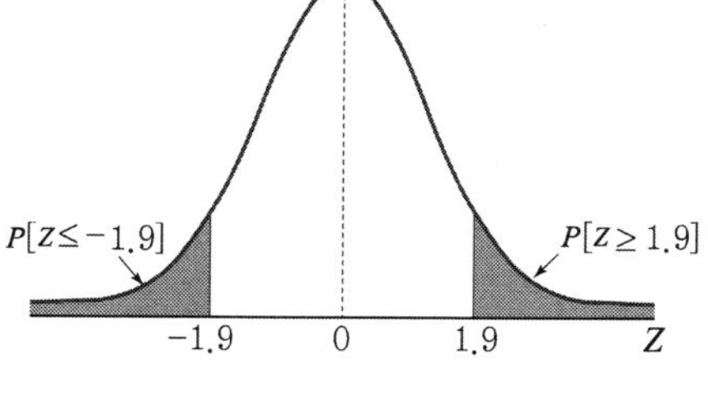

2) $P(1.34 \le Z \le 2.38) = P(0 \le Z \le 2.38) - P(0 \le Z \le 1.34)$
$= 0.4913 - 0.4099 = 0.0814$

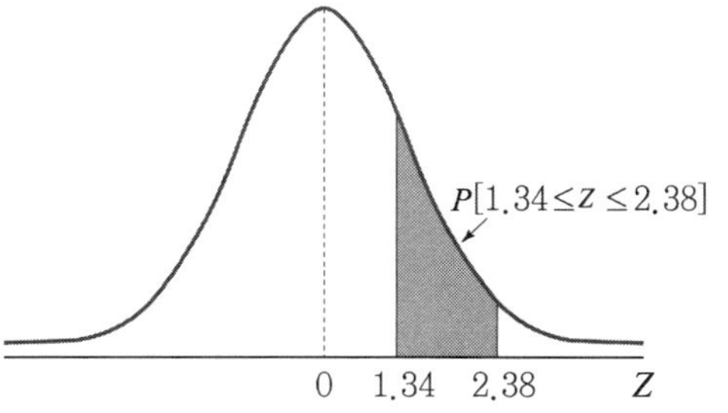

3) $0.025 = P(Z \geq z) = 0.5 - P(0 \leq Z \leq z)$
$\Rightarrow P(0 \leq Z \leq z) = 0.5 - 0.025 = 0.475$

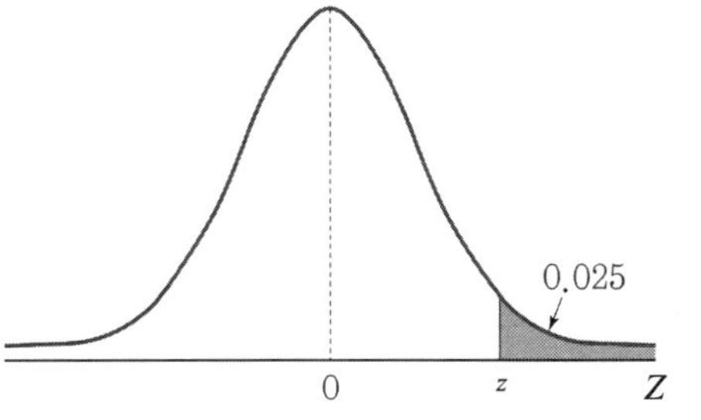

부록 〈표 3〉의 표준정규분포표로부터 위의 식을 만족하는 z는 1.96이다.

7.3.3 정규분포의 확률계산

일반적으로 우리가 관심 있는 정규확률변수는 표준정규분포를 따르지 않는 경우가 대부분이기 때문에 부록 〈표 3〉의 표준정규분포표를 바로 이용하여 확률을 구할 수 없다. 그러나 앞 절에서 정규분포를 표준화시키면 표준정규분포로 나타낼 수 있다는 것을 보였다. 따라서 여러 가지 정규분포의 확률을 계산할 때 표준정규분포로 변환하여 부록 〈표 3〉의 표준정규분포표를 이용하면 확률을 쉽게 구할 수 있다.

예를 들면, 확률변수 X의 분포가 $N(50, 25)$이면 $Z = \dfrac{X-50}{\sqrt{25}}$의 분포는 $N(0, 1)$이므로,

$$P(40 \leq X \leq 65) = P\left(\frac{40-50}{\sqrt{25}} \leq \frac{X-50}{\sqrt{25}} \leq \frac{65-50}{\sqrt{25}}\right)$$

$$= P(-2 \leq Z \leq 3) = 0.4772 + 0.4987 = 0.9759$$

이다. 따라서 $P(40 \leq X \leq 65) = 0.9759$이다. 위의 확률을 확률밀도함수로 그려보면 〈그림 7.12〉와 같이 쉽게 이해할 수 있다.

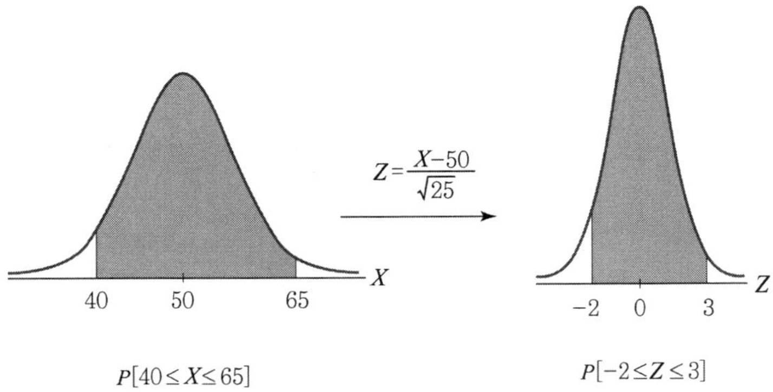

그림 7.12 $P(40 \le X \le 65)$의 계산

예제 4

의사협회의 자료에 의하면 우리나라 성인의 수축혈압의 평균은 120이고 표준편차는 20인 정규분포를 따른다고 한다. 임의로 추출한 성인의 수축혈압이 다음과 같을 확률을 구하시오.

1) 수축혈압이 135 이상이다.
2) 수축혈압이 146 이하이다.
3) 수축혈압이 105에서 110 사이이다.

풀이》 수축혈압을 확률변수 X라 할 때 $X \sim N(120,\ 20^2)$이다.

1) $P(X \ge 135) = P(\frac{X-120}{20} \ge \frac{135-120}{20})$

$= P(Z \ge 0.75)$

$= 0.5 - P(0 \le Z \le 0.75)$

$= 0.5 - 0.2734 = 0.2266$

2) $P(X \le 146) = P(\frac{X-120}{20} \le \frac{146-120}{20})$

$= P(Z \le 1.3)$

$= 0.5 + P(0 \le Z \le 1.3)$

$= 0.5 + 0.4032 = 0.9032$

3) $P(105 \le X \le 110) = P\left(\frac{105-120}{20} \le \frac{X-120}{20} \le \frac{110-120}{20}\right)$

$= P(-0.75 \le Z \le -0.5)$

$= P(0 \le Z \le 0.75) - P(0 \le Z \le 0.5)$

$= 0.2734 - 0.1915 = 0.0819$

위의 3)번 문제의 확률 밀도함수를 그려보면 〈그림 7.13〉과 같다.

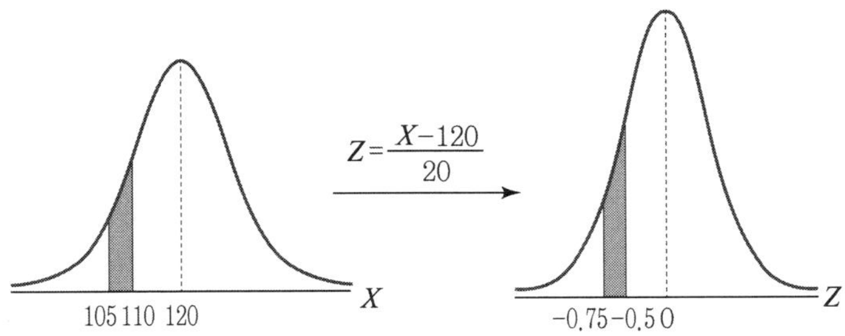

그림 7.13 $P(105 \le X \le 110)$의 계산

예제 5

어느 해의 대입 수능고사가 평균이 240, 표준편차가 64인 정규분포를 따른다고 한다. 특정 대학에서 상위 5%인 학생들만이 지원할 수 있다고 입시요강을 발표하였다면 어떤 학생이 그 대학에 지원할 자격을 얻기 위해서는 최소한 몇 점이 되어야 하는가?

풀이 확률변수 X를 수능점수라고 한다면 $X \sim N(240,\ 64^2)$이다. 표준화시키면,

$$Z = \frac{X-240}{64} \sim N(0,\ 1)$$

이 된다. 상위 5%의 점수를 구하고자 한다면 $P(X \ge x) = 0.05$가 되는 x를 찾으면 된다. 우선 $P(Z \ge z) = 0.05$가 되는 z를 찾아보자. 표준정규분포표로부터 $P(Z \ge 1.645) = 0.05$가 된다.

이러한 과정을 확률밀도함수 곡선으로 표현하면 〈그림 7.14〉와 같다.

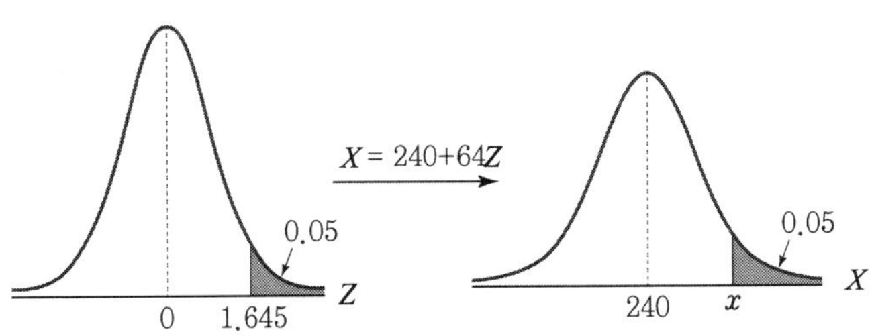

그림 7.14

식으로 나타내면

$$0.05 = P(X \geq x) = P\left(\frac{X-240}{64} \geq \frac{x-240}{64}\right) = P(Z \geq 1.645)$$
$$\Rightarrow \frac{x-240}{64} = 1.645$$
$$\Rightarrow x = 240 + (64)(1.645) = 345.28$$

따라서 적어도 346점은 되어야 지원할 수 있다.

7.3.4 이항분포의 정규분포근사

6.1절에서 실험결과가 성공이나 실패와 같이, 두 가지 경우 중 하나가 나오는 시행에서 각 시행마다 일정한 성공확률을 p라 하고 이러한 시행을 n번 독립적으로 반복했을 때 성공한 횟수인 이항확률변수에 대하여 알아보았다. 그러나 n이 커지면 이항분포의 확률을 계산하는 것이 매우 복잡하고 이항분포표를 이용할 수도 없다. 따라서 6.3절에서 n이 크고 p가 0에 가까울 때 이항분포가 포아송분포에 근사하다는 것을 알아보았다. 이 절에서는 n이 크고 p가 0이나 1에 가깝지 않을 경우 이항분포가 정규분포에 근사하다는 것을 설명하고자 한다.

〈그림 7.15〉는 $p = 0.4$일 때 $n = 5, 15, 30$으로 변화시켜 가면서 이항분포의 모양을 나타내고 있다. n이 커짐에 따라 분포의 모양이 중심에 대하여 대칭인 종모양으로 되어 간다.

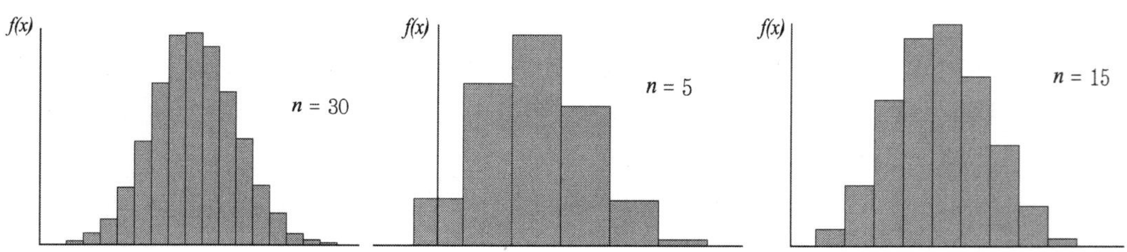

그림 7.15 $p = 0.5$, $n = 5, 15, 30$**일 때의 이항분포**

이러한 현상은 n이 점점 더 커짐에 따라 더욱더 정규분포의 모양을 닮아간다. n이 커지고 p의 값이 0이나 1에 가깝지 않을 경우 (일반적으로 $np > 5$이고 $n(1-p) > 5$일 경우) 이항확률변수 $X \sim B(n,\ p)$는 평균이 np이고 분산이 $np(1-p)$인 정규분포 $N(np, np(1-p))$에 가까워진다. 따라서 n이 충분히 크고, $X \sim B(n,\ p)$일 때,

$$Z = \frac{X - E(X)}{\sqrt{var(X)}} = \frac{X - np}{\sqrt{np(1-p)}}$$

의 분포는 근사적으로 표준정규분포 $N(0,\ 1)$을 따른다.

예제 6

X가 $n=25,\ p=0.4$인 이항분포를 따를 때, 이항분포의 정규분포근사를 이용하여 다음의 확률을 구하시오.

1) X가 9에서 12 사이에 포함될 확률은?

2) X가 5 이하일 확률은?

풀이 먼저 X의 평균과 분산을 구하여 보자.

평균$=np=(25)(0.4)=10$

분산$=np(1-p)=(25)(0.4)(0.6)=6$

$$
\begin{aligned}
1)\ P(9 \le X \le 12) &= P\left(\frac{9-10}{\sqrt{6}} \le \frac{X-10}{\sqrt{6}} \le \frac{12-10}{\sqrt{6}}\right) \\
&\approx P(-0.41 \le Z \le 0.82) \\
&= 0.1591 + 0.2939 = 0.453
\end{aligned}
$$

$$
\begin{aligned}
2)\ P(X \le 5) &= \left(\frac{X-10}{\sqrt{6}} \le \frac{5-10}{\sqrt{6}}\right) \\
&\approx P(Z \le -2.04) = 0.5 - 0.4793 \\
&= 0.0207
\end{aligned}
$$

〈예제 6〉의 근사적인 결과와 실제로 부록 〈표 1〉의 이항분포표를 이용한 결과를 비교하여 근사정도를 알아보도록 하자. 2)번의 경우 $n=25, p=0.4$인 이항분포표로부터

$$
\begin{aligned}
P(X \le 5) &= P(X=0) + P(X=1) + P(X=2) + P(X=3) \\
&\quad + P(X=4) + P(X=5) \\
&= 0.029
\end{aligned}
$$

가 정확한 값이 된다.

실제 정확한 값(0.029)과 근사적인 값(0.0207)이 약간의 차이가 있다. 따라서 근사적인 값이 좀 더 실제 값에 가깝게 하기 위한 방법을 생각해 보자.

〈예제 6〉 2)의 확률 $P(X \le 5)$는 〈그림 7.16〉의 빗금 친 부분의 면적으로서 실제로는 5.5까지의 직사각형들의 면적합이다. 이 확률은 연속적인 정규분포의 확률밀도함수에서 5.5까지의 면적을

구하면 좀 더 정밀한 근사 값을 얻을 수 있을 것이다. 따라서

$$P(X \leq 5) = P(X \leq 5.5) = P\left(\frac{X-10}{\sqrt{6}} \leq \frac{5.5-10}{\sqrt{6}}\right) \approx P(Z \leq -1.837)$$

$$= 0.5 - 0.4667 = 0.0333$$

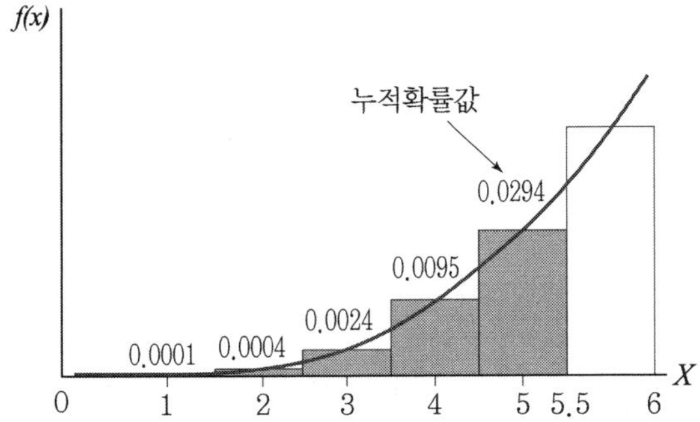

그림 7.16 연속성 수정의 개념

이와 같이 이산형 분포를 연속형 분포로 근사시킬 때 약간의 수정(여기서는 +0.5)을 하는 것을 연속성 수정(continuity correction)이라 한다. 위의 예에서 연속성 수정후의 값 0.0333은 (예제 6) 2)의 값 0.0207보다 실제 값 0.029에 더 가까워졌음을 알 수 있다.

이항분포에서 $(a \leq X \leq b)$일 확률은 연속성 수정에 의해 정규분포에서 $\left(a-\frac{1}{2} \leq X \leq b+\frac{1}{2}\right)$일 확률로 근사된다.

예제 7

최근의 설문조사에 의하면 대학교 남학생의 흡연율이 60%라고 조사되었다. 무작위로 15명의 남학생을 추출하였을 때 그중 8명 또는 9명이 흡연할 확률을 다음을 이용하여 구하시오.

1) 이항분포의 공식(식 (6.1))을 이용하여 구하시오.
2) 부록 〈표 1〉의 이항분포표를 이용하여 구하시오.
3) 연속성 수정을 하지 않고 정규분포 근사를 이용하여 근사확률을 구하시오.
4) 연속성 수정을 하여 3)과 같이 근사확률을 구하시오.

풀이 X를 흡연하는 학생수라고 했을 때 $n=15$, $p=0.6$이고, $X=8$ 또는 9이다. 따라서 구하고자 하는 확률은

$P(X=8)+P(X=9)=P(8 \le X \le 9)$이다.

1) 식 (6.1)의 이항분포 공식을 이용하면

$$P(X=8)=\binom{15}{8}(0.6)^8(0.4)^7=0.177$$

$$P(X=9)=\binom{15}{9}(0.6)^9(0.4)^6=0.207$$

이므로

$$P(X=8)+P(X=9)=0.384$$

2) 부록 〈표 1〉의 이항분포표를 이용하면

$$P(X=8)+P(X=9)=0.177+0.207=0.384$$

3) 평균 $= np = (15)(0.6) = 9$

분산 $= np(1-p) = (15)(0.6)(0.4) = 3.6$

$$P(8 \le X \le 9)=P\left(\frac{8-9}{\sqrt{3.6}} \le \frac{X-9}{\sqrt{3.6}} \le \frac{9-9}{\sqrt{3.6}}\right)$$

$$\approx P(-0.527 \le Z \le 0)=0.20$$

4) $P(8 \le X \le 9)=P(7.5 \le X \le 9.5)$

$$=P\left(\frac{7.5-9}{\sqrt{3.6}} \le \frac{X-9}{\sqrt{3.6}} \le \frac{9.5-9}{\sqrt{3.6}}\right)$$

$$\approx P(-0.79 \le Z \le 0.26)=0.3876$$

결론적으로 1)과 2)는 정확한 값으로서 같고, 연속성 수정을 한 4)의 값이 3)보다 더 1)의 값에 가깝다.

EXCEL 실습

[실습 1] 정규분포의 확률 계산

$X \sim N(120,\ 20^2)$ 인 예제 4 에서 문제 2)의 $P(X \le 146)$ 의 확률을 엑셀을 이용하여 구한다.

1단계 : [수식] ⇒ [함수삽입]을 선택하면 〈그림 7.16〉과 같은 [함수마법사] 대화상자가 나온다.
2단계 : [통계] ⇒ [NORM.DIST] 선택 후 "확인"을 누른다.
3단계 : 〈그림 7.17〉처럼 [X]에 146, [Mean]에 120, [Standard_dev]에 20, 그리고 [Cumulative]에 1을 입력한 후 "확인"을 누르면 $P(X \le 146)$ 인 누적 확률값을 구할 수 있다.

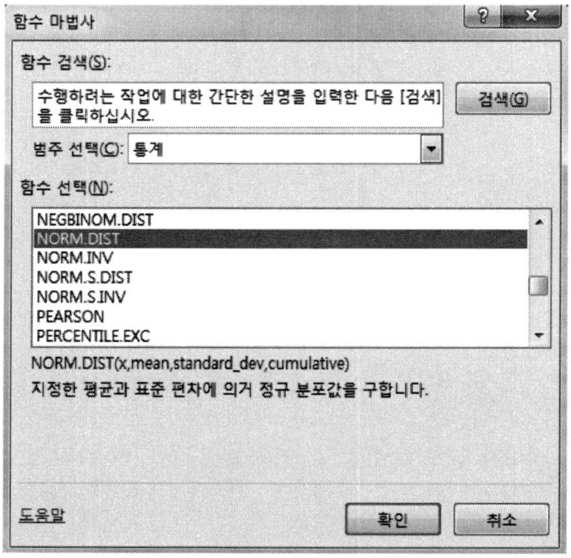

그림 7.17 [함수 마법사] 대화상자

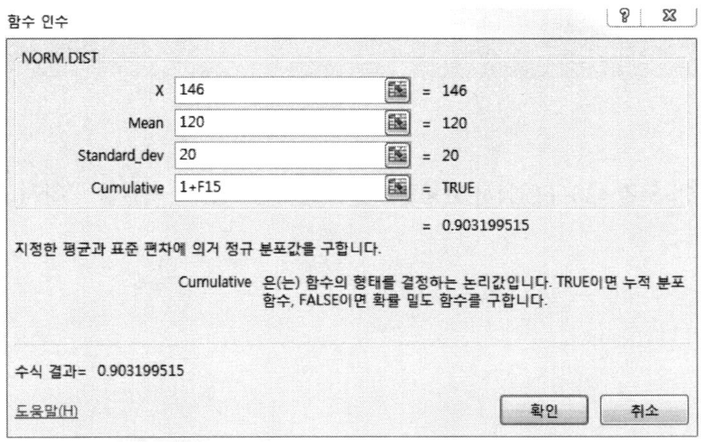

그림 7.18 [예제 4] 2)의 $P(X \leq 146)$ 계산

참고 : 간단히 수식 입력란에 NORMDIST(146, 120, 20, 1)이라고 입력해도 같은 확률 값을 얻는다.

[실습 2] 정규확률을 만족하는 x값 구하기

만약 [예제 4]에서 $P(X \leq x) = 0.95$가 되는 x 값을 찾고자 할 때에는, 다음의 절차를 따른다.

1단계 : 위의 1단계와 동일하다

2단계 : [통계] ⇒ [NORM.INV] 선택 후 "확인"을 누른다.

3단계 : 〈그림 7.18〉처럼 [Probability]에 0.95, [Mean]에 120, 그리고 [Standard_dev]에 20을 입력한 후 "확인"을 누르면 우리가 원하는 x 값을 구할 수 있다.

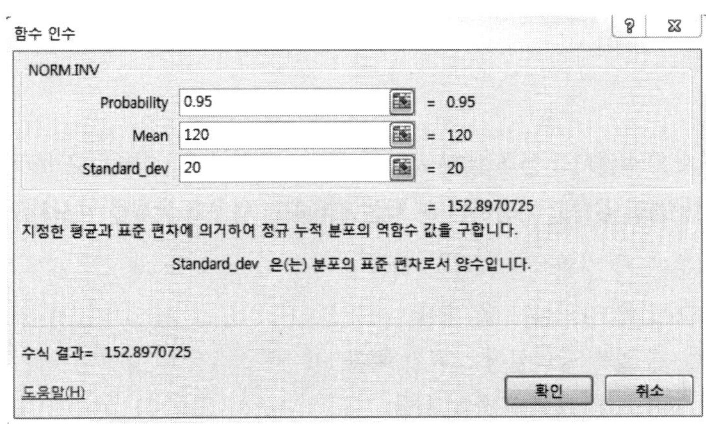

그림 7.19 $P(X \leq x) = 0.95$가 되는 x 값

연습문제

01 확률변수 X가 구간 (30, 80)에서 균등분포를 따른다면 다음의 확률을 구하시오.

1) $P(X=37)$
2) $P(X \geq 53)$
3) $P(43 \leq X \leq 72)$

02 확률변수 $X \sim U(-10, 30)$ 이라면 다음의 물음에 답하시오.

1) $P(X \leq -5)$
2) $P(-3 \leq X \leq 15)$
3) $E(X)$
4) $Var(X)$

03 서울의 겨울 평균 기온이 −15℃에서 10℃ 사이에 균등하게 분포되어 있다고 하자. 무작위로 선택한 어느 겨울의 평균기온을 조사하였을 때 다음의 확률을 구하시오.

1) −3℃ 이하일 확률
2) −6℃와 3℃ 사이일 확률
3) −12℃보다 작거나 7℃보다 높을 확률

04 어떤 학생이 보통 수업시작 전후 10분 사이에 반드시 강의실에 도착한다고 하자. 전후 10분 사이에 도착할 가능성이 같다고 가정하면 이 학생에 대해서 다음의 확률을 구하시오.

1) 적어도 4분 늦게 강의실에 도착할 확률
2) 정확히 제시간에 강의실에 올 확률
3) 기껏해야 3분 일찍 강의실에 도착할 확률
4) 수업시간 전후 2분 안에 도착할 확률

05 어떤 교수가 집에서 학교까지 걸리는 시간이 20분에서 27분 정도 소요된다고 하자. 어느 날 수업이 9시에 있고, 이 교수는 집에서 8시 37분에 출발하였다면 수업시간에 늦지 않게 도착할 확률은?

06 표준정규분포표를 이용하여 다음의 각 확률을 구하시오.

1) $P(-1.23 < Z < 0)$
2) $P(Z > -1.01)$
3) $P(-1.78 < Z < 2.38)$
4) $P(Z > 2.97)$
5) $P(|Z| < 1.64)$

07 표준정규분포표를 이용하여 다음의 확률을 만족하는 z 값을 구하시오.

1) $P(Z \geq z) = 0.025$
2) Z가 $-z$와 z 사이에 있을 확률이 0.90이다.
3) Z가 $-z$와 2 사이에 있을 확률이 0.94이다.
4) Z가 z보다 작거나 1.1보다 클 확률이 0.90이다.

08 확률변수 X의 평균이 20, 표준편차가 4인 정규분포를 따를 때 다음의 각 확률을 구하시오.

1) $P(X < 24)$
2) $P(X \geq 27.5)$
3) $P(15 \leq X \leq 22.5)$
4) $P(12 \leq X \leq 15)$

09 확률변수 X의 평균이 70, 표준편차가 5인 정규분포를 따른다고 할 때 다음을 만족하는 k 값을 구하시오.

1) $P(X < k) = 0.95$
2) $P(X > k) = 0.05$

3) $P(-k < X < k) = 0.75$

4) $P(X < k) = 0.409$

10 어떤 직장인이 집에서 회사까지 택시를 이용하고 있다. 택시요금은 교통량이나 출퇴근 시간대에 따라 다르지만 평균 7,500원, 표준편차가 1,700원인 정규분포를 따른다는 것을 알았다. 어느 날 택시를 타고 출근을 할 때 요금이 6,500원 이하가 나올 확률을 구하시오.

11 B상표 전구의 수명은 평균 850시간, 표준편차가 80시간인 정규분포를 따르는 것으로 알려져 있다. 하나의 전구를 무작위로 선택하였을 때 다음을 구하시오.

1) 전구의 수명이 900시간 이하일 확률은?

2) 전구의 수명이 800시간 이상일 확률은?

3) 전구의 수명이 850시간 이상이고 950시간 이하일 확률은?

4) 전구의 수명이 x 시간 이상일 확률이 0.98일 때 x 값은?

12 어떤 대학 남학생들의 키는 평균이 175cm, 표준편차가 10인 정규분포를 따른다. 이 대학 남학생 300명을 무작위로 추출하여 키를 잴 때 다음 물음에 답하시오.

1) 키가 170cm에서 177cm 사이에 있는 학생은 몇 명인가?

2) 키가 190cm 이상인 학생은 몇 명인가?

13 일반통계학의 수강생 200명의 기말고사 성적이 평균 70점, 표준편차가 15인 정규분포를 따른다고 한다. 상위 20등 이내에 들어야만 A학점을 받는다고 했을 때, A학점을 받기 위해서는 기말고사에서 몇 점 이상 받아야 하는가?

14 (문제 7.5와 비교하여 보시오) 어떤 대학 교수가 집에서 학교까지 걸리는 시간이 평균 24분, 표준편차가 3분인 정규분포를 따른다고 한다. 어느 날 수업이 9시에 있다고 할 때,

1) 집에서 8시 37분에 출발하였다면 수업시간에 늦지 않게 도착할 확률은?
2) 수업시간에 늦지 않게 도착할 가능성을 적어도 95% 이상 되게 하려면 늦어도 몇 시에 집에서 출발해야 하는가?

15 **이항확률변수 X가 $n=100, p=0.2$ 일 때 다음의 확률을 연속성수정 없이 정규분포로 근사시켜 구하시오.**

1) $P(X \geq 18)$
2) $P(X < 25)$
3) $P(15 < X \leq 30)$
4) $P(17 \leq X < 32)$

16 **확률변수 X가 $n=15,\ p=0.6$인 이항분포를 따를 때 다음을 이용하여 $P(7 < X < 11)$을 구하시오.**

1) 이항분포 공식 이용
2) 이항분포표 이용
3) 연속성 수정을 하지 않고 정규분포 근사 이용
4) 연속성 수정을 하여 정규분포 근사 이용

17 **공정한 동전을 1,000번 던졌을 때 다음의 확률을 연속성 수정을 하여 근사적으로 구하시오.**

1) 적어도 730번 이상의 앞면이 나올 확률
2) 470번 이상에서 510번 이하의 앞면이 나올 확률
3) 정확하게 515번의 앞면이 나올 확률
4) 많아야 520번의 앞면이 나올 확률
5) 495번 미만의 앞면이 나올 확률

18 **윷놀이에서 걸이 나올 가능성이 30%라고 하자. 500번을 던졌을 때 걸이 나온 횟수가 170번 미만이 될 확률을 연속성 수정을 이용하여 근사적으로 구하시오.**

19 **어느 대학 이과대학 학생 중 60%가 통계학 수업을 들었다고 하자. 임의로 이 학교 이과대학 학생 300명을 선택하였을 때 다음의 확률을 근사적으로 구하시오(연속성 수정 이용).**

1) 이 중 통계학을 수강한 학생이 150명 이상 175명 이하일 확률

2) 정확하게 180명이 통계학을 수강했을 확률

20 **어떤 축구선수가 페널티 킥에서 실패할 확률이 10%이다. 이 선수가 80번의 페널티 킥을 시도하였을 때 다음의 확률을 연속성 수정을 이용하여 근사적으로 구하시오.**

1) 10번 미만 실패할 확률

2) 정확하게 5번 실패할 확률

3) 기껏해야 7번 실패할 확률

제8장

표본추출법과 표본분포

제8장 표본추출법과 표본분포

통계학의 기본적인 목표는 모집단으로부터 추출된 표본으로부터 정보를 얻어 모집단 모수(parameter)의 값을 추정하는 것이다. 이때 정확한 추정을 하기 위해서는 표본이 모집단을 잘 대표할 수 있도록 적절한 표본추출법(sampling method)을 사용하여 표본을 추출함으로써 편향이 없도록 해야 한다.

8.1 표본추출법과 표본오차

대규모 모집단 또는 소규모 모집단에 대한 특성을 연구하고자 할 때 모집단 전체를 조사하는 전수조사(complete enumeration 또는 census)보다는 표본을 이용하는 표본조사(sample surveys)가 바람직하다. 이는 모집단의 규모가 클수록 전수조사가 표본조사에 비해 조사기간과 조사비용 등이 더 많이 소요되며 표본조사를 통해서도 정확한 조사가 충분히 가능하기 때문이다.

하지만 정확성이 유지될 수 있는 이러한 표본조사에서도 항상 오차가 발생할 수 있으므로 이 오차를 줄이기 위해서 다양한 조사방법론(survey methodology)이 사용되어야 한다. 오차는 표본오차(sampling error)와 비표본오차(nonsampling error)로 크게 구분된다. 표본오차는 모집단 전체가 아니라 표본을 사용하기 때문에 발생하는 오차로서 연구하고자 하는 모집단에 따라 적절한 표본추출법을 사용함으로써 줄일 수 있다. 비표본오차는 표본추출과 관련되지 않은 오차로서 설문지, 조사원, 응답자 등에 의해서 발생한다. 특히, 표본오차는 표본을 기본적으로 사용하는 통계학에서 이해해야 할 중요한 개념이다.

8.1.1 확률추출법과 비확률추출법

모집단으로부터 표본을 추출하는 방법은 확률추출법(probability sampling)과 비확률추출법(nonprobability sampling)이 있다.

확률추출법은 연구자의 경험이나 판단에 전혀 의존하지 않고 객관적이고 과학적인 통계적 이론에 근거하여 모집단으로부터 표본을 확률적으로 추출하는 방법을 말하며 무수히 다양한 방법들이 개발되어 왔다. 확률추출법으로 추출된 표본을 확률표본(probability sample)이라 한다. 예를 들어, 가장 간단한 확률추출법인 단순임의추출법(simple random sampling)은 모집단 내에 있는 모든 개체(조사대상)를 난수(random number)를 이용하여 동일한 확률로 추출할 수 있는 방법 중의 하나이다. 단순임의추출법은 흔히 임의추출법(random sampling)으로 간단하게 불리기도 한다. 또한 임의추출법으로부터 추출된 표본을 임의표본(random sample)이라 한다.

반면에 확률추출법과 달리 연구자의 경험이나 판단 등에 의해 주관적으로 모집단을 대표한다고 생각되는 표본을 추출하는 것을 비확률추출법이라 한다. 이 방법은 모집단으로부터 표본을 확률적으로 추출하지 않아 표본의 추출확률을 알 수 없으므로 추정된 모수의 값이 통계적으로 어느 정도 정확한지를 나타내는 척도인 오차의 범위(margin of error) 또는 신뢰구간(confidence interval)을 계산할 수 없다.

[확률추출법의 종류]

확률추출법에는 단순임의추출법, 층화임의추출법, 계통임의추출법, 집락추출법 등이 있다.

① **단순임의추출법** : 크기가 N 인 모집단으로부터 크기 n인 표본을 비복원으로 추출하는 방법의 개수는 $\binom{N}{n}$가지이다. 이들 $\binom{N}{n}$개의 표본들 각각이 추출되는 확률이 같도록 난수를 이용하여 추출하는 방법을 단순임의추출법(simple random sampling)이라 한다. 예를 들어, $N=10$인 모집단으로부터 $n=2$인 표본을 추출할 때 모집단 각 개체에 1부터 10까지의 번호를 부여한 뒤 10개의 숫자 중 2개를 난수표(random number table) 또는 난수 발생 컴퓨터 프로그램을 이용하여 비복원으로 추출하면 이들 번호에 해당되는 2개 개체들이 표본이 되는 방법이다.

② **층화임의추출법** : 모집단의 개체들을 비슷한 성질을 갖는 것끼리 중복되지 않는 그룹 또는 층(stratum)으로 분류하고, 각 그룹 또는 각 층으로부터 단순임의추출법(임의추출법)으로 확률적으로 표본을 추출하는 방법을 층화임의추출법(stratified random sampling)이라 한다. 이러한 층화추출법은 단순임의추출법보다 추정의 정확도를 높일 수 있으며, 그룹별 또는 층별로 추정을 할 수 있다는 장점이 있다.

③ **계통추출법** : 크기가 N 인 모집단으로부터 크기 n 인 표본을 추출한다고 하자. 이때, N 을 n 으로 나눈 몫을 추출간격(sampling interval) k 라 하자. 먼저 1, 2, 3, $\cdots$, k 중에서 난수를 이용하여 1개의 숫자를 뽑아서 그것을 $i\,(1 \le i \le k)$라 하자. 이 i 를 임의출발점(random starting point)이라 하고, 다음과 같이 i 에 순차적으로 추출간격 k를 더한 수

$$i,\ i+k, i+2k,\ \cdots,\ i+jk,\ \cdots, i+(n-1)k$$

에 해당하는 모집단의 개체를 표본으로 사용하는 방법을 계통추출법(systematicsampling)이라 한

다. 계통추출법은 단순임의추출법보다 사용이 편리하여 실제 조사에서 널리 사용된다.

④ **집락추출법** : 집락추출법(cluster sampling)은 모집단을 구성하는 개체(구성원)들의 모임인 집락(cluster)을 난수를 이용하여 추출하는 방법이다. 예를 들어, 학교는 학생들로 구성되어 있는 집락이며 여러 개의 학교들 중 일부 학교를 난수를 이용하여 확률적으로 추출하는 것이 집락추출법이고 이 추출된 학교들은 집락표본(cluster sample)이라 한다.

⑤ **확률(크기)비례추출법** : 확률크기비례추출법(probability proportional to size sampling) 또는 간단히 확률비례추출법이라 불리는 이 방법은 집락의 크기에 비례하는 확률로 집락을 난수를 이용하여 확률적으로 추출하는 방법이다. 보다 정확하게 모수의 값을 추정할 목적으로 집락을 표본으로 추출할 때 사용한다.

[비확률추출법의 종류]

비확률추출법에는 무계획적 추출법, 판단추출법, 지원자 추출법, 제한적 추출법, 눈덩이 추출법, 할당추출법, 우연적 추출법 등이 있다. 이들 방법은 편향된 표본이 추출되어 부정확한 추정값이 얻어질 수 있으나 표본 추출의 편리성, 비용 및 시간 절약 등의 장점이 있어 보조적인 정보를 얻기 위하여 사용될 수 있다.

① **무계획적 추출법** : 생물학적 연구 등에서 널리 사용된다. 예를 들어, 동물들을 기르는 커다란 우리나 물고기를 기르는 저수지에서 조사를 위해 견본을 선택하고자 할 때, 무계획적 추출법(haphazard sampling)이 이용된다. 이 추출법은 생물학적인 조사를 위해 우리 안으로 직접 손을 넣어 견본을 잡거나, 그물망을 이용하여 편리한 대로 견본이 될 동물들을 잡는 것이다. 이 방법을 이용하면 민첩하지 않거나 허약한 동물들이 먼저 견본으로 포획되는 단점이 있다. 따라서 표본의 대표성이나 조사의 정확성여부 등을 언급하기 어렵다.

② **판단추출법** : 전문가나 전문가들로 구성된 그룹이 모집단을 대표할 수 있다고 판단되는 개체 또는 단위들을 표본으로 추출하는 방법을 판단추출법(judgement sampling) 또는 의도적 추출법(purposive sampling)이라 한다. 예를 들어, 어떤 조사기관에서는 대통령 선거결과를 예측하기 위해 지금까지의 대통령 선거에서 의례적으로 P시에서 압도적인 득표를 얻은 후보자가 선거에서 당선된 적이 많았다는 것을 알고 P시에 거주하는 유권자들의 정치적 성향이 전국의 유권자들의 정치적 성향을 대표할 수 있을 것이라고 판단하여 P시에 거주하는 유권자들의 정치적 성향을 조사하기로 했다면 이는 판단추출법이 된다. 이 방법은 전문가들 간의 의견이 서로 일치하지 않을 수 있으며 조사 결과에서 큰 오차가 발생할 수 있다.

③ **지원자 추출법** : 무계획적 추출법의 특별한 경우로 사람들로 구성된 특정한 모집단에서 자료를 얻기 위해 지원자추출법(volunteer sampling)이 사용된다. 예를 들어, 의학적 임상 연구에서 연구자들은 윤리적인 의료규칙을 엄수하면서 연구에 적합한 환자들을 확률적으로 추출하는 것이 어려워 임상연구의 공고문 등을 보고 자발적으로 찾아와서 지원하는 사람들을 표본으로 간주하여 연구를 진행한다.

④ **제한적 추출법** : 표본추출 대상이 제한적인 반면에 표본을 선정하기 쉬운 방법을 제한적 추출법(restrictive sampling)이라 한다. 예를 들어, 일반 대중들을 대상으로 하는 TV 카메라 인터뷰는 제한적 표본이 사용된다. 이 경우에 카메라맨은 카메라를 특정위치에 설치하고 인터뷰를 실시하거나 지나가는 보행인을 촬영하기 때문에 당시에 특정 위치나 마침 그곳을 지나는 사람이 표본이 되므로 이런 방법은 심각한 편향을 갖는, 즉 일반 대중에 대한 대표성이 크게 떨어지는 표본이 추출될 수 있다.

⑤ **눈덩이 추출법** : 표본을 추출하는 데 사용하는 명부인 표본추출틀(sampling frame)이 없거나 불완전한 표본추출틀을 갖고 있는 경우에 처음에는 소수의 조사대상자를 찾아내어 조사를 실시한 후, 이들을 이용하여 이들이 알고 있는 다른 조사대상자를 소개받아 명부에 포함시켜 조사하고, 또 다른 조사대상자를 찾기 위해 이들을 다시 이용하여 필요한 표본 크기가 채워질 때까지 이러한 방법을 계속해서 수행해 가는 방법으로서 마치 작은 눈덩이를 굴려서 점점 큰 눈덩이를 만들어 가는 것과 같아 눈덩이 추출법(snowball sampling)이라 한다.
눈덩이 추출법은 특정지역에 거주하는 특수한 종교집단이나 마약 복용자 등을 연구할 경우에 주로 이용된다.

⑥ **할당추출법** : 표본의 구성비를 모집단 구성비와 비슷하도록 표본을 추출하는 방법을 할당추출법(quota sampling)이라고 한다. 예를 들어, 어떤 학교의 재학생 중에 60%가 남학생, 40%가 여학생이라 하자. 이때 다른 것은 고려하지 않고 표본에 정확하게 60%의 남학생이 포함될 때까지 (40%의 여학생이 포함될 때까지) 조사원이 조사대상자를 마음대로 골라 표본을 얻게 된다면 이 표본은 할당표본(quota sample)이 된다. 이러한 할당추출법은 모집단 구성비와 표본 구성비를 같게 할 수 있지만 접근하기 쉬운 조사 대상자들을 골라 표본으로 선정하므로 표본의 대표성이 크게 떨어진다.

⑦ **우연적 추출법** : 조사비용을 줄이고 조사 대상자를 쉽게 선정하려고 할 때 이용되며 우연적 추출법(accidental sampling) 또는 편의추출법(convenience sampling)이라고 한다. 예를 들어, 젊은 성인남녀들의 소비성향에 대한 조사를 실시한다고 하자. 이에 연구자는 조사비용을 줄이고, 조사대상자를 손쉽게 구하기 위해서 자신이 아는 교수의 강의수강생들을 표본으로 선정하여 성

향조사를 진행한다. 이런 경우 이들 수강생들은 전체 젊은 성인남녀를 대표한다고 할 수 없으며 특히 특정학교 학생들이므로 소비성향이 편향될 수 있다. 또 다른 편의추출법의 예로서 쇼핑센터 앞을 지나가는 쇼핑객을 대상으로 면접조사를 실시하는 보행자 조사가 있다.

8.1.2 복원추출법과 비복원추출법

모집단에서 표본으로 추출된 것을 모집단에 다시 넣고 추출하는 방법을 복원추출법(sampling with replacement : SWR)이라 한다. 복원추출법은 모집단 내의 동일한 개체가 반복적으로 추출될 수 있다. 또한, 추출된 것을 다시 넣지 않고 추출하는 방법을 비복원추출법(sampling without replacement : SWOR)이라 한다.

예를 들어 {1, 2, 3}으로 구성된 모집단으로부터 2개의 표본을 임의로 추출하는 문제를 생각해 보자. 비복원으로 표본을 추출할 경우와 복원으로 추출할 경우 가능한 표본과 그 표본이 실제표본으로 추출될 확률은 다음과 같다.

비복원추출법	
가능한 표본	확률
{1,2}	1/3
{1,3}	1/3
{2,3}	1/3

복원추출법	
가능한 표본	확률
{1,1}	1/9
{1,2}	1/9
{1,3}	1/9
{2,1}	1/9
{2,2}	1/9
{2,3}	1/9
{3,1}	1/9
{3,2}	1/9
{3,3}	1/9

비복원추출의 경우 1이 실제 표본으로 추출되는 경우는 {1,2}와 {1,3}이므로 1의 추출확률은 2/3이며, 2나 3이 실제 표본으로 추출될 확률도 마찬가지로 2/3가 된다. 복원추출의 경우 1이 실제 표본으로 두 번 추출되는 경우는 {1,1}이며 그 확률은 1/9이다. 그리고 2나 3이 실제 표본으로 두 번 추출될 확률도 마찬가지로 1/9가 된다. 또한, 1이 실제 표본으로 한 번 추출되는 경우는 {1,2}, {1,3}, {2,1}, {3,1}이므로 1의 추출확률은 4/9이며, 2나 3이 실제 표본으로 한 번 추출될 확률도 마찬가지로 4/9가 된다.

8.1.3 난수표를 이용한 단순임의표본 추출

단순임의표본(임의표본)을 추출하는 방법으로는 주머니 속에 숫자가 적힌 카드를 넣고 잘 섞어서 추출하는 방법이나 돌아가는 화살판과 같은 숫자판에 화살을 쏘아서 얻는 방법 등이 있다. 표본을 추출하는 방법에는 이와 같이 여러 가지가 있을 수 있으나 모집단의 크기가 큰 경우에 있어서는 이러한 방법을 사용하는 것이 불편하기도 하지만 불가능한 경우도 생기게 된다. 따라서 임의표본을 추출하는 데에는 난수표를 주로 사용하게 되며, 컴퓨터 프로그램을 이용하여 직접 난수를 발생시켜 사용하기도 한다.

0, 1, 2, 3, 4, 5, 6, 7, 8, 9의 10개의 숫자가 각각 동일한 비율(1/10)로 구성되어 있는 표를 난수표(random number table)라 한다. 따라서 각 숫자가 추출될 확률은 0.1로 같다. 이러한 난수표는 여러 가지 종류가 있으며 이러한 난수표의 일부가 〈표 8.1〉에 제시되어 있다.

예를 들어 200명의 학생들로부터 5명을 임의로 추출하여 학생들의 평균 체중을 추정하고자 한다. 이때 크기가 200인 모집단에서 크기가 5인 표본을 단순임의 추출하는 과정을 난수표를 사용하여 실행해 보자. 먼저 200명 학생 각각에 001로부터 200까지 일련번호를 부여하여 명단을 만든다. 그리고 난수표를 사용하여 5명을 추출하기 위하여 사용할 난수표가 〈표 8.1〉과 같다고 하자.

표 8.1 ▌난수표의 예(일부)

10480	15011	01536	02011	81647
22368	46573	25595	85393	30995
24130	48360	22527	97265	76393
42167	93093	06243	61680	07856
37570	39975	81837	16656	06121
		⋮		
77921	06907	11008	42751	27756
99562	72905	56420	69994	98872
96301	91977	05463	07972	18876
89579	14342	63661	10281	17453
85475	36857	53342	53988	53060

학생 200명은 최대 번호가 200인 3자리 수가 부여됨으로 위의 난수표에서 처음 세 개의 열로부터 차례로 다음 수를 얻어 낼 수 있다(여기서는 전체 난수표에서 눈을 감고 볼펜으로 처음으로 찍은 것이 10480중 1인 것으로 간주한다.)

104	223	241	421	375
779	995	963	895	854

그리고 처음 3열을 제외한 다음 세 개의 열(4, 5, 6열)로부터는 다음 수를 얻을 수 있다.

801	684	304	679	703
210	627	019	791	753

또한, 다음 세 개의 열(7, 8, 9열)로부터는

501	657	836	309	997
690	290	197	434	685

를 얻는다. 동일하게 다음 세 개씩의 열로부터

101	325	022	306	581
711	556	705	263	753
536	595	527	243	837
008	420	463	661	342
020	853	972	616	166
427	699	079	102	539

등을 얻을 수 있다. 이상의 나열된 3자리 숫자 중에서 처음부터 차례로 200 이내의 숫자를 찾아 기록하면 다음과 같다.

104	019	101	197	022	008
020	166	079	102		

이 중에서 처음 5개의 숫자

104	19	101	197	22

에 해당하는 일련번호의 학생을 추출하여 표본을 구성하면 200명의 모집단으로부터 크기가 5인 표본을 난수표를 사용해서 단순임의추출하는 것이 된다. 단순임의추출은 비복원 추출이므로 만약 동일한 일련번호가 반복적으로 나오면 1개만 사용하면 된다.

많은 학생을 표본으로 추출해야 하는 경우, 즉 표본의 크기가 큰 경우에는 제한된 난수표를 절약해서 이용해야 하므로 다음과 같이 하는 방법을 생각할 수 있다. 난수표로부터 얻어진 일련 번호 중 200을 초과하는 수가 있으면 그 수에서 200을 빼고, 만약 400을 초과하는 수가 있다면 400을 빼는 식으로 하여 표본을 선정한다. 예를 들어 처음 세 개의 열에서 얻어낸 숫자

104	223	241	421	375

로부터 200에 배수를 뺀

104 23 41 21 175

에 해당하는 일련번호의 학생을 표본으로 선정하면 난수표를 절약하면서 표본을 추출할 수 있다.

예제 1

〈표 8.1〉의 난수표를 이용하여 크기가 800인 모집단으로부터 크기가 10인 표본을 추출하여라.

풀이 104 223 241 421 375 779 684 304 679 703

8.1.4 표본오차

표본으로부터 얻어진 값들로부터 표본평균을 계산하면 흔히 그 표본평균이 모평균과 다를 수 있다. 예를 들면, 모평균 $\mu = 15$인 모집단으로부터 표본크기 $n = 25$인 표본을 추출하여 표본평균을 구했을 때 $\bar{x} = 12$라 하자. 이 경우 모평균과 표본평균이 다르며 그 차는 $\bar{x} - \mu = -3$이다. 이러한 차를 표본오차(sampling error)라고 한다. 이때 표본평균은 모평균 μ와 표본오차의 합으로 생각할 수 있다. 즉 e을 표본오차라고 하면 $\bar{x} = \mu + e$가 된다.

예제 2

{2, 4, 6} 세 개의 값으로 구성되어 있는 모집단에서 크기 2인 임의표본을 복원추출한다고 하자. 모든 가능한 크기 2인 순서표본(ordered sample)은 $3 \times 3 = 9$가지가 된다. 순서표본에서는 {2,4}와 {4,2}를 다른 표본으로 생각한다. 모평균은 $\mu = 4$이다.

순서표본	표본평균	표본오차
{2,2}	2	2−4=−2
{2,4}	3	3−4=−1
{2,6}	4	4−4=0
{4,2}	3	3−4=−1
{4,4}	4	4−4=0
{4,6}	5	5−4=1
{6,2}	4	4−4=0
{6,4}	5	5−4=1
{6,6}	6	6−4=2

풀이》 다음은 이들 표본평균에 대한 도수그래프이다.

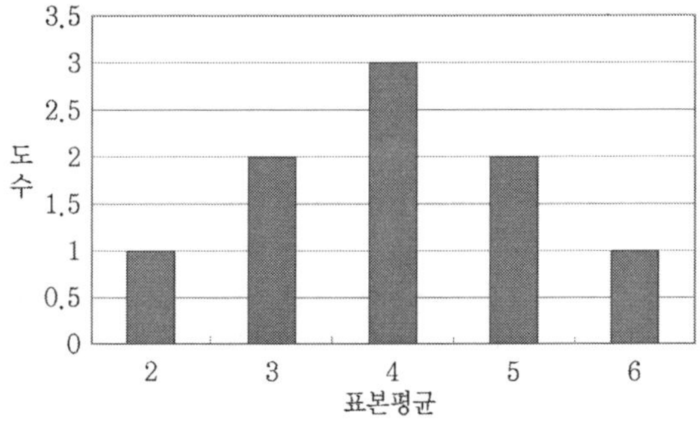

1) 모든 표본평균의 평균은 모집단 평균과 같다. 즉 $\mu_{\bar{x}}$ 를 모든 표본평균의 평균이라고 하면

$$\mu_{\bar{x}} = \frac{2+3+4+3+4+5+4+5+6}{6} = \frac{36}{9} = 4$$

가 된다. 모평균은 $\mu = 4$ 이다.

2) 표본오차의 합은 0이다. 즉

$$e_1 + e_2 + e_3 + \cdots + e_9$$
$$= (-2) + (-1) + 0 + (-1) + 0 + 1 + 0 + 1 + 2 = 0$$

따라서 모든 표본오차의 평균은 0 이다.

표본평균과 같은 통계량은 모수 추정을 위해 사용되므로 추정량이라고도 하며 추정량의 평균이 모수와 같을 때(예를 들어 표본평균의 경우 $\mu_{\bar{x}} = \mu$이면) 이 추정량을 불편추정량(unbiased estimator) 또는 비편향추정량이라 한다. 그리고 표본오차의 평균이 0인 추정량을 영편향(zero bias)을 갖는 추정량이라도 말한다. 또한 추정을 목적으로 표본으로부터 실제로 계산된 추정량의 값을 추정치(estimate)라 한다. 아울러 표본평균과 같은 추정량은 표본에 따라 추정치가 변하므로 확률변수이다.

8.2 표본분포

표본으로부터 계산되는 표본평균과 같은 통계량은 표본에 따라 그 값이 변한다. 따라서 모든 가능한 통계량 값에 대한 분포의 연구가 필요하다. 이러한 분포에 대한 정보는 표본을 이용하여 모집단을 추론하는 추측통계에서 아주 중요하다.

표본평균과 같은 통계량의 값은 표본에 따라 값이 변하므로 통계량은 확률변수(random variable)가 되며, 통계량의 분포를 표본분포(sampling distributions)라 한다. 편의상 모집단을 X, 표본평균을 $\overline{X}$로 표시한다. 일반적으로 통계량의 표본분포는 동일한 크기의 표본으로부터 계산된 모든 가능한 통계량 값의 분포를 나타낸다.

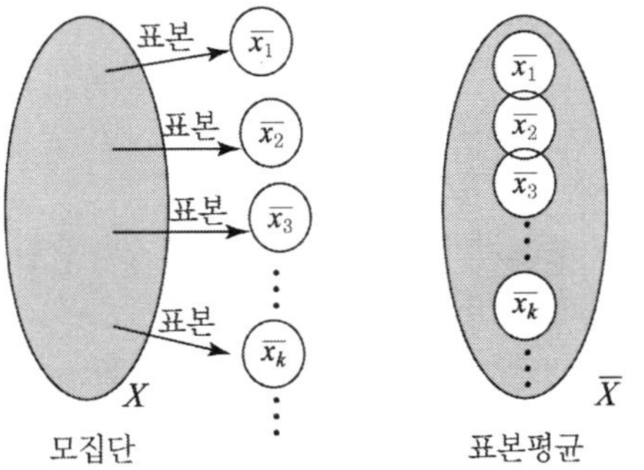

표본평균의 분포는 모집단 분포가 유한 모집단 또는 무한 모집단이냐에 따라 그 분포가 달라지며, 모집단이 정규 모집단이냐 아니냐에 따라서도 그 분포가 다르게 나타난다. 또한, 모집단으로부터 표본을 복원 또는 비복원으로 추출하느냐에 따라 표본평균의 분포에 대한 분산의 형태가 달라진다.

[표본평균의 분포]

예제 3

표본평균의 표본분포를 설명하기 위하여 {0, 2, 4, 6}으로 구성된 모집단으로부터 2개의 표본을 임의로 추출하는 문제를 생각해 보기로 하자. 모집단의 도수분포를 표로 나타내면 다음과 같다.

표 8.2 | 모집단의 도수분포표

x	도수
0	1
2	1
4	1
6	1
합계	4

풀이 》 위의 〈표 8.2〉로부터 모평균과 모분산을 각각 구해 보면 다음과 같다.

$$\mu = \frac{0+2+4+6}{4} = 3$$

$$\sigma^2 = \frac{\sum (x-\mu)^2}{N}$$
$$= \frac{(0-3)^2+(2-3)^2+(4-3)^2+(6-3)^2}{4}$$
$$= 5$$

따라서 모표준편차는 $\sigma = \sqrt{\sigma^2} = \sqrt{5}$ 이다.

모집단 {0, 2, 4, 6}에서 크기가 2인 임의표본을 복원추출할 경우에 가능한 표본과 그 평균을 구해 보면 다음과 같다.

가능한 표본	표본평균	가능한 표본	표본평균
{0,0}	0	{4,0}	2
{0,2}	1	{4,2}	3
{0,4}	2	{4,4}	4
{0,6}	3	{4,6}	5
{2,0}	1	{6,0}	3
{2,4}	3	{6,2}	4
{2,6}	4	{6,4}	5
{2,2}	2	{6,6}	6

위의 표를 이용하여 표본평균의 도수분포를 나타내면 다음과 같다.

$\bar{x}$	도수
0	1
1	2
2	3
3	4
4	3
5	2
6	1
합계	16

표본평균의 표본분포에 대한 평균은

$$\mu_{\bar{x}} = \frac{\sum (f\ \bar{x})}{\sum f}$$

$$= \frac{(0)(1)+(1)(2)+(2)(3)+(3)(4)+(4)(3)+(5)(2)+(6)(1)}{16} = \frac{48}{16} = 3$$

표본평균의 분산을 다음 표를 이용하여 계산한다.

$\bar{x}$	f	$\bar{x}-\mu_{\bar{x}}$	$(\bar{x}-\mu_{\bar{x}})^2$	$(\bar{x}-\mu_{\bar{x}})^2 f$
0	1	0−3=−3	9	9
1	2	1−3=−2	4	8
2	3	2−3=−1	1	3
3	4	3−3=0	0	0
4	3	4−3=1	1	3
5	2	5−3=2	4	8
6	1	6−3=3	9	9
합계	16	0		40

표본평균의 분산과 표준편차는

$$\sigma_{\bar{x}}^2 = \frac{\sigma^2}{n} = \frac{40}{16} = 2.5$$

$$\sigma_{\bar{x}} = \sqrt{\sigma_{\bar{x}}^2} \approx 1.58.$$

이다. 다른 확률변수와 마찬가지로 표본평균의 분포도 평균(기대값), 분산, 표준편차를 계산할 수 있다. 표본평균 $\bar{x}$ 는 각 값이 모평균 μ와 같지는 않지만 평균적으로 같음을 알 수 있다. 그러므로 모평균이 μ 인 모집단으로부터 임의표본을 복원추출했을 때, 모평균 μ 와 표본평균 $\bar{x}$ 사이에는 다음과 같은 관계가 성립된다.

$$\mu_{\bar{x}} = E(\bar{x}) = \mu$$

예제 4

〈예제 3〉의 표본평균에 대한 표본분포의 예에서 다음을 구하시오.

1) 각 표본평균에 대한 표본오차
2) 표본오차의 평균
3) 표본오차의 표준편차

풀이 1) 표본, 표본평균, 표본오차는 다음과 같다.

가능한 표본	표본평균	표본오차	가능한 표본	표본평균	표본오차
{0,0}	0	0−3=−3	{4,0}	2	2−3=−1
{0,2}	1	1−3=−2	{4,2}	3	3−3=0
{0,4}	2	2−3=−1	{4,4}	4	4−3=1
{0,6}	3	3−3=0	{4,6}	5	5−3=2
{2,0}	1	1−3=−2	{6,0}	3	3−3=0
{2,2}	2	2−3=−1	{6,2}	4	4−3=1
{2,4}	3	3−3= 0	{6,4}	5	5−3=2
{2,6}	4	4−3= 1	{6,6}	6	6−3=3

2) 표본오차의 평균

$$\mu_e = \frac{(-3)+(-2)+(-1)+\cdots+2+3}{16} = 0$$

3) 표본오차의 분산을 다음 표를 이용하여 계산한다.

e	f	$e-\mu_e$	$(e-\mu_e)^2 f$
−3	1	−3−0= −3	9
−2	2	−2−0= −2	8
−1	3	−1−0= −1	3
0	4	0−0= 0	0
1	3	1−0= 1	3
2	2	2−0= 2	8
3	1	3−0= 3	9
합계	16		40

표본오차 분포의 분산과 표준편차는

$$\sigma_e^{\,2} = \frac{\sum (e-\mu_e)^2 f}{N} = \frac{40}{16} = 2.5$$

$$\sigma_e = \sqrt{2.5} \approx 1.58$$

이다. 앞의 예제에서 표본평균의 표준편차와 표본오차의 표준편차가 1.58로 서로 같다. 이러한 이유로 표본평균의 표준편차를 표본오차의 표준편차라고도 말한다. 널리 사용되는 용어로서 통계량의 표본분포의 표준편차를 표준오차(standard error)라 한다.

[표본범위의 분포]

예제 5

{0, 2, 4, 6, 8}로 구성된 모집단으로부터 2개의 순서표본을 임의로 복원 추출하여 표본범위(R)를 구하는 문제를 생각해 보자. R 의 표본분포에 대하여 다음을 구하시오.

1) R 의 도수분포표와 그래프를 작성하시오.
2) R 의 표본분포의 평균과 표준오차를 구하시오.

풀이 》 1) 가능한 표본은 $5 \times 5 = 25$개이며 그 표본범위를 구해 보면 다음과 같다.

표본	표본범위	표본	표본범위
{0,0}	0	{4,6}	2
{0,2}	2	{4,8}	4
{0,4}	4	{6,0}	6
{0,6}	6	{6,2}	4
{0.8}	8	{6,4}	2
{2,0}	2	{6,6}	0
{2,2}	0	{6,8}	2
{2,4}	2	{8,0}	8
{2,6}	4	{8,2}	6
{2,8}	6	{8,4}	4
{4,0}	4	{8,6}	2
{4,2}	2	{8,8}	0
{4,4}	0		

위의 표를 이용하여 표본범위의 도수분포를 나타내면 다음과 같다.

R	f
0	5
2	8
4	6
6	4
8	2

2) 표본범위 분포의 평균은 다음과 같다.

$$\mu_R = \frac{\sum(f\,R)}{\sum f}$$

$$= \frac{(5)(0)+(8)(2)+(6)(4)+(4)(6)+(2)(8)}{25} = \frac{80}{25} = 3.2$$

다음으로 표본범위의 표준편차를 구해 보면 다음과 같다.

$$\sigma_R = \sqrt{\sigma_R^2} = \sqrt{\frac{\sum(R-\mu_R)^2 f}{\sum f}} = 2.4$$

통계량의 표본분포를 구할 때 표본크기가 같아야 한다. 만일 표본크기가 다르다면 표본분포에 대해 말하는 의미가 없다.

모평균이 μ이고, 모분산이 σ^2인 크기가 N인 유한모집단에서 크기 n인 표본을 복원추출할 때(또는 모집단의 크기가 아주 클 때), 모분산 σ^2과 표본평균 $\overline{x}$의 분산 사이에는 다음과 같은 관계가 성립된다.

$$Var(\overline{x}) = \frac{\sigma^2}{n}$$

따라서 표본평균의 표준오차는

$$s.e.(\overline{x}) = \frac{\sigma}{\sqrt{n}}$$

이 된다.

모평균이 μ이고, 모분산이 σ^2인 크기가 N인 유한모집단에서 크기 n인 표본을 비복원 추출할 때, 모분산 σ^2과 표본평균 $\overline{x}$의 분산 $Var(\overline{x})$ 사이에는 다음과 같은 관계가 성립된다.

$$Var(\overline{x}) = \sigma_{\overline{x}}^{\ 2} = \left(\frac{N-n}{N-1}\right)\frac{\sigma^2}{n}$$

여기서, $\frac{N-n}{N-1}$을 유한모집단수정계수(finite population correction factor)라 한다. 유한모집단수정계수는 모집단 크기가 클 때($N \rightarrow \infty$) 1이 된다. 일반적으로 비복원 추출일 경우 모집단의 크기가 표본의 크기보다 20배 이상이면($N \geq 20n$) 위의 식 대신 무한모집단인 경우의 분산 공식을 사용해도 된다.

유한모집단에서는 표본이 복원 또는 비복원 추출에 따라 표본평균 $\overline{x}$의 분산 형태가 달라짐을 알 수 있었다. 그러나 무한모집단에서 표본을 비복원으로 추출할 경우 $\sigma_{\bar{x}}{}^2 \rightarrow \sigma^2/n$이 되어 표본을 복원으로 추출하여 얻은 분산과 같아지게 된다. 한편, n/N을 추출률(sampling fraction)이라 하는데, 이 추출률이 충분히 작으면 유한모집단에서 표본을 비복원으로 추출할 때에도 $\sigma_{\bar{x}}{}^2 \approx \sigma^2/n$이 되므로 복원추출이나 비복원추출이나 동일한 결과를 얻게 된다.

이러한 결과들로부터 표본평균 $\bar{x}$의 평균은 모평균과 같으며, 표본의 크기 n이 클수록 $\bar{x}$의 분산은 0에 가깝게 되어 $\bar{x}$는 모평균 근처에 밀집되어 분포함을 알 수 있다.

예제 6

어느 퓨즈 제조공장에서 생산된 4,000개 전체 퓨즈제품의 절단점이 평균 5암페어, 표준편차가 1.5암페어로 알려져 있다. 150개의 퓨즈를 표본으로 추출하였을 때 표본평균의 평균과 표준편차를 구하시오.

풀이》 표본평균의 평균은 모평균과 같으므로 $\mu_{\bar{x}} = \mu = 5$암페어이다. 표본평균의 분산은 $4000 > 20(150)$이므로 두 가지 공식 모두 사용할 수 있다. 먼저

1) 복원추출의 경우 : $\sigma_{\bar{x}} = \dfrac{\sigma}{\sqrt{n}} = \dfrac{1.5}{\sqrt{150}} = 0.122$

2) 비복원추출인 경우 :

$$\sigma_{\bar{x}} = \frac{\sigma}{\sqrt{n}}\sqrt{\frac{N-n}{N-1}} = \frac{1.5}{\sqrt{150}}\sqrt{\frac{4000-150}{4000-1}} = 0.120$$

위의 두 가지 계산 결과를 보면 소수점 아래 두 자리까지 일치한다. $N > 20n$이 만족되면 비복원 추출인 경우의 공식을 이용하여 힘들게 계산하는 것은 의미가 없어진다.

8.3 정규모집단에서의 표본추출

앞의 8.2절에서 보는 바와 같이 모집단과 표본의 크기가 아주 작은 경우에는 가능한 모든 표본들을 나열하여 표본분포를 구하는 것이 어렵지 않지만, 모집단과 표본의 크기가 조금만 커도 이러한 방법으로 표본분포를 구한다는 것은 거의 불가능한 일이다. 따라서 이를 위해 모집단의 분포에 따라 표본평균의 분포에 대한 다음과 같은 이론들이 개발되어 있다.

많은 통계량의 표본분포는 모집단이 정규분포를 따른다는 가정을 한다. 만일 모집단 분포가 정규분포일 때 표본평균의 분포는 어떤 분포를 따르는가?

> **정규모집단으로부터의 표본추출**
>
> 만일 정규모집단으로부터 표본크기 n 인 임의표본이 추출된다면 표본평균의 표본분포는 정규분포를 따른다.

8.2절에서 평균이 μ이고 분산이 σ^2 인 아주 큰 모집단(무한모집단)에서 크기 n인 표본을 추출하면 표본평균의 평균은 $\mu_{\bar{x}} = \mu$이고 표본평균의 분산은 $\sigma_{\bar{x}}^2 = \dfrac{\sigma^2}{n}$이 됨을 배웠다. 또한 표본평균의 표준화점수(z-score)는

$$z = \frac{\bar{x} - \mu_{\bar{x}}}{\sigma_{\bar{x}}} = \frac{\bar{x} - \mu}{\sigma / \sqrt{n}}$$

은 $N(0,1)$인 표준정규분포를 따른다. 위의 내용을 정리하면 다음과 같다.

> 모집단 분포가 정규분포를 따를 때, 표본평균의 분포도 정규분포를 따른다는 사실로부터 정규모집단 $N(\mu, \sigma^2)$ 에서 크기 n 인 표본의 표본평균 $\bar{x}$ 는 정규분포 $N\left(\mu, \dfrac{\sigma^2}{n}\right)$을 따른다. 이 때, 표본평균 $\bar{x}$ 를 표준화시킨 표준화 확률변수 $Z = \dfrac{\bar{x} - \mu}{\sigma / \sqrt{n}}$ 는 표준정규분포 $N(0,1)$ 을 따른다.

예제 7

평균이 $\mu = 25$, 분산이 $\sigma^2 = 36$인 정규모집단으로부터 크기 9인 임의표본을 추출하였다. 표본평균 $\bar{x}$가 28보다 클 확률을 구하시오.

풀이 표본평균 $\bar{x}$ 는 평균 $\mu_{\bar{x}} = \mu = 25$, 표준오차 $\sigma_{\bar{x}} = \sigma / \sqrt{n} = 6/\sqrt{9} = 2$인 정규분포를 따른다. $\bar{x} = 28$의 z 값은

$$z = \frac{\bar{x} - \mu}{\sigma / \sqrt{n}} = \frac{28 - 25}{2} = 1.5$$

따라서

$$P(\overline{X} > 28) = P(Z > 1.5) = 0.5 - 0.4332 = 0.0668$$

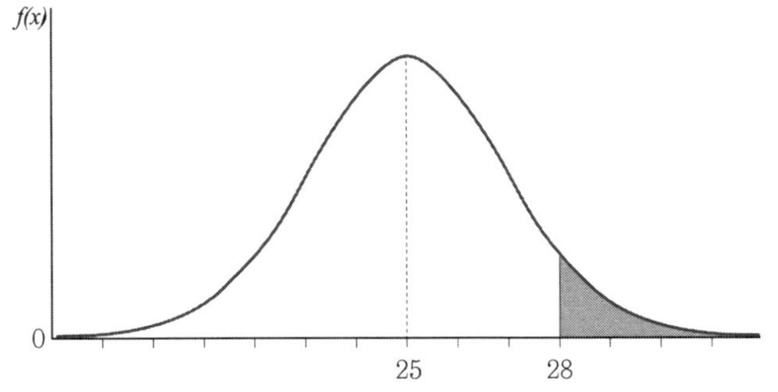

예제 8

어떤 작업을 완료하는 데 걸리는 시간은 평균이 30분 표준편차가 9분인 정규분포를 따른다. 25명의 작업자를 임의로 추출했을 때 평균작업 시간이 28분에서 33분 사이일 확률을 구하시오.

풀이》 작업완료 시간에 대한 모집단 정규분포의 평균이 $\mu = 30$, 표준편차가 $\sigma = 9$이므로 표본평균은 $\mu_{\bar{x}} = 30$과 표준오차가 $\sigma_{\bar{x}} = \sigma / \sqrt{n} = 9 / \sqrt{25} = 1.8$인 정규분포를 따른다. $\bar{x} = 28$의 z 값은

$$z = \frac{\bar{x} - \mu}{\sigma / \sqrt{n}} = \frac{28 - 30}{1.8} = -1.11$$

이고, $\bar{x} = 33$의 z 값은

$$z = \frac{\bar{x} - \mu}{\sigma / \sqrt{n}} = \frac{33 - 30}{1.8} = 1.67$$

이다. 따라서

$$P(28 < \overline{X} < 33) = P(-1.11 < Z < 1.67) = 0.3665 + 0.4525 = 0.819$$

[t분포]

정규모집단에서 표본을 추출하면 표본평균의 분포는 정규분포를 따른다. 그러나 모집단 표준편차 σ가 미지이면 표본평균의 표준화를 할 수 없다. 실제 응용문제에서는 모집단 표준편차를 모르고 있는 경우가 대부분이고 대신 표본표준편차 s를 미지의 모수인 σ의 추정값으로 사용한다. 따라서 표본평균의 표준화변량 $\dfrac{\bar{x} - \mu}{s / \sqrt{n}}$는 표준정규분포를 따르지 않는다. 따라서 σ를 s로 대입하여 얻게 되는 새로운 확률변수

$$t = \frac{\overline{x} - \mu}{s / \sqrt{n}}$$

가 어떤 분포를 따르는지 알아야 한다. 이 통계량을 t 통계량이라 한다.

> 1908년 아일랜드 양조회사 기사였던 W.S. Gosset(1876~1937)이 재료의 품질과 온도의 변화에 따른 맥주의 품질이 어떻게 변하는가를 실험을 통해 과학적으로 분석하고자 하였다. 그러나 실험으로부터 얻을 수 있는 자료의 수가 적었기 때문에 이 문제를 해결하기 위하여 정규분포를 따르는 모집단으로부터 추출한 표본의 크기가 작은 경우에 유용하게 사용될 수 있는 t 분포를 처음으로 고안하여 제시하였다. 그 당시 양조회사 직원들은 연구결과를 출판하는 것이 금지되었기 때문에 스튜던트(Student)라는 필명으로 발표되어 일명 스튜던트 t 분포라고도 한다.

t 분포의 식은 상당히 복잡하기 때문에 여기서는 생략하며, 대신 부록의 〈표 5〉에 여러 가지 t 값에 대한 확률을 계산한 확률분포표를 제시하였다.

t 통계량에 대한 표본분포는 표준정규분포와 유사하다. 두 분포 모두 종모양의 분포이며 평균이 0 이고 이 평균에 대칭인 분포이다. t 분포는 표준정규분포보다 변동이 크다. z 통계량에서는 표본평균 $\overline{x}$ 만이 표본에 따라 변하는 변수이지만, t 통계량의 경우에는 $\overline{x}$ 와 s 두 개의 변수가 표본에 따라 값이 변하는 변수이다. 정확한 t 분포는 자유도(degrees of freedom(df))라는 단일 모수에 의해 설명된다. 표본크기 n 인 표본은 자유도가 $df = n - 1$이 된다. 사실 표본분산에서 df는 s^2을 계산할 때 나누어주는 수이다. 즉

$$s^2 = \frac{\sum_{i=1}^{n} (x_i - \overline{x})^2}{n-1} = \frac{SS}{df}$$

t 분포의 분산은 표본크기에 따라 변하며, 항상 1 보다는 크다. $df >$ 2일 때 t 분포의 분산은

$${\sigma_t}^2 = \frac{df}{df - 2}$$

이다.

t 분포는 다시 정리하면 다음과 같은 성질을 갖는다.

① 평균은 $\mu = 0$이다
② 평균에 대해 대칭이다.
③ 표준정규분포보다 변동이 더 크다.
④ 종모양의 분포이다.
⑤ t 분포는 자유도 $df = n - 1$에 의해 분포의 모양이 결정된다.
⑥ t 분포의 분산은 자유도에 따라 변하며, $\sigma^2 = df/(df - 2)$이다.
⑦ t 분포는 표본크기가 증가할수록 표준정규분포에 가까워지며, n 이 30 이상이면 표준정규분포와 거의 일치한다.

t 분포는 표준정규분포보다 분산이 크므로 표준정규분포와 비슷하나 표준정규분포보다 양쪽 꼬리부분이 두껍고 가운데 부분의 높이가 낮다. 〈그림 8.1〉은 여러 가지 자유도에 따른 t 분포의 모양이다.

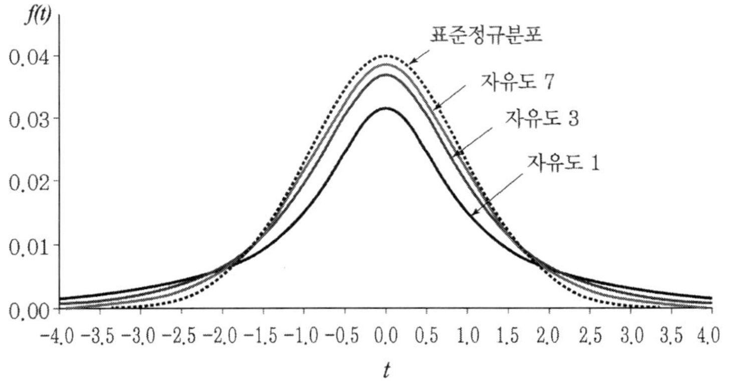

그림 8.1 t 분포

자유도가 N인 t 분포에서 $P(t > t_0) = \alpha$를 만족하는 상수 t_0 을 자유도가 v 인 t 분포의 α 점이라 하며, $t_{(v,\, \alpha)}$로 표기한다. 자유도 n과 α의 변화에 따른 $t_{(v,\, \alpha)}$의 값은 부록의 〈표 5〉에 수록되어 있다. 예를 들어 $v = 15$ 이고 $\alpha = 0.05$ 일 때, $t_{(15,\, 0.05)} = 1.753$ 이다.

	df	α 0.10	0.05	0.025	0.01	0.005
	.	.	.	.	.	.
	.	.	.	.	.	.
	.	.	.	.	.	.
	12	1.356	1.782	2.179	2.681	3.055
	13	1.350	1.771	2.160	2.650	3.012
	14	1.345	1.761	2.145	2.624	2.977
→	15	1.341	1.753	2.131	2.602	2.947
	16	1.337	1.746	2.120	2.583	2.921

예제 9

평균이 $\mu = 20$인 정규모집단으로부터 크기 $n = 16$인 임의표본을 추출하였다. 만일 표본표준편차가 $s = 4$라고 하면 $P(\overline{X} > 21.754)$를 구하시오.

풀이 》 t 통계량 값은

$$t = \frac{\overline{x} - \mu}{s/\sqrt{n}} = \frac{21.753 - 20}{4/\sqrt{16}} = 1.753$$

따라서

$$P(\overline{X} > 21.754) = P(t > 1.753)$$

자유도가 $df = n - 1 = 16 - 1 = 15$이므로 t 확률분포표에서 자유도를 나타내는 행에서 15를 찾고, 1.753이 위치한 열의 머리 부분을 읽으면 $\alpha = 0.05$가 된다. 따라서 $P(\overline{X} > 21.754) = 0.05$이다.

표준정규확률분포표와는 다르게 t 확률분포표에는 지면 부족으로 단지 여섯 개의 꼬리 면적에 대한 확률만 주어져 있다.

8.4 비정규모집단으로부터의 표본추출

만일 모집단의 분포가 정규분포이면 표본의 크기에 관계없이 표본평균의 분포는 정규분포를 따른다. 만일 모집단의 분포가 정규분포를 따르지 않는다면 표본평균의 분포는 무엇일까?

실제 응용에서 모집단의 분포나 모수들을 모르는 경우가 많이 있다. 이 경우 표본평균의 분포가 어떤 특정한 분포를 따르는지 알 수 없다. 그러나 표본 크기가 충분히 크면 표본평균의 분포는 종 모양의 분포가 된다. 이러한 사실은 다음의 중심극한정리(central limit theorem : CLT)에 근거를 두고 있다.

> **중심극한정리**
>
> 모평균이 μ이고, 모분산이 σ^2인 모집단(임의의 분포)으로부터 크기 n인 표본의 표본평균 $\overline{x}$의 확률분포는 $n \rightarrow \infty$일 때 $N\left(\mu, \dfrac{\sigma^2}{n}\right)$에 수렴한다. 따라서 표준화 확률변수 $Z = \dfrac{\overline{x} - \mu}{\sigma / \sqrt{n}}$의 확률분포는 $n \rightarrow \infty$ 일 때 표준정규분포 $N(0, 1)$에 수렴한다.

예제 10

중심극한정리의 예로 $\{0, 2, 4, 6, 8\}$로 구성된 모집단으로부터 2개의 순서표본을 임의로 복원추출한다고 하자. 가능한 표본과 그 표본평균을 구해 보면 다음과 같다.

표본	표본평균	표본	표본평균	표본	표본평균
{0,0}	0	{2,8}	5	{6,6}	6
{0,2}	1	{4,0}	2	{6,8}	7
{0,4}	2	{4,2}	3	{8,0}	4
{0,6}	3	{4,4}	4	{8,2}	5
{0.8}	4	{4,6}	5	{8,4}	6
{2,0}	1	{4,8}	6	{8,6}	7
{2,2}	2	{6,0}	3	{8,8}	8
{2,4}	3	{6,2}	4		
{2,6}	4	{6,4}	5		

풀이》 모집단 평균은

$$\mu = \frac{0 + 2 + 4 + 6 + 8}{5} = 4$$

이고 모집단 분산은

$$\sigma^2 = \frac{(0-4)^2 + (2-4)^2 + (4-4)^2 + (6-4)^2 + (8-4)^2}{5} = \frac{40}{5} = 8$$

이며 모집단 표준편차는

$$\sigma = \sqrt{8} = 2.83$$

이다.

다음은 모집단의 도수분포 그래프이며, 이는 종 모양이나 정규분포가 아니다.

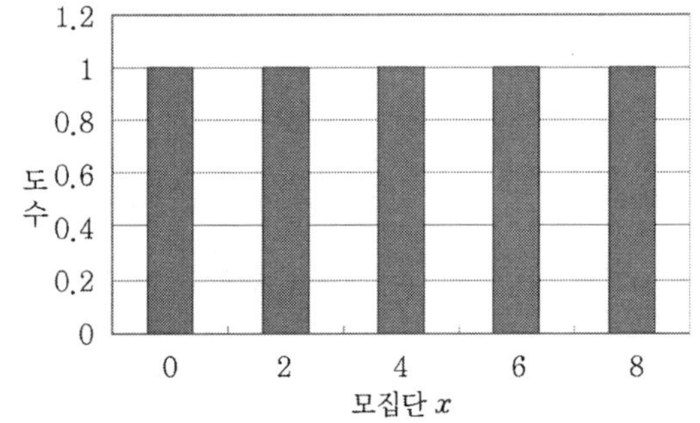

25개 표본의 표본평균에 대한 도수분포표와 이에 대한 도수분포 그래프는 다음과 같다. 표본평균에 대한 분포의 모양이 종 모양의 분포이므로 표본평균의 분포가 근사적으로 정규분포를 따른다고 볼 수 있다.

표본평균	도수	표본평균	도수
0	1	5	4
1	2	6	3
2	3	7	2
3	4	8	1
4	5		

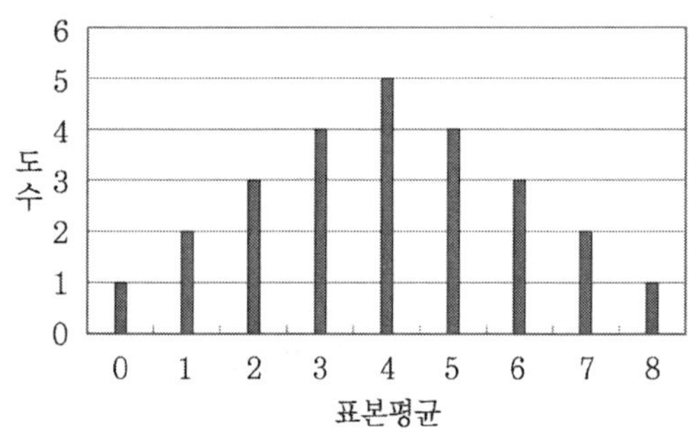

표본평균 분포에 대한 평균과 표준오차는 다음 공식에 의해 구할 수 있다.

$$\mu_{\bar{x}} = \frac{\sum(\bar{x}\, f)}{N}, \qquad \sigma_{\bar{x}} = \sqrt{\frac{\sum(\bar{x} - \mu)^2 f}{N}}$$

$\bar{x}$	f	$\bar{x}\, f$	$\bar{x} - \mu_{\bar{x}}$	$(\bar{x} - \mu_{\bar{x}})^2$	$(\bar{x} - \mu_{\bar{x}})^2 f$
0	1	0	0−4−4	16	16
1	2	2	1−4= −3	9	18
2	3	6	2−4= −2	4	12
3	4	12	3−4= −1	1	4
4	5	20	4−4= 0	0	0
5	4	20	5−4= 1	1	4
6	3	18	6−4= 2	4	12
7	2	14	7−4= 3	9	18
8	1	8	8−4= 4	16	16
합계	N= 25	100			100

표본평균 분포의 평균은

$$\mu_{\bar{x}} = \frac{100}{25} = 4$$

이고 분산은

$$\sigma_{\bar{x}}^{\ 2} = \frac{100}{25} = 4$$

이다. 따라서 표로부터 계산된 표본평균의 표준오차는 $\sigma_{\bar{x}} = \sqrt{4} = 2$이다. 이는 표본평균의 표준오차 공식 $\sigma_{\bar{x}} = \sigma / \sqrt{n} = \sqrt{8} / \sqrt{2} = 2$와 일치한다.

예제 11

〈예제 10〉에서 모집단으로부터 크기 60인 임의표본을 복원추출하는 경우 그 표본평균이 3.5와 4.3 사이의 값을 가질 확률을 구하시오. 즉, $P(3.5 < \overline{X} < 4.3)$을 구하시오.

풀이 위의 경우 $\sigma_{\bar{x}} = \sigma / \sqrt{n} = \sqrt{8} / \sqrt{60} \approx 0.37$이다. $n \geq 30$이므로 중심극한정리에 따라 표본평균의 표본분포는 근사적으로 정규분포를 따른다. 3.5와 4.3에 대한 z 점수를 구하면

$$z = \frac{3.5 - 4}{0.37} = -1.35 \qquad z = \frac{4.3 - 4}{0.37} = 0.81$$

이 된다. 따라서

$$P(3.5 < \overline{X} < 4.3) = P(-1.35 < Z < 0.81) = 0.2910 + 0.4115 = 0.7025$$

이다.

만일 표본크기 n이 증가하면 표본평균의 변동은 감소한다. 즉 표본평균의 표준오차 공식은 $\sigma_{\bar{x}} = \sigma / \sqrt{n}$ 이므로 n이 증가하면 표준오차는 감소하게 된다. 정규곡선 아래의 면적은 1이므로 표본분포의 분산이 감소하면 표본평균분포는 전체 면적을 1로 유지하기 위하여 가늘고 키가 큰 분포를 갖게 된다. 〈그림 8.2〉는 표본크기 n이 증가함에 따른 표본분포의 변화를 나타낸 것이다.

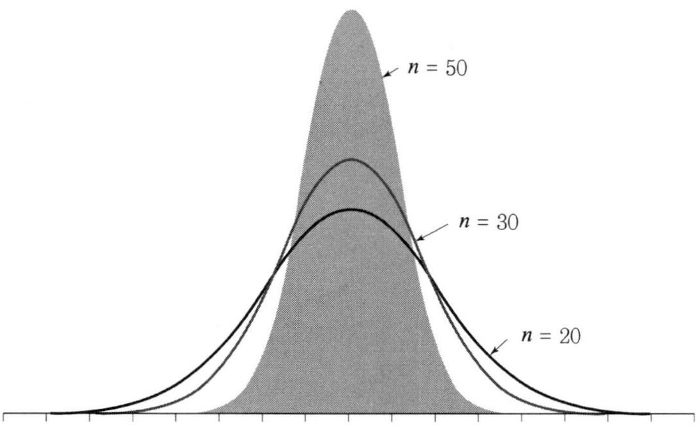

그림 8.2

[중심극한정리의 응용]

예제 12

한 교통에 관한 연구에서 승용차 한 대당 탑승객의 수는 평균 1.75명이고 표준편차는 0.65명이었다. 승용차 50대를 표본으로 추출하여 조사하였을 때 평균 탑승객의 수가 2명 이상일 확률을 구하시오.

풀이》 모집단 평균은 $\mu = 1.75$명이고 표준편차는 $\sigma = 0.65$명이다. 표본크기가 $n = 50$이므로 중심극한정리에 의해 표본평균의 분포는 근사적으로 정규분포를 따른다.

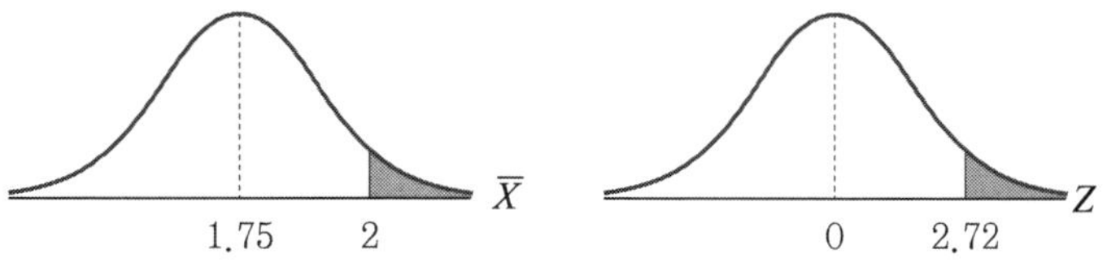

표본평균 분포의 평균과 표준오차는 각각

$$\mu_{\bar{x}} = \mu = 1.75$$
$$\sigma_{\bar{x}} = \sigma / \sqrt{n} = 0.65 / \sqrt{50} = 0.092$$

이다. 2에 대한 z 값은

$$z = \frac{2 - 1.75}{0.092} = 2.72$$

이다. 따라서

$$P(\overline{X} > 2) = P(Z > 2.72) = 0.5 - 0.4967 = 0.0033$$

이 된다.

예제 13

신용평가기관의 조사에 의하면 차를 새로 구입할 때 평균 은행대출금이 4,685,540원이고 표준편차가 748,720원이었다. 다음 한 달 동안 40명의 신차 구매자들이 은행에서 대출을 한다면, 그 평균 대출액이 4,500,000원에서 4,800,000원 사이일 확률을 구하시오.

풀이》 모집단 평균은 $\mu = 4,685,540$원이고 표준편차는 $\sigma = 748,720$원이다. 표본 크기가 $n = 40$명이므로 중심극한정리에 의해 표본평균의 분포는 근사적으로 정규분포를 따른다.

표본평균 분포의 평균과 표준오차는 각각 다음과 같다.

$$\mu_{\bar{x}} = \mu = 4,685,540$$
$$\sigma_{\bar{x}} = \sigma / \sqrt{n} = 748,720 / \sqrt{40} = 118,380$$

4,500,000원과 4,800,000원에 대한 z 값은

$$z = \frac{4500000 - 4685540}{118380} = -1.57 \qquad z = \frac{4800000 - 4685540}{118380} = 0.97$$

이다. 따라서

$$
\begin{aligned}
& P(4500000 < \overline{X} < 4800000) \\
&= P(-1.57 < Z < 0.97) \\
&= 0.4418 + 0.3340 \\
&= 0.7758
\end{aligned}
$$

이다.

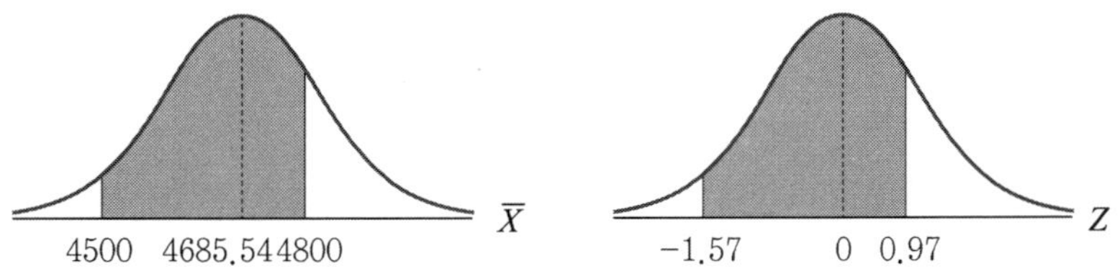

8.5 표본비율에 대한 표본분포

이항모집단(binomial population)은 모집단 변수의 값이 두 개의 범주인 성공과 실패로 분류되는 질적 자료로 구성된다. 다음 그림은 모집단이 성공을 a로 실패를 b로 나타낸 예시이다.

a
a b b b b
b a a
b a b
b b b
b a a a b a a
b
b b a

다음은 이항모집단의 예들이다.

모집단	범주
100명의 성별	남성, 여성
성인 40명의 결혼상태	미혼, 기혼
100개의 숫자	홀수, 짝수
동전을 100번 던지는 실험	앞면, 뒷면
입학시험 점수	성공, 실패
800명의 성인남성	고용, 실업

임의의 이항모집단은 0과 1로 구성되는 이항모집단으로 만들 수 있다. 예를 들면 모집단이 a개의 A와 b개의 B로 구성되어 있다면, a개의 0과 b개의 1로 변환할 수 있다. 0과 1로 분류되는 이항모집단을 가정하자. 만일 X가 단지 0과 1만을 갖는 확률변수(베르누이 확률변수)라고 하면 $\sum X$는 이항모집단에서 X의 값이 1인 관측치의 개수와 같다.

예를 들면, 이항모집단에 4개의 A와 6개의 B가 있고 A에 1을 B에 0을 대응시켜 보자.

A	A
A	A
B	B
B	B
B	B

이항모집단

1	1
1	1
0	0
0	0
0	0

0과 1의 모집단

이항모집단에서 A의 비율 p는 $p = 4/10$이다. 0과 1의 모집단에 대한 평균은

$$\mu = \frac{\sum x}{n} = \frac{1+1+1+1+0+0+0+0+0+0}{10} = \frac{2}{5}$$

이다. 따라서 이항모집단에서 A를 1로 B를 0으로 대응시키면 모집단에서 A의 비율은 0과 1의 모집단에서의 평균과 같다. 즉, $\mu = p$이다. 0과 1의 모집단의 분산은 $\sigma^2 = p(1-p)$와 같다.

위의 이항모집단 예에서의 도수분포표는 다음과 같다.

관측치	x	f
B	0	6
A	1	4
		10

0과 1로 구성된 이항모집단의 분산은 다음과 같다.

x	f	xf	$x-\mu$	$(x-\mu)^2$	$(x-\mu)^2 f$
0	6	0	−0.4	0.16	0.96
1	4	4	0.6	0.36	1.44
	10	4			2.40

$$\sigma^2 = \frac{\sum f(x-\mu)^2}{N} = \frac{240}{10} = 0.24$$

이 결과는 $\sigma^2 = p(1-p) = (0.6)(0.4) = 0.24$와 같다.

[표본비율의 표본분포]

만일 아주 큰 이항모집단으로부터 크기 n인 임의표본을 추출하여 각 표본으로부터 표본비율 $\hat{p}$을 계산했을 때 표본비율의 모임을 표본비율의 표본분포(sampling distribution of sample proportion)라 한다.

예제 14

두 개의 불량품(D)과 세 개의 양품(G)으로 구성되어 있는 트랜지스터의 모집단에서 크기 3인 순서 표본을 비복원으로 추출한다고 하자. 만일 불량품에 1의 값을 양품에 0의 값을 대응시키면, 모집단은 다음과 같다. 불량품에 대한 표본비율의 평균을 구하시오.

트랜지스터	품질	모집단
1	D	1
2	G	0
3	G	0
4	D	1
5	G	0

풀이》 크기 3인 표본을 비복원으로 추출하면, 모든 가능한 표본은 $\binom{5}{3} = 10$개이다. 다음 표는 모든 가능한 표본과 불량품에 대한 표본비율을 나타낸 것이다.

표본번호	트랜지스터 표본	불량률	표본번호	트랜지스터 표본	불량률
1	{1,2,3}	1/3	6	{3,4,5}	1/3
2	{1,2,4}	2/3	7	{1,4,5}	2/3
3	{1,2,5}	1/3	8	{2,4,5}	1/3
4	{2,3,4}	1/3	9	{1,3,5}	1/3
5	{2,3,5}	0	10	{1,3,4}	2/3

10개의 표본비율에 대한 평균은

$$\mu_{\hat{p}} = \frac{(6)(1/3)+(1)(0)+(3)(2/3)}{10} = \frac{2}{5}$$

이며 이는 모집단에서 불량품의 비율 2/5와 같다. 다음은 표본비율 $\hat{p}$ 의 표본분포에 대한 도수그래프이다.

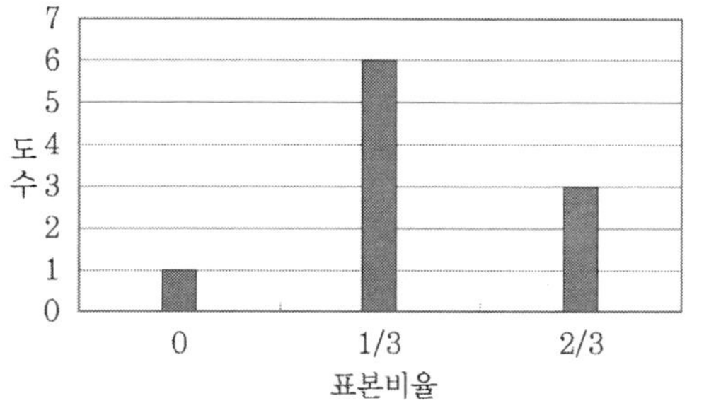

이항모집단으로부터 추출된 표본에서 성공의 비율(표본비율)은 0과 1로 구성된 모집단에서 추출된 표본의 표본평균과 같기 때문에 표본평균에 대한 성질을 이용하여 표본비율의 분포를 구할 수 있다.

> **표본비율의 표본분포**
>
> ① 표본비율의 표본분포는 $n \geq 30$이면 근사적으로 정규분포를 따른다.
> ② $\mu_{\hat{p}} = \mu_{\bar{x}} = \mu = p$ (μ 는 0과 1로 구성된 모집단 평균이고 p 는 모집단에서 1의 비율이다)
> ③ $\sigma_{\hat{p}} = \sigma_{\bar{x}} = \sigma/\sqrt{n}$ (σ 는 0과 1로 구성된 모집단 표준편차)

0과 1로 구성된 모집단의 표준편차는 $\sigma = \sqrt{p(1-p)}$ 이므로, 표본비율 $\hat{p}$ 의 표준오차는

$$\sigma_{\hat{p}} = \frac{\sigma}{\sqrt{n}} = \sqrt{\frac{p(1-p)}{n}}$$

가 된다. 만일 $20n > N$인 유한이항모집단에서 표본이 추출되면 표본비율 $\hat{p}$ 의 표준오차는

$$\sigma_{\hat{p}} = \sqrt{\frac{p(1-p)}{n}}\sqrt{\frac{N-n}{N-1}}$$

이 된다.

요약하면, 표본비율의 평균은 0과 1로 구성되어 있는 이항모집단의 평균과 같다. 따라서 평균에 대한 중심극한정리의 결과를 이용하여 다음과 같은 표본비율의 표본분포에 대한 성질을 구할 수 있다.

① 만일 $n \geq 30$이면 표본비율 $\hat{p}$의 표본분포는 근사적으로 정규분포를 따른다.
② 표본비율 $\hat{p}$ 분포의 평균은 모비율 p와 같다.
③ 표본비율 $\hat{p}$ 분포의 표준오차는 $\sqrt{p(1-p)/n}$와 같다.

따라서 표본비율 $\hat{p}$ 의 z－값(표준화변수)

$$z = \frac{\hat{p} - p}{\sqrt{p(1-p)/n}}$$

은 근사적으로 표준정규분포 $N(0, 1)$을 따른다.

예제 15

대학생의 60%가 흡연을 한다고 한다. 표본으로 조사된 800명의 학생 중 440명이 흡연을 한다고 대답하였다. 표본비율의 분포에서 관측된 표본비율보다 작을 확률은 얼마인가?

풀이》 표본크기가 $n = 800$이므로 표본비율 $\hat{p}$의 표본분포는 근사적으로 정규분포를 한다. 표본비율 $\hat{p}$의 평균과표준오차는 다음과 같다.

$$\mu_{\hat{p}} = p = 0.60$$

$$\sigma_{\hat{p}} = \sqrt{\frac{p(1-p)}{n}} = \sqrt{\frac{(0.6)(0.4)}{800}} = 0.0173$$

표본으로부터 관측된 표본비율 값은

$$\hat{p} = \frac{440}{n} = 0.55$$

이며, z 값은

$$z = \frac{\hat{p} - p}{\sqrt{p(1-p)/n}} = \frac{0.55 - 0.60}{0.0173} = -2.89$$

이다. 따라서

$$P(\hat{p} < 0.55) = P(Z < -2.89) = 0.5 - 0.4981 = 0.0019 = 1.9\%$$

이다.

EXCEL 실습

[실습 1] 정육면체 주사위를 던지는 실험

표본분포의 개념을 이해하기 위해 EXCEL을 이용하여 주사위를 던지는 실험을 해 보자. 우선 데이터 시트에 주사위 눈의 수를 1~6까지 적고 이들을 표본추출해 보자. [데이터]-[데이터분석]-[통계데이터분석]을 클릭하면 다음의 통계데이터분석 대화상자가 나타난다. 이곳에서 [표본추출]을 선택한다.

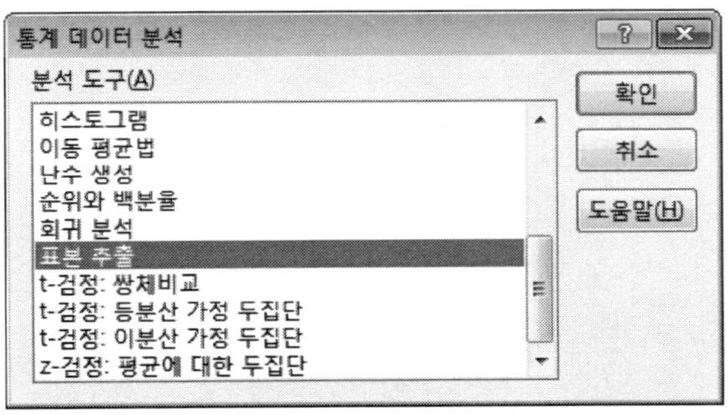

표본추출 대화상자가 나오면, 입력범위는 A1 : A7(A1은 이름표이므로 대화상자에서 이름표에 체크)으로 데이터가 있는 셀을 지정하고, 무작위로 이 값들 중에서 100개를 추출하여 C2 셀부터 아래로 100칸에 출력되도록 출력범위를 정한다.

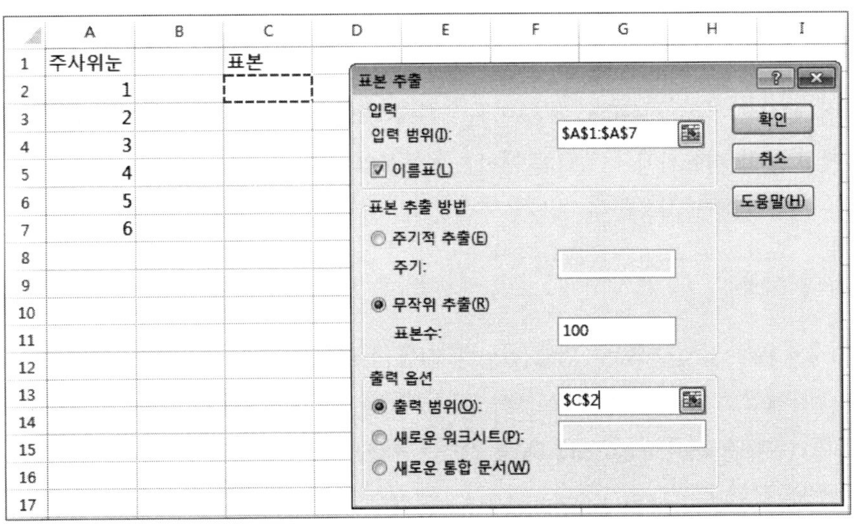

확인을 누르면 C2~C101까지 데이터 셀에 100개의 주사위 눈의 확률표본이 출력된다. 이는 주사위를 100번 던지는 실험과 동일하다. [데이터]−[데이터 분석]−[히스토그램]을 선택한 후 [히스토그램] 대화상자에서 "입력범위"에 표본으로 추출된 주사위 눈의 열(여기서는 C2 : C101)을 지정하고, "계급구간"(여기서는 A2 : A7), "이름표"에는 체크하지 않고 "출력 옵션"에서 출력범위를 표시하고 "차트 출력"에 체크한 후에 "확인"을 누르면 100개의 주사위 눈금에 대한 히스토그램이 나타난다. 이 경우 각 눈이 1/6 정도 나와 막대그래프의 높이가 비슷하리라 기대하였으나 이 정도의 표본수로는 결과가 예상과는 달리 균일하지 않게 나오는 것을 볼 수 있다. 시행횟수를 더 크게 하면 막대의 높이가 비슷하게 나타난다. 각자 시도해보기 바란다.

	A	B	C	D	E	F	G
1	주사위눈		표본				
2	1		5			계급	빈도수
3	2		6			1	14
4	3		5			2	16
5	4		3			3	14
6	5		1			4	14
7	6		3			5	26
8			1			6	16
9			5				
10			5				
11			2				
12			4				
13			4				
14			2				
15			1				
16			5				
17			6				
18			1				
19			3				

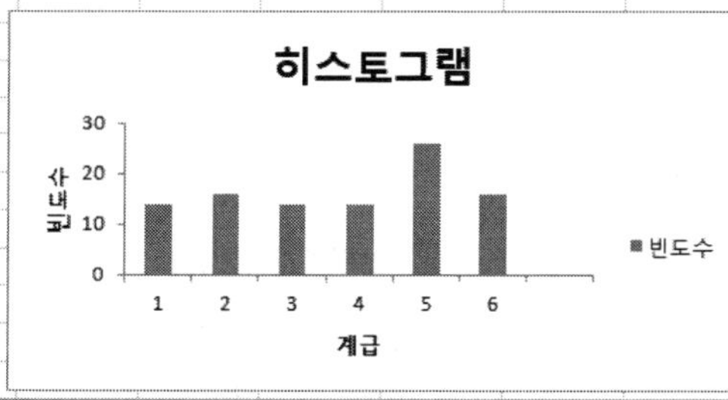

[실습 2] t 분포의 확률 계산

t 분포에서의 확률 계산은 부록의 〈표 5〉에 주어진 t 확률분포표를 이용할 수 있으나, 특정한 값에 대한 확률만 주어져 있어 제한적이다. EXCEL에서는 t 분포에 대한 확률을 두 가지 방법, 즉 [함수 마법사] 또는 [수식 입력줄]을 사용하여 계산할 수 있다.

(1) 함수 마법사의 사용

① [수식] 메뉴에서 [함수삽입]−[함수 마법사]−[통계]를 선택한다.

② [통계] 대화상자에서 t 분포 함수를 나타내는 [T.DIST]를 선택하여 X(값), Deg_freedom(자유도), Cumulative(누적확률 또는 좌측 꼬리확률을 계산할 경우는 1, 확률밀도함수 값을 계산할 경우는 0)를 입력한 후 "확인"을 누르면 된다.

예제

[T.DIST] 대화상자에서 X=2.0, Deg_freedom=5, Cumulative=1을 입력하고 "확인"을 누르면, 다음과 같이 구하고자 하는 확률 0.94903을 얻게 된다.

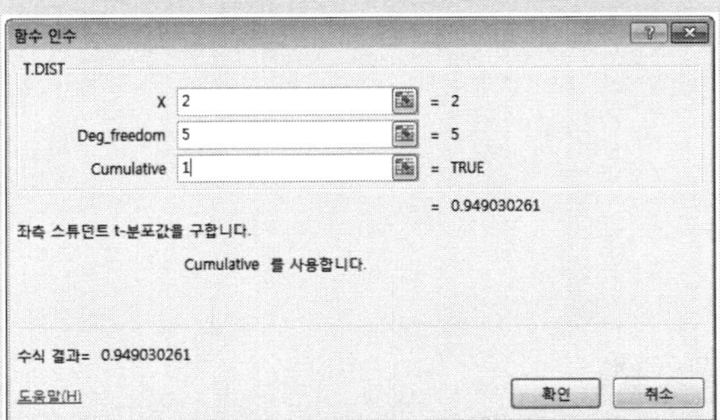

(2) 수식 입력줄 사용

- t 의 좌측꼬리확률 $P(T < t)$는 "= T.DIST(t , 자유도, 1)"을 사용
- t 의 우측꼬리확률 $P(T > t)$는 "= T.DIST.RT(t , 자유도)"를 사용
- t 의 양측꼬리확률 $P(|T| > t)$는 "= T.DIST.2T(t , 자유도)"을 사용

[실습 3] t 분포의 상위 100α % 백분위수

확률변수 T가 자유도 v인 t분포를 할 때 $P(T > t(v, \alpha)) = \alpha$를 만족하는 백분위수 $t(v, \alpha)$는 통계함수 [T.INV]를 이용하여 구할 수 있다. 그러나 주의해야 할 점은 EXCEL에서 통계함수 [T.INV]는 하위 백분위수에 대한 값을 계산해 준다는 것이다. 예를 들어, [T.INV] 대화상자에 다음 그림과 같이 입력하여 계산된 값 -2.0150은

$$P(T < -2.0150) = 0.05$$

을 나타낸다. 즉, 이것은 하위 5% 백분위수, 즉 $t(5, 0.95) = -2.0150$이 된다는 것을 의미한다. 따라서 상위 5% 백분위수, 즉 $t(5, 0.05)$를 구하기 위해서는 [T.INV] 대화상자의 "Probability"에 0.95(=1−0.05)를 입력하여 얻을 수 있다.

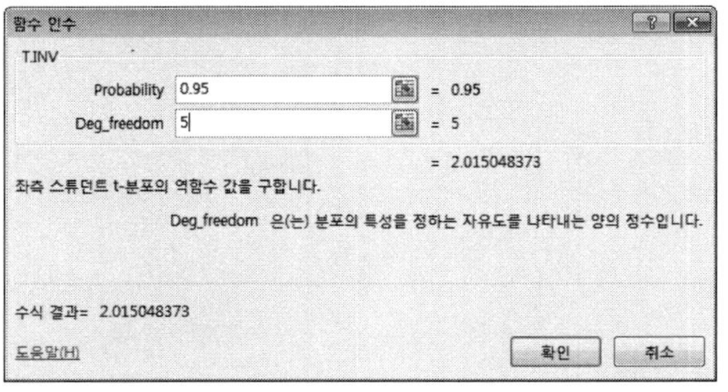

위 그림과 같이 입력하여 계산된 값 $t(5, 0.05) = 2.0150$이 상위 5% 백분위수에 해당하는 값임을 알 수 있다.

[수식 입력줄]을 이용할 경우, 상위 $100\alpha\%$ 백분위수 $t(v, \alpha)$는 다음과 같이 입력하여 계산될 수 있다.

$$= \text{T.INV}(1-\alpha\ ,\ \text{자유도})$$

[실습 4] EXCEL을 이용한 중심극한정리의 실험

모집단의 분포가 이산형이든 연속형이든 또는 좌우대칭이든 비대칭이든 관계없이 표본의 크기 n이 크면($n \geq 30$), 표본평균 $\overline{X}$의 분포는 근사적으로 정규분포를 따른다는 중심극한정리에 대하여 배웠다. 여기서는 EXCEL을 이용하여 이러한 사실을 확인하여 본다.

EXCEL에서는 메뉴 표시줄의 [데이터 분석]−[난수 생성]을 사용하여 일양(균등)분포, 정규분포, 베르누이분포, 포아송분포, 감마분포, 베타분포 등 여러 형태의 분포를 따르는 난수를 생성할 수 있다. 여기서는 [0,1] 구간에서 균등분포를 하는 모집단으로부터 30개의 표본을 뽑아 표본평균을 구하는 작업을 200번 반복 시행한 후, 이들의 히스토그램을 그려 표본평균의 분포가 정규분포로 근사해 간다는 사실을 확인해 보도록 하겠다. 난수생성을 이용한 이러한 모의실험(simulation)은 다음과 같은 절차를 통하여 이루어진다.

[절차]

① [데이터]－[데이터 분석]－[난수 생성]을 선택한 후 “확인”을 누른다.

② [난수 생성] 대화상자에서

- 변수의 개수(필요한 수를 입력. 여기서는 200),
- 난수의 개수(필요한 수를 입력. 여기서는 30),
- 분포의 종류(원하는 분포를 지정. 여기서는 일양분포),
- 난수시드(seed number)(난수생성함수의 초기값, 같은 시드를 지정하면 같은 난수를 추출할 수 있다. 시드를 생략하면 현재 시각이 초기값으로 사용된다.)
- 출력 옵션(여기서는 “새로운 워크시트(P)”를 지정)을 각각 입력한 후 “확인”을 누른다.

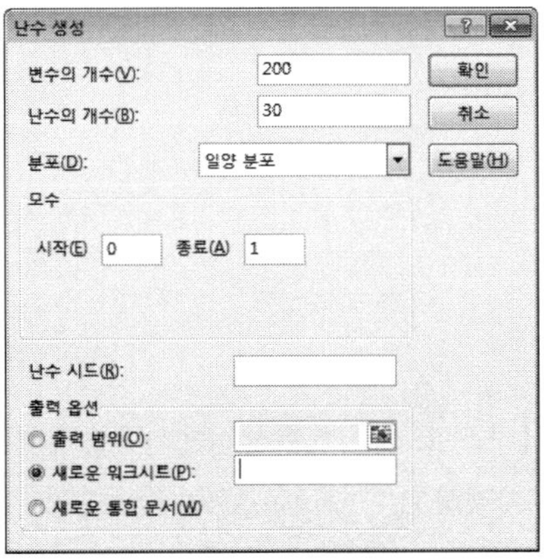

[데이터 분석]－[난수 생성]을 사용한 일양분포에서의 난수 생성

이때 다음 그림과 같은 난수들이 워크시트 A1부터 GR30까지 각 열에 30개씩 200개가 생성된다.

	A	B	C	D	E	F	G
15	0.080905	0.672353	0.476913	0.669759	0.742027	0.662313	0.722098
16	0.692831	0.960326	0.011383	0.562731	0.499496	0.30314	0.391583
17	0.904141	0.388775	0.433515	0.490219	0.186254	0.68273	0.390332
18	0.876034	0.149815	0.139744	0.344798	0.878597	0.310312	0.975768
19	0.834346	0.366771	0.357768	0.65041	0.383465	0.628407	0.230598
20	0.901486	0.598163	0.634754	0.097629	0.632923	0.829066	0.613666
21	0.053529	0.966521	0.450545	0.70397	0.203619	0.29545	0.63564
22	0.202216	0.912503	0.956084	0.598682	0.961577	0.668233	0.659932
23	0.40199	0.573504	0.836512	0.43321	0.831294	0.53676	0.828303
24	0.181982	0.787927	0.2996	0.416272	0.690634	0.755821	0.111759
25	0.003143	0.723685	0.189062	0.973937	0.390271	0.386731	0.486404
26	0.840205	0.13242	0.222694	0.034791	0.89819	0.263955	0.233985
27	0.888668	0.228339	0.355663	0.940336	0.569079	0.186438	0.367962
28	0.396954	0.191931	0.268899	0.979766	0.53914	0.734001	0.183996
29	0.623371	0.299173	0.982391	0.55031	0.24546	0.708701	0.936033
30	0.918088	0.675192	0.593219	0.942503	0.070498	0.201331	0.636738
31							
32	0.505617	0.519862	0.487605	0.523785	0.551106	0.5327	0.517212
33							

③ 각 열에 생성된 30개의 표본에 대한 평균을 다음과 같은 요령으로 계산한다. 계산된 표본평균이 출력될 셀(여기서는 A32)을 지정한 후 [수식 입력 줄]에서 [=AVERAGE(A1 : A30)]을 입력 또는 [함수 마법사]의 [AVERAGE] 함수를 이용하여 A열의 표본 30개에 대한 표본평균을 계산한다. 그런 후에 셀 A32에 블록을 설정하여 오른쪽 하단에 +표시가 나타나면 마우스로 셀 GR까지 끌어 블록을 설정하면 200개의 표본평균이 자동적으로 계산된다.

④ 히스토그램을 그리기 위해서는 먼저 도수분포표를 만들어야 하므로, 다음과 같이 계급구간을 설정하여 입력한다(여기서는 0.36에서 0.03씩 증가시키면서 0.66까지를 B35부터 B46까지 입력).

34				
35		계급구간		
36		0.36		
37		0.39		
38		0.42		
39		0.45		
40		0.48		
41		0.51		
42		0.54		
43		0.57		
44		0.6		
45		0.63		
46		0.66		

⑤ [도구]−[데이터 분석]−[히스토그램]을 선택한 후 [히스토그램] 대화상자에서 "입력범위"란에 표본평균들이 계산된 행(여기서는 A32 : GR32)을 지정하고, "계급구간"(여기서는 B35 : B46), "이름표"에 체크하고 "출력 옵션"에서 필요한 사항(여기서는 출력범위에 새로운 워크시트와 차트 출력을 지정)을 표시한 후에 "확인"을 누르면 200개의 표본평균에 대한 히스토그램이 나타나며, 여기에서 아래와 같이 수정을 하면 다음과 같은 히스토그램을 얻을 수 있다.

수정 요령

- 기타 삭제 ⇒ 도수분포표의 마지막 행을 선택하고 Delete 키를 누름.
- 범례 삭제 ⇒ "범례"를 클릭하여 Delete 키를 누름.
- 막대와 막대 사이 간격을 없앰. ⇒ 히스토그램의 막대 부분을 더블클릭하여 우측 대화상자의 [데이터 계열 서식]−[계열 옵션]에서 간격 너비를 0으로 지정

	A	B
1	계급구간	빈도수
2	0.36	0
3	0.39	2
4	0.42	6
5	0.45	21
6	0.48	38
7	0.51	49
8	0.54	48
9	0.57	21
10	0.6	10
11	0.63	2
12	0.66	2

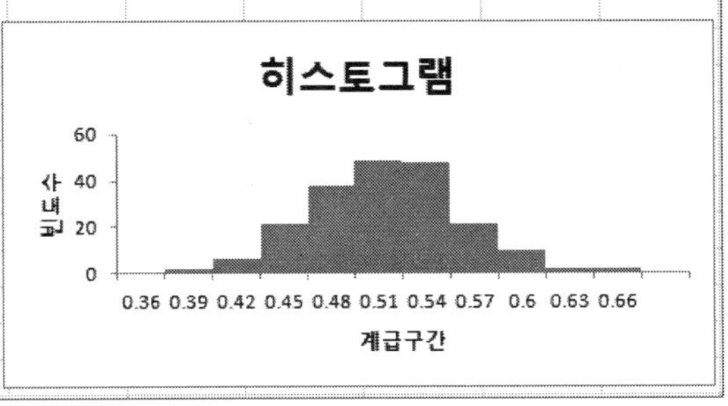

표본평균들에 대한 히스토그램

위의 히스토그램에서 보는 바와 같이 모의실험 결과, 균등분포 $U(0, 1)$을 따르는 모집단으로부터 표본평균의 분포는 0.5(균등분포의 평균)를 중심으로 정규분포로 근사해 간다는 사실을 확인할 수 있다.

연습문제

01 사전에 알고 있는 정보를 이용하여 비슷한 성질을 가지고 있는 것끼리 층으로 분류한 후, 분류된 층으로부터 임의로 표본을 얻는 추출방법은 무엇인가?

02 품질관리를 목적으로 석탄 더미나 철광석 더미에서 표본을 선택한다고 하자. 석탄 더미에 있는 커다란 조각들은 무게 때문에 더미의 아래쪽에 굴러떨어져 가장자리에 쌓이게 된다. 이러한 석탄을 한 삽 가득 채운다면, 조사자는 자신의 편리함 때문에 더미의 가장자리인 한 장소에서 표본을 취하게 되어 심각한 편향이 발생할 수 있는데 이러한 추출방법을 무엇이라 하는가?

03 5명으로 구성된 학생회로부터 3명의 학생을 복원으로 추출하는 방법의 수와 비복원으로 추출하는 방법의 수를 구하시오.

04 {1, 2, 3, 4}로 구성된 모집단으로부터 3개의 표본을 임의로 비복원추출할 때,

1) 가능한 표본과 그 표본평균 $\overline{x}$ 를 구하시오.
2) 표본평균 $\overline{x}$ 의 분포를 구하시오.
3) $E(\overline{x})$ 를 구하시오.
4) $Var(\overline{x})$ 를 구하시오.
5) 유한모집단수정계수를 구하시오.

05 크기 $N=100$인 유한모집단에서 표본의 크기가 $n=10$일 때 유한모집단수정계수는?

06 모집단에서 추출된 표본의 크기가 커지면 평균의 표준오차는 어떻게 되는가?

07 정규모집단 $N(\mu, \sigma^2)$에서 추출한 크기 n인 표본의 표본평균 $\overline{x}$는 $N(\mu, \frac{\sigma^2}{n})$인 분포를 따른다. 이때, $Z = \frac{\overline{x} - \mu}{\sigma / \sqrt{n}}$는 어떤 분포를 따르는가?

08 D 대학 학생의 몸무게 분포가 $N(45, 4^2)$을 따른다고 할 때 49명의 표본을 추출하여 몸무게를 측정할 경우 표본의 평균 몸무게가 46kg 이상일 확률을 구하시오.

09 어떤 공장에서 생산하는 전구의 수명은 평균이 800시간이고, 분산이 40^2시간인 정규분포를 한다. 이 공장에서 만든 전구 중에서 임의로 표본 $n = 16$개를 추출할 때 뽑힌 표본전구의 평균수명이 780시간 이하가 될 확률을 구하시오.

10 어떤 나라의 성인의 학력 연 수는 평균이 11.1년, 분산이 9년인 분포를 따른다고 한다. 임의로 추출한 10명의 성인을 조사했을 때, 교육의 평균 연 수가 10년에서 12년 사이가 될 확률을 구하시오.

11 어떤 집단의 평균 신장이 170cm이고, 표준편차는 6cm라고 한다. 이들 중 임의로 추출한 36명의 신장이 168cm와 172cm 사이에 있을 확률을 구하시오.

12 500개의 나사가 평균은 5.02온스, 표준편차 0.3온스의 무게를 가지고 있다. 이들로부터 100개의 나사를 임의로 추출했을 때 평균의 표본분포의 표준편차는?

13 어느 제조공장에서 생산된 전체 제품 1,000개의 평균 무게가 100g이고, 분산은 5g으로 알려져 있다. 50개의 제품을 표본으로 추출하였을 때, 표본평균의 분산을 구하시오.

14 A 대학에서 사회학을 전공하고 있는 학생들의 지능점수는 평균이 120이고 표준편차가 8인 정규분포를 따른다. 이 학생들로부터 임의로 16명의 학생들을 추출하여 얻은 지능점수의 평균이 125 이상 될 확률을 구하시오.

15 $\overline{X}$를 정규분포 $N(\mu, 4)$를 따르는 모집단으로부터의 크기 n인 확률표본의 표본평균이라 하자. 이때

$$P(|\overline{X}-\mu| \leqq 0.1) \geqq 0.95$$

를 만족하는 n을 구하시오.

16 어떤 도시에서 가구의 60%가 저녁 뉴스시간에 M방송을 시청한다고 하자. 만약 그 도시에서 150가구를 랜덤하게, 즉 임의로 추출한다면, 그때 그 시간에 M방송을 시청하는 표본비율이 0.52보다 클 확률은 얼마인가?

17 5개 중 하나의 정답을 가진 객관식 문제가 64문항인 어떤 시험이 있다. 각 문항에 대해 정답을 랜덤으로 선택한다고 할 때, 정답의 수가 16개보다 많을 확률을 구하시오.

18 표본의 크기 n이 30보다 작을 때, 표본평균 $\overline{x}$는 어떤 분포를 따르겠는가?

19 자유도가 아주 클 때 t분포는 어떤 분포에 근사하는가?

20 X가 자유도 $v=5$인 t분포를 따른다고 할 때,

1) $P(X > t_0) = 0.05$를 만족하는 t_0를 구하시오.

2) $P(|X| > t_0) = 0.05$를 만족하는 t_0를 구하시오.

3) $E(X)$를 구하시오.

4) $Var(X)$를 구하시오.

21 X가 t 분포를 따른다고 할 때, 다음을 구하시오.

1) $n = \infty$ 일 때, $P(X > t_0) = 0.05$ 를 만족하는 t_0

2) $n = \infty$ 일 때, $P(X > t_0) = 0.025$ 를 만족하는 t_0

3) $n = \infty$ 일 때, $P(|X| > t_0) = 0.01$ 를 만족하는 t_0

22 어느 전자제품 생산 공정에서는 그 제품의 평균사용시간이 $\mu = 1,200$(시간) 이상이 되도록 생산관리를 하고 있다. 실제로 이 조건을 만족하는지를 알아보기 위하여 $n = 9$ 인 표본을 추출하여 조사한 결과 $\bar{x} = 1,100$(시간)과 $s = 104$(시간)를 얻었다. 실제로 이 제품의 평균사용시간을 1,200(시간)이라고 가정했을 때, $\bar{x}$ 가 1,100(시간) 이하로 나올 확률을 구하시오.

23 EXCEL을 이용하여 자유도 5와 30인 t 분포로부터 표본 200개씩을 생성한 후 히스토그램을 각각 그리고, 두 그림을 비교하시오.

제 9 장

추 정

제9장 추 정

모집단에는 모평균, 모분산, 모비율, 모상관계수 등과 같이 모집단의 특성을 나타내거나 모집단을 결정짓는 모수가 존재한다. 모집단의 특성을 알기 위해서는 모수의 값을 알아야 하나, 대부분의 경우 이 값을 모르기 때문에 표본의 정보를 이용하여 이 값들을 추론한다.

추론은 특히 의사결정을 하거나 예측을 하는 데 있어 매우 중요한 역할을 한다. 예를 들면, 실물경제에 직접적인 영향을 미치는 장단기 금리 예측, 주가 변동에 관한 추세 예측 그리고 금융상품 A와 B를 놓고 어느 것을 선택해야 할 것인가에 대한 의사결정 등이 있다. 위와 같은 예측과 의사결정들은 실제 생활에서 얻은 표본자료를 이용한다. 이러한 여러 가지 예에서 보듯이 다양한 분야에서 유용한 표본 정보를 취득하여 추론을 행하는 것이 주먹구구식 의사 결정보다는 좋은 결과를 얻을 수 있다.

실제로 과학자나 기술자들이 관련 자료를 시각적으로만 분석하여 얻은 결과가 실험을 통해 얻어지는 결론과 서로 맞지 않는 경우를 종종 보게 된다. 그러므로 어떤 문제가 발생하였을 때, 정확한 추론이 되도록 논리적인 토대를 세우고 실질적인 분석을 행하여 바라는 결론을 도출해내는 것이 통계학자들의 직무인 것이다. 아울러 통계학의 궁극적인 목표는 표본에 포함된 정보를 이용하여 모집단에 관한 추론을 행하는 것이다. 신문에 다음과 같은 기사가 실렸다고 하자.

우리나라 성인 여성들의 평균 신장을 알아보기 위해 A 조사기관에서 전국의 18세 이상 성인 여성들 가운데 1,000명을 무작위로 추출하여 조사해 본 결과 평균이 160cm이고, 표준편차가 5cm이었다.

위 기사로부터 우리나라 성인 여성들의 평균 신장에 관한 정보를 얻기 위해 몇 가지 의문점을 제시하여 보자.

첫째, 평균 160cm의 의미와 이 값이 우리나라 전체 여성들의 평균 신장이라고 단정할 수 있는가?

둘째, 표준편차 5cm의 의미와 우리나라 전체 여성들의 평균 신장을 추론할 때 이 값의 용도는 무엇인가?

셋째, 우리나라 성인 여성들의 평균 신장이 155cm에서 165cm 사이에 있을 확률이 얼마나 되는가를 위의 자료를 토대로 판단하여 보자.

넷째, 위의 자료들을 근거로 할 때, 우리나라 성인여성들의 평균 신장이 160cm보다 크다고 할 수 있겠는가?

아무리 적게 잡아도 19세 이상인 우리나라 성인 여성들의 수는 약 1,500만 명에 달할 것이다. 이들 1,500만 명의 평균 신장, 즉 모평균을 조사하기란 사실상 불가능한 일이다. 따라서 1,000명의 표본으로부터 얻은 평균 160cm는 표본평균이고 이 값으로 1,500만 명에 달하는 전체 성인여성들의 평균 신장을 추측하게 된다. 그러나 아무리 과학적으로 표본을 추출하고 표본평균을 산출하였다 하더라도 100% 정확한 결과라고는 말할 수 없을 것이다. 그러므로 통계적으로 참값을 추측할 때는 반드시 부정확도에 대해서 언급하게 되는데, 이때 확률의 개념이 도입되며 추정오차의 한계를 계산할 때는 표준편차를 이용하게 된다.

앞에서 언급한 것과 같이 하나의 값으로 모평균을 추정하는 방법이 있고, 그 밖에 모평균이 속해 있다고 예상되는 구간을 계산하는 방법이 있다. 이와 같은 구간을 신뢰구간이라고 하며, 이 구간을 구할 때도 추정오차를 감안하여야 한다.

이와 같이 표본을 이용하여 모집단에 관한 정보를 얻는 것을 통계적 추론(statistical inference)이라 한다. 통계적 추론은 추정(estimation)과 가설검정(testing of hypothesis)이라는 두 문제로 나눌 수 있다. 추정의 방법에는 점추정(point estimation)과 구간추정(interval estimation)이 있는데, 추출된 표본으로부터 계산된 하나의 값으로 모수를 추정하는 것을 점추정이라 하고 어느 구간에 모수가 포함될 것이라 추측하는 것을 구간추정이라 한다.

추정과는 달리 모집단의 특성을 나타내는 모수나 분포에 대하여 가설을 설정하고 이 가설의 옳고 그름을 표본의 정보를 이용하여 검정하는 방법을 가설검정이라 한다. 위의 예에서 제기한 네 번째 의문점은 가설검정에 대한 문제로서 모평균에 대한 가설을 설정한 후 표본평균, 표본표준편차, 표본의 크기 등과 같은 것들을 이용하여 가설에 대한 결론을 내리게 된다.

표본의 정보를 이용하여 모집단 모수를 추론할 경우 표본의 크기에 따라 적용되는 이론적 근거가 다르므로 추론하는 방법이 달라진다. 본 장에서는 표본이론에 근거하여 통계적 추정을 실시하는 방법을 살펴보고 통계적 가설검정은 10장에서 학습하도록 한다.

9.1 통계의 의미

우리나라 성인여성들의 평균 신장, 즉 모평균 μ 를 추정한다고 할 때, "모평균은 160cm이다"라고 할 수도 있고, "모평균은 155cm와 165cm 사이에 있다"라고 할 수도 있다. 전자는 추정값이 수직선 위 하나의 점으로 정의되므로 점추정값이라 하고, 후자는 직선 위의 한 구간으로 정의되므로 구간추정값이라 한다. 추정량(estimator)들은 표본 관측치의 함수이며 통계량이므로 점추정이나 구간추정을 실시하기 위해서는 표본의 정보를 이용하여야 한다.

> 통계량의 값이 모수 θ 의 점추정값으로 사용될 경우 그 통계량을 그 모수의 추정량(estimator)이라 하고 $\hat{\theta}$ 로 표기하며, 추정량의 실현치를 추정값(estimate) 또는 추정치라 한다.

예제 1

서울 시민들이 휴일에 TV를 시청하는 시간을 알아보기 위하여 500가구를 임의 추출하여 조사 한 결과 아래의 결과를 얻었다.

표본평균($\bar{x}$) = 7.5(시간)

표본표준편차(s) = 6.3(시간)

이때, 전체 서울 시민들의 평균 시청시간 μ 의 추정치로서 표본평균 $\bar{x}$ 를 사용한다면,

$$\hat{\mu} = \bar{x} = 7.5 \text{ (시간)}$$

라 할 수 있다.

모집단 모수가 하나의 숫자로 추정되었다면 이를 모수에 대한 점추정값이라 한다. 모집단 모수의 점추정값은 하나의 숫자를 이용하여 모수를 추정하는 것이며, $\bar{x}$ 는 μ 에 대한 점추정값이다. 규모가 큰 임의표본을 사용했더라도, $\bar{x}$ 의 값은 모평균 μ 와 정확하게 일치하지는 않는다. 참값인 모수와 추정된 표본값 사이에는 다소 차이가 발생하는데, 이 차를 오차의 범위(margin of error)라 한다. 모평균 μ 의 추정값으로 표본평균 $\bar{x}$ 를 사용할 때, 오차의 범위는 $|\bar{x}-\mu|$ 또는 $\bar{x}-\mu$ 의 크기이다. μ 의 값을 알지 못하는 상태에서 $\bar{x}$ 가 얼마나 μ 에 가까운 값인지 정확히 알 수 없으므로, 모집단 모수를 모를 때 정확한 오차범위는 알 수 없다.

물론 μ 는 알려지지 않거나 추정할 필요가 없는 값이 대부분이다. 이 장에서는, μ 의 점추정값으로 $\bar{x}$ 를 사용할 때 오차의 한계가 뜻하는 확률적 의미를 학습하고자 한다.

모수를 θ, 모수의 추정량을 $\hat{\theta}$ 이라 할 때, 좋은 추정량이 되기 위한 바람직한 성질에 대해 살펴보자.

[불편성]

추정치들의 분포가 추정할 모수를 중심으로 집중되어 이들의 기대값이 추정할 모수와 같아야 좋은 추정량이라 할 수 있다. 이는 추정량의 불편성에 관한 내용인데 다음과 같이 정의할 수 있다.

> 어떤 추정량 $\hat{\theta}$ 의 모든 값에 대하여 $E(\hat{\theta}) = \theta$ 이면, 추정량 $\hat{\theta}$ 는 불편성(unbiasedness)을 갖는다고 하고, $\hat{\theta}$ 을 θ 의 불편추정량(unbiased estimator)이라 한다.

다음은 모수와 대응하는 추정량들의 목록이다.

모수	추정량	불편성
μ	$\overline{x}$	만족
σ^2	s^2	만족
p	$\hat{p} = x/n$	만족
σ	s	불만족

불편성을 만족하는 $\overline{x}$, s^2, 그리고 $\hat{p}$ 은 각각 μ, σ^2, p 의 불편추정량이나, s 는 σ 의 편의추정량(biased estimator)이다.

예제 2

임의의 모집단으로부터 추출한 표본의 표본평균 $\overline{x}$ 는 모평균 μ 의 불편추정량이다.

풀이》 $\overline{x} = \dfrac{1}{n}\sum_{i=1}^{n} x_i$ 이므로

$$E(\overline{x}) = E\left(\frac{1}{n}\sum_{i=1}^{n} x_i\right)$$

$$= \frac{1}{n}E(x_1 + x_2 + \cdots + x_n)$$

$$= \frac{1}{n} \times n\,\mu$$

$$= \mu$$

이다. 그러므로 표본평균 $\overline{x}$ 는 모평균 μ의 불편추정량이다.

[유효성]

추정량의 불편성은 바람직한 성질이나 이는 추정치들이 모수에 가까운 정도를 나타내지는 못한다. 〈그림 9.1〉은 θ 에 대한 두 불편추정량 $\widehat{\theta_1}$ 과 $\widehat{\theta_2}$ 의 분포 상태를 나타내고 있다. 이 그림에서 추정량 $\widehat{\theta_1}$ 의 분포는 $\widehat{\theta_2}$ 의 분포보다 모수 θ 에 더 밀집해 있음을 알 수 있다. 즉, $\widehat{\theta_1}$은 $\widehat{\theta_2}$ 보다 참값인 모수 θ 에 가까운 값을 가질 가능성이 높다고 할 수 있다.

> 추정량 θ 의 표준오차(standard error)를 SE(θ)라 하면, 모수 θ 의 불편추정량 $\widehat{\theta_1}$ 과 $\widehat{\theta_2}$ 에 대하여
>
> $$SE\,(\widehat{\theta_1}\,) < SE(\widehat{\theta_2}\,)$$
>
> 가 성립할 때, $\widehat{\theta_1}$ 은 $\widehat{\theta_2}$ 보다 더 유효(more efficient)하다고 한다. 따라서 표준오차가 작은 추정량일수록 더욱 유효성(efficiency)이 있다고 할 수 있다.

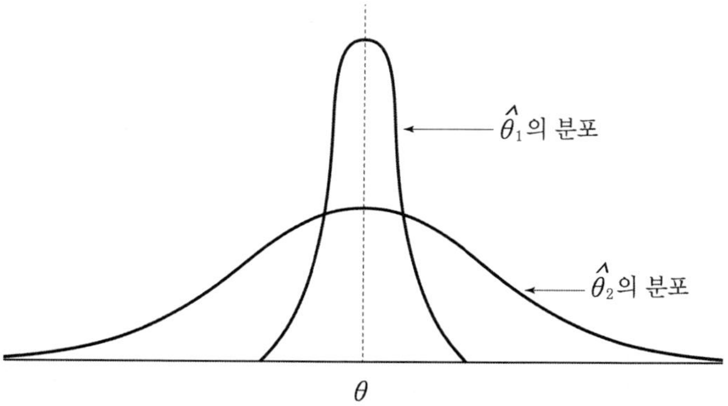

그림 9.1 $\widehat{\theta_1}$과 $\widehat{\theta_2}$의 분포

이상과 같은 불편성과 유효성을 동시에 고려한 추정량을 생각할 수 있다.

모수 θ 의 추정량 $\hat{\theta}$ 가 다음 조건
1) $E(\hat{\theta}) = \theta$
2) θ 의 모든 불편추정량 $\widehat{\theta^*}$ 에 대하여

$$SE(\hat{\theta}) = \text{Min } SE(\widehat{\theta^*})$$

을 만족하면 $\hat{\theta}$ 를 θ 의 최소분산불편추정량(minimum variance unbiased estimator) 또는 최량유효추정량(the most efficient estimator)이라 한다.

불편성과 유효성 외에도 추정량의 바람직한 성질로는 일치성(consistency)과 충분성(sufficiency)이 있다. 일치성은 표본의 크기와 관계되는 성질로서 크기가 n 인 표본으로부터의 추정량 $\widehat{\theta_n}$ 이 모수 θ 근방에 있을 확률은 n 이 클수록 1에 가까워진다는 성질이다. 충분성은 모수 θ 를 추정할 때 표본으로부터 얻은 모든 정보를 갖고 있어서 다른 어떠한 통계량을 취해도 그 이상의 정보가 보완되지 않는 통계량을 구할 수 있을 때 이러한 통계량을 θ 의 충분추정량(sufficient estimator)이라 하고, 이러한 성질을 충분성이라 한다.

9.2 모평균 μ에 대한 점추정

<예제 1>을 좀 더 자세히 관찰하여 보자. 서울시 소재 전체 가구의 휴일 TV 시청시간은 평균 μ , 분산 σ^2 인 정규분포를 따른다고 하고, 여기서 추출된 n 개의 표본 가구에 대한 시청시간을 각각 x_1, x_2, $\cdots$, x_n이라고 하면, 표본평균 $\bar{x}$ 와 표본표준편차 s 는 각각 다음 식으로부터 얻는다.

$$\bar{x} = \frac{1}{n}\sum_{i=1}^{n} x_i$$

$$s = \sqrt{\frac{1}{n-1}\sum_{i=1}^{n}(x_i - \bar{x})^2}$$

모평균 μ를 추정하려면 표본평균의 성질을 알아야 하는데, 모집단의 확률분포에 관계없이 다음이 성립한다.

표본평균의 성질

① $\bar{x}$ 의 기댓값은 모평균 μ 와 같다.

② $\bar{x}$ 의 표준오차는 다음과 같다.

$$\sigma_{\bar{x}} = \frac{\sigma}{\sqrt{n}} \sqrt{\frac{N-n}{N-1}}$$

여기서, N은 모집단의 크기이며 표본의 크기 n에 비하여 크다고 가정하게 되므로 $\sqrt{\frac{N-n}{N-1}}$ 은 근사적으로 1이 된다. 그러면,

$$\sigma_{\bar{x}} = \frac{\sigma}{\sqrt{n}}$$

이다.

③ n 이 클 때 $\bar{x}$ 는 중심극한정리에 의해 평균 μ , 분산 $\frac{\sigma^2}{n}$ 인 근사정규분포를 따른다.

위의 성질에서 보듯이 표본평균 $\bar{x}$ 는 n 이 클 때 정규분포를 따르는데, $\bar{x}$ 가 μ 를 중심으로 어느 정도의 오차를 가지고 산포되어 있는가의 기준이 $\sigma_{\bar{x}}$ 이다. 따라서 $\sigma_{\bar{x}}$ 를 표준오차(standard error)라고 한다. 모평균을 추정할 때, 모표준편차 σ 의 값이 알려져 있지 않은 경우 표본의 크기 n 이 크다면 σ 대신 표본표준편차 s 를 사용하여도 오차는 적다.

예제 3

앞의 <예제 1>에서 서울 시민들의 휴일 TV 평균 시청시간에 대한 점추정값과 그의 표준오차의 추정값을 구하시오.

풀이

1) 점추정값

$$\hat{\mu} = \bar{x} = 7.5(\text{시간})$$

2) 표준오차의 추정값

$$\sigma_{\bar{x}} = \frac{\sigma}{\sqrt{n}} \simeq \frac{s}{\sqrt{n}} = \frac{6.3}{\sqrt{500}} = 0.2817$$

모수와 추정치 사이의 차를 추정의 오차(error of estimation)라 하며, 이 오차에 관한 95% 한계값은 근사적으로 $1.96\sigma_{\bar{x}}$ 이다. 이는 약 95%가 평균으로부터 2표준편차 구간 내에 있음을 의미한다. 점추정에서 95% 추정오차의 한계로 $1.96\sigma_{\bar{x}}$ 를 사용하는 것은 대부분의 실제 문제에서 추정치에 대한 신뢰도를 마련하기 위해서이다.

모평균 μ의 점추정

① 점추정량 : $\bar{x}$

② 95% 추정오차의 한계 : $1.96\,\sigma_{\bar{x}} = 1.96\dfrac{\sigma}{\sqrt{n}}$

③ 만약, σ를 모르고 표본크기 n이 30 이상이면, 모표준편차 σ 대신 표본표준편차 s를 근사적으로 사용할 수 있다.

예제 4

어떤 화학공장에서 생산하는 제품의 하루 평균 생산량을 추정하려고 한다. 하루 생산량을 50일 동안 기록하여, 그 평균과 표준편차를 계산하였더니 다음과 같았다.

$$\bar{x} = 871(\text{톤}),\quad s = 21(\text{톤})$$

하루 평균 생산량 μ를 추정하고 95% 추정오차의 한계를 구하시오.

풀이 1) 하루 생산량의 점추정값은

$$\hat{\mu} = \bar{x} = 871(\text{톤})$$

이다.

2) 95% 추정오차의 한계는

$$1.96\,\sigma_{\bar{x}} = 1.96\frac{\sigma}{\sqrt{n}} \simeq 1.96\frac{s}{\sqrt{n}}$$

$$= 1.96\frac{21}{\sqrt{50}} = 5.8209$$

이다. 즉, 추정치 871(톤)은 참값의 5.8209(톤) 내에 있다고 95% 신뢰할 수 있다.

예제 5

자동판매기에서 콜라를 뽑았을 때, 컵에 담기는 콜라의 평균 양에 대해 관심이 있다. 이전의 연구 결과로 볼 때, 컵에 담기는 양에 대한 표준편차는 $s = 0.40$온스 였다. μ를 추정하기 위해 40개의 표본을 사용하였다면, 추정오차가 0.1온스 이하가 되도록 하는 신뢰구간을 구하시오.

풀이》 확률 $P(|\overline{X} - \mu|) < 0.01)$을 구하는 문제이다. $n = 40$이므로 중심극한정리에 의해 $\overline{X}$의 표본분포는 근사적으로 정규분포를 따른다. 평균의 표본오차는 다음과 같다.

$$\sigma_{\bar{x}} = \frac{\sigma}{\sqrt{n}} \approx \frac{s}{\sqrt{n}} \simeq \frac{0.40}{\sqrt{40}} = 0.063$$

따라서

$$\begin{aligned} P(|\overline{X} - \mu|) < 0.01) &= P\left(|Z| < \frac{0.01}{0.063}\right) \\ &= P(|Z| < 0.16) \\ &= 2P(0 < Z < 0.16) \\ &= 2(0.0636) = 0.1272 \end{aligned}$$

위 계산 결과로부터, 추정오차가 0.01보다 작다고 12.72% 확신할 수 있다.

추정오차에 대해 확률적 의미를 부여하기 위해서는 우선 임계값에 대한 개념을 이해해야 한다. 〈그림 9.2〉에서 z_α값을 임계값(critical value)이라 한다. 임계값 z_α는 표준정규곡선에서 오른쪽 꼬리 부분의 면적이 α에 해당하는 지점의 값이다.

예를 들어, $z_{0.025}$는 표준정규곡선에서 오른쪽 영역의 크기가 0.025가 되는 지점이다(〈그림 9.3〉 참조).

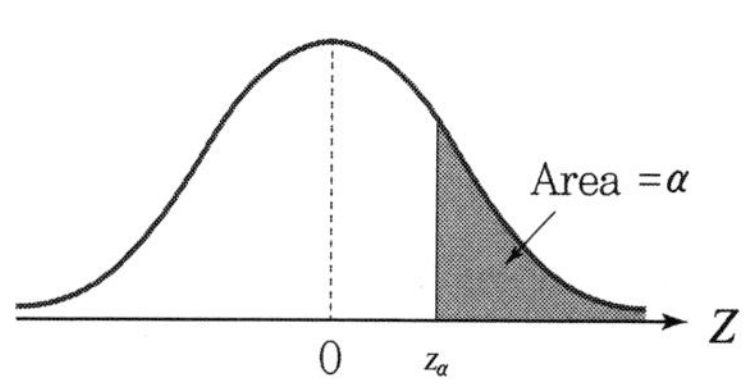

그림 9.2 임계값 z_α

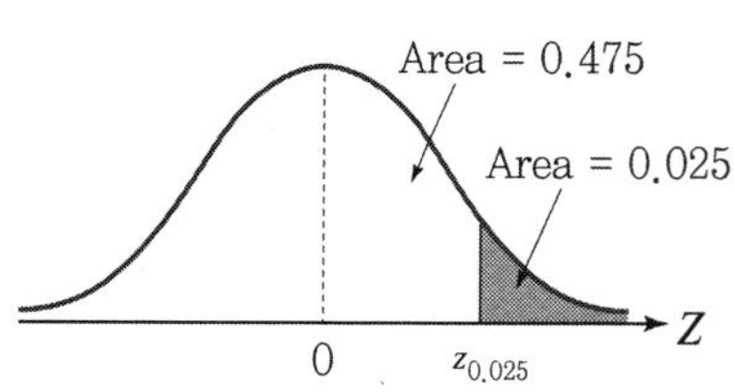

그림 9.3 $z_{0.025}$의 결정

부록의 〈표 4〉에 있는 표준정규분포표에서는 0에서 z까지의 면적을 이용할 수 있는데, 0에서

$z_{0.025}$까지의 값을 구하기 위해서는 $0.5 - 0.025 = 0.475$를 이용한다. 표준정규분포표에서 0.475를 찾아보면, z값이 1.96임을 알 수 있다.

두 개의 임계값을 가진 분포를 생각해보자. 〈그림 9.4〉의 분포는 $-z_{\alpha/2}$와 $z_{\alpha/2}$이라는 두 개의 임계값을 가지고 있는데, 하나는 음수이고 나머지는 양수이다. 표준정규곡선에서 두 개의 임계값 사이를 신뢰수준 $1-\alpha$인 신뢰구간이라 한다.

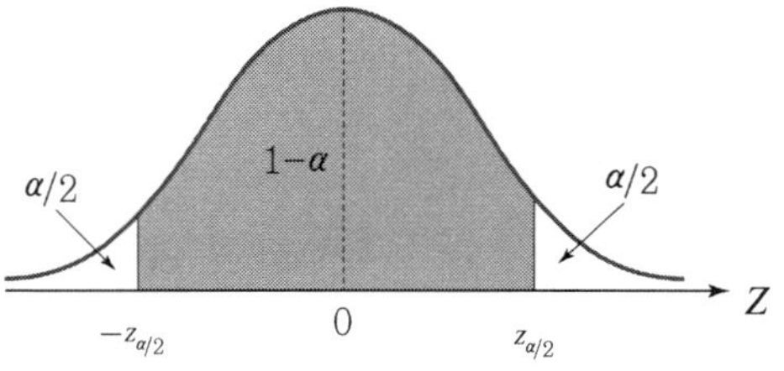

그림 9.4 신뢰수준 $(1-\alpha)$의 임계값

μ에 대해 추정한 값이 $(1-\alpha)100\%$ 신뢰도를 가지기를 원한다고 하자. 추정치와 관련된 정도(precision)나 오차의 수준에 대해서는 신뢰수준 $1-\alpha$에 대응하여 식 (9.4)와 같은 최대오차 E를 정의할 수 있다.

$$P(-z_{\alpha/2} < z < z_{\alpha/2}) = 1-\alpha \tag{9.1}$$

이고

$$z = \frac{\bar{x}-\mu}{\sigma/\sqrt{n}} \tag{9.2}$$

이므로, 식 (9.1)의 z에 식 (9.2)를 대입하면 아래의 식을 얻는다.

$$P\left(-z_{\alpha/2} < \frac{\bar{x}-\mu}{\sigma/\sqrt{n}} < z_{\alpha/2}\right) = 1-\alpha$$

위 식을 정리하면 아래와 같은 식을 얻는다.

$$P\left(|\bar{X}-\mu| < z_{\alpha/2}\frac{\sigma}{\sqrt{n}}\right) = 1-\alpha \tag{9.3}$$

위 식으로부터, 추정치의 최대오차 E에 대한 식을 다음과 같이 정의한다.

대표본에 대한 추정치의 최대오차

$$E = z_{\alpha/2} \frac{\sigma}{\sqrt{n}} \tag{9.4}$$

예제 6

모든 남자 신생아들의 평균 몸무게를 추정하기 위해 40명의 신생아 남자 아이들을 임의표본으로 사용하였다고 하자. 40명에 대한 자료가 $\bar{x} = 7.5$파운드, $s = 1.2$파운드라고 할 때, 추정치의 오차가 E보다 적은 상태를 92% 신뢰할 수 있도록 최대오차 E를 구하시오.

풀이》 $\alpha = 0.08$이므로 $\alpha/2 = 0.04$이다. $n > 30$이고 σ를 알 수 없으므로 σ 대신에 s를 사용하자. 식 (9.4)를 사용하면 다음의 결과를 얻을 수 있다.

$$\begin{aligned} z &= z_{\alpha/2} \frac{\sigma}{\sqrt{n}} \\ &\simeq z_{\alpha/2} \frac{s}{\sqrt{n}} \\ &= 1.75 \frac{1.2}{\sqrt{40}} = 0.33 \end{aligned}$$

따라서 μ가 $\bar{x} = 7.5$파운드의 0.33파운드 이내에 있다고 92% 확신할 수 있다.

[소표본인 경우에 μ에 대한 점추정]

모평균 μ를 추정하기 위해 사용된 $\bar{x}$가 σ를 알 수 없는 정규모집단으로부터 크기가 $n < 30$인 임의표본에서 얻어졌다고 하면, 표본평균의 표본분포는 정규분포이나 z 값을 사용할 수 없다. 이미 8장에서 통계량 $(\bar{x} - \mu)/(s/\sqrt{n})$은 자유도가 $n-1$인 t 분포를 따른다는 것을 학습하였다.

t에 대한 임계값은 표준정규분포에서와 유사한 방법으로 t 분포를 사용하여 구할 수 있다. 〈그림 9.5〉에서 $-t_{\alpha/2}$와 $t_{\alpha/2}$는 임계값이다.

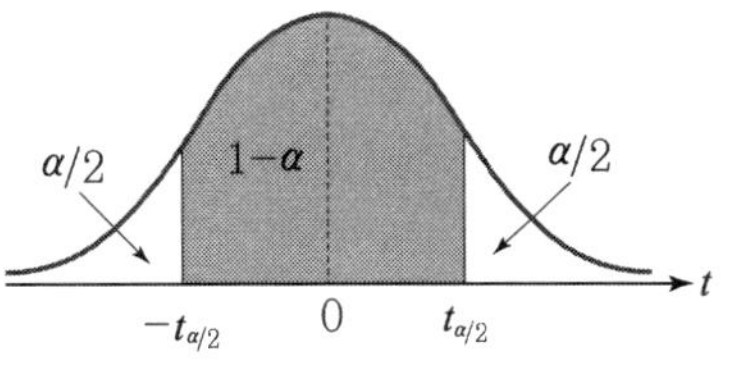

그림 9.5 t분포에 대한 임계값

다음 확률은 자유도 $n-1$ 인 t 분포에서 정의된다.

$$P(-t_{\alpha/2} < t < t_{\alpha/2}) = 1-\alpha$$

$\overline{x}$ 에 대해 t 값이 다음과 같이 주어지므로

$$t = \frac{\overline{x} - \mu}{s/\sqrt{n}}$$

소표본에 대한 추정치의 최대오차 E 를 계산할 수 있다.

> 소표본에 대한 추정치의 최대오차
>
> $$E = t_{\alpha/2}\frac{s}{\sqrt{n}} \qquad (9.5)$$

예제 7

대형 트럭의 평균 소음 수준을 알기 위해 환경보호협회에서는 8대의 대형 트럭으로부터 소음도 측정치(단위 : decibels)를 얻었다. 표본평균과 표본표준편차는 각각 85.6데시벨과 0.65데시벨이었다. 만약 μ 를 추정하기 위해 표본평균을 사용하였다면, 환경보호협회에서 μ 가 $\overline{x}$ 의 E 범위 내에 존재하는 것을 95% 신뢰할 수 있도록 최대오차 E 를 결정하시오. 트럭의 소음 수준은 정규분포를 따른다고 가정한다.

풀이 부록의 〈표 5〉 t 분포표에서 열의 값이 0.025이고 자유도가 7인 지점에서 $t_{0.025} = 2.365$ 를 구한다. 식 (9.5)를 이용하면

$$E = t_{\alpha/2}\frac{s}{\sqrt{n}} = 2.365\frac{0.65}{\sqrt{8}} = 0.54$$

이다.

따라서 $\bar{x} = 85.6$이 μ를 추정하기 위해 사용되었다면, $\bar{x} = 85.6$데시벨의 0.54데시벨 범위 내에 μ가 존재한다고 95% 신뢰할 수 있다. 부언하면, "$\bar{x} = 85.6$이 μ를 추정하기 위해 사용되었을 때, 추정치의 최대오차는 0.54 미만이라고 95% 확신한다"는 의미이다.

9.3 모평균의 구간추정

크기가 동일한 표본을 여러 번 반복하여 추출하고, 추출된 표본에 대응하는 신뢰구간을 구한다고 하자. 이때 어떤 신뢰구간은 모평균 μ를 포함할 수도 있고 그렇지 않을 수도 있다. 따라서, 모집단으로부터 추출된 표본을 근거로 신뢰구간을 추정하더라도 모수가 이 구간에 항상 포함된다고 볼 수는 없다. 신뢰구간이 모수를 포함하는 확률을 신뢰계수라 한다.

신뢰구간이 추정하고자 하는 모수를 포함할 확률을 신뢰계수(confidence coefficient)라 한다.

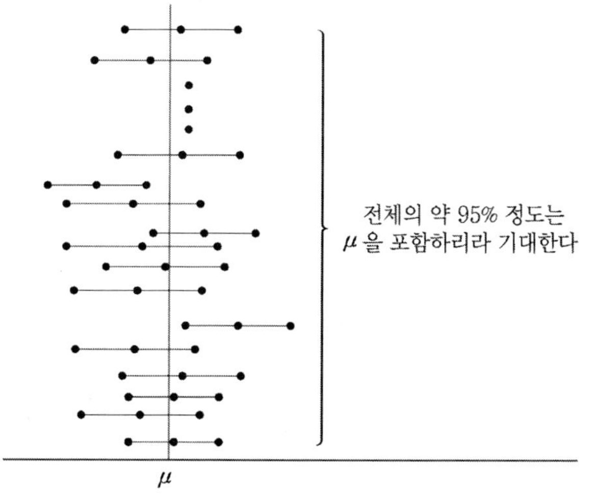

그림 9.6 μ에 대한 95% 신뢰구간의 의미

〈그림 9.6〉에서 수평선은 신뢰구간을 표시하고 수직선은 모수인 모평균 μ의 위치를 나타낸다. 모수는 고정되어 있고 구간의 위치는 표본마다 다르다. μ가 고정되어 있으므로 구간이 μ를 포함하는 확률이 곧 신뢰계수가 된다. 예를 들어, μ의 95% 신뢰구간을 반복하여 구할 때, 전체 구간의 약 95% 정도는 μ를 포함하리라 기대할 수 있다.

모평균 μ 에 대한 대표본 구간추정량 또는 대표본 신뢰구간도 역시 $\bar{x}$ 가 근사정규분포를 따른다는 이론에 의해 구할 수 있다. 9.2절에서 모평균 μ 에 대한 점추정값들의 95%가 $1.96\,\sigma_{\bar{x}}$ 내에 있다고 설명한 바 있다. 〈그림 9.6〉에서 보듯이 95% 신뢰구간은 점추정량 $\bar{x}$ 를 중심으로 양쪽 방향으로 $1.96\,\sigma_{\bar{x}}$ 의 거리만큼 떨어진 곳에 추정된다. 이렇게 설정된 구간이 모집단 모수를 포함할 확률은 95%가 된다.

모평균 μ 에 대하여 신뢰계수 $(1-\alpha)$인 신뢰구간, 즉 $100(1-\alpha)\%$ 신뢰구간은 다음과 같다.

$$\bar{x} \pm z_{\alpha/2}\frac{\sigma}{\sqrt{n}} \tag{9.6}$$

여기서 $z_{\alpha/2}$ 는 표준정규분포에서 상위 $\alpha/2$ 영역에 대한 z 값을 나타내며, 최대오차 $E = z_{\alpha/2}\dfrac{\sigma}{\sqrt{n}}$ 는 μ 를 추정하기 위해 $\bar{x}$ 를 사용할 때의 정도를 나타낸다. 즉, 신뢰구간에서 μ 의 값은 $\bar{x} - E$ 와 $\bar{x} + E$ 사이에 있다고 $100(1-\alpha)\%$ 확신할 수 있다. 또한, $\bar{x} + E$를 신뢰상한(upper confidence limit : UCL)이라 하고, $\bar{x} - E$를 신뢰하한(lower confidence limit : LCL)이라 한다.

모평균 μ 에 대한 95% 신뢰구간을 구하는 절차는 아래와 같다.

1) 표준화 확률변수 z 를 정의한다. $\bar{x}$ 의 분포는 n 이 클 때 중심극한정리에 의하여 $N(\mu, \sigma^2/n)$을 따르므로 표준화 확률변수는

$$z = \frac{\bar{x} - \mu}{\sigma/\sqrt{n}}$$

이다.

2) 표준정규분포표에 의해 $-1.96 < z < 1.96$이 성립할 확률이 95%이다. 그러므로

$$-1.96 < \frac{\bar{x} - \mu}{\sigma/\sqrt{n}} < 1.96$$

이다. 위의 식을 미지 모수인 μ 에 대하여 정리하면 μ 에 대한 95% 신뢰구간은

$$\bar{x} \pm 1.96\frac{\sigma}{\sqrt{n}}$$

이다. 이때, $\bar{x} + 1.96\dfrac{\sigma}{\sqrt{n}}$ 은 신뢰상한이고, $\bar{x} - 1.96\dfrac{\sigma}{\sqrt{n}}$ 은 신뢰하한이다.

신뢰구간의 폭은 신뢰계수가 높아질수록 비례하여 넓어진다는 데 유의하여야 한다. 이는 어떤 구간이 μ 를 포함시킬 확률이 높아지려면 구간의 폭이 넓어야 한다는 것과 일치한다. 많이 사용하는 신뢰계수에 대한 신뢰한계는 〈표 9.1〉과 같다.

예제 8

Julia는 조깅하기를 즐긴다. 그녀는 여러 해에 걸쳐 조깅을 즐기고 있는데, 운동을 하고 있는 동안 신체는 양호한 상태를 유지하고 있다. 보통 하루에 $4km$ 정도 달리는데, 이때 걸리는 시간에 대한 표준편차는 $\sigma = 1.80$분 이다. 지난 1년 동안 Julia는 $4km$를 달린 시간을 기록해 오고 있는데, 임의로 추출한 90일의 평균 기록은 $\overline{x} = 15.60$분이었다. μ는 지난해 $4km$를 달렸을 때 소요된 평균 시간에 대한 전체 분포의 평균이다. μ에 대한 95% 신뢰구간을 구하시오.

풀이 μ에 대한 95% 신뢰구간은 μ가 $\overline{x} - E$에서 $\overline{x} + E$ 사이에 있을 확률이 95%이다. 표본의 크기 $n = 90$이 충분히 큰 값이므로, $\overline{x}$의 분포는 평균 μ와 표준편차 $\sigma/\sqrt{n}$ 인 정규분포에 근사한다. 그러므로,

$$E = z_{\alpha/2}\frac{\sigma}{\sqrt{n}} = 1.96\left(\frac{1.80}{\sqrt{90}}\right) \approx 0.37$$

이다. 따라서, 주어진 $\overline{x}$ 값과 위에서 구한 E를 이용하여 μ에 대한 95% 신뢰구간을 구하면 다음과 같다.

$$\overline{x} - E < \mu < \overline{x} + E$$
$$15.60 - 0.37 < \mu < 15.60 + 0.37$$
$$15.23 < \mu < 15.97$$

즉, 신뢰구간 $(15.23, 15.97)$은 Julia가 조깅을 하는 시간에 대한 모평균 μ를 포함하는 구간 중 하나라고 95% 신뢰할 수 있다.

표 9.1 ▌ μ에 대한 신뢰한계

신뢰계수	α	$z_{\alpha/2}$	신뢰하한	신뢰상한
0.90	0.10	1.645	$\overline{x} - 1.645\,\sigma/\sqrt{n}$	$\overline{x} + 1.645\,\sigma/\sqrt{n}$
0.95	0.05	1.960	$\overline{x} - 1.96\,\sigma/\sqrt{n}$	$\overline{x} + 1.96\,\sigma/\sqrt{n}$
0.99	0.01	2.575	$\overline{x} - 2.575\,\sigma/\sqrt{n}$	$\overline{x} + 2.575\,\sigma/\sqrt{n}$

상황에 따라 신뢰계수의 선택이 달라질 수 있는데, 신뢰계수의 선택은 추정치에 대한 원하는 신

뢰도에 따라 결정한다.

[소표본일 때의 신뢰구간]

미지의 표준편차 σ 를 가진 정규모집단으로부터 표본의 크기 $n < 30$인 표본을 사용하여 μ 에 대한 $100(1-\alpha)\%$ 신뢰구간을 구할 때, 최대오차 E 는 자유도가 $(n-1)$인 t 분포에 의해 결정된다. 9.2절에서 언급했듯이 추정치의 최대오차 E 는 $t_{\alpha/2}(s/\sqrt{n})$으로 계산된다. 이 결과를 사용하여 μ 에 대한 $100(1-\alpha)\%$ 신뢰구간은 $\bar{x} \pm E$ 이며, 아래와 같이 쓸 수 있다.

$$E = t_{\alpha/2}\frac{s}{\sqrt{n}} \tag{9.7}$$

예제 9

감자를 넣은 5개의 비슷한 크기의 자루 무게가 각각 14.8, 16.1, 15.3, 15.2 및 15.4 kg이다. 감자가 들어 있는 모든 자루들에 대한 95% 신뢰구간을 구하시오. 모집단의 감자 자루 무게는 정규분포를 따른다고 가정한다.

풀이 표본평균과 표본표준편차는 각각 $\bar{x} = 15.36$과 $s = 0.472$로 계산된다. 자유도가 $5-1=4$이므로, t 분포표로부터 $t_{0.025} = 2.776$임을 알 수 있다. 따라서 최대오차 E 는 다음과 같다.

$$E = t_{0.025}\frac{s}{\sqrt{n}}$$

$$= (2.776)\left(\frac{0.472}{\sqrt{5}}\right) = 0.59$$

E 값을 이용하여 95% 신뢰구간을 구하면 $\bar{x} \pm E = 15.36 \pm 0.59$가 된다. 따라서 구하고자 하는 신뢰구간은 $(14.77, 15.95)$이다.

9.4 모평균의 차이에 대한 추정

하나의 모집단에서 표본으로 추출된 자료가 다른 모집단에서 표본으로 추출된 자료와 전혀 관련이 없을 때, 이를 독립(independent)이라 한다. 독립된 두 표본은 하나의 표본을 먼저 뽑고 다음 표본을 뽑을 경우 매우 자연스레 얻을 수 있다. 이렇게 뽑은 두 표본은 확률표본이므로, 두 모집단들 사이에 어떤 대응관계도 존재하지 않는다. 예를 들어, 화학공장에서 두 공급업체 A, B가 납품한 원료를 사용하여 만든 제품의 평균 생산량에 대한 차를 추론하는 문제가 이에 해당한다.

두 정규모집단 $N(\mu_1, \sigma_1^2)$과 $N(\mu_2, \sigma_2^2)$에서 각각 n_1과 n_2인 독립인 표본을 추출한다고 하자. 각각 n_1, n_2개의 관측치로 구성된 독립 확률표본에 근거한 모평균 μ_1, μ_2의 차이 $\mu_1 - \mu_2$에 대한 가설검정을 실시할 수 있다. 이 때, 두 모평균의 차이 $(\mu_1 - \mu_2)$는 두 표본평균의 차이 $(\overline{x}_1 - \overline{x}_2)$의 표본분포를 이용할 수 있다.

이때, 두 추정량의 차이 $(\overline{x}_1 - \overline{x}_2)$의 확률분포는 대표본 하에서 평균과 표준편차는 각각

$$E(\overline{x_1} - \overline{x_2}) = \mu_1 - \mu_2$$

$$\sigma_{(\overline{x_1} - \overline{x_2})} = \sqrt{\frac{\sigma_1^2}{n_1} + \frac{\sigma_2^2}{n_2}}$$

인 근사정규분포를 따른다. σ_1^2과 σ_2^2이 미지일 경우 n_1과 n_2가 각각 30 이상일 때, s_1^2과 s_2^2을 대신 사용하여도 오차가 적음을 앞장에서 설명하였다.

예제 10

두 종류의 자동차 타이어에 대해 마모 정도를 비교하였다. 마모 정도의 비교를 위하여 각 종류별로 100개씩을 표본으로 추출하여 주행검사를 실시하였다. 타이어가 마모되어 사용하지 못할 때까지의 마일(mile)을 기록하였더니 두 종류의 타이어에 대해 다음과 같은 검사결과가 나왔다.

타이어 1	타이어 2
$\overline{x_1} = 26{,}400$(마일)	$\overline{x_2} = 25{,}100$(마일)
$s_1^2 = 1{,}440{,}000$	$s_2^2 = 1{,}960{,}000$

두 종류의 타이어에 대해 평균 사용거리의 차이를 추정하고 추정오차의 한계를 구하시오.

풀이 1) 두 종류 타이어의 마모 차 $(\mu_1 - \mu_2)$의 점추정값은 다음과 같다.

$$\overline{x_1} - \overline{x_2} = 26{,}400 - 25{,}100 = 1{,}300(\text{마일})$$

2) 95% 추정오차의 한계는 다음과 같다.

$$1.96\sqrt{\frac{\sigma_1^2}{n_1} + \frac{\sigma_2^2}{n_2}} \simeq 1.96\sqrt{\frac{s_1^2}{n_1} + \frac{s_2^2}{n_2}}$$

$$= 1.96 \sqrt{\frac{1,440,000}{100} + \frac{1,960,000}{100}}$$

$$= 1.96 \sqrt{34,000} = 361.4061$$

대표본 하에서 신뢰계수를 $(1-\alpha)$라 할 때, $(\mu_1 - \mu_2)$에 대한 신뢰구간은 다음의 절차에 의해 구할 수 있다.

1) 표준화 확률변수 z 를 정의한다.

$$z = \frac{(\overline{x_1} - \overline{x_2}) - (\mu_1 - \mu_2)}{\sqrt{\frac{\sigma_1^2}{n_1} + \frac{\sigma_2^2}{n_2}}}$$

2) $(\overline{x_1} - \overline{x_2})$는 n이 클 때 중심극한정리에 의해 근사정규분포에 따르므로 다음이 성립한다.

$$-z_{\alpha/2} < \frac{(\overline{x_1} - \overline{x_2}) - (\mu_1 - \mu_2)}{\sqrt{\frac{\sigma_1^2}{n_1} + \frac{\sigma_2^2}{n_2}}} < z_{\alpha/2}$$

위 식을 미지의 모수 $(\mu_1 - \mu_2)$에 대해 정리하면 아래의 구간을 얻을 수 있다.

$$(\overline{x_1} - \overline{x_2}) \pm z_{\alpha/2} \sqrt{\frac{\sigma_1^2}{n_1} + \frac{\sigma_2^2}{n_2}}$$

두 모평균의 차이 $(\mu_1 - \mu_2)$에 대한 추정

① 점추정량 : $\overline{x_1} - \overline{x_2}$

② 95% 추정오차의 한계 : $1.96 \sqrt{\frac{\sigma_1^2}{n_1} + \frac{\sigma_2^2}{n_2}}$

③ $(\mu_1 - \mu_2)$에 대한 $100(1-\alpha)\%$ 신뢰구간 :

$$(\overline{x_1} - \overline{x_2}) \pm z_{\alpha/2} \sqrt{\frac{\sigma_1^2}{n_1} + \frac{\sigma_2^2}{n_2}}$$

σ_1^2 과 σ_2^2 이 미지일 경우 n_1 과 n_2 가 각각 30이상 일 때, s_1^2 과 s_2^2 을 대신 사용한다.

예제 11

〈예제 10〉의 문제에 대해 두 타이어 마모 정도의 평균거리 차이에 대한 99% 신뢰구간을 구하시오.

풀이 》 신뢰구간은

$$(\overline{x_1} - \overline{x_2}) \pm 2.575 \sqrt{\frac{\sigma_1^2}{n_1} + \frac{\sigma_2^2}{n_2}}$$

이며, 〈예제 10〉의 결과를 사용하면

$$1300 \pm 2.575(184.39)$$

이다. 그러므로 신뢰하한은 825.2, 신뢰상한은 1,774.8이며, 추정할 평균거리의 차이가 이 두 점 사이에 포함되어 있을 확률은 99%이다.

9.5 이항모집단의 모수 추정

이항분포는 시행횟수 n과 성공할 확률 p에 의해 결정되는 분포이다. 대부분의 실험에서 시행횟수 n이 이미 결정되었다는 가정 하에서 p를 추정하는 문제를 생각해 보자.

대표본 방법(large sample method)의 개념 하에서 정규곡선이 이항분포에 잘 근접한다고 하자. 경험적 연구에서 이 방법은 다음과 같은 조건에서 좋은 결과를 얻을 수 있다.

$$np > 5 \text{ 이고 } nq > 5, \text{ 여기서 } q = 1 - p$$

이항실험에서 n번 실험의 결과 x번 성공했다고 하면, 성공에 대한 표본비율 $\hat{p} = x/n$은 성공의 총 수를 시행 횟수로 나눈 것이다. 따라서 표본비율 $\hat{p} = x/n$는 모비율 p의 점추정값이 된다. 그러므로 표본비율 $\hat{p}$의 표본분포를 정의함으로써 p의 신뢰구간을 추정할 수 있다.

표본비율 $\hat{p}$는 평균이

$$E(\hat{p}) = E\left(\frac{x}{n}\right) = \frac{1}{n}(np) = p$$

이고, 분산이

$$\sigma_{\hat{p}}^2 = Var\left(\frac{x}{n}\right) = \frac{np(1-p)}{n^2} = \frac{p(1-p)}{n}$$

인 근사정규분포를 따른다.

따라서, 표준화 확률변수

$$z = \frac{\hat{p} - p}{\sqrt{p(1-p)/n}}$$

는 표준정규분포를 따르므로 다음이 성립한다.

$$-z_{\alpha/2} < \frac{\hat{p} - p}{\sqrt{p(1-p)/n}} < z_{\alpha/2}$$

모비율 p 의 구간 추정치를 구할 때 $\hat{p}$ 의 표준오차 $\sqrt{p(1-p)/n}$ 에서 모수 p 를 모르므로 대신 표본비율 $\hat{p}$ 를 사용해야 한다. 즉,

$$-z_{\alpha/2} < \frac{\hat{p} - p}{\sqrt{\hat{p}(1-\hat{p})/n}} < z_{\alpha/2}$$

위의 식을 정리하면, 미지의 모수 p 에 대한 $100(1-\alpha)100\%$ 신뢰구간을 얻을 수 있다.

$$\hat{p} \pm z_{\alpha/2}\sqrt{\hat{p}(1-\hat{p})/n}$$

모비율 p의 추정

① 점추정량 : $\hat{p}$

② 95% 추정오차의 한계 : $1.96\sqrt{\hat{p}(1-\hat{p})/n}$

③ p에 대한 $100(1-\alpha)\%$ 신뢰구간 :

$$\hat{p} \pm z_{\alpha/2}\sqrt{\hat{p}(1-\hat{p})/n}$$

예제 12

어느 지역의 유권자들 가운데 100명을 임의로 추출하여 후보의 지지도를 조사하였더니 A후보를 지지하는 유권자가 59명으로 나타났다. 이 지역 전체 유권자들 중 A후보를 지지하는 비율을 추정하고 추정오차의 한계를 구하시오. 그리고 95% 신뢰구간을 구하시오.

풀이 》 1) 점추정값은

$$\hat{p} = \frac{59}{100} = 0.59$$

이고,

2) 95% 추정오차의 한계는

$$1.96\,\sigma_{\hat{p}} = 1.96\sqrt{\frac{\hat{p}\,(1-\hat{p})}{n}}$$

$$\simeq 1.96\sqrt{\frac{(0.59)\,(0.41)}{100}}$$

$$= 0.096$$

이다.

3) p 에 대한 95% 신뢰구간 추정치는

$$\hat{p} \pm 1.96\sqrt{\frac{\hat{p}(1-\hat{p})}{n}}$$

$$= 0.59 \pm 0.096$$

이다. 그러므로 p에 대한 95% 신뢰구간은 $(0.494, 0.686)$이다.

9.6 두 개의 이항모집단 차이의 추정

남자와 여자 사이, 젊은 사람과 나이 든 사람 사이, 목장 주인과 고용인들 사이 등의 차이의 알려지지 않는 부분에 대해 모집단 비율을 사용할 필요가 있는가? 이러한 형태의 질문에 대한 답을 위해, 두 개의 독립된 이항실험으로부터 표본분포 $\widehat{p_1} - \widehat{p_2}$에 대한 이해가 필요하다. 두 개의 이항모집단이 각각 모수 p_1과 p_2를 갖는다고 하자. 각각의 모집단으로부터 n_1과 n_2번의 독립시행으로 임의표본이 뽑히고, 각 모수의 추정치인 표본비율을 $\widehat{p_1}$과 $\widehat{p_2}$ 라 하면, $(p_1 - p_2)$의 점추정량 $(\widehat{p_1} - \widehat{p_2})$는 불편추정량이다. 두 모비율의 차이 $(\widehat{p_1} - \widehat{p_2})$는 평균이

$$E(\widehat{p_1} - \widehat{p_2}) = p_1 - p_2$$

이고, 표준오차가

$$\sigma_{(\hat{p}_1 - \hat{p}_2)} = \sqrt{\frac{p_1(1-p_1)}{n_1} + \frac{p_2(1-p_2)}{n_2}}$$

이다. 그러므로 95% 추정오차의 한계는

$$1.96\sqrt{\frac{p_1(1-p_1)}{n_1} + \frac{p_2(1-p_2)}{n_2}}$$

이고, n_1과 n_2가 크면 p_1과 p_2 대신 그 추정치 $\hat{p_1}$과 $\hat{p_2}$를 사용하여도 된다. 이때, $100(1-\alpha)\%$ 신뢰구간은 아래와 같다.

$$(\hat{p_1} - \hat{p_2}) \pm z_{\alpha/2}\sqrt{\frac{\hat{p_1}(1-\hat{p_1})}{n_1} + \frac{\hat{p_2}(1-\hat{p_2})}{n_2}}$$

두 모비율의 차이 $(p_1 - p_2)$에 대한 추정

① 점추정량 : $\hat{p_1} - \hat{p_2}$

② 95% 추정오차의 한계 : $1.96\sqrt{\frac{p_1(1-p_1)}{n_1} + \frac{p_2(1-p_2)}{n_2}}$

③ $(p_1 - p_2)$에 대한 $100(1-\alpha)\%$ 신뢰구간

$$(\hat{p_1} - \hat{p_2}) \pm z_{\alpha/2}\sqrt{\frac{\hat{p_1}(1-\hat{p_1})}{n_1} + \frac{\hat{p_2}(1-\hat{p_2})}{n_2}}$$

예제 13

살충제를 생산하는 제조업자가 자체 개발한 두 종류의 살충제 A, B의 효능을 비교하고자 한다. 동일한 조건의 2개 방에 1,000마리의 같은 해충을 넣은 후, 첫 번째 방은 살충제 A를, 두 번째 방은 살충제 B를 같은 양만큼 사용하였다. 그 결과 두 곳의 방에서 각각 825마리와 760마리의 해충이 죽었다. 이 두 종류의 살충제에 대한 살충률의 차이를 추정하고, 이에 대한 95% 신뢰구간을 구하시오.

풀이》 1) $(p_1 - p_2)$의 점추정값은

$$\hat{p_1} - \hat{p_2} = 0.825 - 0.760 = 0.065$$

이며, 95% 추정오차의 한계는 다음과 같다.

$$
\begin{aligned}
& 1.96 \sqrt{\frac{p_1(1-p_1)}{n_1} + \frac{p_2(1-p_2)}{n_2}} \\
\simeq\ & 1.96 \sqrt{\frac{\hat{p_1}(1-\hat{p_1})}{n_1} + \frac{\hat{p_2}(1-\hat{p_2})}{n_2}} \\
=\ & 1.96 \sqrt{\frac{(0.825)(0.175)}{1000} + \frac{(0.760)(0.240)}{1000}} \\
=\ & 0.035
\end{aligned}
$$

2) 95% 신뢰구간은

$$(\hat{p_1} - \hat{p_2}) \pm z_{\alpha/2} \sqrt{\frac{\hat{p_1}\,(1-\hat{p_1})}{n_1} + \frac{\hat{p_2}\,(1-\hat{p_2})}{n_2}}$$

에 의해 $[\,0.033\,,\ 0.103\,]$이다.

9.7 표본의 크기 결정

모집단의 성질과 특성을 알기 위한 수단으로 표본의 정보를 이용하였다. 모집단에서 표본을 추출하는 일은 통계의 시작이라 할 수 있는데, 표본의 크기는 결과의 정밀도와 경제적 사항을 고려하여 결정하여야 한다. 예를 들어 표본이 모집단에 가깝게 크면 정밀도를 높일 수 있어 유리하지만, 시간적 경제적 손실에 대한 불이익을 감수하여야 한다. 본 절에서는 비용의 문제는 고려하지 않고, 추정오차의 한계를 제시하여 이에 알맞은 표본 크기를 결정하는 방법만 소개하도록 한다.

θ 를 추정할 모수, $\sigma_{\hat{\theta}}$ 를 점추정량의 표준오차, E 를 추정오차의 한계라 하면 다음과 같은 식으로부터 표본의 크기 n 을 구할 수 있다.

$$z_{\alpha/2}\ \sigma_{\hat{\theta}} = E$$

여기서, $z_{\alpha/2}$ 는 앞 절에서 정의한 z 값이며, $\sigma_{\hat{\theta}}$ 는 추정하고자 하는 모수에 따라 결정된다.

1) σ 를 알고 있는 경우 μ 를 추정하기 위한 표본의 크기

표본평균 $\overline{x}$ 의 분포가 정규분포에 근사한다고 하면

$$n = \left(\frac{z_{\alpha/2}\sigma}{E} \right)^2$$

여기서, $E =$ 명시된 추정의 최대오차, $\sigma =$ 모표준편차이다.

예제 14

Alaska 수산회사에서는 잡은 연어의 평균 무게를 알기 위한 연구를 계획하고 있다. 사전연구로서 50마리의 연어를 확률표본으로 하여 측정한 결과 $s \approx 2.15$ 파운드였다. 표본평균 $\overline{x}$ 가 모평균 무게 μ 의 0.20파운드 내에 99%의 신뢰도를 가지고 있으려면 표본의 크기가 얼마나 되어야 하겠는가?

풀이 》 이 문제에서, $z_{0.005} = 2.575$ 이고, $E = 0.20$ 이다. 사전연구에서 50마리의 연어를 표본으로 사용하였으므로, $s = 2.15$ 를 σ 의 근사값으로 사용할 수 있다. 따라서,

$$n = \left(\frac{z_{\alpha/2}\sigma}{E} \right)^2 = \left(\frac{(2.575)(2.15)}{0.20} \right)^2 = 766.25$$

따라서, 767마리의 표본을 사용하면 원하는 조건을 만족할 수 있다.

2) p 를 추정할 때 표본의 크기

주어진 유의수준 α 에서 p 에 대한 신뢰구간을 구할 때, 오차의 최대크기를 특정한 값으로 명시한다고 가정하자. 이에 필요한 표본의 크기는 얼마가 되어야 하겠는가? 이 물음에 대한 답을 이야기할 때 이항분포에서 성공의 확률 p 에 대해 사전에 알고 있느냐의 여부가 큰 역할을 할 것이다.

만약, p 에 대해 사전 추정값을 알고 있는 경우 표본의 크기 n은 다음과 같이 구한다.

$$n = \hat{p}(1-\hat{p})\left(\frac{z_{\alpha/2}}{E} \right)^2$$

또한, p 에 대해 사전 추정값을 모르고 있는 경우 표본의 크기 n은 다음과 같이 구한다.

$$n = \frac{1}{4}\left(\frac{z_{\alpha/2}}{E} \right)^2$$

예제 15

잡화점에 팝콘을 도매로 납품하는 일을 주로 하고 있는 회사가 있다. 이 회사는 농부들로부터 직접 옥수수를 구매하고 있는데, 대량으로 구입하기 전에 품질에 대한 검사를 실시한다. 구매가 이루어지기 전에 회사의 바이어는 옥수수 알이 팝콘으로 적당한가의 비율 p를 추정하고자 한다. n개의 옥수수 알 가운데서 팝콘으로 만들기 적합한 알 x개를 세는 방식을 택한다고 하자. 바이어는 p에 대한 점추정값 $\hat{p} = x/n$가 모수와의 차이가 오차의 크기 0.01 이하로 형성되는 것에 대해 95% 신뢰하기를 원한다.

(a) $\hat{p}$에 대한 사전정보가 없을 때 표본크기를 구하시오.

(b) $\hat{p}$ =0.86이라는 사전정보가 있을 때 표본크기를 구하시오.

풀이》 (a) 만약 p에 대한 사전 연구가 없다면 이 조건을 만족하기 위해 바이어가 사용하는 표본의 크기를 얼마로 하면 되겠는가? 이 경우, $z_{0.025} = 1.96$, $E = 0.01$이므로,

$$n = \frac{1}{4}\left(\frac{z_{\alpha/2}}{E}\right)^2 = \frac{1}{4}\left(\frac{1.96}{0.01}\right)^2 = 0.25\,(38{,}416) = 9604$$

이다. 따라서, 바이어는 9604개의 옥수수 알을 표본으로 사용할 수 있다.

(b) p의 추정값이 약 0.86이라는 사전연구가 있다. 만약, 바이어가 사전연구를 이용한다면, 이 조건을 만족하기 위해 바이어가 사용하는 표본의 크기를 얼마로 하면 되겠는가? 이 경우, $\hat{p} = 0.86$, $z_{0.025} = 1.96$ 및 $E = 0.01$이므로,

$$n = \hat{p}\,(1-\hat{p})\left(\frac{z_{\alpha/2}}{E}\right)^2 = (0.86)(0.14)\left(\frac{1.96}{0.01}\right)^2 = 4625.29$$

이다. 바이어는 4,626개의 옥수수 알을 표본으로 사용할 수 있는데, 이 표본은 사전연구가 없는 경우보다 사용하는 표본의 크기가 절반도 안 된다.

9.8 카이제곱분포

카이제곱분포(chi-square distribution)는 모분산과 모표준편차에 대한 통계적 추론, 범주형 자료분석 등에서 활용된다. 모분산이 σ^2인 정규모집단으로부터 크기 n인 표본을 추출하였다면, 통계량

$$\frac{(n-1)\,s^2}{\sigma^2}$$

의 표본분포는 자유도(df)가 $n-1$인 χ^2 분포를 따른다. χ^2 통계량은

$$\chi^2 = \frac{(n-1)\,s^2}{\sigma^2}$$

으로 주어지는데, 여기서 n은 표본의 크기, s^2은 표본분산, σ^2은 모집단이다. 위 식에서 $s^2 = \sum(x - \bar{x})^2/(n-1)$이므로, χ^2 통계량을 다음과 같이 쓸 수도 있다.

$$\chi^2 = \frac{\sum(x - \bar{x})^2}{\sigma^2}$$

χ^2분포는 다음과 같은 특징이 있다.

① χ^2 값은 0보다 크거나 같다.
② χ^2 분포의 모양은 자유도 $n-1$의 값에 따라 변한다.
③ χ^2 분포의 곡선 아래와 수평선 위의 면적은 1이다.
④ χ^2 분포는 대칭이 아니다. 오른쪽으로 꼬리가 길게 늘어진 모습이다.
⑤ $n > 2$ 일 때, 자유도가 $n-1$인 χ^2 분포의 평균은 $n-1$이고, 분산은 $2(n-1)$이다.
⑥ χ^2 분포의 정점은 $n-3$ 부근에서 찾을 수 있다.

〈그림 9.7〉은 χ^2 분포를 나타낸 것이다. χ^2 분포의 정점은 $(n-3)=$(자유도-2) 부근에 있다. 부록의 〈표 6〉은 10개의 α 값에 대한 임계값 $\chi^2_\alpha(df)$을 나타내고 있다. $\chi^2_\alpha(df)$는 자유도 df를 가진 χ^2 분포에 대한 임계값을 의미한다.

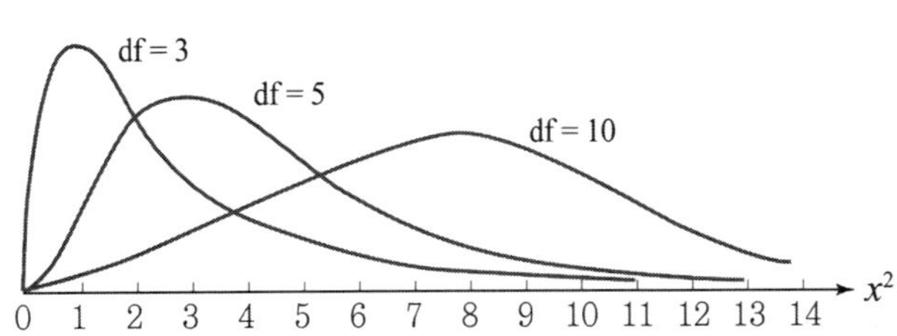

그림 9.7 χ^2 분포의 그래프

예제 16

부록의 〈표 6〉으로부터 임계값 $\chi^2_{0.10}(13)$을 찾아라.

풀이》 자유도 행에서 $df = 13$을 찾고 오른쪽 꼬리 부분을 나타내는 열에서 $\alpha = 0.10$인 열과 만나는 지점을 찾으면 $\chi^2_{0.10}(13) = 19.812$이다.

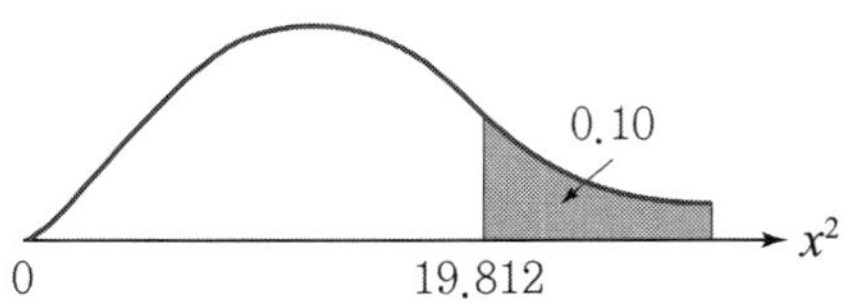

그림 9.8 $\chi^2_{0.10}(13)$의 값

예제 17

버스가 종점까지 도착하는 데 필요한 시간은 표준편차가 $\sigma = 1$분인 정규분포를 따른다고 하자. 만약 17대의 버스를 임의표본으로 하여 도착시간을 조사하여 표본분산이 2보다 클 확률, 즉 $P(s^2 > 2)$을 구하시오.

풀이》 먼저 $s^2 = 2$에 대응하는 χ^2 –값을 아래와 같이 구한다.

$$\chi^2 = \frac{(n-1)s^2}{\sigma^2} = \frac{(17-1)2^2}{1^2} = 32$$

즉, $P(s^2 > 2) = P(\chi^2 > 32)$이다. 부록의 〈표 6〉에서 자유도가 $df = 17 - 1 = 16$인 행에서, 32가 되는 지점을 찾아 대응하는 α 값을 보면 0.01이다. 따라서 구하고자 하는 확률은 $P(s^2 > 2) = 0.01$이다.

[σ^2과 σ의 신뢰구간]

모집단의 분산에 대한 구간추정을 구하여 보자. 볼트와 너트를 생산하는 회사를 예로 들어 보자. 이 회사에서는 모든 생산품들을 오차 허용 한도에 맞게 만들어 내야 하는데, 지름의 길이가 8.4mm인 볼트는 구멍의 크기가 8mm인 너트에는 사용할 수 없다.

예제 18

볼트 제작자는 직경이 8mm인 볼트를 생산해 내고 있는데, 볼트의 직경은 정규분포를 따른다고 한다. 품질관리 부서에서는 8mm 볼트의 직경에 대한 분산을 추정하기 위해 생산라인에서 25개의 볼트를 표본으로 추출하였다. 표본으로 추출된 볼트의 직경에 대한 분산은 $s^2 = 0.009$이었다. 표본분산 $s^2 = 0.009$는 모든 8mm 볼트 생산품에 대한 모분산 σ^2의 점추정값이다. 모분산 σ^2에 대한 95% 신뢰구간을 구하시오.

이제, 모분산 σ^2에 대한 95% 신뢰구간을 구하기 위해 〈그림 9.9〉를 보자.

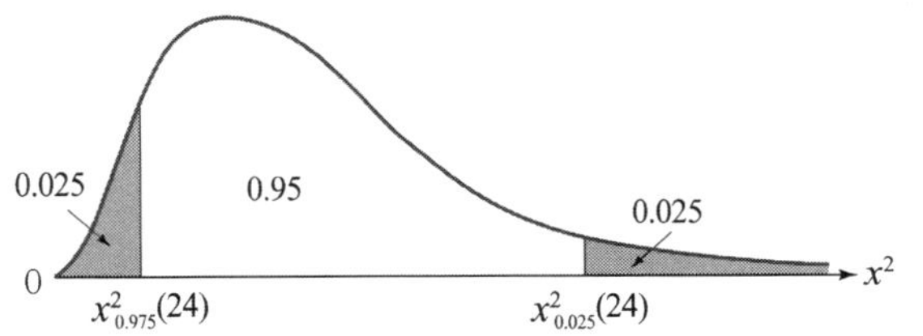

그림 9.9 σ^2의 95% 신뢰구간에 대한 임계값

두 개의 임계값들 사이의 면적이 0.95가 되도록 하고, "꼬리" 부분의 면적이 각각 0.025가 되는 두 지점을 결정하면 된다. 즉, $\chi^2_{0.975}(24)$는 그곳의 오른쪽 부분의 면적이 0.975이고, 왼쪽 부분의 면적이 0.025가 되는 지점이다. 일반적으로, $\chi^2_{\alpha/2}(df)$는 오른쪽 꼬리부분의 임계값을 나타내고, $\chi^2_{1-\alpha/2}(df)$는 왼쪽 꼬리부분의 임계값을 나타낸다. 부록의 〈표 6〉을 사용하여, 아래와 같은 임계값들을 찾을 수 있다.

$$\chi^2_{0.975}(24) = 12.401, \ \chi^2_{0.025}(24) = 39.364$$

위의 값들을 σ^2 에 대한 95% 신뢰구간을 구하는 데 사용할 수 있다. 신뢰구간 (L_1, L_2)를 다음과 같이 표시하자.

$$P(L_1 < \sigma^2 < L_2) = 0.95$$

여기서, L_1 과 L_2 는 각각 σ^2 의 신뢰하한과 신뢰상한이다. χ^2 통계량은 다음과 같이 정의되므로

$$\chi^2 = \frac{(n-1)s^2}{\sigma^2}$$

신뢰 한계값 L_1 과 L_2 를 구하기 위해 σ^2 에 대해 이 방정식을 정리할 수 있다.

$$\sigma^2 = \frac{(n-1)s^2}{\chi^2} \tag{9.17}$$

신뢰한계 L_1 과 L_2 를 구하기 위해, 식 (9.17)에서 χ^2 대신에 임계값을 대입해 보면, 신뢰한계는

$$\sigma^2 = \frac{(n-1)s^2}{\chi^2} = \frac{(25-1)(0.009)}{39.364} = 0.0055$$

$$\sigma^2 = \frac{(n-1)s^2}{\chi^2} = \frac{(25-1)(0.009)}{12.401} = 0.0174$$

이다. 식 (9.17)을 이용하여 얻은 작은 값이 신뢰하한 L_1이고, 더 큰 값이 신뢰상한인 L_2이다. 따라서 σ^2의 95% 신뢰구간은 (0.006, 0.017)이다. 만일, 볼트 생산자가 판단하기에 이 값을 채택할 수 있다고 했을 때, 다음에 얻은 표본의 표본분산이 $s^2 = 0.20$이라면, 이것은 신뢰구간 (0.006, 0.017) 범위에 있는 값이 아니므로 볼트 생산의 품질관리에 문제가 있다고 생각할 수 있다.

다음은 모분산 σ^2 에 대한 $100(1-\alpha)\%$ 신뢰구간을 구하는 공식이다.

모분산 σ^2 에 대한 $100(1-\alpha)\%$ 신뢰구간

$$L_1 = \frac{(n-1)s^2}{\chi^2_{\alpha/2}(df)} \qquad L_2 = \frac{(n-1)s^2}{\chi^2_{1-\alpha/2}(df)} \tag{9.18}$$

여기서, n은 표본의 크기이고, s^2는 표본분산이다.

정규모집단의 모집단 표준편차 σ의 신뢰구간을 구하기 위해, 식 (9.18)에서 얻은 한계값들의 양의 제곱근을 사용할 수 있다. σ의 신뢰구간은 다음과 같다.

모표준편차 σ 에 대한 $100(1-\alpha)\%$ 신뢰구간

$$\left(\sqrt{L_1}\ ,\ \sqrt{L_2}\right)$$

여기서, L_1과 L_2는 식 (9.18)에서 얻은 값들이다.

예제 19

〈예제 18〉에서 σ 에 대한 95% 신뢰구간을 구하면 다음과 같다.

$$\left(\sqrt{L_1}, \sqrt{L_2}\right) = \left(\sqrt{0.006}\ ,\ \sqrt{0.017}\right) = (0.078, 0.130)$$

EXCEL 실습

[실습 1] 점추정값의 계산

> 모평균과 모분산의 점추정량인 표본평균과 표본분산은 [수식 입력줄]에서 함수 〈AVERAGE〉와 〈VAR〉을 사용하거나 [도구] → [데이터 분석] → [기술 통계법]의 대화상자를 이용하여 계산할 수 있다.

예제 20

다음은 미국 프로야구 메이져 리그 선수들 중 연봉을 500만 달러 이상 받는 타자들 가운데 13명을 임의로 추출하여 그들의 지난해 홈런 수를 조사한 자료이다.

49 32 33 39 22 42 9 9 39 52 58 70 65

이때, 표본평균과 표본분산을 구하시오.

1) [수식 입력줄]에서 함수 〈AVERAGE〉와 〈VAR〉을 사용하는 경우

◀ 1단계 : 워크시트에 자료를 입력한다.

◀ 2단계 : 셀 B15에 평균을 계산한다.

① 셀 B15를 선택한 후

② 수식 입력줄에
'=AVERAGE(A1 : A13)'을 입력

◀ 3단계 : 셀 B16에 분산을 계산한다.

① 셀 B16을 선택한 후

② 수식 입력줄에
'=VAR(A1 : A13)'을 입력

	A	B
1	49	
2	32	
3	33	
4	39	
5	22	
6	42	
7	9	
8	9	
9	39	
10	52	
11	58	
12	70	
13	65	
14		
15	평균	39.92308
16	분산	369.9103

그림 9.10 함수 〈AVERAGE〉와 〈VAR〉을 사용하여 얻은 결과

2) [기술 통계법] 대화상자를 이용할 경우

◀ 1단계 : 워크시트에 자료를 입력한다.

◀ 2단계 : [도구] 메뉴에서 [데이터 분석] → [기술 통계법]을 선택한다.

◀ 3단계 : [기술 통계법] 대화상자에서 〈그림 9.11〉과 같이 입출력에 필요한 사항(입력범위, 출력범위, 요약 통계량 등)을 입력한 후, "확인"을 클릭한다.

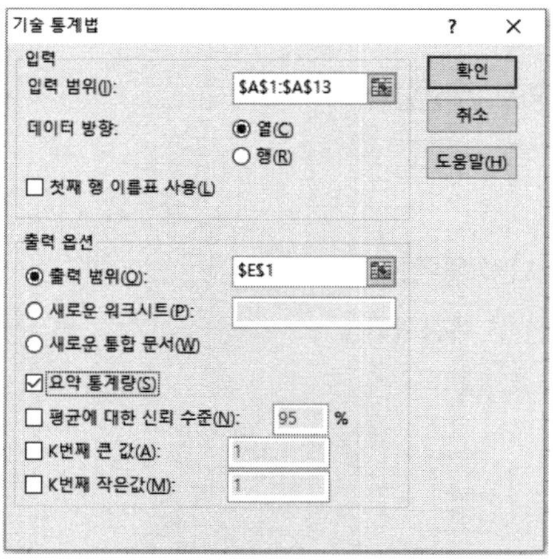

그림 9.11 [기술 통계법] 대화상자를 이용한 통계량의 계산

	A	B	C	D	E	F
1	49				Column1	
2	32					
3	33				평균	39.92308
4	39				표준 오차	5.334289
5	22				중앙값	39
6	42				최빈값	39
7	9				표준 편차	19.23305
8	9				분산	369.9103
9	39				첨도	-0.6153
10	52				왜도	-0.19829
11	58				범위	61
12	70				최소값	9
13	65				최대값	70
14					합	519
15					관측수	13

그림 9.12 [기술 통계법] 대화상자를 이용하여 얻은 결과

[실습 2] 구간 추정값의 계산

EXCEL에서 구간추정을 위해 사용할 수 있는 함수는 〈CONFIDENCE〉이다.
〈CONFIDENCE〉에는 모분산 σ^2 을 아는 경우 〈CONFIDENCE.NORM〉과 모분산을 모르는 경우 t분포 가정하에서 신뢰구간을 구하는 〈CONFIDENCE.T〉가 있다.
다른 방법으로 모분산 σ^2 가 알려져 있지 않은 경우에는 [데이터 분석]→[기술 통계법] 대화상자를 이용할 수도 있다.

1. 모평균 μ 의 구간추정

1) σ^2 을 아는 경우 : 함수 〈CONFIDENCE.NORM〉을 사용하여 모평균 μ 를 추정할 수 있다.

예제 21

A회사에서 생산하는 비누의 무게는 분산이 $\sigma^2 = 4(g)$인 정규분포를 따른다. 25개의 비누를 임의로 추출하였을 때 그 평균무게는 $\overline{x} = 97(g)$이었다. 실제 평균무게 μ에 대한 95% 신뢰구간을 구하시오.

◀ 1단계 : [함수 마법사] 대화상자에서 [통계]→[CONFIDENCE.NORM]을 선택한다.

◀ 2단계 : [CONFIDENCE.NORM]의 대화상자에서

① Alpha : 유의수준 0.05를 입력

② Standard_dev : 모표준편차 2를 입력

③ Size : 표본의 크기 25를 입력

하여 $z_{\alpha/2}\dfrac{\sigma}{\sqrt{n}}$ 을 구한다.

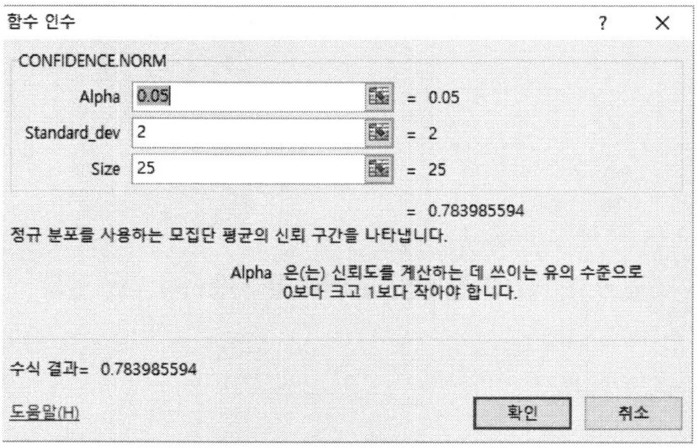

그림 9.13 함수 [CONFIDENCE.NORM]를 이용하여 신뢰구간을 구하기

따라서, μ 에 대한 95% 신뢰구간은

$$\left[\bar{x} - z_{\alpha/2}\frac{\sigma}{\sqrt{n}},\ \bar{x} + z_{\alpha/2}\frac{\sigma}{\sqrt{n}}\right]$$

$$= [\,124 - 0.7840,\, 124 + 0.7840\,] = [123.216,\ 124.784]$$

이 된다.

2) σ^2 가 알려져 있지 않은 경우 : [데이터 분석]→[기술통계법]을 이용한다.

예제 22

〈예제 20〉에서 사용했던 미국 프로야구 메이저 리그 선수들의 지난해 홈런 수에 대한 자료를 이용하여, 평균 홈런 수 μ 에 대한 95% 신뢰구간을 구하시오.

◀ 1단계 : 워크시트에 자료를 입력한다.

◀ 2단계 : [데이터 분석]→[기술통계법]을 선택한다.

◀ 3단계 : [기술통계법] 대화상자에서 필요한 사항들(입력범위, 출력범위, 요약통계량 및 평균에 대한 신뢰수준)을 지정한다.

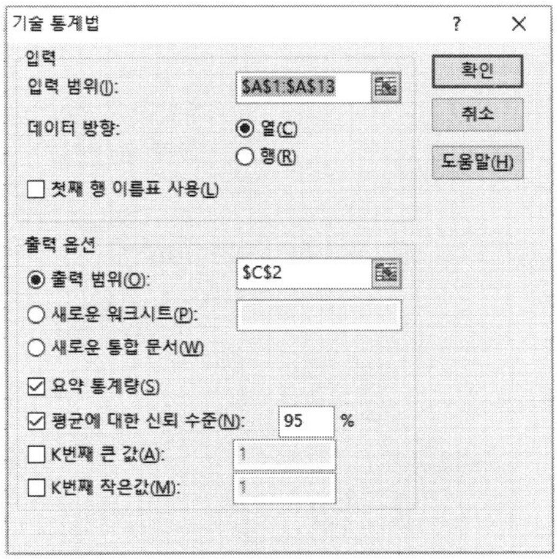

그림 9.14 [기술통계법] 대화상자를 이용한 기술통계량의 계산

	A	B	C	D	E
1	49				
2	32		Column1		
3	33				
4	39		평균	39.92307692	
5	22		표준 오차	5.334288623	
6	42		중앙값	39	
7	9		최빈값	39	
8	9		표준 편차	19.23305115	
9	39		분산	369.9102564	
10	52		첨도	-0.615300496	
11	58		왜도	-0.198293368	
12	70		범위	61	
13	65		최소값	9	
14			최대값	70	
15			합	519	
16			관측수	13	
17			신뢰 수준(	11.62241649	

그림 9.15 [기술통계법] 대화상자를 이용한 기술통계량의 계산 결과

〈그림 9.15〉에서 표본평균은 39.923, 표본표준편차는 19.233이며, "95% 신뢰수준"의 값이 11.622인데, 이 값은 $t_{0.025}(12)\,\dfrac{19.233}{\sqrt{13}} = 11.622$ 를 의미한다. 따라서 μ 에 대한 95% 신뢰구간은 다음과 같다.

$$(39.923 - 11.622,\ 39.923 + 11.622) = (28.301,\ 51{,}545)$$

다른 방법으로 〈CONFIDENCE.T〉함수를 이용하여 다음과 같이 입력하면 신뢰구간을 구할 수 있다.

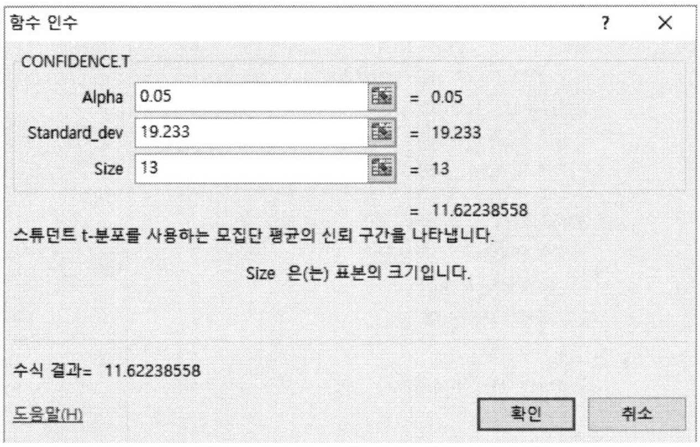

그림 9.16 함수 [CONFIDENCE.T]를 이용하여 신뢰구간을 구하기

2. 모분산 σ^2의 구간추정

EXCEL에서는 모분산이나 모비율 등에 대한 신뢰구간을 구할 수 있는 함수나 도구는 마련되어 있지 않다. 따라서 이러한 경우에는 여러 가지 통계량과 분포의 백분위수를 구하는 함수를 적절하게 사용하여 신뢰구간을 구할 수 있다.

예제 23

〈예제 20〉에서 사용했던 미국 프로야구 메이저리그 선수들의 지난해 홈런 수에 관한 자료를 이용하여, 모분산 σ^2에 대한 95% 신뢰구간을 구하시오.

◀ 1단계 : 워크시트에 자료를 입력한다.

◀ 2단계 : [수식 입력줄]에 다음과 같이 상한값과 하한값을 구하는 함수를 사용한다.

① 하한값 : =(n−1)*VAR(자료의 범위)/CHISQ.INV.RT($\alpha/2, n-1$)

② 상한값 : =(n−1)*VAR(자료의 범위)/CHISQ.INV($\alpha/2, n-1$)

=12*VAR(A1:A13)/CHISQ.INV.RT(0.025,12)

	A	B	C	D
1	49			
2	32			
3	33			
4	39			
5	22			
6	42			
7	9			
8	9			
9	39			
10	52			
11	58			
12	70			
13	65			
14				
15	하한값	190.2124		
16	상한값	1007.978		

그림 9.17 모분산의 95% 신뢰구간

연습문제

01 표본수와 모분산이 다음과 같을 때 모평균 μ에 대한 95% 추정오차의 한계를 구하시오.

1) $n = 20,\ \sigma^2 = 4$

2) $n = 100,\ \sigma^2 = 0.9$

3) $n = 50,\ \sigma^2 = 12$

02 모평균 μ에 대한 $100(1-\alpha)\%$ 신뢰구간을 구하시오.

1) $\alpha = 0.01,\ n = 38,\ \bar{x} = 34,\ s^2 = 12$

2) $\alpha = 0.10,\ n = 65,\ \bar{x} = 1049,\ s^2 = 51$

3) $\alpha = 0.05,\ n = 89,\ \bar{x} = 66.3,\ s^2 = 2.48$

03 n개의 확률표본을 미지의 모평균 μ와 모표준편차 $\sigma = 10$인 모집단으로부터 추출하였다. n이 아래와 같을 때, 모평균 μ에 대한 95% 신뢰구간을 구하시오.

1) $n = 100$ 2) $n = 200$ 3) $n = 400$

04 연습문제 [3]에서 구한 신뢰구간을 비교하여 보자. 아래와 같은 요인들이 신뢰구간의 폭에 어떤 영향을 미치는가?

1) 표본의 크기를 2배로 하였을 때

2) 표본의 크기를 4배로 하였을 때

05 연습문제 [3]과 관련하여

1) $n = 100$일 때, μ에 대한 90% 신뢰구간의 폭을 구하시오.

2) $n = 100$일 때, μ에 대한 99% 신뢰구간의 폭을 구하시오.

3) μ에 대한 90%, 95%, 99% 신뢰구간의 폭을 비교하여 보시오. 신뢰계수가 증가함에 따라 신뢰구간의 폭에 어떤 영향을 미치는가?

06 지질학자는 지각균열에 따른 지각의 변화와 움직임에 관심이 있다. 특정 위치에서 지각의 움직임을 관찰하다가 암반 구조에 많은 균열이 있음을 발견하였다. 균열의 평균 각도를 추정하기 위하여 $n=50$개의 균열 상태를 뽑아 각도를 측정하여 본 결과, 표본평균과 표본표준편차가 각각 39.8°와 17.2°인 것을 알았다. 균열의 평균 각도를 신뢰수준 95%로 추정하고 추정오차의 한계를 구하시오.

07 저축률의 증가는 경제에서 신뢰성의 상실과 밀접한 관계가 있고, 경기 후퇴의 징후라 여겨진다. 어느 지역에서 $n=200$명을 표본으로 추출하여 조사하여 보니 저축액이 지난 12개월 동안 평균 7.2% 증가하였고, 표준편차는 5.6%이었다. 그 지역의 모든 예금자들에 대한 지난 12개월 동안의 저축액의 평균 증가율(%)을 추정하고, 95% 추정오차의 한계를 구하시오.

08 U시에 살고 있는 392명의 건강한 어린이들에 대하여 지방에 녹는 비타민, 즉 비타민 A, 비타민 E, β－카로틴 및 콜레스테롤의 혈중농도를 측정하였다. 정상적인 영양섭취와 식사 습관을 가진 공업도시에 살고 있는 어린이들에 대한기준을 아는 것은 다른 열악한 조건 하에서 살고 있는 어린이들의 기준을 설정하는 데 매우 중요하다. 측정 결과는 다음과 같다.

	평균±표준편차 ($n=392$)	소년 ($n=207$)	소녀 ($n=185$)
레티놀($\mu g/dl$)	42.5 ± 12.0	43.0 ± 13.0	41.8 ± 10.7
β－카로틴($\mu g/l$)	572 ± 381	588 ± 406	553 ± 350
비타민 E(mg/l)	9.5 ± 2.5	9.6 ± 2.7	9.5 ± 2.2
콜레스테롤(g/l)	1.84 ± 0.42	1.84 ± 0.47	1.83 ± 0.38
비타민 E/콜레스테롤(mg/g)	5.26 ± 1.04	5.26 ± 1.11	5.26 ± 0.25

1) 소년들의 모집단에 대한 평균 콜레스테롤에 대해 99% 신뢰구간을 구하시오. 이 구간의 의미는 무엇인가?
2) 소녀들의 모집단에 대한 평균 β－카로틴에 대해 99% 신뢰구간을 구하시오. 이 구간의 의미는 무엇인가?
3) 이 측정 결과가 이 연령층의 모든 소년, 소녀들에 대한 혈중농도를 추정하는 데 사용될 수 있는가? 아니라면 그 이유는 무엇인가?

09 실험방법에 따른 변이, 원료의 불순 가능성 및 다른 미지의 요인들에 의해 화학실험의 결과는 항상 동일한 결과가 나타나지 않는다. 30명의 학생들이 30분 동안 전기분해 실험을 실시하여 구리황산염의 포화용액으로부터 침전된 구리의 양을 측정한 결과 표본평균 0.145(mole)와 표본표준편차 0.0051(mole)을 각각 얻었다. 모든 기간 동안 포화용액으로부터 침전된 구리의 평균에 대한 90% 신뢰구간을 구하시오.

10 대기오염의 결과로 나타나고 있는 산성비에 대한 문제가 제기되고 있다. 산성의 측도는 pH값을 사용하고 있는데, pH값이 0에 가까워질수록 산성의 농도가 짙고 14에 가까워질수록 알칼리성의 농도를 가진다. 오염이 되지 않은 지역에서 채집한 순수 빗물의 산성도를 측정한 결과 5.7pH 값을 얻었다. 지금 40개의 실험관에 든 빗물을 표본으로 하여 산성도를 측정한 결과 표본평균 3.7과 표본표준편차 0.5를 얻었다. 이 빗물의 산성도에 대한 99% 신뢰구간을 구하고, 그 구간의 의미를 설명하시오. 신뢰구간을 정확하게 규정하기 위하여 어떤 가정을 세워야 하는가?

11 식이요법 A와 B를 비교하기 위하여 실험을 실시하였다. 과체중 식이요법을 하는 그룹에서 각각 30명의 두 집단을 임의로 추출하였다. 집단 A에게 식이요법 A를, 집단 B에게 식이요법 B를 30일 동안 실시하고 그들의 감소된 체중을 기록하였다. 두 집단의 감소된 체중의 평균과 표준편차는 아래와 같다. 두 식이요법에 대한 평균 감소체중의 차이에 대한 95% 신뢰구간을 구하시오.

	식이요법 A	식이요법 B
평균	21.3	13.4
표준편차	2.6	1.9

12 연안에서 멀리 떨어지지 않은 앞바다에 해상 원자력 발전소를 건설하는 일이 전력부족을 해결하는 하나의 방법으로 검토되고 있다. 그러나 다른 선박들과의 충돌 우려가 있으므로 그 지역의 선박교통량의 측정이 선행되어야 한다. 하절기 $n_1 = 60$일 동안 매일 발전소 건설예정지로부터 10마일 이내의 바다를 통과하는 선박들의 수를 기록하여 표본평균과 분산을 구하였더니 다음과 같았다.

$$\overline{x} = 7.2, \quad s^2 = 8.8$$

1) 건설 예정지의 10마일 이내의 바다를 통과하는 일일 평균 선박 수에 대한 95% 신뢰구간을 구하시오.
2) 동절기 $n_2 = 90$일 동안 같은 지역을 통과한 선박 수에 대한 표본평균과 분산을 구하였더니 아래와 같았다.

$$\bar{x} = 4.7, \quad s^2 = 4.9$$

여름과 겨울 사이의 평균 선박 교통량의 차이에 대한 90% 신뢰구간을 구하시오.
3) 2)에서 추정과 관련된 모집단은 무엇인가? 1)과 2)에서 표본추출절차가 공평하다고 할 수 있는가?

13 **어느 대학교 학생생활연구소에서는 전국에서 임의로 추출한 2,000명의 고등학생들을 대상으로 자신이 당면한 가장 중요한 문제가 무엇인가에 대한 여론조사를 실시하여 다음과 같은 결과를 얻었다.**

졸업 후의 진로	:	1,134명
성적문제	:	234명
이성문제	:	111명
가정문제	:	97명
기타	:	424명

1) 전국 고등학교 학생들이 가지는 문제들 중 졸업 후의 진로에 관한 사항에 대해 모비율을 추정하시오.
2) 이 사항에 대해 99% 신뢰구간을 구하시오.

14 **S여론조사기관에서 현 정부의 개혁정책에 대한 여론조사를 실시하였다. 전국에서 1,500명을 무작위로 추출하여 조사해 본 결과 응답자의 87.3%가 현 정부의 개혁정책을 지지하는 것으로 나타났다.**

1) 모비율에 관한 점추정값을 구하고 추정오차의 한계를 구하시오.
2) 모비율에 대한 95% 신뢰구간을 구하시오.

15 여당과 야당으로부터 각각 50명의 국회의원을 임의로 추출하여 이들이 정치 후원단체들로부터 지원을 받고 있는가에 대한 질문에 대해 여당의원들 중 42명과 야당의원들 중 25명이 지원을 받고 있다고 답하였다.

1) 여당과 야당의원들의 지원비율의 차이에 대한 점추정값을 구하고 95% 추정오차의 한계를 구하시오.
2) 95% 신뢰구간을 구하시오.

16 n개의 표본을 가지고 모평균을 추정하려고 하는데, 과거의 경험에 의해 모표준편차가 $\sigma = 12.7$임을 알고 있다. 만약, 모평균 μ와의 오차가 1.6 이내일 확률이 0.95로 하려면 표본의 크기 n을 얼마로 하여야 하는가?

17 어느 실험에서 약을 복용한 환자의 60%가 수면을 취하도록 처방하기로 하였다. 모비율에 대한 오차가 0.02 이내일 확률이 0.90이라면 몇 명의 환자를 표본으로 해야 하는가?

18 2대의 자동차를 대상으로 휘발유 연비에 대한 실험을 실시하였다. 40회의 실험을 실시한 결과 $1l$당 주행거리의 평균과 표준편차는 다음과 같다. 모집단에서 관심 있는 모수는 각 자동차의 $1l$당 평균주행거리인 μ_1과 μ_2이다. 2대 자동차에 대한 $1l$당 평균주행거리 차이에 대해 90% 신뢰구간을 구하고, 이 구간의 의미에 대하여 설명하시오.

	자동차 1	자동차 2
평균	22.3	25.1
표준편차	1.1	1.3

19 1993년도 국세수입은 전년도에 비해 7,400억 원이 증가할 것이라 예상되고 있다. 그러나 1993년의 국가지출도 이와 비슷하게 증가할 것으로 예상되어 100억 원 이상의 적자가 예상된다. 1989년에 실시한 여론조사에 의하면 경영자의 71%와 근로자의 75%가 세수 증가에 대한 지출을 줄여 적자를 감소시켜야 한다는 의견에 동조하였다. 만약 조사에 참가한 경영자와 근로자의 수가 각각 1,500명이었다면, 지출 감소에 동조하는 모비율의 차이 $(p_1 - p_2)$에 대한 99% 신뢰구간을 구하시오.

제10장

가설검정

제10장 가설검정

모집단 모수의 값을 추정해야 하는 경우가 있는 반면, 모수 값에 관해 어떤 결정을 내려야 할 경우도 있다. 항생물질을 발효시켜 약을 만드는 어느 제약회사의 예를 들어 보자. 이 회사에서는 제조공정에서 표본을 추출하여 항생제의 효능을 검정할 수도 있고, 평균효능 μ 를 추정할 수도 있을 것이다. 이 회사의 관심이 항생제의 효능이 좋은가에 있는 것이 아니라, 판매 허가권을 취득하기 위해 효능이 정부에서 제정한 공인 기준을 넘는가의 여부에 있다고 하자. 이 경우 회사에서는 평균효능의 추정보다는, 평균효능이 정부공인기준을 넘는가를 보이려 할 것이다. 회사는 항생제의 평균효능이 허가받을 수 있는 최솟값을 넘는가의 여부를 결정하고 싶으며, 이 회사에서 해결해야 할 문제는 통계적 가설검정의 예가 된다.

통계적 가설검정을 실시하는 목적은 하나 또는 그 이상의 모집단 모수 값에 대한 가설을 검정하는 것이다.

10.1 가설검정의 논리

통계적 추정 절차와는 달리 가설검정은 탐색적인 절차가 아니다. 가설검정은 미지의 값을 탐색하는 것보다는 고정되고 알 수 있는 값과 관심 있는 모수들의 관계를 확신하는 데 더 중점을 둔다.

가설검정은 두 개의 통계적 가설들로 이루어지는데, 하나의 가설이 채택되면 다른 가설은 기각된다. 연구자들이 입증하고자 하는 가설을 실험가설(experimental hypothesis) 또는 대립가설(alternative hypothesis)이라 하고 H_1(또는 H_a) 등으로 표기한다. 이와는 반대되는 가설을 귀무가설(null hypothesis) 또는 영가설이라 하고 H_0로 표기한다. 귀무가설에 사용되는 값은 과거부터의 값이거나 주장 또는 생산품의 규격 등이다. 예를 들어, 남자 프로농구선수들의 평균 신장이 10년 전 $198cm$에 비해 최근에는 더 커졌다는 것을 입증하기 위해 가설검정을 실시할 수 있다. 이 경우 사용할 수 있는 귀무가설은 $H_0 : \mu = 198cm$이고 대립가설은 $H_1 : \mu > 198cm$ 이다.

이 두 가지 가설을 포함하여 통계적 가설검정을 실시하기 위하여 필요한 네 가지 요소는 다음과 같다.

1) 귀무가설(null hypothesis)
2) 대립가설(alternative hypothesis)
3) 검정통계량(test statistic)
4) 기각역(rejection region)

대립가설에는 실험자가 입증하기를 원하는 내용을 설정하며, 반대로 귀무가설에는 대립가설과 반대되며 기각되기를 원하는 내용을 설정한다. 즉, 귀무가설이 참(true)이면 대립가설은 거짓(false)이 되며, 대립가설이 참이면 귀무가설은 거짓이 된다.

예제 1

$H_0 : \mu = 20$, $H_0 : \mu \geq 20$ 및 $H_0 : \mu \leq 20$은 귀무가설이다.

예제 2

귀무가설이 $H_0 : \mu = 20$인 경우, 대립가설은 입증하고자 하는 정보의 내용에 따라 $H_1 : \mu \neq 20$ 또는 $H_1 : \mu > 20$ 또는 $H_1 : \mu < 20$로 표기할 수 있다.

귀무가설을 기각하거나 채택하는 결정은 모집단으로부터 추출한 표본의 정보에 따른다. 이 표본정보로부터 계산되는 값을 검정통계량(test statistics)이라 한다. 검정통계량이 취할 수 있는 값의 범위를 2개의 영역으로 나누어 각각 기각역(rejection region)과 채택역(acceptance region)이라 한다. 만일 어떤 표본으로부터 계산된 검정통계량 값이 기각역 내에 위치한다면 귀무가설은 기각되고 대립가설을 채택하는 의사결정을 내린다. 그러나 검정통계량이 채택역에 포함되면 귀무가설을 채택하는 의사결정을 한다.

가설검정의 종류를 살펴보자. 귀무가설 H_0은 관심이 있는 모수가 항상 특정한 값을 갖는 형태로 표현된다. 대립가설은 이 값과 "작거나", "크거나" 또는 "같지 않거나" 하는 형태로 표현된다. 이와 같은 대립가설의 형태에 따라, "좌단측 검정(left-tailed tests)", "우단측 검정(right-tailed tests)" 또는 "양측 검정(two-tailed tests)"으로 검정의 형태를 구분할 수 있다.

만약 H_1이 H_0에서 주장한 값보다 작은 값을 나타낸다면 좌단측 검정이라 한다.

만약 H_1 이 H_0 에서 주장한 값보다 큰 값을 나타낸다면 우단측 검정이라 한다.

만약 H_1 이 H_0 에서 주장한 값과 다른 값(같지 않은 값)을 나타낸다면 양측 검정이라 한다.

예제 3

평균 μ 를 검정할 때 귀무가설과 대립가설은 다음과 같다.

귀무가설	대립가설과 검정의 형태		
μ 에 대한 주장이나 과거로부터의 값 $H_0 : \mu = \mu_0$	H_0 에서 주장한 값보다 작은 값이라 믿음. $H_1 : \mu < \mu_0$	H_0 에서 주장한 값보다 큰 값이라 믿음. $H_1 : \mu > \mu_0$	H_0 에서 주장한 값과 같지 않은 값이라 믿음. $H_1 : \mu \neq \mu_0$
	좌단측 검정	우단측 검정	양측 검정

위와 같이 두 개의 가설 중에서 하나를 택하는 결정 문제에는 두 종류의 오류(error)가 발생할 수 있다. 즉, 귀무가설이 참인데도 잘못하여 이를 기각할 수도 있는데 이를 제1종 오류(type Ⅰ error)라 하고 이의 발생확률을 α로 표기한다. 귀무가설이 거짓인데도 이를 잘못하여 채택하는 경우를 제2종 오류(type Ⅱ error)라 하고 이의 발생확률을 β로 표기한다. 이들의 관계를 의사결정표(decision table)로 나타내면 아래와 같다.

가설을 검정할 때는 제1종 오류의 발생확률 α와 제2종 오류의 발생확률 β를 최소화하는 검정방법을 선택해야 하는데 현실적으로 이 두 가지 오류를 동시에 줄일 수 있는 방법은 없다. 제1종 오류의 최대 발생확률을 가설검정에서 유의수준(significance level)이라 한다.

의사결정	귀무가설	
	참	거짓
H_0 기각	잘못된 결정 (제Ⅰ종 오류)	옳은 결정
H_0 을 기각하지 않음.	옳은 결정	잘못된 결정 (제Ⅱ종 오류)

두 가지 오류를 이해하기 위하여 다음 예제를 살펴보자.

예제 4

D백화점에서는 고객들의 편의를 위하여 주차장 증설을 고려하고 있다. 이에 대해 백화점 주차장의 시간당 평균 자동차 주차수가 200대가 넘는다는 주장과 그렇지 않다는 주장을 확인하고자 다음의 가설을 설정하였다.

$$H_0: \ \mu \leq 200$$

$$H_1: \ \mu > 200$$

제1종 오류는 "실제로 주차장의 시간당 평균 자동차 주차수가 200대를 넘지 않는데(즉, H_0가 참일 때), 표본자료 분석 결과 200대가 넘는다고 (H_0를 기각)하는 것"이고 제2종 오류는 "실제로 주차장의 시간당 평균 자동차 주차수가 200대가 넘는데(즉, H_0가 거짓일 때), 표본자료 분석 결과 200대가 넘지 않는다고 (H_0를 채택)하는 것"이다.

위의 예에서 제1종 오류를 고려하지 않고 결정을 내린다면 시간당 평균 자동차 주차수가 기준에 미치지 않는데도 주차장을 증설하여 불필요한 예산의 낭비를 초래할 우려가 있다.

반대로 제2종 오류를 고려하지 않는다면 주차장을 증설해야 할 시점인데도 이를 하지 않게 되어 고객들에게 불편을 주게 될 것이다.

옳은 결정, 즉 H_0가 옳을 때 기각하지 않거나, H_0가 틀렸을 때 기각함과 관련된 확률을 생각해보자. H_0가 옳을 때 그것을 기각하지 않을 확률은 $1-\alpha$이 된다. 이 사실로부터 다음의 관계가 성립함을 알 수 있다.

$$P(H_0\text{기각} \mid H_0\text{참}) + P(H_0\text{채택} \mid H_0\text{참}) = 1$$

$P(H_0\text{기각} \mid H_0\text{참}) = \alpha$이므로, $P(H_0\text{채택} \mid H_0\text{참}) = 1-\alpha$이다. H_0가 사실일 때 이를 기각하지 않을 확률은 9장에서 학습한 바 있는 신뢰수준 $1-\alpha$와 같다.

H_0가 사실이 아닐 때 이를 기각하는 확률은 $1-\beta$이다. 이 사실로부터 다음의 관계가 성립함을 알 수 있다.

$$P(H_0\text{기각} \mid H_0\text{거짓}) + P(H_0\text{채택} \mid H_0\text{거짓}) = 1$$

그러나 $P(H_0\text{채택} \mid H_0\text{거짓}) = \beta$이므로 다음이 성립한다.

$$P(H_0\text{기각} \mid H_0\text{거짓}) = 1-\beta$$

귀무가설 H_0 가 사실이 아닐 때 이를 기각할 확률을 검정력(power of the test)이라 한다. 가설검정에서 네 가지 가능한 결과들에 대응하는 확률값은 다음과 같다.

표 10.1 ▮ 가설검정에 대한 결과 및 확률

확률 기호	정의
α	유의수준으로서 제1종 오류의 확률
β	제2종 오류의 확률
$1-\alpha$	신뢰수준으로 H_0이 사실일 때 이를 기각하지 않을 확률
$1-\beta$	검정력으로 H_0이 사실이 아닐 때 이를 기각할 확률

10.2 가설검정절차

9장에서 언급한 모든 점추정량들은 불편성을 만족하며 대표본 하에서 정규분포에 근사하는 표본분포를 가지므로 모수의 추정과 가설검정 사이에는 유사한 점이 많다. 그래서 가설검정에서 모수들에 대한 검정통계량으로 점추정량을 사용한다. 가설검정의 대상이 되는 모수들(예를 들어 μ, p 등) 가운데 1개를 θ라 쓰고, $\hat{\theta}$를 이에 대응하는 불편추정량이라 하자. 이때, 귀무가설

$$H_0 : \theta = \theta_0$$

가 참이면, $\hat{\theta}$의 표본분포는 근사적으로 정규분포이며(대표본인 경우) 평균이 θ_0가 된다. 실질적으로, θ가 θ_0보다 클 때 H_0를 기각하는 데 검정의 목적이 있다면 대립가설은

$$H_1 : \theta > \theta_0$$

로 설정한다.

좌단측 검정에 대한 기각역은 아래 그림에서 c 보다 아래에 해당되는 영역이다. 기각역과 채택역의 경계가 되는 검정통계량의 값을 임계값(또는 기각값 : critical value)이라 한다. 위의 그림에 나타난 임계값은 c 이다.

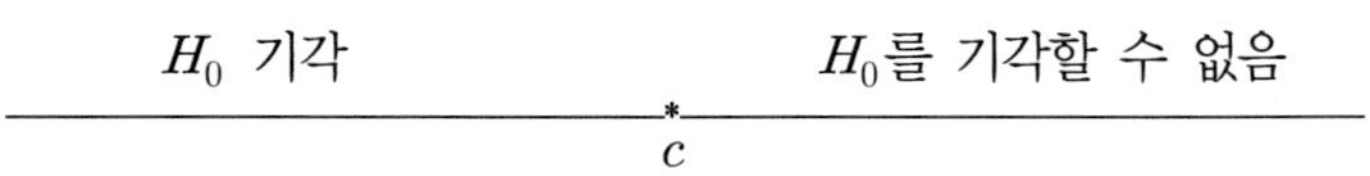

귀무가설이 참일 때 이를 기각할 확률은 정규곡선 아래에 있는 기각역의 면적과 같다. 만약

$\alpha = 0.05$라는 말은 $\hat{\theta}$값이 θ_0의 우측으로 $1.645\,\sigma_{\hat{\theta}}$ 이상일 때 기각하는 것을 말한다. 이와 같이 분포의 한쪽 끝에 기각역이 존재하는 것을 단측검정(one-tailed test)이라 한다. 단측검정에는 기각역의 위치에 따라 우단측검정과 좌단측검정이 있다.

모수 θ가 θ_0보다 크거나 작은가를 검정하고자 한다면, 대립가설은

$$H_1 : \theta \neq \theta_0$$

로 설정하는데, 이는 $\theta > \theta_0$이거나 $\theta < \theta_0$임을 뜻한다.

제1종 오류의 확률 α가 정규분포의 양끝에 같은 크기로 나누어진다면, $\hat{\theta}$의 값이 임계값 $\theta_0 + c$보다 크거나 $\theta_0 - c$보다 작을 때 H_0를 기각하게 된다. 이것을 양측검정(two-tailed test)이라 한다.

대표본인 경우 모수에 관한 가설을 검정할 때 가설의 기각과 채택의 기준이 되는 검정통계량은 다음과 같이 구한다.

$$z = \frac{\hat{\theta} - \theta_0}{\sigma_{\hat{\theta}}}$$

10.3 모평균에 대한 가설검정

모평균에 대한 가설검정을 실시하기 위해 앞서 정의한 모수 θ를 μ에 관한 검정으로 정의하여야 한다. 즉, 점추정량 $\hat{\theta}$는 $\overline{x}$로, $\overline{x}$의 표준오차 $\sigma_{\overline{x}}$는 $\sigma/\sqrt{n}$이 된다. 모평균에 대한 가설검정의 절차는 다음과 같다.

① 가설을 설정한다.

$$\begin{aligned} H_0 &: \mu = \mu_0 \\ H_1 &: \mu > \mu_0 \text{ (우단측검정)} \\ &\quad \mu < \mu_0 \text{ (좌단측검정)} \\ &\quad \mu \neq \mu_0 \text{ (양측검정)} \end{aligned}$$

② 검정통계량을 구한다.

$$z = \frac{\overline{x} - \mu_0}{\sigma/\sqrt{n}}$$

보통 σ를 모르고 표본 크기가 큰 경우($n \geq 30$), σ 대신 s를 사용한다.

③ 유의수준 α에 따른 기각역을 결정한다.

$z > z_\alpha$(우단측검정의 경우)

$z < -z_\alpha$(좌단측검정의 경우)

$z > z_{\alpha/2}$이거나 $z < -z_{\alpha/2}$(양측검정의 경우)

예제 5

어떤 음료수 자동판매기는 1컵당 평균 8온스의 음료수가 담기도록 설계되어 있다. 오랜 기간 동안 사용하다 보니, 사람들은 8온스의 양에 대해 의문을 제기하기 시작했다. 이 문제에 대해 검정하시오.

풀이 1단계 : 가설을 설정한다.

$$H_0 : \mu = 8$$
$$H_1 : \mu < 8$$

만약 H_0 가 기각되면, 제기된 의혹들은 사실로 판명된다.

2단계 : 30잔의 음료수를 표본으로 뽑아 표본평균과 표본표준편차를 계산하였더니, $\overline{x} = 7.6$온스, $s = 0.75$온스였다.

3단계 : 다음 단계로 유의수준 α를 결정해야 하는데, 이 값은 의사결정에 큰 영향을 미친다. 유의수준은 0과 1 사이의 값들 가운데 연구 목적에 맞게 선택할 수 있는데, 대부분의 경우 0.05와 0.01 가운데 하나를 선택한다. 이 예에서는 $\alpha = 0.05$를 선택하자. 이 값은 H_0가 참일 때, 이를 기각할 확률이 0.05라는 의미이다.

유의수준이 0.05이고, 좌단측검정($H_1 : \mu < 8$)이므로 기각역을 설정할 수 있다. 기각역은 표본평균의 표본분포에서 하위 5% 이하에 해당하는 지점이다. 이 지점을 구분하는 값을 임계값(critical value)이라 하며, 이 값은 기각역과 채택역을 나누는 지점의 값이다. 임계값을 c 라 할 때, c 보다 작은 좌측에 있는 모든 값들은 기각역에 해당하는 값이 된다. 만약 $\overline{x} = 7.6$이 기각역에 놓이게 되면, 귀무가설 H_0를 기각하게 된다.

평균의 표본분포가 근사적으로 정규분포를 따르므로, 임계값 c 를 찾기 위해 표준정규분포를 이용할 수 있다. $n \geq 30$이므로 σ 대신 표본표준편차 s를 사용한다.

여기서, $z = \dfrac{c-\mu}{\sigma/\sqrt{n}}$이므로, $-1.645 = \dfrac{c-8}{0.75/\sqrt{30}}$이다.

$z = -1.645$는 부록 〈표 4〉의 표준정규분포표에서 $0.5 - 0.05 = 0.45$에 대응하는 값이다. 위의 방정식을 c에 대해 풀면, $c \approx 7.78$이 된다.

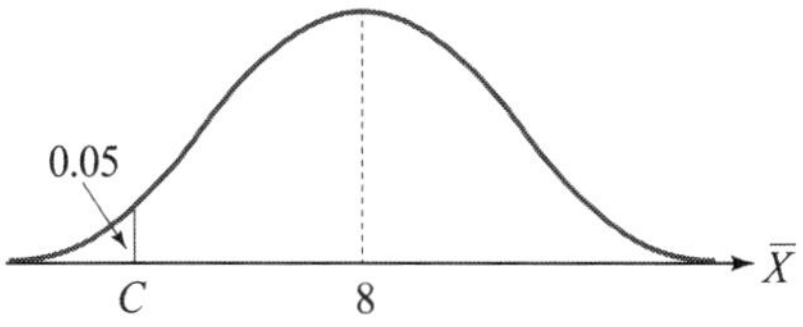

그림 10.1 음료수 예제에서 임계값

4단계 : 귀무가설을 기각하려면 이 $\overline{x}$의 표본분포 내의 기각역 안에 표본평균 $\overline{x} = 7.6$값이 위치하여야 한다. $n = 30$이므로 중심극한정리에 의해 평균의 표본분포는 근사적으로 평균이 μ인 정규분포를 따른다고 할 수 있다. H_0이 참이라고 가정했으므로, 표본분포의 평균은 8보다 같거나 크다. 어떤 μ 값을 사용할 것인가 고민스러운데, 보편적으로 H_0에서 사용한 값, 즉 $\mu = 8$을 사용한다. 따라서 앞으로 검정통계량에서는 귀무가설이 참(true)임을 가정하므로, 귀무가설에서 정의한 값을 사용한다.

5단계 : $\overline{x} = 7.6 < 7.78$이므로, H_0를 기각하고 H_1을 채택한다. 물론 이 결정은 H_0이 참일 때, 이를 기각하는 제1종 오류의 위험성을 감수해야 한다. 이 오류의 확률이 바로 $\alpha = 0.05$이다. 주어진 유의수준 하에서 귀무가설을 기각하는 검정을 행할 때, 그 검정을 유의성 검정이라 한다. 따라서 이 자동판매기에서 판매하는 음료수는 1컵당 8온스 이하라는 사실이 통계적으로 유의하다.

예제 6

태양의 흑점은 고대 페르시아와 중국의 천문학자들이 기록한 이래 수세기 동안 관찰되어 오고 있다. 일부 고고학자들은 흑점의 활동이 미국 남서부 지역의 건조기간의 길이와 관련이 있다고 생각했다. x를 4주 동안에 관측된 흑점의 개수를 나타내는 확률변수라 하자. 다음은 40번의 Spanish colonial period 동안에 관측된 자료이다.

12.5	14.1	37.6	48.3	67.3	70.0	43.8	56.5	59.7	24.0
12.0	27.4	53.5	73.9	104.0	54.6	4.4	177.3	70.1	54.0
28.0	13.0	6.5	134.7	114.0	72.7	81.2	24.1	20.4	13.3
9.4	25.7	47.8	50.0	45.3	61.0	39.0	12.0	7.2	11.3

표본평균 $\overline{x} \approx 47.0$ 이다. 앞선 연구에서 동일한 기간 동안의 흑점의 개수에 대한 표준편차는 $\sigma = 35$ 였다. 수천 년 동안의 기록에서 4주 동안의 흑점에 대한 평균개수는 $\mu = 41$ 로 여겨져 오고 있다. 위의 자료로 보아 Spanish colonial period 동안에 일어난 흑점의 개수는 41번보다 많다고 할 수 있는가? 유의수준 5%로 검정하시오.

풀이 (1) 귀무 및 대립가설을 설정한다.

Spanish colonial period 동안에 활동한 흑점의 평균개수가 수천 년 동안 알려진 평균개수 $\mu = 41$ 보다 많은가를 알고자 하는 문제이다. 따라서,

$$H_0 : \mu = 41$$
$$H_1 : \mu > 41$$

(2) 표본자료로부터 검정통계량을 계산한다. $n \geq 30$ 이고, σ 를 알고 있으므로 표준정규분포를 이용한다. 표본으로부터 $\overline{x} \approx 47.0$과 $\sigma = 35$ 및 H_0에서 $\mu = 41$을 이용하면

$$z = \frac{\overline{x} - \mu}{\sigma / \sqrt{n}} \approx \frac{47 - 41}{35 / \sqrt{40}} \approx 1.08$$

이다.

(3) 유의수준 $\alpha = 0.05$ 이므로 기각역은 $z > 1.645$ 이다. 검정통계량 z 값 1.08 이 기각역에 포함되지 않으므로 귀무가설을 기각할 수 없다. 따라서, 표본의 자료를 근거로 할 때, Spanish colonial period 동안에 활동한 흑점의 평균개수가 오랜 기간 동안에 관측된 평균개수보다 더 많다고 할 수 있다.

예제 7

금년도 어느 대학교 신입생들의 수능시험 평균점수는 평균 275점, 표준편차 22.5점인 정규분포를 따른다고 한다. 그런데, A학과를 지원한 36명의 평균점수는 289점이었다. 이때, A학과를 지원한 학생들은 전체 신입생들에 비해 우수하다고 할 수 있는가? 유의수준 5%로 검정하시오.

풀이 1) 가설을 설정한다.

$$H_0 : \mu = 275$$
$$H_1 : \mu > 275$$

2) μ 의 점추정값이 $\overline{x}$ 이고, 표본의 크기가 30보다 크므로 검정통계량에서 σ 대신 s 를

사용하면

$$z = \frac{\overline{x} - \mu_0}{\sigma / \sqrt{n}} = \frac{289 - 275}{22.5 / \sqrt{36}} = 3.733$$

3) 유의수준 $\alpha = 0.05$이므로 기각역은 $z > 1.645$이다. 검정통계량 z 값 3.733이 기각역에 포함되므로 귀무가설을 기각한다. 따라서 A학과를 지원한 학생들의 성적은 전체 성적보다 우수하다고 판정한다.

예제 8

9장의 〈예제 4〉에서 "화학제품의 일일 평균생산량이 880(톤)이 아니다"라는 주장이 제기되었다. 이 주장의 사실 여부를 확인하기 위해 하루 생산량을 50일 동안 기록하여 표본평균과 표본표준편차를 구하였더니 다음과 같았다.

$$\overline{x} = 871(\text{톤}), \quad s = 21(\text{톤})$$

위의 주장을 유의수준 5%로 검정하시오.

풀이》 1) 가설을 설정한다.

$$H_0 : \mu = 880$$
$$H_1 : \mu \neq 880$$

2) μ의 점추정값이 $\overline{x}$ 이고, 표본의 크기가 30보다 크므로 검정통계량에서 σ 대신 s를 사용하면

$$z = \frac{\overline{x} - \mu_0}{\sigma / \sqrt{n}} = \frac{871 - 880}{21 / \sqrt{50}} = -3.03$$

이다.

3) 유의수준이 $\alpha = 0.05$이고 양측검정이므로 기각역은 $z > 1.96$이거나 $z < -1.96$이다. 검정통계량 값 -3.03이 기각역에 포함되므로 귀무가설을 기각한다. 귀무가설이 참일 때 이를 기각할 확률, 즉 제1종 오류의 확률은 $\alpha = 0.05$에 불과하므로 위의 검정 결과가 옳다고 믿는 것이다.

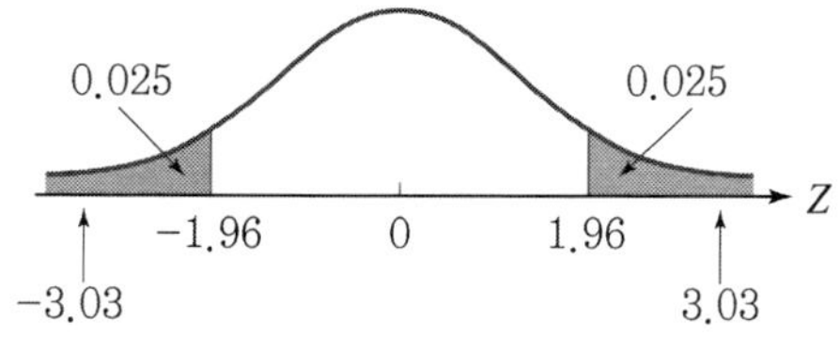

그림 10.2 α=0.05일 때 양측검정의 기각역

유의수준 α가 주어졌을 때, 정규분포를 하는 검정통계량으로 판단하는 통계적 가설검정과 9.3절에서 학습한 $100(1-\alpha)\%$ 신뢰구간은 서로 밀접한 관계가 있다. 9장의 〈예제 4〉에서 구간 $[\bar{x} \pm (1.96\,\sigma/\sqrt{n})]$ 또는 $[871 \pm 5.82]$는 표본을 반복 추출하여 신뢰구간을 계산할 경우 모든 구간 중 $100(1-\alpha)\%$ 가 모평균 μ를 포함한다는 의미이다.

예제 9

〈예제 8〉에서 μ가 실제로 870(톤)이라면 제2종 오류 발생확률 β를 계산하시오.

풀이》 〈예제 8〉에서 채택역이 구간 $[\mu_0 \pm (1.96\sigma/\sqrt{n})]$이므로 실제 수치를 대입해 보면 다음과 같다.

$$880 \pm 1.96\frac{21}{\sqrt{50}} \quad \text{혹은} \quad [\,874.18\,,\,885.82\,]$$

$\mu = 870$ 인 상황 하에서 H_0를 채택할 확률은 구간 $[\,874.18, 885.82]$에서 검정통계량 $\bar{x}$ 의 확률밀도곡선 아래의 면적과 같다. 대립가설 하에서 $\bar{x}$ 는 평균이 870 이고 $\sigma_{\bar{x}} \approx 21/\sqrt{50} = 2.97$ 이므로 β 는 정규분포 곡선의 874.18부터 885.82 사이 부분의 면적과 같다.

구간 $[\,874.18\,,\,885.82\,]$에 해당하는 z 값을 계산하면 아래와 같다.

$$z_1 = \frac{\bar{x}-\mu}{\sigma/\sqrt{n}} \approx \frac{874.18-870}{21/\sqrt{50}} = 1.41$$

$$z_2 = \frac{\bar{x}-\mu}{\sigma/\sqrt{n}} \approx \frac{885.82-870}{21/\sqrt{50}} = 5.33$$

따라서

$$\beta = P(\mu = 870\text{일 때 } H_0\text{를 채택})$$
$$= P(\mu = 870\text{일 때 } 874.18 < \overline{x} < 885.82)$$
$$= P(1.41 < z < 5.33)$$
$$= 0.5 - 0.4207 = 0.0793$$

이다. 즉, μ의 실제 값이 870이라 주어졌을 때 H_0를 올바르게 기각할 확률은 0.9207이며, H_0가 사실이 아닌데도 이를 채택할 확률은 0.0793이다.

예제 10

규격이 C인 어느 회사 배터리의 평균전압은 정규분포를 따른다고 한다. 이 회사 배터리 제품 15개를 표본으로 추출하여 측정하여 보니 $\overline{x} = 1.4$볼트, $s = 0.21$볼트이었다. 유의수준 0.01에서 $\mu < 1.5$볼트라 할 수 있는가?

풀이 1) 가설을 설정한다.

$$H_0 : \mu \geq 1.5$$
$$H_1 : \mu < 1.5$$

2) 검정통계량을 구한다. $n = 15$이므로 자유도 14인 t 분포를 이용한다.

$$t = \frac{\overline{x} - \mu}{s / \sqrt{n}} = \frac{1.4 - 1.5}{0.21 / \sqrt{15}} = -1.84$$

3) 유의수준이 $\alpha = 0.01$이므로 기각역은 $-t_{\alpha}(n-1) = -t_{0.01}(14) = -2.624$ 보다 아래 영역에 있는 경우이다.

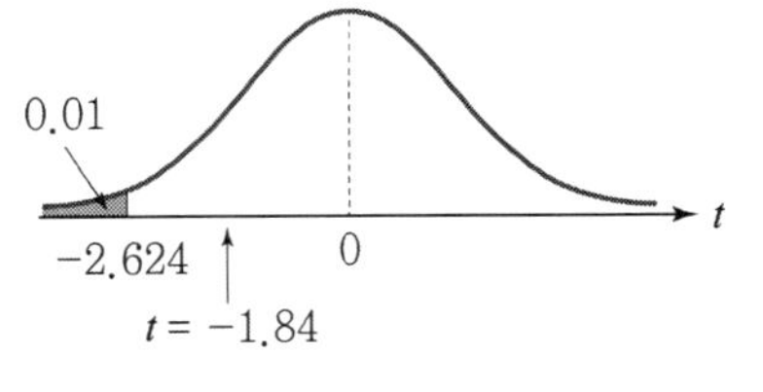

그림 10.3 $\alpha = 0.01$ 일 때 좌단측 검정의 기각역

4) 결정 : $t = -1.84 > -2.624 = t_{0.01}(14)$이므로, H_0을 기각할 수 없다. 따라서 유의수준 1%에서 $\mu < 1.5$라는 사실이 옳다고 말할 수 없다.

[p - 값]

제1종 오류가 일어날 확률 α를 가설검정의 유의수준(significance level)이라고 한다. 가설검정에서 유의수준이 $\alpha = 0.10$일 때는 귀무가설을 채택하는데, $\alpha = 0.05$일 때는 기각하는 경우가 있다는 것은 이미 학습한 바가 있다. 예를 들어, 우단측 검정에서 유의수준 $\alpha = 0.05$일 때, 검정통계량보다 큰 지점의 영역이 0.10이라면, 귀무가설은 기각되지 않는다. 이때, 가설검정에 대한 $p-$값(p-value)은 0.10으로 주어지며, 유의수준 $\alpha = 0.05$하에서 귀무가설 H_0를 채택한다.

[$p-$value와 검정의 형태]

$z_{\bar{x}}$는 표준정규분포를 사용하여 평균 μ를 검정하기 위한 표준화된 검정통계량을 나타낸다고 하자.

즉, $z_{\bar{x}} = \dfrac{\bar{x} - \mu_0}{\sigma / \sqrt{n}}$ 이다.

1. 좌단측 검정

$H_0 : \mu = \mu_0$

$H_1 : \mu < \mu_0$

$p-\text{value} = P(z < z_{\bar{x}})$

이 값은 검정통계량 $z_{\bar{x}}$보다 아래 부분의 영역 넓이(확률)를 나타낸다(그림 10.4).

2. 우단측 검정

$H_0 : \mu = \mu_0$

$H_1 : \mu > \mu_0$

$p-\text{value} = P(z > z_{\bar{x}})$

이 값은 검정통계량 $z_{\bar{x}}$보다 위 부분의 영역 넓이(확률)를 나타낸다(그림 10.5).

3. 양측 검정

$H_0 : \mu = \mu_0$

$H_1 : \mu \neq \mu_0$

$\dfrac{p-value}{2} = P(z > |z_{\bar{x}}|)$

그러므로 $p-value = 2P(z > |z_{\bar{x}}|)$

이 값은 검정통계량의 $-z_{\bar{x}}$ 보다 아래 부분의 영역 넓이(확률) 혹은, $z_{\bar{x}}$ 보다 윗부분의 영역 넓이를 나타낸다(그림 10.6).

통계에 사용하는 대부분의 패키지 프로그램은 가설검정에서 p −값을 소수점 4~5자리까지 계산한다. 그러나 부록의 확률분포표를 이용할 때는 구분된 α 값(예를 들어 $\alpha = 0.01$, 0.025, 0.05, 0.10 등)에 따라 검정통계량의 임계값이 표에 기록되어 있으므로, p −값의 계산은 근사적으로 구할 수밖에 없다.

각 가설검정의 경우에 있어, p −값은 그림의 어두운 부분에 해당한다.

1) **좌단측 검정**

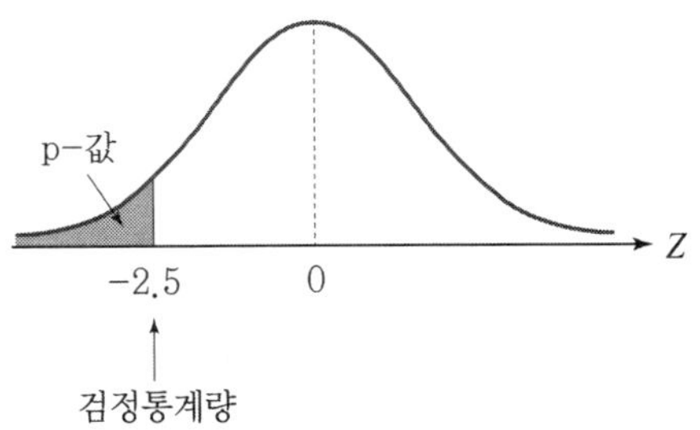

그림 10.4 p −값

만약, p −값 $\le \alpha$ 이면, H_0 기각

2) 우단측 검정

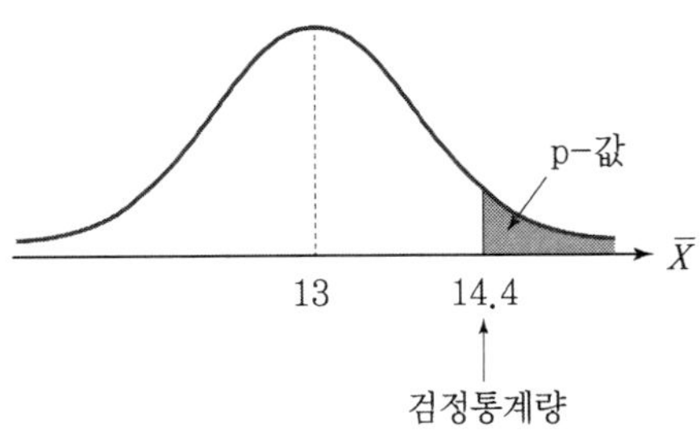

그림 10.5 p −값

만약, p −값 $\le \alpha$ 이면, H_0 기각

3) 양측검정

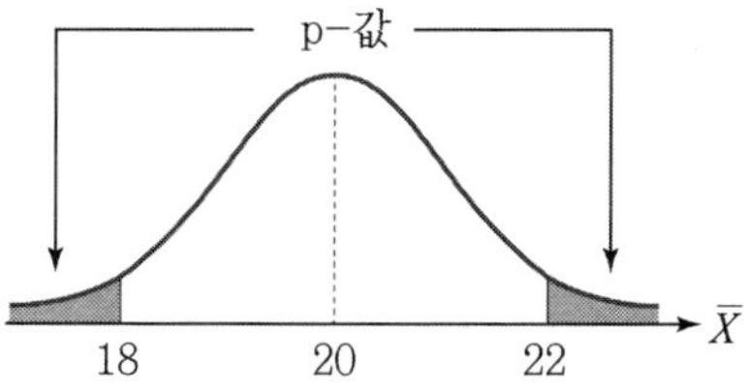

그림 10.6 $p-$ 값

만약, $p-$값 $\le \alpha$이면, H_0 기각

$p-$값은 자료가 H_0와 얼마나 불일치하는가의 정도를 나타내는데, $p-$값을 이용한 의사결정 기준을 정리하면 다음과 같다.

$$p-\text{값} \le \alpha \text{이면, } H_0 \text{ 기각}$$

예제 11

〈예제 8〉에서 가설검정에 대한 $p-$값을 구하시오.

풀이 〈예제 8〉은 귀무가설 $H_0: \mu = 880$에 대한 대립가설 $H_1: \mu \neq 880$을 검정하는 문제였다. 표본자료로부터 계산한 검정통계량은 $z = -3.03$이었다. 그러므로 양측검정에 대한 $p-$값은 $z \le -3.03$ 혹은 $z \ge 3.03$이 되는 확률값이다.

표준정규분포표로부터 $P(z \ge 3.03) = 0.0012$이므로 양측검정에서

$$P(z \le -3.03) + P(z \ge 3.03) = 0.0024$$

이다. 그러므로 이 검정에서 $p-$값은 0.0024이다.

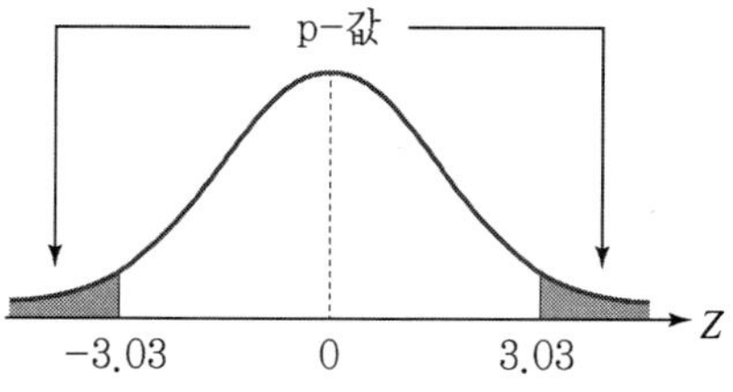

그림 10.7 〈예제 11〉에서 실시한 검정에 대한 $p-$값

예제 12

〈예제 10〉에서 좌단측 검정일 경우 $p-$값을 구하시오.

풀이 검정통계량은 $t = -1.84$이다. $p-$값을 구하기 위해서는 자유도 14인 t 분포곡선과 수평선 사이에서 $t = -1.84$ 아래 부분에 대한 면적을 구하는 것이다.

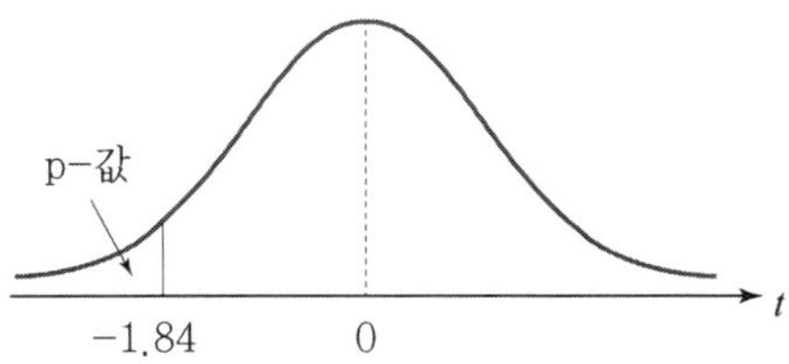

그림 10.8 $p-$값

부록 〈표 5〉의 t 분포표에서 자유도 $df = 14$인 행을 보면 $t = 1.84$는 $t_{0.05} = 1.761$과 $t_{0.025} = 2.145$ 사이에 있는 값이다. 따라서 $0.025 < p-$값< 0.05이다. $\alpha = 0.01$이고, $p-$값$> \alpha$이므로 H_0을 기각할 수 없다.

10.4 비율과 분산의 가설검정

모비율에 대한 가설검정을 실시하기 위해 앞서 정의한 모수 θ를 p에 대한 검정으로 정의하여야 한다. 모비율의 점추정량은 표본비율 $\hat{p}$이 되는데, 만약 표본크기 n이 크면, 표본비율 $\hat{p} = x/n$의 표본분포는 다음과 같은 성질을 갖는다.

① 정규분포에 근사한다.
② $\mu_{\hat{p}} = p$
③ $\sigma_{\hat{p}} = \sqrt{\dfrac{p(1-p)}{n}}$

정규근사를 이용하기 위해서는 표본의 크기가 $np \geq 5$와 $n(1-p) \geq 5$조건을 모두 만족할 만큼 커야 한다.

모비율에 대한 가설검정의 절차는 다음과 같다.

1) 가설을 설정한다.

$$H_0 : p = p_0$$
$$H_1 : p > p_0 \text{ (우단측검정)}$$
$$p < p_0 \text{ (좌단측검정)}$$
$$p \neq p_0 \text{ (양측검정)}$$

2) 검정통계량을 구한다.

$$z = \frac{\hat{p} - p_0}{\sqrt{\frac{p_0(1-p_0)}{n}}}$$

여기서 $\hat{p} = x/n$이며 x는 n회의 이항실험에서 성공의 횟수를 나타낸다. 표준편차에서 p 대신 p_0를 사용한 것은 가설에서 $p = p_0$로 가정되었기 때문이다.

3) 유의수준 α에 따른 기각역을 결정한다.

$$z > z_\alpha \text{ (우단측검정의 경우)}$$
$$z < -z_\alpha \text{ (좌단측검정의 경우)}$$
$$z > z_{\alpha/2} \text{이거나 } z < -z_{\alpha/2} \text{ (양측검정의 경우)}$$

예제 13

소비자 단체에서는 공영방송에서 상업광고를 하는 것에 대해 시청자의 80%가 불만이 있다고 주장한다. 이에 대해 방송국에서 시청자 400명을 대상으로 여론조사를 실시하여 본 결과 조사대상자 가운데 310명이 상업광고 방송에 반대하였다. 이 결과는 소비자 단체의 주장을 반박하기에 충분한 자료가 되는가? 유의수준 $\alpha = 0.05$로 검정하시오.

풀이 1) 가설을 설정한다.

$$H_0 : p = 0.80$$
$$H_1 : p \neq 0.80$$

2) 검정통계량을 구한다. 표본비율은

$$\hat{p} = \frac{310}{400} = 0.775$$

이므로

$$z = \frac{0.775 - 0.8}{\sqrt{\frac{0.8 \times 0.2}{400}}} = -1.25$$

3) 유의수준 $\alpha = 0.05$이므로 기각역은 $z > 1.96$이거나 $z < -1.96$이다. 검정통계량 $z = -1.25$가 기각역에 포함되지 않으므로 귀무가설을 기각할 수 없다. 따라서 유의수준 5%에서 $p = 0.80$을 채택하여 소비자 단체의 주장을 지지하여 준다.

예제 14

D 전자회사의 신제품 세탁기의 시장점유율은 약 25%인 것으로 알려져 있다. 이 회사에서는 세탁기의 판매량을 늘리기 위해 지난 1개월 동안 TV를 통해 집중적인 광고를 실시하였다. 그리고 이 기간 중 세탁기를 구입한 200명의 소비자를 무작위 추출하여 조사한 결과 62명이 D 전자회사의 신제품 세탁기를 선택한 것으로 나타났다. 이 자료는 D 전자회사 세탁기의 시장점유율이 증가하였다는 것을 의미하는가? 유의수준 $\alpha = 0.05$로 검정하시오.

풀이 1) 가설을 설정한다.

$$H_0 : p = 0.25$$
$$H_1 : p > 0.25$$

2) 검정통계량을 구한다.

$$\hat{p} = \frac{62}{200} = 0.31 \text{이므로}$$

$$z = \frac{0.31 - 0.25}{\sqrt{\frac{0.25 \times 0.75}{200}}} = 1.960$$

3) 유의수준 $\alpha = 0.05$에 대한 우단측검정의 기각역은 $z > 1.645$이다. 검정통계량 $z = 1.96$이 기각역에 포함되므로 귀무가설을 기각한다. 따라서 대립가설 $p > 0.25$를 채택하며, 이는 유의수준 5%에서 그 기간 중 시장점유율이 증가하였음을 의미한다.

〈예제 12〉와 〈예제 13〉을 통해 알 수 있듯이 모비율 p에 대한 가설을 검정할 때 검정통계량의 계산에 있어 p_0를 사용한다는 점에 주의하여야 한다. 추정에서와 달리 $\hat{p}$를 사용하지 않는 이유는 귀무가설이 참일 때, 즉 $p = p_0$일 때 $\hat{p}$의 분포에 의하여 기각역이 결정되기 때문이다

[모분산의 검정]

정규모집단으로부터 임의표본을 추출하였다고 할 때, 통계량

$$\chi^2 = \frac{(n-1)s^2}{\sigma^2}$$

은 자유도(df)가 $(n-1)$인 카이제곱 분포를 따른다. 가설검정에서 이것을 검정통계량으로 이용할 수 있으며, 임계값은 책 부록에 있는 〈표 6〉의 χ^2 분포표로부터 구할 수 있다.

예제 15

어느 엔지니어는 공정에서 기사들이 대기하는 시간(단위 : 초)에 대한 분산은 25보다 크다고 믿고 있다. 이것을 검정하기 위해 30명의 기사들을 표본으로 추출하여 조사해 본 결과 $s^2 = 41.4\,(\text{초})^2$을 얻었다. 대기 시간이 정규분포를 따른다고 할 때, 유의수준 5% 하에서, 귀무가설 $H_0 : \sigma^2 = 25$를 검정하시오.

풀이》 1) 가설을 설정한다.

$$H_0 : \sigma^2 = 25$$
$$H_1 : \sigma^2 > 25$$

2) 검정통계량을 계산한다 : χ^2 검정통계량은 다음과 같다.

$$\chi^2 = \frac{(n-1)s^2}{\sigma^2}$$
$$= \frac{(29)(41.4)}{25} = 48.024$$

3) 자유도는 $df = 29$ 이므로, 유의수준 $\alpha = 0.05$ 하에서 임계값은 $\chi_{0.05}(29) = 42.557$ 이다. 따라서

$$\chi^2 = 48.024 > 42.557 = \chi_{0.05}(29)$$

이므로, 귀무가설을 기각한다.

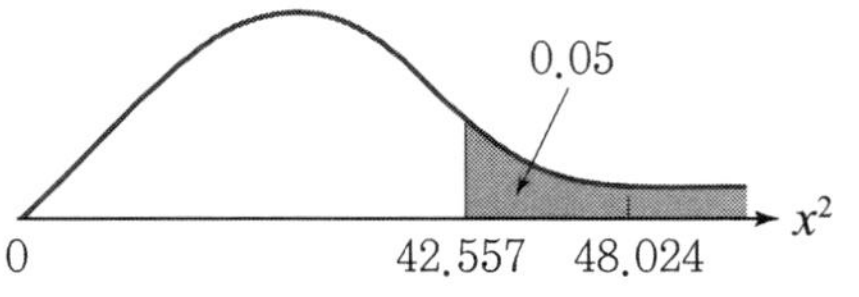

그림 10.9 $\alpha = 0.05$**일 때 우측검정의 기각역**

4) **결정** : 유의수준 5%에서 엔지니어는 기사들이 대기하는 시간의 분산이 25보다 크다고 결론지을 수 있다.

5) p**-값** : 부록의 〈표 6〉에서 자유도가 $df = 29$ 인 행을 보면, χ^2 통계량 48.024는 $\chi_{0.05}(29) = 45.772$ 와 $\chi_{0.01}(29) = 49.558$ 사이에 있음을 알 수 있다. 따라서 $0.01 < p$-값< 0.05 이다.

EXCEL 실습

[실습 1] 모평균의 검정

1. 모분산 σ^2이 알려져 있는 정규모집단에서의 $p-$값 계산 : 정규분포의 누적확률 값을 계산하는 함수인 [NORM.DIST]를 이용하여 $p-$값을 계산할 수 있다.

(1) 좌단측 검정의 경우

◀ 1단계 : [함수 마법사] 대화상자에서 통계함수 [NORM.DIST]를 선택한다.

◀ 2단계 : [NORM.DIST] 대화상자에서

① X : 계산된 표본평균

② Mean : 귀무가설에서 정의된 모평균

③ Standard_dev : 표본평균의 표준편차인 $\sigma/\sqrt{n}$ 값

④ Cumulative : 누적분포함수를 정의하므로 1이라 쓰자.

입력하여 계산하면, 좌단측 검정에서의 누적확률값인 $p-$값을 계산할 수 있다.

(2) 우단측 검정의 경우 : (1)의 좌단측 검정 결과에서 얻은 $p-$값을 뺀다.

즉, $p-$값$=1-$(좌단측 검정에서의 $p-$값)

(3) 양측검정의 경우 : 좌단측 검정에서 얻은 $p-$값에 2를 곱하여 $p-$값을 얻는다.

예제 16

〈예제 7〉을 EXCEL을 이용하여 검정하시오.

◀ 1단계 : 가설을 설정한다.

$$H_0 : \mu = 275$$

$$H_1 : \mu > 275$$

◀ 2단계 : $p-$값의 계산

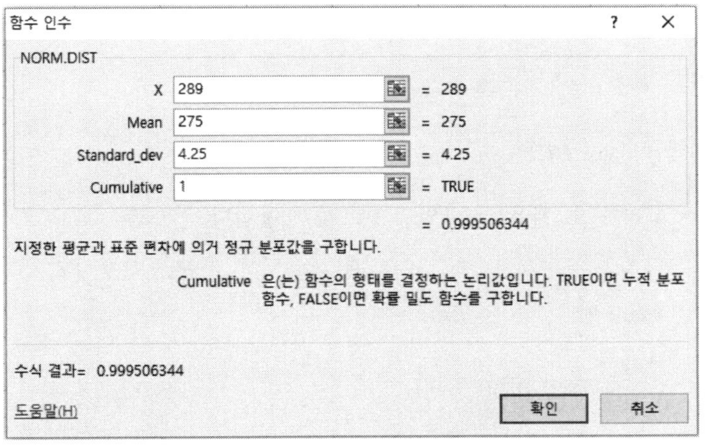

그림 10.11 [NORMDIST] 함수를 이용한 $p-$값의 계산

◀ 3단계 : 문제에서 가설검정은 우단측 검정이므로, 1에서 EXCEL에서 계산된 값을 빼 주어야 한다. 따라서, $p-$값은 $1-0.9995=0.0005$이다.

◀ 4단계 : 유의수준 $\alpha=0.05$이므로, 귀무가설은 기각된다.

2. 모분산 σ^2이 알려져 있지 않은 정규모집단에서의 p-값 계산 : t 분포의 누적확률을 계산하는 함수 [T.DIST]를 이용하여 $p-$값을 계산할 수 있다.

◀ 1단계 : [함수 마법사] 대화상자에서 통계함수 [T.DIST]를 선택한다.
◀ 2단계 : [T.DIST] 대화상자에서
① X : 표본에서 계산된 검정통계량의 값
② Deg_freedom : 자유도
③ Tails : 단측검정이면 1, 양측검정이면 2를 입력

〈참고〉 함수 [T.DIST]는 좌단측, [T.DIST.RT]는 우단측, [T.DIST.2T]는 양측검정에 적용한다.

예제 17

〈예제 9〉를 EXCEL을 이용하여 검정하시오.

◀ 1단계 : 가설을 설정한다.

$$H_0 : \mu = 1.5$$

$$H_1 : \mu < 1.5$$

◀ 2단계 : 검정통계량을 구한다.

$n = 15$이므로 자유도 14인 t 분포를 이용한다.

$$t = \frac{\overline{x} - \mu}{s/\sqrt{n}}$$

$$= \frac{1.4 - 1.5}{0.21/\sqrt{15}} = -1.84$$

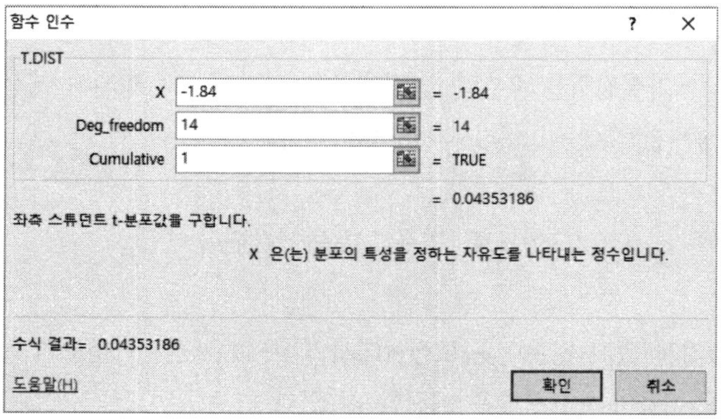

그림 10.12 [T.DIST] 함수를 이용한 p-값의 계산

◀ 3단계 : p -값이 0.0435이고 유의수준이 $\alpha = 0.01$이므로, 귀무가설을 기각하지 않는다.

[실습 2] 모분산의 검정

χ^2 분포의 누적확률을 계산하는 함수 [CHISQ.DIST]를 이용하여 p-값을 계산할 수 있다.

◀ 1단계 : [함수 마법사] 대화상자에서 통계함수 [CHISQ.DIST]를 선택한다.

◀ 2단계 : [CHISQ.DIST] 대화상자에서

① X : 표본에서 계산된 검정통계량의 값

② Deg_freedom : 자유도를 입력

〈참고〉 함수 [CHISQ.DIST]는 좌단측, [CHISQ.DIST.RT]는 우단측 검정에 적용한다.

예제 18

〈예제 14〉를 EXCEL을 이용하여 검정하시오.

◀ 1단계 : 가설을 설정한다.

$$H_0 : \sigma^2 = 25$$

$$H_1 : \sigma^2 > 25$$

◀ 2단계 : 검정통계량을 계산한다. : χ^2 검정통계량은 다음과 같다.

$$\chi^2 = \frac{(n-1)s^2}{\sigma^2}$$

$$= \frac{(29)(41.4)}{25} = 48.024$$

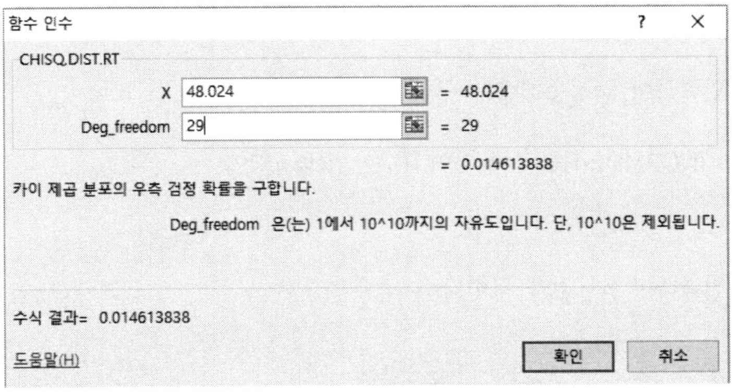

그림 10.13 [CHISQ.DIST.RT] 함수를 이용한 p-값의 계산

◀ 3단계 : p-값이 0.0146이고 유의수준이 $\alpha = 0.05$이므로, 귀무가설을 기각한다.

[실습 3] 모비율의 검정

모비율 p에 대한 검정은 표본의 크기가 크면 정규분포를 이용할 수 있으므로, 함수 [NORM.S.DIST]를 이용하여 $p-$값을 계산할 수 있다.

예제 19

〈예제 12〉를 EXCEL을 이용하여 검정하시오.

◀ 1단계 : 가설을 설정한다.

$$H_0 : p = 0.80$$
$$H_1 : p \neq 0.80$$

◀ 2단계 : 귀무가설에서 모비율이 $p = 0.8$이고, 표본비율이 $\hat{p} = 310/400 = 0.775$이므로, [수식 입력 줄]에

= (0.775 − 0.7)/SQRT((0.8*(1 − 0.8))/400)

을 입력하여 검정통계량을 구한다.

◀ 3단계 : 함수 [NORMDIST]를 이용하여, [수식 입력 줄]에

= 2*NORM.S.DIST(3.75)

을 입력하여 $p-$값을 구한다.

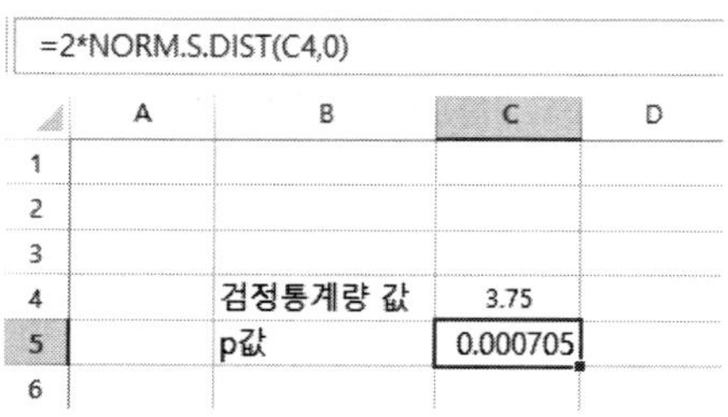

그림 10.14 모비율의 검정에서 $p-$값의 계산

◀ 4단계 : $p-$값이 0.000705이고 유의수준 $\alpha = 0.05$이므로, 귀무가설을 기각한다.

연습문제

01 모집단으로부터 추출한 $n = 35$개 표본의 표본평균은 $\overline{x} = 2.4$이고 표본표준편차는 $s = 0.29$였다. 이때, 연구목표는 모평균 μ가 2.3보다 크다는 사실을 보이는 것이라 하자.

1) 검정에 대한 귀무가설과 대립가설을 설정하시오.
2) 이 가설들을 참조하여 "제1종 오류의 확률 α 의 의미를 설명하시오.
3) $\alpha = 0.05$의 유의성 검정에 대한 기각역을 구하시오.
4) 이 가설들에 대한 검정을 실시하여라. 이 자료는 $\mu > 2.3$임을 나타내는 확실한 증거가 되는가?

02 문제 [1]의 $H_0 : \mu = 2.3$에 대한 대립가설 $H_1 : \mu > 2.3$을 검정하는 문제에서

1) H_0의 기각에 필요한 $\overline{x}$ 의 임계값을 구하시오.
2) $\beta = P(\mu = 2.4$일 때 H_0를 채택)를 구하시오. 또, μ가 2.3, 2.5 그리고 2.6일 때의 β 값을 구하시오.

03 A제약회사에서는 신제품의 평균효력이 80%라 주장하였다. 소비자 단체에서는 $n = 100$명의 임의표본을 추출하여 투약하여 본 결과 $\overline{x} = 79.7\%$이고, $s = 0.8\%$의 결과를 얻었다. 이 자료로부터의 결과는 제약회사의 주장을 논박하기에 충분한 근거가 되겠는가? 유의수준 $\alpha = 0.05$로 검정하시오.

04 발아율이 0.8인 씨앗을 6개 심었더니 그중에서 2개가 발아하였다. 이 씨앗은 발아율이 0.8인 씨앗으로부터 취한 표본이라 할 수 있는가? 유의수준 $\alpha = 0.05$로 검정하시오.

05 단위면적당 쌀 생산량이 300kg이라고 하는 지역에서 36가구의 농가를 임의로 추출하여 평균 생산량을 조사하였더니 272kg이었다. 이 지역의 단위면적당 쌀 생산량의 모평균은 300kg이라 말할 수 있는가? 단, 표본표준편차는 42kg이다. 유의수준 $\alpha = 0.05$로 검정하시오.

06 2000년의 우리나라 단위면적당 쌀 평균 생산량(모평균)은 320kg이었다. 어떤 지역에서 10가구의 임의표본 농가에 대하여 단위면적당 쌀의 평균 생산량을 조사하였더니 평균은 330kg이고, 분산은 7,056kg이었다. 이 지역의 단위면적당 쌀의 평균 생산량은 전국의 평균보다 많다고 할 수 있는가? 유의수준 $\alpha = 0.05$로 검정하시오.

07 너트(nut)를 구입하려고 한다. 규격에 의하면 너트 지름의 평균값은 12.70mm로 되어 있다. 납품된 제품이 규격과 같은지를 검사하기 위하여 10개의 너트를 임의로 추출하여 지름을 측정하였더니 다음과 같았다. 규격과 같다고 할 수 있는가? 유의수준 $\alpha = 0.05$로 검정하시오.

12.68	12.79	12.85	12.74	12.80
12.64	12.83	12.67	12.79	12.65

08 어떤 지역의 소득분포의 모분산은 4,400원이었다. 이 지역으로부터 11가구의 표본세대를 임의로 추출하여 그 소득분포의 표본분산을 구하였더니 5,610원이었다. 이 가구들은 모분산이 4,400원 지역의 표본세대라 할 수 있는가? 유의수준 $\alpha = 0.05$로 검정하시오.

09 $N(\mu,\, 200^2)$의 모평균 μ에 대한 가설 $H_0: \mu = 1152.8$을 유의수준 α로 검정하려고 한다. 크기 400인 임의표본을 추출하여 표본평균을 계산하였더니 1130.4이었다. 이 값을 근거로 $H_1: \mu < 1152.8$이라 할 수 있는 유의수준 α의 최솟값을 구하시오.

10 이항모집단으로부터 추출된 120개의 임의표본 가운데 72개가 성공한 것으로 관측되었다. 이 자료는 모비율 p가 0.5보다 크다는 것을 나타내기에 충분한 근거가 되겠는가? 유의수준 $\alpha = 0.05$에서 검정하시오.

제11장

두 모수에 대한 추론

제11장 두 모수에 대한 추론

11.1 두 모평균 차이에 대한 가설검정

1) 두 모집단 분산 σ_1^2, σ_2^2을 알고 있는 경우

두 정규모집단 $N(\mu_1, \sigma_1^2)$과 $N(\mu_2, \sigma_2^2)$에서 각각 n_1과 n_2인 독립인 표본을 추출한다고 하자. 각각 n_1, n_2개의 관측값으로 구성된 독립인 확률표본에 근거한 두 모평균 μ_1, μ_2의 차이 $(\mu_1 - \mu_2)$에 대한 가설검정을 실시하기 위해 앞서 정의한 모수 θ를 $(\mu_1 - \mu_2)$에 대한 검정으로 정의하여야 한다. 이 경우에 점추정량 $\hat{\theta}$은 $(\overline{x_1} - \overline{x_2})$가 되며, $\sigma_{\hat{\theta}}$ 는 $(\overline{x_1} - \overline{x_2})$의 표준오차는

$$\sqrt{\frac{\sigma_1^2}{n_1} + \frac{\sigma_2^2}{n_2}}$$

가 된다. 두 모평균 차이에 대한 가설검정 절차는 다음과 같다.

1단계 : 가설을 설정한다.

$$\begin{aligned} H_0 &: \mu_1 - \mu_2 = 0 \\ H_1 &: \mu_1 - \mu_2 > 0 \ \text{(우단측검정)} \\ &\quad \mu_1 - \mu_2 < 0 \ \text{(좌단측검정)} \\ &\quad \mu_1 - \mu_2 \neq 0 \ \text{(양측검정)} \end{aligned}$$

2단계 : 검정통계량을 구한다.

$$z = \frac{\overline{x_1} - \overline{x_2}}{\sqrt{\frac{\sigma_1^2}{n_1} + \frac{\sigma_2^2}{n_2}}}$$

보통 모분산 σ_1^2과 σ_2^2을 모르는 경우가 많은데 표본 수가 충분히 큰 경우($n_1 \geq 30$,

$n_2 \geq 30$), σ_1^2 과 σ_2^2 대신 표본분산인 s_1^2, s_2^2을 사용할 수 있다.

3단계 : 유의수준 α에 따른 기각역을 결정한다.

$z > z_\alpha$ (우단측검정의 경우)

$z < -z_\alpha$ (좌단측검정의 경우)

$z > z_{\alpha/2}$ 이거나 $z < -z_{\alpha/2}$ (양측검정의 경우)

예제 1

어느 대학교에서 자가용으로 통학을 하는 학생들의 학업 성취도를 조사하기 위하여 재학생들로부터 자가용 소유 학생과 소유하지 않은 학생 각각 100명으로 된 두 개의 표본을 추출하여 조사하였다. 차를 소유하지 않은 $n_1 = 100$명의 학점평균은 $\overline{x_1} = 2.70$, 표준편차 $s_1 = 0.36$이었으며, 차를 소유한 $n_2 = 100$의 학점평균은 $\overline{x_2} = 2.54$, 표준편차 $s_1 = 0.40$이었다. 이 자료는 두 개 집단에 속한 학생들의 평균성적 차이를 입증하기에 충분한 근거가 되겠는가? 유의수준 0.10으로 검정하시오.

풀이 두 모평균의 차이 $(\mu_1 - \mu_2)$에 대한 검정문제이다.

1) 가설을 설정한다.

$$H_0 : \mu_1 - \mu_2 = 0 \text{ (두 모평균은 같다.)}$$
$$H_1 : \mu_1 - \mu_2 \neq 0$$

2) 두 모평균의 차이 $(\mu_1 - \mu_2)$의 점추정값이 $(\overline{x_1} - \overline{x_2})$이고, 표본 크기가 충분히 크므로 검정통계량에서 σ_1^2 과 σ_2^2 대신 s_1^2, s_2^2을 사용하여 구하면

$$z = \frac{\overline{x_1} - \overline{x_2}}{\sqrt{\frac{\sigma_1^2}{n_1} + \frac{\sigma_2^2}{n_2}}} \simeq \frac{2.70 - 2.54}{\sqrt{\frac{0.36}{100} + \frac{0.40}{100}}} = 1.84$$

이다.

3) 유의수준은 $\alpha = 0.10$이고 양측검정이므로 기각역은 $z > 1.645$이거나 $z < -1.645$이다. 검정통계량 z 값 1.84가 기각역에 포함되므로 귀무가설을 기각한다. 따라서 이 자료는 두 집단의 학생들 사이의 평균학점은 차이가 있다고 말하기에 충분한 근거가 된다.

참고로, 유의수준 α 가 0.05 인 경우에 가설검정 결과는 어떻게 될까? 유의수준이 달라지면 우선 기각역이 변한다. 양측검정의 경우 $\alpha = 0.05$에서 기각역은 $z > 1.96$이거나 $z < -1.96$이다. 검정통계량 $z = 1.84$가 기각역에 포함되지 않으므로 귀무가설을 기각할 수 없다. 따라서 이 자료는 유의수준이 5%인 경우 두 집단의 학생들 사이의 평균학점은 차이가 있다고 말하기에 충분한 근거가 되지 못한다.

유의수준을 어떻게 정하는가의 문제는 가설검정에서 가설을 잘못 검정할 위험을 얼마나 감수할 것인가의 문제와 직결된다. 따라서 합리적인 결정을 내리기 위해서는 문제의 성격에 알맞은 정도의 유의수준을 선택해야 한다.

2) 두 모집단 분산 σ_1^2, σ_2^2 모르지만 $\sigma_1^2 = \sigma_2^2 = \sigma^2$인 경우

두 정규 모집단 $N(\mu_1, \sigma_1^2)$과 $N(\mu_2, \sigma_2^2)$에서 각각 n_1과 n_2인 독립인 표본을 추출한다고 하자. 두 표본평균의 차이 $(\overline{x}_1 - \overline{x}_2)$에 대한 분포는

$$N\left(\mu_1 - \mu_2, \quad \frac{\sigma_1^2}{n_1} + \frac{\sigma_2^2}{n_2}\right)$$

인 정규분포를 따르며, 이를 표준화하면, 다음과 같이 표준정규분포를 따른다.

$$Z = \frac{(\overline{x}_1 - \overline{x}_2) - (\mu_1 - \mu_2)}{\sqrt{\frac{\sigma_1^2}{n_1} + \frac{\sigma_2^2}{n_2}}} \sim N(0, 1)$$

그러나 두 모집단 분산 σ_1^2, σ_2^2을 모르고 단지 $\sigma_1^2 = \sigma_2^2 = \sigma^2$인 경우에는 σ^2을 추정해야 한다. 따라서 두 모집단 분산이 σ^2으로 같다고 하였기 때문에 σ^2을 추정하기 위해서는 두 표본을 병합하여 다음과 같은 σ^2의 합동추정량(pooled estimator)으로 추정한다.

$$s_p^2 = \frac{(n_1 - 1)s_1^2 + (n_2 - 1)s_2^2}{n_1 + n_2 - 2}$$

이때 두 표본의 표본분산은 다음과 같다.

$$s_1^2 = \frac{1}{n_1 - 1}\sum_{i=1}^{n_1}(X_{1i} - \overline{X}_1)^2, \quad s_2^2 = \frac{1}{n_2 - 1}\sum_{i=1}^{n_2}(X_{2i} - \overline{X}_2)^2$$

따라서 다음의 통계량은 자유도가 $(n_1 + n_2 - 2)$인 t분포를 따른다.

$$t = \frac{(\bar{x}_1 - \bar{x}_2) - (\mu_1 - \mu_2)}{s_p\sqrt{\dfrac{1}{n_1} + \dfrac{1}{n_2}}} \sim t(n_1 + n_2 - 2)$$

따라서 두 모집단 분산 σ_1^2, σ_2^2 은 모르나 두 분산이 $\sigma_1^2 = \sigma_2^2$ 로 같다고 가정할 수 있는 경우(등분산) 두 모평균 차이 $(\mu_1 - \mu_2)$에 대한 가설검정 절차는 다음과 같다.

1단계 : 가설을 설정한다.

$$\begin{aligned} H_0 &: \mu_1 - \mu_2 = 0 \\ H_1 &: \mu_1 - \mu_2 > 0 \ (\text{우단측검정}) \\ &\quad \mu_1 - \mu_2 < 0 \ (\text{좌단측검정}) \\ &\quad \mu_1 - \mu_2 \neq 0 \ (\text{양측검정}) \end{aligned}$$

2단계 : 검정통계량을 구한다.

$$t = \frac{\bar{x}_1 - \bar{x}_2}{s_p\sqrt{\dfrac{1}{n_1} + \dfrac{1}{n_2}}}$$

3단계 : 유의수준 α에 따른 기각역을 결정한다.

$t > t_\alpha(n_1 + n_2 - 2)$ (우단측검정의 경우)

$t < -t_\alpha(n_1 + n_2 - 2)$(좌단측검정의 경우)

$t > t_{\alpha/2}(n_1 + n_2 - 2)$이거나 $t < -t_{\alpha/2}(n_1 + n_2 - 2)$(양측검정의 경우)

3) 두 모집단 분산 σ_1^2, σ_2^2 모르지만 $\sigma_1^2 \neq \sigma_2^2$인 경우

$\sigma_1^2 \neq \sigma_2^2$으로 이분산인 경우에는 2)의 등분산 경우와 같이 합동분산을 사용할 수 없다. 대신 검정통계량으로

$$t = \frac{(\bar{x}_1 - \bar{x}_2) - (\mu_1 - \mu_2)}{\sqrt{\dfrac{\sigma_1^2}{n_1} + \dfrac{\sigma_2^2}{n_2}}} \sim t_\nu$$

를 사용하며 이 경우 근사자유도 ν는 다음과 같이 계산한다.

$$\nu = \frac{\left(\dfrac{s_1^2}{n_1} + \dfrac{s_2^2}{n_2}\right)^2}{\dfrac{1}{(n_1-1)}\left(\dfrac{s_1^2}{n_1}\right)^2 + \dfrac{1}{(n_2-1)}\left(\dfrac{s_2^2}{n_2}\right)^2}$$

를 이용한다.

예제 2

10개의 A 구획에 대해 질소비료를 주었더니 어떤 곡식의 평균생산량이 $\overline{x}_1 = 82.5\,\text{kg}$이고, 표준편차가 $s_1 = 10\,\text{kg}$이었다. 또 다른 15개의 B 구획에 인산비료를 주었더니 그 곡식의 평균생산량이 $\overline{x}_1 = 90.5\,\text{kg}$이고, 표준편차가 $s_2 = 20\,\text{kg}$으로 나타났다. 유의수준 $\alpha = 0.05$로 해당 곡식에 대해 비료효과의 차이가 있다고 할 수 있는지를 검정하시오.

풀이 1) 가설을 설정한다.

$$H_0 : \mu_1 - \mu_2 = 0$$
$$H_1 : \mu_1 - \mu_2 \neq 0$$

2) 검정통계량을 구하기 위해 우선 합동분산 s_p^2을 구해야 한다.

$$s_p^2 = \frac{(n_1-1)\,s_1^2 + (n_2-1)\,s_2^2}{n_1 + n_2 - 2} = \frac{9\times 10^2 + 14\times 20^2}{10+15-2} = 282.6$$

따라서 검정통계량 값은 다음과 같이 구해진다.

$$t = \frac{\overline{x}_1 - \overline{x}_2}{s_p\sqrt{\dfrac{1}{n_1} + \dfrac{1}{n_2}}} = \frac{82.5 - 90.5}{16.8\sqrt{\dfrac{1}{10} + \dfrac{1}{15}}} = -1.16$$

3) 유의수준 $\alpha = 0.05$하에서 양측검정의 경우이므로 부록의 〈표 5〉 t분포표로부터 $t_{0.025}(23) = 2.069$이므로, -2.069보다 작거나 2.069보다 큰 경우 귀무가설을 기각하게 된다. 따라서 검정통계량의 값이 $t = -1.16$이므로 기각치인 $-t_{0.025}(23) = -2.069$보다 크므로 검정통계량의 값이 채택역 안에 놓이게 된다. 즉, $t = -1.16 > t_{0.025}(23) = -2.069$이므로 귀무가설을 채택한다. 따라서 유의수준 5%에서 해당 곡식의 생산량에 대해 비료효과의 차이는 없다고 할 수 있다.

11.2 두 모집단 비율 차이에 대한 가설검정

두 개의 이항모집단이 각각 모수 p_1과 p_2를 갖는다고 하자. 각각의 모집단으로부터 n_1과 n_2번의 독립시행으로 임의표본이 추출되고, 표본으로부터 계산된 표본비율을 $\hat{p_1}$과 $\hat{p_2}$이라 하자. 두 모집단 비율의 차이에 대한 가설검정을 실시하기 위해 앞서 정의한 모수 θ를 $(p_1 - p_2)$에 대한 검정으로 정의하여야 한다. 즉, 점추정량 $\hat{\theta}$는 $(\hat{p_1} - \hat{p_2})$로, $\sigma_{\hat{\theta}}$는 $(\hat{p_1} - \hat{p_2})$의 표준오차는

$$\sqrt{\frac{p_1(1-p_1)}{n_1} + \frac{p_2(1-p_2)}{n_2}}$$

이 된다.

두 모비율의 차이$(p_1 - p_2)$에 대한 가설검정 절차는 다음과 같다.

1단계 : 가설을 설정한다.

$$\begin{aligned} H_0 &: p_1 - p_2 = 0 \\ H_1 &: p_1 - p_2 > 0 \text{(우단측검정)} \\ &\quad p_1 - p_2 < 0 \text{(좌단측검정)} \\ &\quad p_1 - p_2 \neq 0 \text{(양측검정)} \end{aligned}$$

2단계 : 검정통계량을 구한다.

$$z = \frac{\hat{p_1} - \hat{p_2}}{\sqrt{\frac{p_1(1-p_1)}{n_1} + \frac{p_2(1-p_2)}{n_2}}}$$

여기서, p_1과 p_2는 미지의 수이므로 $(\hat{p_1} - \hat{p_2})$의 표준오차를 계산하기 위하여 이들의 근사값으로 $\hat{p_1} = x_1/n_1$과 $\hat{p_2} = x_2/n_2$를 사용한다. $\hat{p}$를 정의하는 데는 아래와 같이 두 가지 방법이 있다.

(방법 1) p_1과 p_2가 같은 경우

귀무가설이 $H_0 : p_1 = p_2$이므로, 이것은 $H_0 : p_1 - p_2 = 0$과 같다. 이때, $p_1 = p_2 = p$로

두고 p의 최량추정치를 두 개의 표본을 합한 자료로부터 구한다. 만일 x_1과 x_2가 각각 두 개의 표본으로부터 얻은 성공의 횟수라면, p의 추정량 $\hat{p}$는 다음과 같다.

$$\hat{p} = \frac{x_1 + x_2}{n_1 + n_2}$$

이 $\hat{p}$ 를 사용하는 경우 검정통계량은 다음과 같다.

$$z = \frac{(\hat{p_1} - \hat{p_2}) - 0}{\sqrt{\frac{\hat{p}(1-\hat{p})}{n_1} + \frac{\hat{p}(1-\hat{p})}{n_2}}}$$

또는

$$z = \frac{\hat{p_1} - \hat{p_2}}{\sqrt{\hat{p}(1-\hat{p})(\frac{1}{n_1} + \frac{1}{n_2})}}$$

이다.

(방법 2) p_1과 p_2가 같지 않은 경우

귀무가설이 $H_0 : p_1 \neq p_2$이므로, 이것은 $H_0 : p_1 - p_2 \neq 0$과 같으므로 p_1과 p_2의 최량 추정값은 각각의 표본비율 $\hat{p_1}$과 $\hat{p_2}$이다. 따라서 검정통계량은 다음과 같다.

$$z = \frac{\hat{p_1} - \hat{p_2}}{\sqrt{\frac{\hat{p_1}(1-\hat{p_1})}{n_1} + \frac{\hat{p_2}(1-\hat{p_2})}{n_2}}}$$

대부분의 가설검정에서는 (방법 1)과 같이 p_1 과 p_2 사이의 차이는 없다고 가정한다.

3단계 : 유의수준 α 에 따른 기각역을 결정한다.

$z > z_\alpha$ (우단측검정의 경우)

$z < -z_\alpha$ (좌단측검정의 경우)

$z > z_{\alpha/2}$ 이거나 $z < -z_{\alpha/2}$ (양측검정의 경우)

예제 3

A 병원에서는 이 병원 입원 환자들 가운데 심장병 환자가 차지하는 비율을 알아보기 위해 남녀 각각 1,000명을 표본으로 하여 조사를 실시하였다. 조사 결과 남자는 1,000명 중 52명이, 여자는 1,000명 중 23명이 심장병 환자인 것으로 나타났다. 이 자료는 A 병원에 입원한 심장병 환자들 중 남자의 비율이 높다고 할 수 있는가? 유의수준 $\alpha = 0.05$로 검정하시오.

풀이》 심장병으로 입원한 환자의 수는 남녀 모두 모수가 각각 p_1, p_2인 이항분포를 따른다고 할 수 있다. 따라서 p_1과 p_2 사이의 차이가 존재하는지의 여부를 검정하면 된다.

1) 가설을 설정한다.

$$H_0 : p_1 = p_2$$
$$H_1 : p_1 > p_2$$

2) 검정통계량을 구한다.

$$\hat{p} = \frac{x_1 + x_2}{n_1 + n_2} = \frac{52 + 23}{1000 + 1000} = 0.0375$$

이므로

$$z = \frac{(\hat{p_1} - \hat{p_2})}{\sqrt{\hat{p}(1 - \hat{p})(\frac{1}{n_1} + \frac{1}{n_2})}}$$

$$= \frac{(0.052 - 0.023)}{\sqrt{(0.0375)(0.9625)(\frac{1}{1000} + \frac{1}{1000})}} = 3.41$$

3) 유의수준은 $\alpha = 0.05$이고 우단측 검정이므로 기각역은 $z > 1.645$이다. 검정통계량 $z = 3.41$이 기각역에 포함되므로 귀무가설을 기각한다. 따라서 가설 $p_1 = p_2$를 기각한다. 즉, 표본의 자료를 통해 볼 때 심장병으로 A 병원에 입원한 남자의 비율이 여자의 비율보다도 높다고 할 수 있다(이것은 남자가 여자보다 심장병에 걸릴 확률이 높다는 의미는 아니다).

11.3 소규모의 종속표본을 사용한 $\mu_1 - \mu_2$의 검정

두 모평균의 차이에 대한 추론에서 지금까지는 두 표본이 두 모집단으로부터 서로 독립적으로 추출된 경우(11.1절)를 다루었다. 그러나 실험에서 두 실험 결과를 비교하고자 할 때에는 동질적인 실험단위를 얻기 어려운 경우가 많은데, 다음의 예를 보자.

동질적인 쌍으로 된 자료나 종속적인 자료에 근거하여 두 모집단 사이의 비교를 행하는 실험들이 실제로 많이 이루어지고 있다.

- 의학 : 동일한 실험집단에 대해 다이어트를 하기 전과 한 후의 체중을 비교함으로 다이어트의 효과를 검정한다.
- 교육 : 동일한 사람들에게 교육을 실시하기 전과 실시한 후의 교육 효과를 비교한다.
- 농업 : 콩을 재배할 때, 특정 비료를 사용하기 전과 후의 발육상태를 비교함으로써 비료의 효과를 검정한다.
- 사업 : 동일한 형태로 파괴된 자동차에 대해 두 곳의 서로 다른 정비공장에서의 수리비를 비교한다.

이와 같이 실험단위를 동질적인 쌍으로 묶은 다음, 각 쌍에서 임의로 두 가지 처리 중 하나를 적용하고, 각 쌍에서 얻은 관측치의 차이를 이용하여 두 모평균을 비교하는 방법을 대응비교(paired comparison) 또는 쌍체비교라 한다.

대응비교에서 자료의 구조는 다음과 같다.

쌍	1	2	…	n
처리 1 (X_1)	x_{11}	x_{12}	…	x_{1n}
처리 2 (X_2)	x_{21}	x_{22}		x_{2n}
차이 ($d = X_1 - X_2$)	d_1	d_2	…	d_n

x_{1i}와 x_{2i}의 차이인 d_i 는 X_1과 X_2가 정규분포를 따를 때, H_0: $\mu_1 = \mu_2$가 사실일 때 0 에 대하여 대칭인 정규분포를 따른다. 이를 이용하여 d 에 대한 모평균의 비교를 실시할 수 있다.

$d_1, d_2, \cdots, d_n$ 의 표본평균과 표본분산은 각각

$$\bar{d} = \frac{1}{n}\sum_{i=1}^{n} d_i, \quad s_d^2 = \frac{1}{n-1}\sum_{i=1}^{n}(d_i - \bar{d})^2$$

이며, $\bar{d}$ 는 평균이 $\mu_1 - \mu_2$인 정규분포를 따른다. 특히 $\mu_1 - \mu_2 = 0$일 때

$$\frac{\bar{d}}{s_d / \sqrt{n}}$$

는 자유도가 $n-1$인 t 분포를 따르며, 표본의 크기가 충분히 크면 근사적으로 정규분포를 따른다. 이를 이용하여 대응표본인 경우 다음과 같이 두 모평균의 차이에 대한 가설검정 절차를 정의할 수 있다.

1단계 : 가설을 설정한다.

$$H_0 : \mu_1 = \mu_2$$

$$H_1 : \mu_1 > \mu_2 \quad \text{(우단측검정)}$$

$$\mu_1 < \mu_2 \quad \text{(좌단측검정)}$$

$$\mu_1 \neq \mu_2 \quad \text{(양측검정)}$$

2단계 : 검정통계량을 구한다.

① 대표본일 때 : $z = \dfrac{\bar{d}}{s_d / \sqrt{n}}$

② 소표본일 때 : $t = \dfrac{\bar{d}}{s_d / \sqrt{n}}$, $df = n-1$

3단계 : 유의수준 α 에 따른 기각역을 결정한다.

① 대표본일 때

$z > z_{\alpha}$ (우단측검정의 경우)

$z < -z_{\alpha}$ (좌단측검정의 경우)

$z > z_{\alpha/2}$이거나 $z < -z_{\alpha/2}$ (양측검정의 경우)

② 소표본일 때

$t > t_{\alpha}(n-1)$ (우단측검정의 경우)

$t < -t_{\alpha}(n-1)$ (좌단측검정의 경우)

$t > t_{\alpha/2}(n-1)$이거나 $t < -t_{\alpha/2}(n-1)$ (양측검정의 경우)

예제 4

조깅 운동은 사람들의 휴식 중 심장 박동수를 감소시킬 수도 있다는 주장이 있다. 10명의 자원봉사자들을 대상으로 6개월 동안 조깅 프로그램을 실시하기 전과 후의 휴식 중 심장 박동수를 측정한 자료가 다음과 같다.

전	73	77	68	62	72	80	76	64	70	72
후	68	72	64	60	71	77	74	60	64	68

유의수준 $\alpha = 0.05$로 조깅이 휴식 중 심장박동수를 감소시키는지 검정하시오.

풀이》 조깅하기 전과 후의 심장 박동수 차이 값은 다음과 같다.

전	73	77	68	62	72	80	76	64	70	72
후	68	72	64	60	71	77	74	60	64	68
d_i	5	5	4	2	1	3	2	4	6	4

1) 가설을 설정한다.

$H_0 : \mu_1 = \mu_2$

$H_1 : \mu_1 > \mu_2$ (조깅을 하기 전의 휴식 중 심장박동수가 더 많다)

2) 검정통계량을 구한다.

$\overline{d} = 3.6$, $s_d = 1.58$이고 $n = 10$이므로

$$t = \frac{\overline{d}}{s_d / \sqrt{n}} = \frac{3.6}{1.58 / \sqrt{10}} = 7.20$$

3) 유의수준이 $\alpha = 0.05$, 자유도 $df = 10 - 1 = 9$이고 우단측 검정이므로, 임계값은 $t_{0.05}(9) = 1.833$ 이다. 따라서 검정통계량 $t = 7.20 > 1.833 = t_{0.05}(9)$이므로 유의수준 5% 하에서 귀무가설을 기각한다.

4) **결정** : 유의수준 5% 하에서 귀무가설이 기각되므로, 6개월 동안 조깅 운동을 한 후 측정한 자료에 의하면 휴식 중 심장 박동수는 감소한다고 할 수 있다.

EXCEL 실습

[실습 1] 두 모평균 차이에 대한 검정

(1) 두 모분산 σ_1^2 , σ_2^2 이 알려져 있는 정규모집단의 경우

◀ 1단계 : [데이터 분석] 대화상자에서 [z 검정 : 평균에 대한 두 집단]을 선택한다.

◀ 2단계 : [z 검정 : 평균에 대한 두 집단] 대화상자에서

① 두 집단에 대한 자료의 범위
② 가설에서 설정된 두 모평균의 차이
③ 변수들의 분산
④ 유의수준과 출력범위를 설정한다.

예제 5

A 농장에서는 두 종류의 사료가 젖소의 우유 생산량에 미치는 영향을 조사하고자 한다. 농장 내 젖소를 8마리씩 두 그룹으로 나누어 한 그룹에는 사료 1을, 다른 그룹에는 사료 2를 주면서 3주일간 우유 생산량을 조사한 결과 다음과 같은 자료를 얻었다. 사료에 따라 우유 생산량의 차이가 있는지 유의수준 5%로 검정하시오. 단, 그룹 1의 우유 생산량 X 는 $N(\mu_1, 60)$, 그룹 2의 우유 생산량 Y 는 $N(\mu_2, 67)$을 따른다고 하자.

사료 1	54	60	66	53	62	61	42	50
사료 2	65	70	62	67	59	45	60	52

◀ 1단계 : 가설을 설정한다.

$$H_0 : \mu_1 - \mu_2 = 0$$

$$H_1 : \mu_1 - \mu_2 \neq 0$$

◀ 2단계 : EXCEL을 이용하여 계산한다.

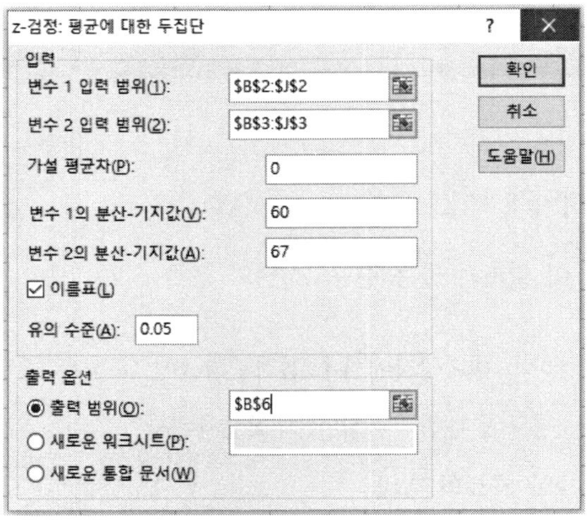

그림 11.1 [z검정 : 평균에 대한 두 집단] 대화상자

	B	C	D	E	F	G	H	I	J
2	사료 1	54	60	66	53	62	61	42	50
3	사료 2	65	70	62	67	59	45	60	52

z-검정: 평균에 대한 두 집단

	사료 1	사료 2
평균	56	60
기지의 분산	60	67
관측수	8	8
가설 평균차	0	
z 통계량	-1.00393	
P(Z<=z) 단측 검정	0.157706	
z 기각치 단측 검정	1.644854	
P(Z<=z) 양측 검정	0.315413	
z 기각치 양측 검정	1.959964	

그림 11.2 두 모평균 차이에 대한 검정 결과

◀ 3단계 : $p-$값이 0.3154이고 유의수준이 $\alpha = 0.05$이므로 귀무가설을 기각할 수 없다. 따라서 유의수준 5%에서 우유 생산량에 있어 두 종류 사료의 효과 차이는 없다고 할 수 있다.

(2) 두 모분산 σ_1^2 , σ_2^2 이 알려져 있지 않은 정규모집단의 경우

1) 두 모분산이 서로 같은 경우($\sigma_1^2 = \sigma_2^2$)

◀ 1단계 : [데이터 분석] 대화상자에서 [t검정 : 등분산 가정 두 집단]을 선택한다.
◀ 2단계 : [t검정 : 등분산 가정 두 집단] 대화상자에서
① 두 집단에 대한 자료의 범위
② 가설에서 설정된 두 모평균의 차이
③ 유의수준과 출력범위를 설정한다.

예제 6

앞의 〈예제 5〉 A 농장의 예에서, 모집단이 같은 두 그룹에서 각각 8마리씩 표본으로 추출한 경우라 할 때, 두 종류의 사료에 의해 우유 생산량이 차이가 있는지 유의수준 5%로 검정하시오.

◀ 1단계 : 가설을 설정한다.

$$H_0 : \mu_1 - \mu_2 = 0$$
$$H_1 : \mu_1 - \mu_2 \neq 0$$

◀ 2단계 : EXCEL을 이용하여 계산한다.

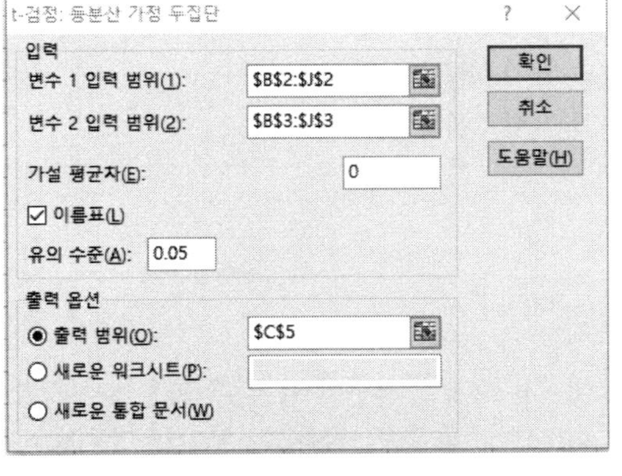

그림 11.3 [t검정 : 등분산 가정 두 집단] 대화상자

◀ 3단계 : $p-$값이 0.3327이고 유의수준이 $\alpha = 0.05$이므로 귀무가설을 기각할 수 없다. 따라서 유의수준 5%에서 젖소의 우유 생산량에 있어 두 종류 사료의 효과 차이는 없다고 할 수 있다.

	A	B	C	D	E	F	G	H	I	J
1										
2		사료 1	54	60	66	53	62	61	42	50
3		사료 2	65	70	62	67	59	45	60	52
4										
5	t-검정: 등분산 가정 두 집단									
6										
7		사료 1	사료 2							
8	평균	56	60							
9	분산	60.29	66.85714							
10	관측수	8	8							
11	공동(Pooled) 분산	63.57								
12	가설 평균차	0								
13	자유도	14								
14	t 통계량	-1								
15	P(T<=t) 단측 검정	0.166								
16	t 기각치 단측 검정	1.761								
17	P(T<=t) 양측 검정	0.333								
18	t 기각치 양측 검정	2.145								
19										

그림 11.4 두 모평균 차이에 대한 검정 결과(모분산이 같다고 가정)

2) 두 모분산이 서로 다를 경우($\sigma_1^2 \neq \sigma_2^2$)

◀ 1단계 : [데이터 분석] 대화상자에서 [t검정 : 이분산 가정 두 집단]을 선택한다.

◀ 2단계 : [t검정 : 이분산 가정 두 집단] 대화상자에서

① 두 집단에 대한 자료의 범위

② 가설에서 설정된 두 모평균의 차이

③ 유의수준과 출력범위를 설정한다.

예제 7

앞의 〈예제 5〉 A 농장의 예에서 모집단 분산이 다른 두 그룹에서 각각 8마리씩 표본으로 추출한 경우라 할 때, 두 종류의 사료에 의해 우유 생산량이 차이가 있는지 유의수준 5%로 검정하시오.

◀ 1단계 : 가설을 설정한다.

$$H_0 : \mu_1 - \mu_2 = 0$$
$$H_1 : \mu_1 - \mu_2 \neq 0$$

◀ 2단계 : EXCEL을 이용하여 계산한다.

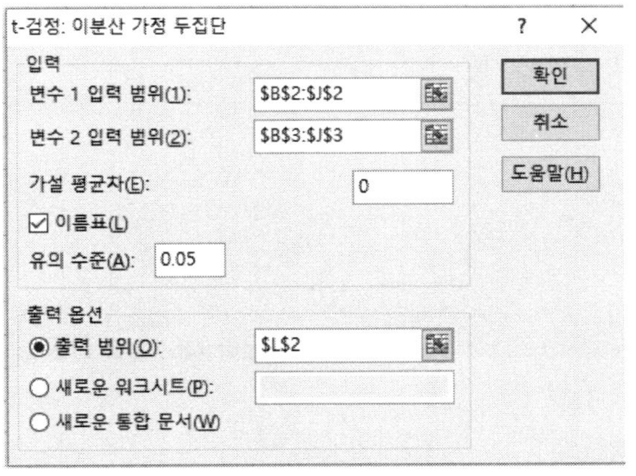

그림 11.5 [t검정 : 이분산 가정 두 집단] 대화상자

	B	C	D	E	F	G	H	I	J
2	사료 1	54	60	66	53	62	61	42	50
3	사료 2	65	70	62	67	59	45	60	52

t-검정: 이분산 가정 두 집단

	사료 1	사료 2
평균	56	60
분산	60.28571	66.85714
관측수	8	8
가설 평균차	0	
자유도	14	
t 통계량	-1.00337	
P(T<=t) 단측 검정	0.166356	
t 기각치 단측 검정	1.76131	
P(T<=t) 양측 검정	0.332713	
t 기각치 양측 검정	2.144787	

그림 11.6 두 모평균 차이에 대한 검정 결과(모분산이 다르다고 가정)

◀ 3단계 : $p-$값이 0.3327이고 유의수준이 $\alpha = 0.05$이므로 귀무가설을 기각할 수 없다. 따라서 유의수준 5%에서 젖소의 우유생산량에 있어 두 종류 사료의 효과 차이는 없다고 할 수 있다.

(3) 소규모의 종속표본일 경우

◀ 1단계 : [데이터 분석] 대화상자에서 [t검정 : 쌍체비교]를 선택한다.

◀ 2단계 : [t검정 : 쌍체비교] 대화상자에서
① 두 집단에 대한 자료의 범위
② 가설에서 설정된 두 모평균의 차이
③ 유의수준과 출력범위를 설정한다.

예제 8

〈예제 4〉를 EXCEL을 이용하여 검정하시오.

◀ 1단계 : 가설을 설정한다.

$$H_0 : \mu_1 = \mu_2$$

$H_1 : \mu_1 > \mu_2$ (조깅을 하기 전의 휴식 중 심장박동수가 더 많다)

◀ 2단계 : EXCEL을 이용하여 계산한다.

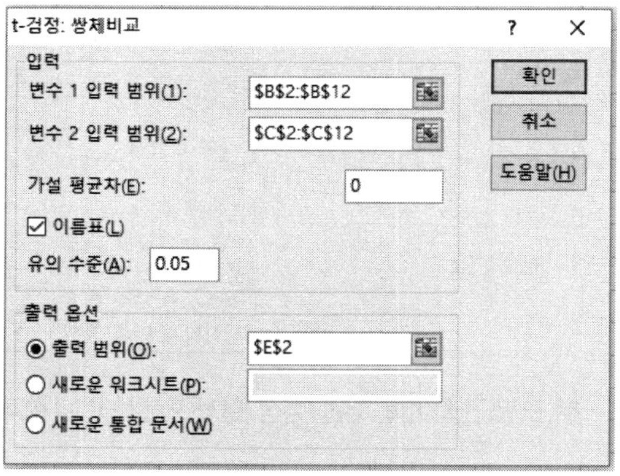

그림 11.7 [t검정 : 쌍체비교] 대화상자

	A	B	C	D	E	F	G
1							
2		전	후		t-검정: 쌍체 비교		
3		73	68				
4		77	72			전	후
5		68	64		평균	71.4	67.8
6		62	60		분산	31.822222	33.51111
7		72	71		관측수	10	10
8		80	77		피어슨 상관 계수	0.9622263	
9		76	74		가설 평균차	0	
10		64	60		자유도	9	
11		70	64		t 통계량	7.2160535	
12		72	68		P(T<=t) 단측 검정	2.498E-05	
13					t 기각치 단측 검정	1.8331129	
14					P(T<=t) 양측 검정	4.996E-05	
15					t 기각치 양측 검정	2.2621572	

그림 11.8 두 모평균 차이에 대한 검정 결과(쌍체비교)

◀ 3단계 : $p-$값이 0.00005이고 유의수준이 $\alpha=0.05$이므로 귀무가설을 기각한다. 따라서 유의수준 5%에서 조깅을 하기 전의 휴식 중 평균 심장박동수가 더 크다고 할 수 있다.

연습문제

01 모집단 1, 2에서 각각 $n_1 = 80$, $n_2 = 80$개의 독립인 확률표본을 추출하였다. 각각의 모집단에 대한 모수와 통계량들은 다음과 같다.

	모집단	
	1	2
모평균	μ_1	μ_2
모분산	σ_1^2	σ_2^2
표본크기	80	80
표본평균	11.6	9.7
표본분산	27.9	38.4

1) 가설검정에서 μ_1이 μ_2보다 크다는 것을 입증하고자 할 때, 귀무가설과 대립가설을 설정하시오.
2) 검정통계량을 구하고, $\alpha = 0.05$일 때 기각역을 구하시오.
3) 검정 결과로 미루어 보아 위의 자료는 $\mu_1 > \mu_2$임을 입증하기에 충분한 근거가 되는가?

02 밀의 생산에 새로운 비료의 효과를 검정하기 위하여 경작지를 같은 크기인 60개 구역으로 나누었다. 나누어진 구역의 모든 자연 조건은 같다고 가정한다. 임의로 30개 구역은 신제품 비료를, 나머지 30개 구역에는 종래의 비료를 각각 사용한 후 km^2당 밀의 수확량(kg)을 조사하였더니 다음과 같았다.

	신제품	종래의 제품
표본평균	18	17
표본분산	0.6	0.5

유의수준 $\alpha = 0.05$를 사용하여 신제품 비료가 종래의 비료보다 우수하다는 대립가설에 대해서 검정하시오.

03 모집단 1, 2로부터 각각 $n_1 = 36$, $n_2 = 45$개의 독립인 확률표본을 추출하였다. 각각의 모집단에 대한 모수와 통계량은 다음과 같다.

	모집단	
	1	2
모평균	μ_1	μ_2
모분산	σ_1^2	σ_2^2
표본크기	36	45
표본평균	1.24	1.31
표본분산	0.056	0.054

1) μ_1과 μ_2가 다르다는 것을 보이고자 할 때 귀무가설과 대립가설을 설정하시오.
2) 검정통계량을 구하고, 유의수준 $\alpha = 0.05$에서 기각역을 설정하시오.
3) 검정결과로 미루어 보아 위의 자료는 $\mu_1 \neq \mu_2$임을 나타내기에 충분한 근거가 되는가?

04 미국 노동부의 조사에 의하면 이전보다 더 많이 미국인들이 두 가지 직업에 종사하는 것으로 나타났다고 Wall Street Journal(1989년 9월 7일)이 보도하였다. 이 조사에 의하면 직업을 가진 미국인들이 2개 이상의 다른 직업을 갖고 있는 비율이 1985년 5.4%에서 1989년 6.2%로 늘어났다고 한다. 이 조사가 850명의 미국인들을 대상으로 하였다고 할 때, 1985년보다 미국인들이 2개 이상의 다른 직업을 가진 비율이 늘어났다고 할 수 있는가? 유의수준 $\alpha = 0.01$로 검정하시오.

05 자동차 광고를 할 때 여성을 모델로 사용하는 것에 대한 효과를 판단하기 위하여 100명의 남자들을 표본으로 선택하였다. 이들에게 가격, 색상, 크기가 같은 2개의 자동차에서 여성모델을 사용한 사진을 50명(A 그룹)에게, 모델이 없는 사진을 50명(B 그룹)에게 각각 보였다. 그 결과 동일한 자동차에 대해 A 그룹에는 37명이 더 비싸다는 판단을 하였고, B 그룹에는 23명이 더 비싸다는 판단을 하였다. 이 결과는 소비자들에게 여성 모델을 사용한 경우가 더 비싸게 인식하는 데 영향을 미치는 것으로 볼 수 있는가? 유의수준 $\alpha = 0.05$로 검정하시오.

06 이항모집단 1, 2로부터 각각 $n_1 = 140$, $n_2 = 140$개의 독립인 임의표본을 추출하였다. 각각의

표본에서 성공의 횟수에 대한 자료는 다음과 같다.

	모집단	
	1	2
표본크기	140	140
성공횟수	74	81
이항모수	p_1	p_2

유의수준 $\alpha = 0.05$에서 이항모수 p_1과 p_2 사이의 차이에 대한 검정하시오.

07 50살이 넘은 나이에 자식이 없는 여자들은 심장마비에 걸릴 가능성이 높다는 연구 결과가 나왔다. Pennsylvania의 어느 지방에서 심장마비로 사망한 51명의 여성 가운데 12명이 자식이 없었다. 그러나 심장병을 치유한 47명의 여성 가운데 아이가 없는 여성은 2명에 불과했다. 이 자료는 자식이 있는 여성과 없는 여성 사이에 심장병으로 사망할 비율에 유의적인 차이가 있다고 판단하는 근거가 되겠는가? 유의수준 $\alpha = 0.05$로 검정하시오.

08 귀무가설 $H_0: \mu = 94$에 대한 대립가설 $H_a: \mu < 94$를 검정하려고 한다. 표본의 크기는 $n = 52$이고, $\bar{x} = 92.9$, $s = 4.1$이라고 한다.

1) 이 검정에 대해 관측된 유의확률값(p-값)을 구하시오.

2) 만약 유의수준 $\alpha = 0.05$일 때 결과는?

09 16마리의 젖소를 영양 상태와 나이가 비슷한 8마리의 쌍으로 나누고, 각 쌍에서 임의로 선택하여 사료 1과 사료 2를 주었다. 3주 동안의 우유생산량이 다음 표와 같다면, 두 사료에 따라 우유생산량이 유의적인 차이가 있는지 유의수준 5%로 검정하시오. 단, 우유생산량은 정규분포를 따른다고 가정한다.

번호	1	2	3	4	5	6	7	8
사료1	52	60	63	43	46	56	62	50
사료2	58	62	62	48	50	55	68	57

제12장

범주형 자료 분석

제12장 범주형 자료 분석

이 장에서는 성별이나 연령별, 혹은 학력과 같은 몇 개의 범주형 변수에 따라 교차 분류된 빈도 형태의 자료, 즉 범주형 자료(categorical data)에 대하여 분석하는 통계적 방법을 배워보고자 한다.

범주형 자료분석에서 주로 이루어지는 것은 분할표(contingency table) 작성과 χ^2검정(χ^2test)으로 예제를 통해 분할표 작성 방법을 이해하고 χ^2검정을 이용하여 여러 질적 모집단 비율들의 검정방법과 다항자료에 대한 검정방법, 그리고 이와 연관성이 있는 적합도검정, 독립성검정, 동질성검정 등에 대해서 소개한다.

12.1 서론

범주형 자료(일반적으로 질적 자료)는 양적 자료와 다르게 몇 개의 범주를 갖고 각 범주에 해당되는 도수나 빈도로 관측된다. 예를 들어 어떤 연구자가 고혈압과 흡연과의 관련성을 확인하고 싶어 200명의 표본을 추출하였다고 할 때, 200명의 자료는 고혈압과 흡연량의 정도에 따라 분류할 수 있다. 이때 고혈압 변수를 없음, 보통, 심각의 세 수준으로 나누고 흡연량 변수 역시 비흡연, 보통, 많음의 세 수준으로 나누었다고 가정할 때 다음과 같이 3×3 분할표로 정리할 수 있다.

표 12.1 ▮ 3×3 분할표

		흡연량		
		비흡연	보통	많음
고혈압의 정도	심각	10	14	20
	보통	20	18	31
	없음	40	22	25

범주형 변수 A가 r개의 범주를 갖고 또 다른 범주형 변수 B가 c개의 범주를 갖는다고 할 때, A를 행에, B를 열에 배치해서 얻은 표를 $r \times c$분할표라 한다. A의 각 범주와 B의 각 범주의 조합으로 정의되는 집단을 셀(Cell)이라 하고, $r \times c$분할표에서는 총 $r \times c$개의 셀이 존재한다. 분할표에

서 i번째, j번째 열의 셀은 셀(i,j)로 표현한다. 〈표 12.1〉의 고혈압 예의 경우, 고혈압이 범주형 변수 A이고 흡연량의 정도가 범주형 변수 B이며 각각 3개의 범주를 갖고 있으므로 3×3의 분할표를 얻게 되고 총 $9(=3\times3)$개의 셀이 정의된다. 흡연을 많이 하면서 보통 정도의 고혈압 증상을 갖고 있는 집단(셀 (2,3)에 해당)에는 31명이 있다. 이러한 각각의 셀 속에 들어 있는 자료들을 관측도수(observed frequency)라 하며 O_{ij} 로 표시한다. O_{ij} 는 i 번째 행과 j 번째 열에 위치한 셀의 관측도수를 나타낸다. 또한 모든 셀 도수들의 합은 표본크기 n 과 같다. 즉,

$$\sum_i \sum_j O_{ij} = 200 = n$$

분할표 내의 각 셀에는 두 종류의 도수를 고려할 수 있는데, 하나는 앞에서 언급했던 관측도수이고 다른 하나는 바로 E_{ij} 로 표기되는 기대도수(expected frequency)로 특정 가정(가설 검정의 경우 귀무가설) 하에서 얻어진다. 관측도수와 마찬가지로 다음이 성립한다.

$$\sum_i \sum_j E_{ij} = n$$

예를 들면, 가령 우리가 어떤 동전이 공평한가에 관심이 있다고 하자. 이를 확인하기 위해 동전을 200번 던지고 앞면과 뒷면이 나타난 횟수를 기록했을 때 90번은 앞면, 110번은 뒷면이 관측되었다고 하자. 만약, 동전이 공평한 것이라면(즉, 앞면과 뒷면이 나올 가능성이 같다고 가정한다면) 동전을 200번 던졌을 때 앞면과 뒷면이 각각 100번씩 나올 것으로 기대할 것이다. 즉 각각의 두 결과에 대한 기대도수는 100이 된다. 이것을 1×2 분할표로 요약하면 다음과 같다.

동전의 결과	앞면	뒷면
관측도수(O)	$O_{11} = 90$	$O_{12} = 110$
기대도수(E)	$E_{11} = 100$	$E_{12} = 100$

위의 표에서 각 셀의 기대도수와 관측도수 간에는 차이가 있는데 이것이 표본오차 때문인지 아니면 동전이 공평하지 않기 때문인지에 대한 결정이 필요하다. 여기서 표본오차란 동일한 실험을 반복하였을 때 관측 결과의 차이를 의미하며, 동전 예제의 경우 200번을 다시 던졌을 때 앞면이 90번이 아닌 95번이 관측되었다 하자. 이는 표본오차 때문이다. 일반적으로 기대도수는 우리가 설정한 가정 하에서 계산되기 때문에 기대도수를 기준으로 관찰도수가 기대도수와 비슷하면 관측된 자료가 가정에 잘 적합되었다고 말할 수 있다. 비슷함의 정도는 관측도수와 기대도수의 차이$(= O_{ij} - E_{ij})$로 표현한다.

동전 예제에서 앞면에 해당하는 셀 (1,1)에서는 $O_{11} - E_{11} = -10$이고 뒷면에 해당하는 셀 (1,2)에서는 $O_{12} - E_{12} = 10$이므로

$$\sum_i \sum_j (O_{ij} - E_{ij}) = \sum_j (O_{1j} - E_{1j}) = 0$$

이다. 차이의 합이 0이기 때문에, 분산을 공부할 때와 같이 편차를 제곱하여 더한다. 이 값을 기대도수(E_{ij})의 비율로 표현하면 각 셀에서의 차이에 대한 좀 더 정확한 척도를 얻을 수 있다. 만약, 동전이 공평하다면, 각 셀의 적합도는 $(O_{ij} - E_{ij})^2 / E_{ij}$에 의해 측정되고, 모든 셀들에 대한 기여도는 다음과 같은 통계량에 의해 측정된다.

$$\sum_i \sum_j \frac{(O_{ij} - E_{ij})^2}{E_{ij}}$$

동전 예와 같이 범주형 변수가 하나만 고려되는 경우, $i = 1$로 고정되며 $O_{ij} = O_j$와 $E_{ij} = E_j$로 하여 위 식은 다음과 같이 간단하게 표현할 수 있다.

$$\sum_j \frac{(O_j - E_j)^2}{E_j}$$

위 통계량은 근사적으로 χ^2분포를 따르는 χ^2검정통계량으로 정의된다.

χ^2통계량

$$\chi^2 = \sum_i \sum_j \frac{(O_{ij} - E_{ij})^2}{E_{ij}} \quad \text{(두 개의 범주형 변수가 고려될 때)}$$

$$\chi^2 = \sum_j \frac{(O_j - E_j)^2}{E_j} \quad \text{(한 개의 범주형 변수가 고려될 때)}$$

동전 예로 χ^2 통계량의 값을 계산해 보자.

$$\chi^2 = \frac{(90 - 100)^2}{100} + \frac{(110 - 100)^2}{100} = 2$$

동전이 공평하지 않은지를 결정하기 위해서 $\chi^2 = 2$ 가 이론적으로 표본오차에 의해 발생될 수

있는 값보다 더 큰 값인지 의문이 제기된다. 이를 판단하기 위한 최솟값은 부록의 〈표 6〉에 있는 χ^2 확률표에서 찾을 수 있으며, 그 기각값은 유의수준 $\alpha = 0.05$하에서 3.841이다(이 값을 찾는 방법은 12.2절에서 자세히 다루도록 한다). 그래서 χ^2 통계량 값 2는 기각값 3.841보다 작으므로 동전던지기에서 관측도수와 기대도수의 차이는 이론적으로 표본오차에 의해 설명된다고 할 수 있다. 결론적으로 동전이 공평하지 않다는 제안에 대한 충분한 근거가 있다고 할 수 없다.

12.2 2개 이상의 모집단 비율에 대한 검정

11.2절에서 우리는 두 가지로 분류되는 성질을 갖거나 이항모집단으로 구성된 두 모집단 비율들이 차이가 있는지 없는지를 검정하는 방법을 배웠다. 각 모집단은 성공과 실패로 분류되는 두 개의 범주들로 구성되어 있다고 할 때, 귀무가설은 $H_0 : p_1 = p_2$의 형식을 가지며 p_1은 한 모집단 내에서 성공의 비율이고, p_2는 나머지 다른 모집단 내에서 성공의 비율이다. 이항실험의 독립성 성질에 의해 성공의 확률은 집단에 상관없이 동일한 확률로 나타나며 표본 크기가 충분히 큰 경우 이를 z 검정을 이용하여 두 모집단 비율을 검정하였다. 그러나 여기서는 앞에서 배운 z 검정을 확장하여 모집단의 수가 2개 이상인 경우의 검정방법을 배워보고자 한다. 이러한 확장 검정의 경우 모집단의 수가 2개인 경우는 앞에서 배웠던 z 검정과 동일한 검정이 된다.

이 절에서 관심 있는 검정에 대한 귀무가설은

$$H_0 : p_1 = p_2 = \cdots = p_k$$

이며 모집단의 수 $k \geq 2$, p_i 는 i 번째 이항모집단에서의 성공의 비율이다. 귀무가설에 대한 대립가설은 다음과 같다.

H_1 : 적어도 한 모집단의 비율은 다른 모집단들의 비율과 다르다.

이러한 형태의 문제들은 성공과 실패의 두 범주와 k 개의 집단으로 구성되며, 다음과 같은 $2 \times k$ 분할표의 형태를 갖는다.

	집단 1	집단 2	집단 3	⋯	집단 k
성공					
실패					

예를 들어 어떤 대학에서 졸업자격을 위한 필수조건으로 3학점짜리 통계학 수업 이수를 제안하

려고 한다. 학생들의 의견을 수렴하기 위하여 2학년, 3학년, 4학년 학생들로부터 랜덤하게 표본을 추출하여 찬성과 반대의 두 범주로 의견을 제시하는 투표를 실시하였다고 하자. 이 투표의 결과는 $k=3$이므로 2×3 분할표의 형태로 나타낼 수 있다.

학생의견조사 결과

	2학년	3학년	4학년
찬성	12	5	13
반대	13	15	17

2, 3, 4학년 각각에 대하여 새로운 졸업요구 조건에 찬성하는 비율을 p_1, p_2, p_3라 할 때 유의수준 $\alpha = 0.05$에서 다음의 귀무가설을 검정하려고 한다.

$$H_0 : p_1 = p_2 = p_3$$

예제를 설명하기 위해 우선, 다음과 같이 행과 열의 총 합인 주변도수(marginal frequencies)를 구한다.

	2학년	3학년	4학년	행의 합
찬성	12	5	13	30
반대	13	15	17	45
열의 합	25	20	30	75

열의 합은 각 학년의 랜덤표본의 크기이며 행의 합은 새로운 요구조건에 찬성하는 사람들의 총수와 반대하는 사람들의 총 수를 나타낸다. 이때 행의 모든 총합과 열의 총합은 표본 전체 크기와 같다. 즉 $25 + 20 + 30 = 30 + 45 = 75$로, 총 응답자 수는 $n = 75$이다.

검정통계량 값을 계산하기 전에 먼저 각 셀에 대한 기대도수를 구해야 한다. 기대도수는 귀무가설($p_1 = p_2 = p_3$)이 사실이라는 가정 하에서 구할 수 있다. 귀무가설($p_1 = p_2 = p_3$)이 사실이라고 가정했기 때문에 $p_1 = p_2 = p_3 = p$라 할 수 있고 공통추정비율($\hat{p}$)을 얻을 수 있을 것이다. 이 추정 값은 세 개의 학년 집단의 표본들의 총합 중 새로운 졸업요구조건에 대하여 찬성하는 집단들에 대한 비로써 구해진다. 즉,

$$\hat{p} = \frac{12 + 5 + 13}{25 + 20 + 30} = \frac{30}{75} = \frac{2}{5}$$

이를 이용해 각 셀들의 기댓값을 구해보면

E_{11} (2학년 학생 중 찬성하는 사람의 기댓값)

$$= \frac{2}{5} \times 25 = 10 \text{ (2학년 25명 중 찬성하는 학생 수)}$$

$$E_{21} = 25 - 10 = 15 \text{ (2학년 학생 중 반대하는 사람의 기댓값)}$$

같은 방식으로 다른 셀에 대한 기대도수를 구할 수 있다.

$O(E)$	2학년	3학년	4학년	합
찬성	12(10)	5(8)	13(12)	30
반대	13(15)	15(12)	17(18)	45
합	25	20	30	75

$$E_{12} = \frac{2}{5} \times 20 = 8 \qquad E_{22} = 20 - 8 = 12$$

$$E_{13} = \frac{2}{5} \times 30 = 12 \quad E_{23} = 30 - 12 = 18$$

분할표에서 기대도수를 구하는 좀 더 일반적인 절차를 알아보도록 하자. 위의 예에서 전체 75명의 응답자들 중에 귀무가설이 사실이라는 가정 하에서 그 의견에 찬성하는 동시에 2학년인 집단에 속할 확률을 계산하는 상황을 생각해 보자. 귀무가설 하에서 학년에 상관없이 찬성비율이 동일하기 때문에 학년과 찬성 여부는 독립이 된다. 5.5.3절에서 $P(E \cap F) = P(E)\,P(F)$이면 사건 E와 F가 독립이라고 한다는 것을 이용하면 2학년이면서 찬성하는 학생들에 대한 확률은 다음과 같다.

$$P(\text{찬성} \cap \text{2학년}) = P(\text{찬성}) \cdot P(\text{2학년})$$
$$= \left(\frac{30}{75}\right)\left(\frac{25}{75}\right)$$

따라서 전체 $n = 75$명의 학생에 대하여 찬성하면서 2학년인 응답자수의 기댓값은 다음과 같다.

$$E_{11} = P(\text{찬성} \cap \text{2학년}) \cdot n$$
$$= \left(\frac{30}{75}\right)\left(\frac{25}{75}\right) \cdot (75)$$
$$= \frac{30 \times 25}{75} = 10$$

$E_{11} + E_{21} = 25$이므로 $E_{21} = 25 - E_{11} = 25 - 10 = 15$가 되며 이것은 앞의 결과와 동일하다. 이 절차를 통해 기대도수 E_{ij}에 대하여 다음과 같은 공식을 도출할 수 있다.

> 셀(i, j)의 기대도수(E_{ij})
>
> $$E_{ij} = \frac{(i\text{번째 행의 합}) \times (j\text{번째 열의 합})}{n}$$

각 셀의 기대도수를 구한 후에는 아래의 식을 사용하여 χ^2 통계량 값을 구한다.

$$\chi^2 = \sum_i \sum_j \frac{(O_{ij} - E_{ij})^2}{E_{ij}} \qquad (12.1)$$

아래 표는 앞의 예제를 이용하여 χ^2검정통계량을 계산하는 과정을 보여주고 있고, 검정통계량의 값(χ^2)이 2.69임을 알 수 있다. 만일, 귀무가설이 사실이고 어떠한 표본오차도 포함되어 있지 않다면(즉, 전체 모집단을 모두 조사한 경우) 각 셀에 대한 기대도수와 관측도수는 같게 될 것이다. 이 경우 χ^2 검정통계량은 0 이 된다.

셀	O_{ij}	E_{ij}	$(O_{ij} - E_{ij})^2$	$\sum_i \sum_j \frac{(O_{ij} - E_{ij})^2}{E_{ij}}$
(1,1)	12	10	4	0.400
(1,2)	5	8	9	1.13
(1,3)	13	12	1	0.08
(2,1)	13	15	4	0.27
(2,2)	15	12	9	0.75
(2,3)	17	18	1	0.06
				$\chi^2 = 2.69$

이러한 계산 결과가 도출되었을 때 귀무가설을 기각하기 위하여 χ^2검정통계량 값이 얼마나 커야만 하는지 그 기준이 필요하게 된다. 그 기준이 되는 것이 바로 χ^2기각값(critical value)으로 부록의 〈표 6〉에 있는 χ^2 확률표에서 찾을 수 있으며, 이 값으로부터 기각역을 구할 수 있다.

유의수준에 따른 기각값을 구하기 전에 χ^2분포의 자유도를 알아야 한다. $r \times c$ 분할표에서 χ^2 통계량의 자유도(degrees of freedom : DF)는 $(r-1)(c-1)$이 된다. 만약, 범주형 변수가 하나만 고려되는 $1 \times c$ 분할표에서의 자유도는 $(c-1)$이다. 위의 예제의 경우 2×3 분할표이므로 자유도는 $(2-1)(3-1)=2$이며 유의수준 $\alpha = 0.05$에서의 기각값은 $\chi^2_{0.05}(2) = 5.991$이 된다. 여기서, $\chi^2_{0.05} = 5.991$의 의미는 자유도가 2인 χ^2분포에서 5.991보다 클 확률이 0.05라는 뜻이다(그림 12.1). 이제 마지막으로 가설에 대한 검정이 실시된다. 즉, 검정통계량의 값과 기각값을 비교하여 표본오차가 허용된 범위 내에 포함이 되는지 아니면 그 이상이 되는지를 판단해야 한다. 그 결과 이들 오차가 허용범위 이내이면 귀무가설, 즉 모든 모집단의 비율이 동일하다고 결론을 내릴 수 있으며, 만약 허용범위보다 크면 귀무가설이 기각되어 적어도 한 모집단의 모비율이 같지 않다고 결론을 내릴 수 있다. 즉,

$\chi^2 \leq \chi^2_\alpha(df)$인 경우, 귀무가설을 기각하지 않는다.

$\chi^2 > \chi^2_\alpha(df)$인 경우, 귀무가설을 기각한다.

여기서 $\chi^2_\alpha(df)$는 자유도 df를 갖는 χ^2 분포에서 유의수준 α에 해당하는 기각값을 의미한다. 앞의 예제에서 χ^2 검정통계량값은 2.69, 유의수준 5%에서 기각값 $\chi^2_{0.05}(2) = 5.991$로 이를 비교하면

$$\chi^2 = 2.69 < \chi^2_{0.05}(2) = 5.991$$

이다. 따라서 위 예제에서 검정을 실시한 결과 검정통계량의 값이 기각값보다 작게 나타났으므로 귀무가설이 유의수준 0.05 하에서 기각되지 않는다. 즉, 일반적으로 대립가설에 주장하고자 하는 내용을 포함하므로 대립가설을 중심으로 결론을 내리면 학년에 따라 찬성비율이 다르다고 할 만한 충분한 근거가 없다.

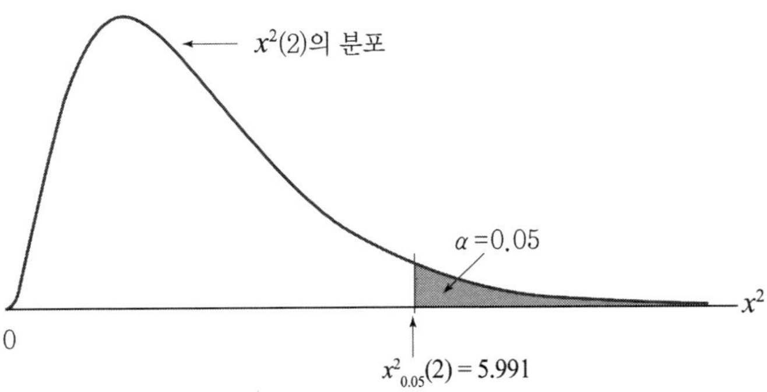

그림 12.1 [χ^2 (2)의 분포에서의 기각값]

[자유도의 개념]

자유도(degrees of freedom)의 개념에 대하여 좀 더 자세히 알아보자. 어떤 한 삼각형 내의 각도를 선택할 때의 자유도는 얼마인가?

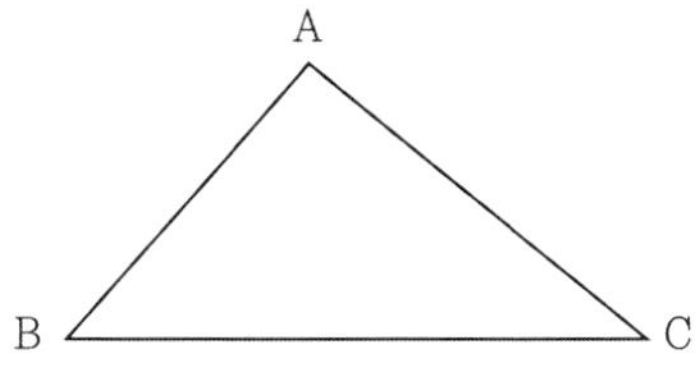

삼각형에서 세 내각 A, B, C의 합은 180도이다. 임의의 두 개의 각을 자유롭게 선택하면 나머지 한 개의 각은 180도에서 두 개의 각의 합을 빼어 구할 수 있다. 따라서 세 개의 각이 있는 삼각형에서 각도 선택과 관련되어서는 자유도가 2가 된다.

앞에서 다루었던 대학생들의 의견투표의 2 × 3 분할표와 같은 형태에서 행과 열의 총합이 알려진 상황 하에서 셀 도수들을 선택할 때 자유도의 수를 결정할 수 있다. 처음으로 어떤 셀 도수를 하나 선택할 때는 자유롭게 선택할 수 있다. 가령 셀 (2,2)(즉, 3학년이면서 반대하는 집단)를 선택한다면 하나의 자유도를 얻게 된다. 그렇지만 O_{22}와 O_{12}의 합인 3학년 표본의 수 20이 알려져 있기 때문에 셀 (1,2)(3학년이면서 찬성)의 도수를 선택하는 것에는 자유를 가질 수 없다. 그다음으로 나머지 남아 있는 4개의 셀 (1,1), (1,3), (2,1), (2,3) 중 선택에 자유가 주어진다. 이 중 셀 (2,1)(2학년이면서 반대)을 선택하게 되면 지금까지 2개의 자유도를 얻게 된 것이 되고 $O_{21} + O_{22} + O_{23} = 45$이므로 셀 (2,3)에 대해서도 선택의 자유가 없어진다. 그리고 셀 (1,3) 혹은 셀 (1,1)도 앞의 관계와 같은 방식에 의해 선택의 자유를 가지지 못하게 된다. 위의 과정을 통해 얻어진 결과를 X 와 ↓로 나타내면 아래와 같다.

	2학년	3학년	4학년
찬성	X	X	X
반대	↓	↓	X

X : 선택의 자유가 없는 셀, ↓ : 자유롭게 선택된 셀

결론적으로 대학생의 의견투표 예에서 자유도가 2임을 알 수 있고 이 결과는 자유도 공식을 사용해 얻은 값과 동일하다.

[χ^2통계량의 계산공식]

(12.1) 공식에 의해 얻어진 χ^2검정통계량에 대한 간단한 계산공식(computational formula)은 다음과 같다.

$$\chi^2 = \sum_i \sum_j \frac{O_{ij}^2}{E_{ij}} - n \qquad (12.2)$$

통계학 수강에 대한 학생들의 의견조사에 대한 χ^2검정통계량 값을 계산 공식을 이용하여 구해 보자.

	(1,1)	(1,2)	(1,3)	(2,1)	(2,2)	(2,3)	합
O_{ij}	12	5	13	13	15	17	
E_{ij}	5	8	12	15	12	18	
$\frac{O_{ij}^2}{E_{ij}}$	14.4	3.13	14.08	11.27	18.75	16.06	77.69

계산공식에 의한 χ^2검정통계량의 값은 (12.1)에 사용된 공식과 같은 값을 가진다.

$$\chi^2 = \sum_i \sum_j \frac{O_{ij}^2}{E_{ij}} - n = 77.69 - 75 = 2.69$$

χ^2검정통계량이 자유도 $(r-1)(c-1)$인 근사적인 χ^2 분포를 따르기 위해서는 다음의 가정을 충족되어야 한다.

χ^2검정의 가정

① 셀의 기대도수들의 최소 80% 이상이 5 혹은 그 이상이 되어야 한다.

② 모든 기대도수들이 1 이상이어야 한다.

χ^2검정통계량의 분모가 1보다 적은 값을 가지면, 그 셀에 대한 χ^2검정통계량 값이 커지고, 따라서 잘못된 결정으로 이끌게 된다.

예제 1

한 여론조사 기관에서 갑 후보의 지지율이 세 지역에서 모두 같은지를 알아보려고 한다. 세 지역에서 임의표본을 추출하고 조사한 결과 다음의 결과를 얻었다. 갑 후보의 지지율이 세 지역에서 모두 같은지를 검정하시오($\alpha = 0.05$).

		지역		
		A	B	C
지지 여부	예	46	48	42
	아니오	74	77	68

풀이 ① 귀무가설과 대립가설은 다음과 같다.

$H_0: p_1 = p_2 = p_3$

H_1 : 적어도 하나의 비율은 다르다.

② 검정통계량의 값을 계산하기 위하여 먼저 귀무가설 H_0가 사실이라는 가정하에 각 셀의 기대도수를 구한다.

$O(E)$		지역			합
		A	B	C	
지지	예	46(45.97)	48(47.89)	42(42.14)	136
	아니오	74(74.03)	77(77.11)	68(67.86)	219
합		120	125	110	355

첫 번째 행의 처음 두 개의 기대도수는 다음과 같이 계산된다.

$$E_{11} = \frac{(120)(136)}{355} = 45.97$$

$$E_{12} = \frac{(125)(136)}{355} = 47.89$$

나머지 네 개 셀에 대한 기대도수는 합으로부터 구할 수 있다. 각 셀의 기대도수는 모두 5 이상으로 χ^2분포를 따르기 위한 가정을 충족한다.

검정통계량 값과 자유도(df)는 계산공식에 의해 다음과 같이 얻어진다.

$$\chi^2 = \sum_i \sum_j \frac{O_{ij}^2}{E_{ij}} - n = 355.0013 - 355 \approx 0.0013$$

$$df = (r-1)(c-1) = (2-1)(3-1) = 2$$

셀	O_{ij}	E_{ij}	$\frac{O_{ij}^2}{E_{ij}}$
(1,1)	46	45.97	46.0300
(1,2)	48	47.89	48.1103
(1,3)	42	42.14	41.8605
(2,1)	74	74.03	73.9700
(2,2)	77	77.11	76.8902
(2,3)	68	67.86	68.1403
			합=355.0013

③ χ^2검정통계량은 근사적으로 자유도가 2인 χ^2 분포를 따르며, 유의수준 $\alpha=0.05$에서 기각값은 $\chi^2_{0.05}(2)=5.991$이다.

④ $\chi^2 = 0.0013 < \chi^2_{0.05}(2) = 5.991$이므로 귀무가설은 기각되지 않는다. 따라서 유의수준 5%에서 지역 간에 갑 후보의 선호비율에 차이가 있다는 통계적 증거가 존재하지 않는다.

두 모집단 비율의 귀무가설($H_0 : p_1 = p_2$)에 대한 대립가설($H_1 : p_1 \neq p_2$)을 검정하는 경우 χ^2검정은 11.2절에서 설명한 z 검정과 동등한 것이다. z^2 의 분포는 자유도 1인 χ^2 분포와 같다. z 검정은 방향성이 있고 χ^2 검정은 방향성이 없기 때문에 다음과 같은 관계로 나타난다.

$$z^2_{\alpha/2} = \chi^2_{\alpha}(1)$$

만일, 유의수준 $\alpha = 0.05$이면 $z_{0.025}= 1.96$이고 $z^2= (1.96)^2= 3.8416$이 된다. 이 값은 부록에서 찾은 $\chi^2_{0.05}(1)$의 값과 소수점 둘째 자리까지 같다. 두 값의 차이는 반올림 오차 때문이다. 단, χ^2검정과 z검정이 동등한 것은 대립가설이 $H_1 : p_1 = p_2$인 양측검정일 때뿐이다. 만약 단측검정($H_1 : p_1 > p_2$ 또는 $H_1 : p_1 < p_2$)인 경우에는 두 검정법이 같지 않고 방향성 때문에 z검정만 가능하다.

예제 2

성인들의 음주 비율에 대한 연구를 실시하였다. 두 개의 랜덤표본이 하나는 여성으로부터 다른 하나는 남성으로부터 얻어졌다. 조사된 150명의 여성 중 72명이 음주를 하는 반면, 200명의 남성 응답자 중 104명이 음주를 하였다. 음주를 하는 성인 남녀들 각각의 비율에 차이가 있는지를 검정하시오.

풀이 p_1 = 성인 남성의 음주율, p_2 = 성인 여성의 음주율이라 하자.

$$H_0 : p_1 = p_2$$
$$H_1 : p_1 \neq p_2$$

귀무가설에 대해 z 검정과 χ^2 검정 모두 해 보자.

(1) z 검정

표본분포는 표본비율 차이에 대한 분포이며 검정통계량은 $\hat{p_1} - \hat{p_2}$ 에 대한 z 값이다(자세한 계산 방법은 11.2절 참고).

$$\hat{p_1} = \frac{104}{200} = 0.52 \qquad \hat{p_2} = \frac{72}{150} = 0.48$$

p 에 대한 공통 추정치는 다음과 같다.

$$\hat{p} = \frac{104 + 72}{200 + 150} = 0.502$$

$\hat{p_1} - \hat{p_2}$ 의 표준오차는

$$\hat{\sigma}_{\hat{p_1} - \hat{p_2}} = \sqrt{(0.502)(0.498)\left(\frac{1}{200} + \frac{1}{150}\right)} = 0.054$$

이므로 z 값은

$$z = \frac{\hat{p_1} - \hat{p_2}}{\hat{\sigma}_{\hat{p_1} - \hat{p_2}}} = \frac{0.52 - 0.48}{0.054} = 0.74$$

이다. 유의수준 $\alpha = 0.05$에서 양측검정에 대한 기각값은 $\pm z_{0.025} = \pm 1.96$이 된다. 이를 바탕으로 검정을 실시하면 $-1.96 < z = 0.74 < 1.96$으로 귀무가설은 기각되지 않는다. 그러므로 성인 남녀 중 음주하는 사람들의 비율에 차이가 있다는 제안에 충분한 근거가 있다고 할 수 없다.

(2) χ^2 검정

귀무가설이 사실이라는 가정 하에서 기대도수를 계산하여 아래 표와 같이 관측도수(O)와 기대도수(E)를 정리할 수 있다.

$O(E)$	남성	여성	합
음주	104(100.57)	72(75.43)	176
비음주	96(99.43)	78(74.57)	174
합	200	150	350

셀 (1,1)에 대한 기대도수는

$$E_{11} = \frac{(200)(176)}{350} = 100.57$$

이며, E_{12} , E_{21} 그리고 E_{12} 는 아래와 같이 차에 의해 구할 수 있다

$$E_{12} = 176 - E_{11} = 176 - 100.57 = 75.43$$
$$E_{21} = 200 - E_{11} = 200 - 100.57 = 99.43$$
$$E_{12} = 174 - E_{21} = 174 - 99.43 = 74.57$$

χ^2 검정통계량 계산식을 이용하기 위하여 다음 표를 작성하였다.

셀	O_{ij}	E_{ij}	$\frac{O_{ij}^2}{E_{ij}}$
(1,1)	104	100.57	107.55
(1,2)	72	75.43	68.73
(2,1)	96	99.43	92.69
(2,2)	78	74.57	81.59
			합= 350.55

χ^2검정통계량의 값은

$$\chi^2 = \sum_i \sum_j \frac{O_{ij}^2}{E_{ij}} - n = 350.55 - 350 = 0.55$$

이고, 부록의 〈표 6〉로부터 얻어진 기각값은 $\chi^2_{0.05}(1) = 3.841$이며, 이를 비교하면

$$\chi^2 = 0.55 < \chi^2_{0.05}(1) = 3.841$$

로 검정통계량 값이 기각값보다 작기 때문에 귀무가설은 기각되지 않는다. 성인 여성과 남성 중 음주하는 비율에 차이가 있다는 제안에 대한 어떤 실질적인 증거가 없다고 결론지을 수 있다.

위 두 가지 검정방법을 통해 다음과 같은 관계를 알 수 있다.

1) 검정통계량 : $z^2 = (0.74)^2 \approx 0.55 = \chi^2$
2) 기각역 : $(z_{0.025})^2 = (1.96)^2 \approx 3.84 \approx \chi^2_{0.05}(1)$

이러한 결과에 좀 더 관심이 있는 학생들은 귀무가설($H_0: p_1 = p_2 = p_3$)에 대한 세 가지 쌍($H_0: p_1 = p_2$, $H_0: p_2 = p_3$, $H_0: p_1 = p_3$)에 대한 z 검정을 각각 실시하는 대신에 왜 χ^2 검정을 사용하는지에 대한 궁금증이 생길 것이다. 여기에는 몇 가지 이유들이 있다. 세 개로 나누어 검정을 실시하는 방법은 시간을 너무 소비하고, 비효율적이다. 그런데 가장 중요한 이유는 귀무가설이 맞는데 귀무가설을 기각하는 제1종 오류(Type I error)의 가능성이 높아진다는 것이다. 예로 위의 3개에 대한 각각의 검정이 유의수준 $\alpha = 0.05$를 사용하고 검정들이 서로 독립이라면(실제로 그렇지 않다) 이때 세 개의 독립검정에서 적어도 하나의 제1종 오류를 범할 확률은

$$\begin{aligned}&P\,(\text{3개의 독립 검정에서 적어도 하나의 제1종 오류를 범하는 사건})\\&= 1 - P\,(\text{3개의 검정에서 모두 제1종 오류를 만들지 않을 사건})\\&= 1 - (0.95)^3 \approx 0.14\end{aligned}$$

로 원래 계획한 $\alpha = 0.05$보다 크게 나타난다. 그래서 χ^2검정에서의 오차율 0.05 대신에 세 번의 독립 z검정을 실시하는 경우 실험에 대한 오차율이 0.05와 0.14 사이에 존재하게 된다. 결국 검정의 수가 증가할수록 실험에 대한 오차율도 증가한다. 따라서 2개 이상의 모집단의 비율을 비교하는 경우 z검정보다는 χ^2검정을 사용한다.

12.3 다항 검정

12.2절에서 이항모집단들에 대하여 $H_0: p_1 = p_2 = \cdots = p_k$ 형태의 가설검정을 설명하였다. 이 경우 자료는 성공과 실패와 같은 2개의 명백한 범주 중 하나로 분류되었다. 이 절에서는 2개 이상의 범주를 가진 질적 자료 형태의 모집단들을 설명하는 다항실험(multinomial experiments)의 경우로 이러한 검정 절차를 확장하고자 한다.

다항실험은 6장에서 언급한 이항실험의 성질들과 거의 비슷한 조건들을 가지고 있다.

다항실험의 성질

① 실험은 n번의 시행(trial)으로 구성된다.
② 각각의 시행들은 정확히 m개의 결과들 중 하나로 나타난다.
③ 각 시행은 독립이다.
④ 모든 시행에서 임의의 결과들이 발생할 확률은 시행에 따라 변하지 않는 m개의 상수로 표시되며 이 확률들의 합은 1이다.

이러한 네 가지 성질들을 살펴보면, 이항실험은 $m=2$인 다항실험의 특별한 경우라는 것을 알 수 있다. 지금부터 표본추출은 큰 모집단(무한모집단)으로부터 이루어졌다고 가정한다.

다항모집단의 예로는 다음과 같은 것들이 있다.

① 정육면체 주사위를 던져서 나타나는 결과
② 예(y), 아니오(n), 미결정(u)의 응답으로 구성된 조사 질문
③ 문자 등급들(A, B, C, D, F)로 구성된 성취도 결과
④ 종교가입(불교, 카톨릭, 기독교, 유대교, 그 외)에 대한 분류

위의 각각에 대해 가능한 귀무가설을 세워 보면 다음과 같다.

① $H_0: p_1 = p_2 = p_3 = p_4 = p_5 = p_6 = 1/6$
② $H_0: p_y = 0.2,\ p_n = 0.7,\ p_u = 0.1$
③ $H_0: p_A = 0.1,\ p_B = 0.2,\ p_C = 0.3,\ p_D = 0.2,\ p_F = 0.2$
④ $H_0: p_{불} = 0.4,\ p_{카} = 0.2,\ p_{기} = 0.3,\ p_{유} = 0.05,\ p_{그} = 0.05$
각각의 귀무가설에 대하여 $\sum_i p_i = 1$이다.

다항모수들에 대한 통계적 계산들은 12.1절에서 배운 계산방법과 비슷하다. 단지 차이는 χ^2검정 통계량에 대한 자유도의 계산에 있다. 다항모수들의 검정에 대한 자유도(df)는 다항실험에서 가능한 범주의 수에서 1을 뺀 것과 같다.

다항실험의 자유도

$$df = (\text{범주의 수}) - 1$$

예제 3

어떤 자연보호단체에서 10년 전에 한 호수를 조사하니 송어, 붕어, 잉어, 메기가 각각 20%, 15%, 40%, 그리고 25%이었다. 10년이 지난 현재 그 호수에서 600마리의 표본을 추출한 결과 각 종류의 물고기 수가 아래와 같이 나타났다면 그동안 물고기 종의 분포가 바뀌었다고 할 수 있는가? ($\alpha = 0.05$)

송어	붕어	잉어	메기
132	100	200	168

풀이 p_1 = 송어의 비율, p_2 = 붕어의 비율, p_3 = 잉어의 비율, p_4 = 메기의 비율이라 하자.

① 귀무가설 및 대립가설 설정

H_0 : $p_1 = 0.20$, $p_2 = 0.15$, $p_3 = 0.40$, $p_4 = 0.25$

H_1 : 적어도 한 개의 비율은 다르다.

② 표본으로 추출한 총 물고기가 132 + 100 + 200 + 168 = 600마리이다.
기대도수는 다음과 같다.

물고기 종	송어	붕어	잉어	메기	합
관측도수(기대도수)	132(120)	100(90)	200(240)	168(150)	600

기댓값은 총 표본 값($n = 600$)과 귀무가설에 있는 각각의 비율과 곱하여 구할 수 있다.

$E_1 = (600)(0.20) = 120$

$E_2 = (600)(0.15) = 90$

$E_3 = (600)(0.40) = 240$

$E_4 = (600)(0.40) = 150$

E_4 는 다음과 같은 방법으로도 구할 수 있다.

$E_4 = 600 - 120 - 90 - 240 = 150$

검정통계량 값은 계산공식에 의해 다음과 같이 얻어진다.

셀	관측도수 (O_j)	기대도수 (E_j)	$\frac{O_j^2}{E_j}$
1	132	120	145.2
2	100	90	111.11
3	200	240	166.67
4	168	150	188.16
			합= 611.14

$$\chi^2 = \sum_j \frac{O_j^2}{E_j} - n = 611.14 - 600 = 11.14$$

$$df = (\text{범주의 수}) - 1 = 4 - 1 = 3$$

③ χ^2검정통계량은 근사적으로 자유도가 3인 χ^2분포를 따르며 유의수준 $\alpha=0.05$에서 기각값은 $\chi^2_{0.05}(3) = 7.815$이다.

④ $\chi^2 = 11.14 > \chi^2_{0.05}(3) = 7.815$이므로 귀무가설은 기각된다. 즉, 유의수준 5%에서 물고기들의 분포가 10년이 흘러오면서 그 분포에 변화가 있었다고 말할 수 있다.

예제 4

정육면체 주사위를 던지는 실험에서 다음과 같은 결과를 얻었다.

숫자	1	2	3	4	5	6
도수	45	38	37	40	37	43

유의수준 $\alpha = 0.05$로 주사위가 공평한지 검정하시오.

풀이 $p(i)$ = 숫자 i 의 발생 횟수에 대한 비율, i=1, 2, 3, 4, 5, 6이라 하자.

① 귀무가설 및 대립가설 설정

$H_0: P(1) = P(2) = P(3) = P(4) = P(5) = P(6) = 1/6$

H_1 : 어떤 임의의 $i, P(i) \neq 1/6$

② 주사위는 $n = 45 + 38 + 37 + 40 + 37 + 42 = 240$번 던졌다.

관측도수와 기대도수는 다음과 같다. $E_{1i} = 240 \times \frac{1}{6} = 40$

숫자	1	2	3	4	5	6
관측도수(기대도수)	45(40)	38(40)	37(40)	40(40)	37(40)	43(40)

χ^2검정통계량 값을 다음과 같이 구할 수 있다.

셀	관측도수 (O_j)	기대도수 (E_j)	$\frac{O_j^2}{E_j}$
1	45	40	50.63
2	38	40	36.10
3	37	40	34.23
4	40	40	40.00
5	37	40	34.23
6	43	40	46.23
			합= 241.40

$$\chi^2 = \sum_j \frac{O_j^2}{E_j} - n = 241.4 - 240 = 1.4$$

$$df = (\text{범주의 수}) - 1 = 6 - 1 = 5$$

③ χ^2검정통계량은 근사적으로 자유도가 5인 χ^2분포를 따르며 유의수준 $\alpha = 0.05$에서 기각값은 $\chi^2_{0.05}(5) = 11.070$이다.

④ $\chi^2 = 1.4 < \chi^2_{0.05}(5) = 11.070$이므로 귀무가설은 기각되지 않는다. 즉, 유의수준 5%에서 주사위가 편의되었다는 통계적 증거가 없다.

[적합도 검정]

실험 또는 관측결과와 이론적인 기댓값의 일치정도를 적합도(goodness of fit)라고 하며, 관측값들이 어떤 이론적 분포를 따르고 있는지에 대한 적합도를 검정하는 것을 적합도 검정이라 한다. 적합도 검정은 앞 절에서 소개된 χ^2검정통계량을 이용하여 실시된다.

예제 5

컴퓨터 통계 프로그램을 이용하여 0부터 9까지의 점수를 중복을 허용하여 100번 임의로 추출하여 얻은 결과를 다음 표에 정리하였다.

숫자	0	1	2	3	4	5	6	7	8	9
도수	11	9	15	11	9	11	6	6	13	9

유의수준 $\alpha = 0.05$로 임의로 추출한 정수들의 발생 확률이 차이가 있는지를 검정하시오.

풀이 p_i=숫자 i 의 발생 횟수에 대한 비율 $i = 0, 1, 2, \cdots, 9$이라 하자.

① 귀무가설 및 대립가설 설정

H_0 : $p_i = 0.1$

H_1 : 적어도 하나의 비율은 0.1이 아니다.

② 귀무가설이 사실이라는 가정하에서 기대도수를 계산할 수 있다. 각각의 숫자에 대한 기대도수는 $(0.1)(100) = 10$으로 각 숫자가 100번 중 10번 나올 것이라고 예상할 수 있을 것이다. χ^2 검정통계량 값을 다음과 같이 구할 수 있다.

$$\chi^2 = \sum_j \frac{O_j^2}{E_j} - n = 107.2 - 100 = 7.2$$

$$df = (\text{범주의 수}) - 1 = 10 - 1 = 9$$

셀	관측도수 (O_j)	기대도수 (E_j)	$\frac{O_j^2}{E_j}$
1	11	10	12.1
2	9	10	8.1
3	15	10	22.5
4	11	10	12.1
5	9	10	8.1
6	11	10	12.1
7	6	10	3.6
8	6	10	3.6
9	13	10	16.9
10	9	10	8.1
			합=107.2

③ χ^2검정통계량은 근사적으로 자유도가 9인 χ^2분포를 따르므로 유의수준 $\alpha=0.05$에서 기각값은 $\chi^2_{0.05}(9) = 16.919$이다.

④ $\chi^2 = 7.2 < \chi^2_{0.05}(9) = 16.919$이므로 귀무가설은 기각되지 않는다. 즉, 유의수준 5%에서 각 숫자의 발생 비율에 차이가 있다는 주장에 대하여 아무런 통계적 증거를 가지고 있지 않다고 말할 수 있다.

예제 6

세 개의 동전을 80번 던져서 앞면이 나오는 수(X)를 매번 기록하였다. 그 결과 다음과 같은 자료를 얻었다.

x	0	1	2	3
도수	20	38	18	4

X가 $n = 3$이고 $p = 0.5$인 이항분포를 따른다는 귀무가설을 검정하라($\alpha = 0.05$).

풀이》 p=앞면이 나올 확률이라 하자.

① 귀무가설 및 대립가설 설정

H_0 : X는 $n = 3$이고 $p = 0.5$인 이항확률변수이다.

H_1 : X는 $n = 3$이고 $p = 0.5$인 이항확률변수가 아니다.

② 귀무가설이 사실이라는 가정하에 기대도수를 구할 수 있다. 기대도수는 실험의 총 횟수 80회와 해당되는 x 의 이항확률을 곱하여 구할 수 있는데, $n = 3$이고 $p = 0.5$인 경우의 이항확률 $p(x)$는 부록의 〈표 2〉에 있는 이항확률표에서 구할 수 있다. 각각의 X에 대한 이항확률 값과 기대도수는 다음과 같다.

x	$p(x)$	기대도수(=80 · $p(x)$)
0	0.125	10
1	0.375	30
2	0.375	30
3	0.125	10

기대도수와 관측도수를 이용하여 χ^2 통계량 값을 계산하면

x	관측도수 (O_j)	기대도수 (E_j)	$\frac{O_j^2}{E_j}$
0	20	10	40.00
1	38	30	48.13
2	18	30	10.80
3	4	10	1.60
			합=100.53

χ^2검정통계량 계산식은 다음과 같다.

$$\lrcorner\chi^2 = \sum_j \frac{O_j^2}{E_j} - n = 100.53 - 80 = 20.53$$

$$df = (\text{범주의 수}) - 1 = 4 - 1 = 3$$

③ χ^2검정통계량은 근사적으로 자유도가 3인 χ^2분포를 따르므로 유의수준 $\alpha = 0.05$에서 기각값은 $\chi^2_{0.05}(3) = 7.815$이다.

④ $\chi^2 = 20.53 > \chi^2_{0.05}(3) = 7.815$이므로 검정통계량 값이 기각값보다 크기 때문에 귀무가설은 기각된다. 따라서 유의수준 5%에서 앞면이 나오는 수(X)는 $n = 3$, $p = 0.5$인 이항분포를 따르지 않는다고 결론지을 수 있다.

예제 7

밤 11시 뉴스를 시청하는 텔레비전 시청자들의 비율을 알아보기 위하여 500명의 랜덤표본을 추출하여 설문조사한 결과 그중 190명이 시청을 한다고 응답했다. 유의수준 $\alpha = 0.05$ 로 밤 11시 뉴스 시청자들의 비율이 40%와 다른지를 검정하시오.

풀이 p =11시 뉴스를 시청하는 비율

① 귀무가설 및 대립가설 설정

$$H_0 : p = 0.4$$
$$H_1 : p \neq 0.4$$

② 귀무가설이 사실이라고 가정하면, 추출된 500명 중 밤 11시 뉴스를 시청할 것이라고 기대되는 사람의 수는 $(0.4)(500) = 200$명 이고, 시청을 하지 않는 사람은 300명으로 기대된다. 이때 χ^2검정통계량의 값은 다음과 같다.

$$\chi^2 = \sum_j \frac{(O_j - E_j)^2}{E_j}$$
$$= \frac{(190 - 200)^2}{200} + \frac{(310 - 300)^2}{300} = 0.83$$

df =(범주의 수)$- 1 = 2 - 1 = 1$

③ χ^2검정통계량은 근사적으로 자유도가 1인 χ^2분포를 따르므로 유의수준 $\alpha = 0.05$에서 기각값은 $\chi^2_{0.05}(1) = 3.841$이다.

④ $\chi^2 = 0.83 < \chi^2_{0.05}(1) = 3.841$이므로 귀무가설은 기각되지 않는다. 따라서 유의수준 5%에서 모든 시청자들 중 밤 11시 뉴스를 시청하는 시청자들의 비율이 0.4와 차이가 난다는 어떠한 통계적 증거가 없다고 결론지을 수 있다.

앞에서 이미 살펴본 바와 같이 동일한 가설들($H_0 : p = 0.4$ 와 $H_1 : p \neq 0.4$)에 대해 z 검정을 실시할 수 있다. 비율 p에 대한 추정값 $\hat{p} = 190/500 = 0.38$과 z 검정통계량 값은

$$z = \frac{\hat{p} - p}{\sqrt{p(1-p)/n}} = \frac{0.38 - 0.40}{\sqrt{(0.4)(0.6)/500}} = -0.913$$

이고 기각값은 $\pm z_{\alpha/2} = \pm 1.96$이다. 즉 $-1.96 < z = -0.91 < 1.96$이므로 χ^2 검정과 동일하게 귀무가설이 기각되지 않는다. $z^2 = (-0.913)^2 \approx 0.83 = \chi^2$이 됨을 알 수 있다.

12.4 독립성에 대한 χ^2검정

여러 연구 분야에서 우리는 두 범주형 변수가 서로 독립인가, 아니면 연관되어 있는가에 관심을 가지게 된다. 몇 가지 예를 들면 다음과 같다.

- 독서습관이 독자들의 성별과 관련성이 있는가?
- 학업 성적이 결석한 날의 수와 관련이 있는가?
- 사람들의 성별과 색깔의 선호도와는 독립인가?
- 심장병과 흡연과의 관계는?
- 가족의 수와 부모님들의 교육수준과는 독립인가?
- 실업자 수는 범죄증가와 관계가 있는가?

한 모집단의 두 가지 속성 X, Y에 대하여 각 속성들이 여러 개의 범주로 나누어질 때, 이들 속성이 서로 관련성이 있는가를 검정하는 것을 독립성 검정이라 한다.

독립성(independence)이란 두 변수 사이에 서로 영향을 미치지 않는 경우 또는 서로 관련 혹은 연관되어 있지 않음을 나타낸다. 그런데 만약 어떤 두 변수가 서로 독립이 아니라고 두 변수에 대해 상관이 있다고 결론지으면 안 된다. 즉 두 변수가 독립이 아니더라도 상관관계가 없을 수도 있다는 것이다. 그러나 모든 독립적인 변수들은 서로 상관관계가 없다고 결론지을 수 있다.

만약, 두 개의 양적 변수가 연관되어 있다면 상관계수(r)이나 회귀분석(13장 참조)을 사용하여 선형관계의 정도를 추정할 수 있고 어떤 하나의 값을 이용하여 다른 값을 추정할 수 있다. 물론 상관분석은 양적 자료일 때만 이용할 수 있다.

독립성 검정에 대한 가설은 다음과 같다.

H_0 : 두 범주형 변수들은 독립이다.

H_1 : 두 범주형 변수들은 독립이 아니다.

독립성을 검정하기 위한 방법은 12.1절에 언급되었던 χ^2 검정에 입각한 모집단 비율들의 차이를 검정하기 위해 사용한 방법과 동일하다. 독립성에 대한 가설을 검정하기 위해 허용된 표본오차의 범위가 얼마나 되는지를 기대도수와 관측도수를 비교하는 χ^2검정통계량으로 나타낸다. 만약 χ^2 검정통계량 값이 χ^2확률표에 나타난 기각값과 같거나 더 크다면 독립인 변수들로부터 얻어진 결과라고 할 수 없을 것이다.

χ^2검정통계량은 앞에서 소개된 동일한 식을 사용하며, 자유도는 $df=(r-1)(c-1)$이다.

$$\chi^2 = \sum_i \sum_j \frac{(O_{ij} - E_{ij})^2}{E_{ij}} = \sum_i \sum_j \frac{O_{ij}^2}{E_{ij}} - n$$

예제 8

대학 교수회는 교수의 직위와 만족도가 서로 연관성이 있는지를 보고자 한다. 대학교수들에 대해 조사를 실시한 결과과 다음과 같다. $\alpha = 0.05$로 교수의 직위와 만족도가 서로 연관이 있는지를 검정하시오.

		직위			
		전임강사	조교수	부교수	교수
직위 만족도	높음	40	60	52	63
	중간	78	87	82	88
	낮음	57	63	66	64

풀이 ① 귀무가설 및 대립가설 설정

H_0 : 교수 직위와 만족도는 서로 독립이다.

H_1 : 교수 직위와 만족도는 서로 독립이 아니다.

② 먼저 조사결과에 대한 주변도수들의 합을 구한다.

직위 만족도	직위				
	전임강사	조교수	부교수	교수	합
높음	40	60	52	63	215
중간	78	87	82	88	335
낮음	57	63	66	64	250
합	175	210	200	215	800

자유도 $df = (r-1)(c-1) = (3-1)(4-1) = 6$이며, 기대도수는 다음 식을 사용하여 구할 수 있다.

$$E_{ij} = \frac{i\text{번째 행의 합} \times j\text{번째 열의 합}}{n}$$

자유도가 6이기 때문에 단지 6개의 기대값(E_{11}, E_{12}, E_{13}, E_{21}, E_{22} 그리고 E_{23})만 구하면 나머지 기대값은 차이에 의해 구할 수 있다. 관측도수와 기대도수는 다음 표와 같다.

$O(E)$	전임강사	조교수	부교수	교수	합
높음	40 (47.03)	60 (56.44)	52 (53.75)	63 (57.78)	215
중간	78 (73.28)	87 (87.94)	82 (83.75)	88 (90.03)	335
낮음	57 (54.69)	63 (65.62)	66 (62.50)	64 (67.19)	250
합	175	210	200	215	800

χ^2 검정통계량은 아래의 표와 계산공식에 의해 구할 수 있다.

$$\chi^2 = \sum_i \sum_j \frac{O_{ij}^2}{E_{ij}} - n = 802.75 - 800 = 2.75$$

셀	O_{ij}	E_{ij}	$\frac{O_{ij}^2}{E_{ij}}$
(1,1)	40	47.03	34.02
(1,2)	60	56.44	63.78
(1,3)	52	53.75	50.31
(1,4)	63	57.78	68.69
(2,1)	78	73.28	83.02
(2,2)	87	87.94	86.07
(2,3)	82	83.75	80.29
(2,4)	88	90.03	86.02
(3,1)	57	54.69	59.41
(3,2)	63	65.62	60.48
(3,3)	66	62.50	69.70
(3,4)	64	67.19	60.96
			합=802.75

③ χ^2검정통계량은 근사적으로 자유도가 6인 χ^2분포를 따르므로 유의수준 $\alpha = 0.05$에서 기각값은 $\chi^2_{0.05}(6) = 12.592$이다.

④ $\chi^2 = 2.75 < \chi^2_{0.05}(6) = 12.592$ 이므로 귀무가설을 기각하지 못한다. 따라서 유의수준 5%에서 교수의 직위와 만족도 사이에 서로 연관이 있다는 어떠한 통계적 증거가 없다.

예제 9

폐교에 대한 의견이 직업과 관련이 있는지를 보기 위한 연구에서 다음의 3×3 분할표를 얻었다. $\alpha = 0.05$를 사용하여 의견이 직업과 관련이 있는지를 검정하시오.

의견	직업			합
	교사	변호사	의사	
찬성	3	67	15	85
반대	105	50	75	230
무응답	4	3	8	15
합	112	120	98	330

풀이》 ① 귀무가설 및 대립가설 설정

H_0 : 의견과 직업은 서로 독립이다.

H_1 : 의견과 직업은 서로 종속이다.

② 귀무가설이 사실이라는 가정 아래 아래와 같이 기대도수를 구할 수 있다.

$$E_{11} = \frac{(112)(85)}{330} = 28.85$$

$$E_{12} = \frac{(120)(85)}{330} = 30.91$$

$$E_{13} = 85 - 28.85 - 30.91 = 25.24$$

$$E_{21} = \frac{(112)(230)}{330} = 78.06$$

$$E_{22} = \frac{(120)(230)}{330} = 83.64$$

$$E_{23} = 230 - 78.06 - 83.64 = 68.30$$

$$E_{31} = 112 - 28.85 - 78.06 = 5.09$$

$$E_{32} = 120 - 30.91 - 83.64 = 5.45$$

$$E_{33} = 15 - 5.09 - 5.45 = 4.46$$

관측도수와 기대도수는 다음과 같다.

$O(E)$	교사	변호사	의사	합
찬성	3 (28.85)	67 (30.91)	15 (25.24)	85
반대	105 (78.06)	50 (83.64)	75 (68.30)	230
무응답	4 (5.09)	3 (5.45)	8 (4.46)	15
합	112	120	98	330

다음 식을 이용하여 χ^2 검정통계량 값을 계산한다.

$$\chi^2 = \sum_i \sum_j \frac{(O_{ij} - E_{ij})^2}{E_{ij}} = 97.08$$

$$df = (r-1)(c-1) = (3-1)(3-1) = 4$$

셀	O_{ij}	E_{ij}	$\frac{(O_{ij} - E_{ij})^2}{E_{ij}}$
(1,1)	3	28.85	23.16
(1,2)	67	30.91	42.14
(1,3)	15	25.24	4.15
(2,1)	105	78.06	9.30
(2,2)	50	83.64	13.53
(2,3)	75	68.30	0.66
(3,1)	4	5.09	0.23
(3,2)	3	5.45	1.10
(3,3)	8	4.46	2.81
			합=97.08

③ χ^2검정통계량은 근사적으로 자유도 4인 χ^2분포를 따르므로 유의수준 $\alpha = 0.05$에서 기각값은 $\chi^2_{0.05}(4) = 9.488$이다.

④ $\chi^2 = 97.08 > \chi^2_{0.05}(4) = 9.488$이므로 귀무가설을 기각한다. 즉 유의수준 5%에서 폐교에 대한 의견과 직업간에는 서로 연관이 있다는 통계적 증거가 있다.

[동질성 검정]

한 모집단의 두 가지 범주형 변수 X, Y에 대하여 범주형 변수 X가 전체 모집단을 k개의 부차 모집단(subpopulation) $A_1, A_2, \cdots, A_k$로 분할하고 각 부차 모집단에서 추출할 표본의 크기가 알려져 있을 때, 변수 Y의 각 범주 B_1, B_2, $\cdots$, B_j에 속하는 비율이 모든 부차 모집단에 대하여 동일한지를 검정하는 것을 동질성 검정이라 한다. 즉, 분할표에서 두 범주형 변수 중 하나가 연구자에 의해 자료가 수집되기 전에 행 혹은 열의 합들 중 어느 하나가 주어졌을 때 사용되는 χ^2 검정은 독립성 검정 대신 동질성 검정(test for homogeneity)이라 한다. 이런 실험계획을 기반으로 한 동질성 검정의 계산은 독립성 검정과 동일하다. 즉 χ^2검정통계량은 다음과 같다.

$$\chi^2 = \sum_i \sum_j \frac{(O_{ij} - E_{ij})^2}{E_{ij}}$$
$$df = (r-1)(c-1)$$

예제 10

200명의 선생님과 300명의 변호사, 그리고 400명의 의사들의 음주량 정도를 연구한다고 하자. 각각의 부집단들에 대해 아래와 같이 조사되었다.

음주량	교사	변호사	의사	합
조금	100	50	100	250
보통	50	150	200	400
많음	50	100	100	250
합	200	300	400	900

유의수준 $\alpha = 0.05$에서 직업별 음주량의 분포가 동일한지 검정하시오.

풀이》 $P_{ij} = j$ 직업군에서 음주량이 i인 비율, $i=1$(조금), 2(보통), 3(많음), $j=1$(교사), 2(변호사), 3(의사)라고 하자.

① 귀무가설 및 대립가설 설정

$$H_0 \begin{cases} P_{11} = P_{12} = P_{13} (= P_1), \\ P_{21} = P_{22} = P_{23} (= P_2), \\ P_{31} = P_{32} = P_{33} (= P_3) \end{cases}$$

$H_1 : H_o$이 아니다.

② 귀무가설(직업과 상관없이 동일한 음주량의 분포)하에서 음주량의 세 범주에 속하는 비율의 추정값은 다음과 같다.

$$\hat{p}_1 = 250/900 \approx 0.278$$
$$\hat{p}_2 = 400/900 \approx 0.444$$
$$\hat{p}_3 = 250/900 \approx 0.278$$

이를 이용해서 각 직업별 음주량의 기대도수는 다음과 같이 계산할 수 있다.

$$E_{11} = 200 \times 0.278 = 55.6$$
$$E_{12} = 300 \times 0.278 = 83.4$$
$$E_{13} = 250 - E_{11} - E_{12} = 111$$
$$E_{21} = 200 \times 0.444 = 88.8$$
$$E_{22} = 300 \times 0.444 = 133.2$$
$$E_{23} = 400 - E_{21} - E_{22} = 178$$
$$E_{31} = 200 \times 0.278 = 55.6$$
$$E_{32} = 300 \times 0.278 = 83.4$$
$$E_{33} = 250 - E_{31} - E_{32} = 111$$

셀	O_{ij}	E_{ij}	$\frac{O_{ij}^2}{E_{ij}}$
(1,1)	100	55.6	179.86
(1,2)	50	83.4	28.98
(1,3)	100	111	90.09
(2,1)	50	88.8	28.15
(2,2)	150	133.2	168.92
(2,3)	200	178	224.72
(3,1)	50	55.6	44.96
(3,2)	100	83.4	119.90
(3,3)	100	111	90.09
			합=976.67

다음 식을 이용하여 χ^2검정통계량 값을 계산한다.

$$\chi^2 = \sum_i \sum_j \frac{O_{ij}^2}{E_{ij}} - n = 976.67 - 900 = 76.67,$$

$$df = (r-1)(c-1) = (3-1)(3-1) = 4$$

③ χ^2검정통계량은 근사적으로 자유도가 4인 χ^2분포를 따르므로 유의수준 $\alpha = 0.05$에서 기각값은 $\chi^2_{0.05}(4) = 9.488$이다.

④ $\chi^2 = 76.67 > \chi^2_{0.05}(4) = 9.488$이므로 귀무가설은 기각된다. 따라서, 유의수준 5%에서 세 직업군에 대한 음주량의 분포는 동질적이지 않다는 결론을 얻을 수 있다.

이 장에서 설명된 χ^2검정은 종종 비모수적 방법(nonparametric methods)으로 분류된다. 이러한 χ^2검정이 유용하려면 기대도수가 5 이상인 셀이 80% 이상이거나 1보다 작은 기대도수들이 존재하지 말아야 한다. 앞의 제약조건들이 만족되지 않는 경우에는 행 또는 열의 비슷한 범주들을 통합하여 기대도수들을 늘리거나 표본크기를 증가시키면 된다.

EXCEL 실습

EXCEL에서 범주형 자료의 분석은 다음과 같은 두 가지 방법을 이용하여 할 수 있다.

1) [수식 입력줄]을 이용

2) [함수 삽입]을 이용

[실습 1] 적합도 검정

〈예제 5〉의 임의추출 점수들이 동일한 추출 확률을 갖는지에 대한 적합도 검정 예제를 이용하여 $p-$값과 검정통계량을 계산하는 절차에 대해서 알아보자(여기서는 앞서 설명한 방법으로 기대도수를 이미 계산한 결과를 갖고 있다고 가정한다).

숫자	0	1	2	3	4	5	6	7	8	9
관측도수	11	9	15	11	9	11	6	6	13	9
기대도수	10	10	10	10	10	10	10	10	10	10

1) [수식입력줄]을 이용

① 워크시트에 자료(범주, 관측도수, 기대도수)를 입력한다.

② 셀 C13에 [=CHITEST(B2 : B11, C2 : C11)]을 입력하여 $p-$값을 구한다.

③ 셀 C14에 자유도를 입력한 후 C15에 [=CHIINV(C13,C14)]라고 입력하여 검정통계량 값을 계산한다.

	A	B	C	D
1	숫자	관측도수	기대도수	
2	0	11	10	
3	1	9	10	
4	2	15	10	
5	3	11	10	
6	4	9	10	
7	5	11	10	
8	6	6	10	
9	7	6	10	
10	8	13	10	
11	9	9	10	
12				
13		p-값	0.616305	
14		자유도	9	
15		검정통계량	7.2000	
16				

2) [함수 마법사]를 이용

[p－값의 계산]

① 워크시트에 자료(범주, 관측도수, 기대도수)를 입력한다.

② [수식] 메뉴에서 [함수삽입]－[통계]－[CHISQ.TEST]를 선택한다.

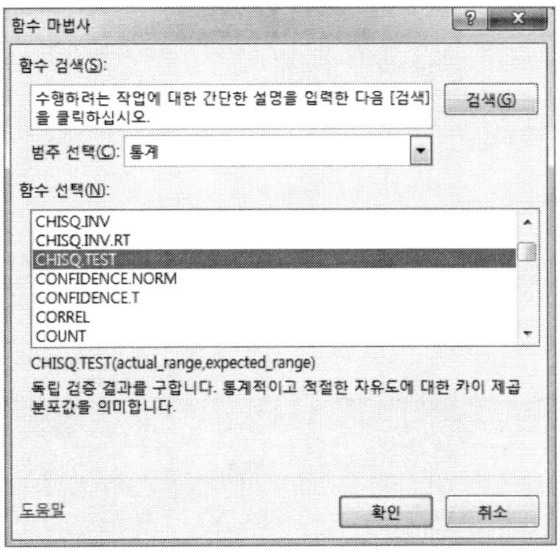

③ [CHISQ.TEST] 대화상자에서 “Actural_range”에는 관측도수, “Expected_range”에는 기대도수의 범위를 각각 입력한 후 “확인”을 누르면 검정통계량에 대한 p－값을 얻는다.

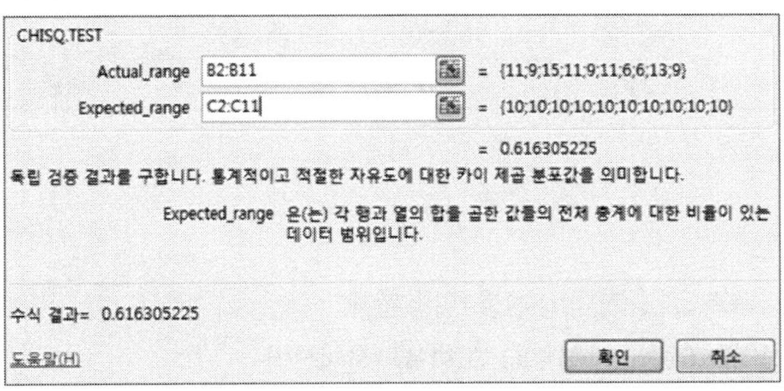

[검정통계량 값의 계산]

① [수식] 메뉴에서 [함수삽입]－[통계]－[CHISQ.INV.RT]를 선택한다.

② [CHISQ.INV.RT] 대화상자에서 “Probability”에 p－값, “Deg_freedom”에 자유도를 각각 입력한 후 “확인”을 누르면 검정통계량 값을 얻는다.

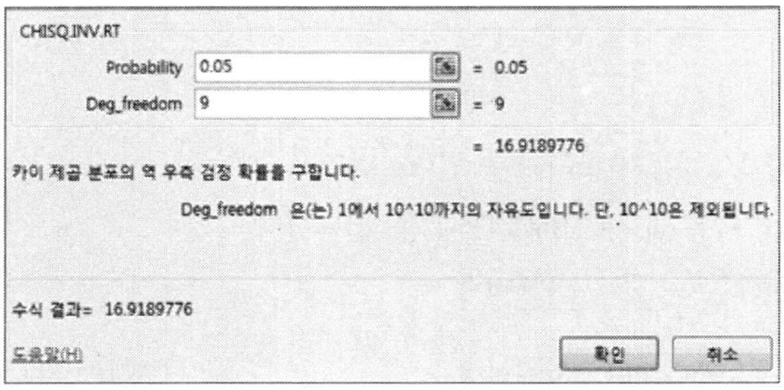

[실습 2] 독립성 검정

〈예제 8〉의 교수의 직위와 만족도 예제를 EXCEL에서 [함수 마법사]를 이용하여 두 변수의 독립성 여부를 검정하는 절차를 알아보자.

$O(E)$	전임강사	조교수	부교수	교수	합
높음	40 (47.03)	60 (56.44)	52 (53.75)	63 (57.78)	215
중간	78 (73.28)	87 (87.94)	82 (83.75)	88 (90.03)	335
낮음	57 (54.69)	63 (65.62)	66 (62.50)	64 (67.19)	250
합	175	210	200	215	800

[p-값의 계산]

① 워크시트에 자료(범주, 관측도수, 기대도수)를 입력한다.

② [수식] 메뉴에서 [함수삽입]−[통계]−[CHISQ.TEST]를 선택한다.

③ [CHISQ.TEST] 대화상자에서 "Actural_range"에는 관측도수, "Expected_range"에는 기대도수의 범위를 각각 입력한 후 "확인"을 누르면 검정통계량에 대한 p−값을 얻는다.

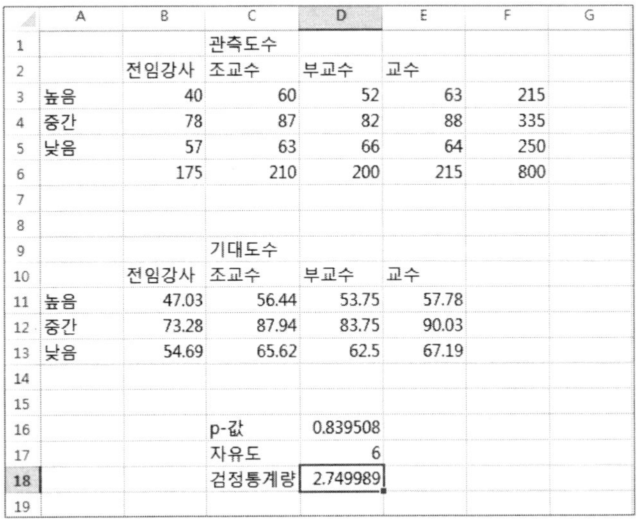

	A	B	C	D	E	F	G
1			관측도수				
2		전임강사	조교수	부교수	교수		
3	높음	40	60	52	63	215	
4	중간	78	87	82	88	335	
5	낮음	57	63	66	64	250	
6		175	210	200	215	800	
7							
8							
9			기대도수				
10		전임강사	조교수	부교수	교수		
11	높음	47.03	56.44	53.75	57.78		
12	중간	73.28	87.94	83.75	90.03		
13	낮음	54.69	65.62	62.5	67.19		
14							
15							
16			p-값	0.839508			
17			자유도	6			
18			검정통계량	2.749989			
19							

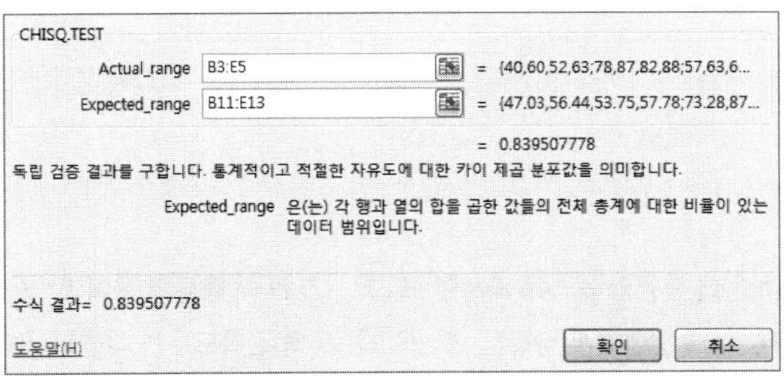

[검정통계량 값의 계산]

① [수식] 메뉴에서 [함수삽입]−[통계]−[CHISQ.INV.RT]를 선택한다.

② [CHISQ.INV.RT] 대화상자에서 "Probability"에 $p-$값, "Deg_freedom"에 자유도를 각각 입력한 후 "확인"을 누르면 검정통계량 값을 얻는다.

연습문제

01 질적 자료를 통계적으로 처리 및 분석하는 방법으로서 관측도수와 기대도수와의 관련성을 수량적으로 측정하는 데 쓰이는 분포는?

02 컴퓨터 LCD 컬러 모니터를 만드는 회사에서 모니터의 크기에 대한 소비자들의 성향을 조사하기 위하여 500명을 임의로 추출하여 설문조사를 한 결과가 다음과 같다.

크기	14인치	16인치	18인치	19인치	21인치	합
관측도수	70	90	100	100	140	500

위의 자료에 대하여 귀무가설 $H_0 : p_1 = p_2 = p_3 = p_4 = p_5 = 0.2$가 성립하는가를 유의수준 $\alpha = 0.05$로 검정하시오.

03 어떤 종의 꽃을 재배하는데 멘델의 법칙에 의하면 A, B, C, D 네 종류의 꽃이 $9:3:3:1$의 비율로 나타난다고 한다. 어느 실험에서 나타난 A, B, C, D의 관측도수는 다음과 같다.

꽃의 종류	관측도수
A	310
B	120
C	100
D	30
합	560

이 실험의 결과는 멘델의 법칙에 어긋난다고 말할 수 있는가? 유의수준 5%로 검정하시오.

04 어떤 회사 품질관리과에서 사원들이 1년 동안 지각한 총 횟수를 조사한 자료는 다음과 같다.

요일	월	화	수	목	금	토	합
지각회수	36	29	31	27	29	28	180

요일에 따라 지각횟수에 차이가 있는지를 유의수준 $\alpha = 0.05$로 검정하시오.

05 어떤 회사가 세 종류의 신상품 A, B, C를 개발하여 소비자들이 어떤 종류의 신상품을 더 좋아하는가의 선호도가 남녀 간에 상관관계가 있는지를 알아보기 위하여 200명을 임의로 추출하여 다음의 자료를 얻었다.

성별 \ 신상품	A	B	C	합
남	10	50	20	80
여	20	40	60	120
합	30	90	80	200

이 자료로부터 신상품에 대한 선호도와 성별은 서로 독립이라고 할 수 있는지 유의수준 5%로 검정하시오.

06 경제 형편에 따른 쇼핑장소에 차이가 있는지를 살펴보기 위해 설문조사를 한 결과 다음과 같은 자료를 얻었다.

쇼핑장소 \ 경제형편	상	중	하	합
백화점	30	20	10	60
대형할인매장	20	40	40	100
재래시장	10	10	20	40
합	60	70	70	200

경제 사정과 쇼핑장소의 선택이 서로 독립인지를 유의수준 $\alpha = 0.05$로 검정하시오.

07 5개의 제조공장을 가지고 있는 컴퓨터 회사에서 공장에 따라 불량률이 다른지를 알아보기 위하여 각 공장별로 200개의 제품을 임의로 추출하고 제품의 불량여부를 조사하여 다음과 같은 자료를 얻었다.

공장 \ 불량여부	양품	불량품	합
공장 1	190	10	200
공장 2	195	5	200
공장 3	192	8	200
공장 4	199	1	200
공장 5	194	6	200
합	970	30	1,000

이때, 공장에 따라 제품의 불량률이 다른지를 유의수준 $\alpha = 0.05$로 검정하시오.

08 한 휴양지의 호텔 관리자가 고객의 예약 취소건수를 90일 동안 조사한 결과 다음과 같은 자료를 얻었다.

일일 취소건수	0	1	2	3	4	5	6	7	8	9 이상
관측도수	9	17	25	15	11	7	2	2	2	0

이때 고객의 일일 예약 취소건수는 평균이 2.4인 포아송분포를 따른다고 가정할 수 있는지를 유의수준 $\alpha = 0.05$로 검정하시오.

09 직업과 혈압 간의 관계를 연구하기 위하여 30대 남성 100명을 랜덤으로 추출하여 다음과 같은 자료를 얻었다.

직업 \ 혈압	낮다	정상	높다	계
농업	3	5	2	10
근로자	5	45	10	60
기타	2	20	8	30
계	10	70	20	100

직업과 혈압 간에는 서로 관련성이 있는지를 유의수준 $\alpha = 0.05$로 검정하시오.

제13장

회귀분석

제13장 회귀분석

13.1 서론

자연이나 사회현상에서 둘 또는 그 이상의 변수들이 서로 관계를 가지고 변화할 때, 그 변화를 관련된 변수들 간의 수학적인 함수의 형태를 이용하여 나타내려고 하는 경우가 발생한다. 예를 들어 사람이 나이가 먹어 갈수록 키가 커지는 현상에 대해 다음과 같은 질문을 할 수 있다. 나이와 키는 서로 관계를 가지고 있는가? 관계가 있다면 어떤 수학적 함수로 나이와 키의 관계를 나타낼 수 있는가? 수학적 함수를 이용하여 나이로부터 키를 예측할 수 있는가?

위의 예에서 나이라는 변수와 키라는 변수의 관계를 보면 나이가 키에 영향을 주고, 또한 키는 나이에 영향을 받는다고 생각할 수 있다. 또 다른 예로, 상품의 수요량, 상품의 가격, 그리고 소비자 소득의 관계에서 우리가 관심을 가질 수 있는 관계는 상품의 가격과 소비자의 소득이 상품의 수요량에 어떠한 영향을 주는가 하는 것이다. 즉 상품의 가격과 소비자의 소득은 영향을 주는 변수들로, 그리고 상품의 수요량은 영향을 받는 변수로 생각할 수 있다. 서로 관계를 가지고 있는 둘 또는 그 이상의 변수들 중에는 영향을 주는 변수와 영향을 받는 변수가 있다. 다른 변수에 영향을 주는 변수를 독립변수(independent variable) 또는 설명변수(explanatory variable)라 하고 독립변수에 의해서 영향을 받는 변수를 종속변수(dependent variable) 또는 반응변수(response variable)라고 한다. 따라서 나이나 상품의 가격, 그리고 소비자 소득은 독립변수이고 키나 상품의 수요량은 종속변수가 된다.

변수들 간의 관계를 분석하는 통계적 방법에는 회귀분석(regression analysis)과 상관분석(correlation analysis)이 있다. 회귀분석은 하나의 종속변수와 여러 개의 독립변수들 간의 함수관계를 규명하는 방법이며, 독립변수가 하나이며 종속변수와의 관계를 직선모형으로 가정하고 분석하는 것을 단순선형회귀분석(simple linear regression analysis)이라 하고, 독립변수가 두 개 이상인 경우를 중회귀분석(multiple regression analysis)이라 한다. 상관분석이란 변수들이 서로 얼마나 밀접한 직선적 관계를 가지고 있는가를 분석하는 방법이다.

13.2 상관분석

연속적인 두 변수 x와 y 사이에 있어서 한 변수의 변화가 다른 변수의 변화에 영향을 주었을 때 두 변수 x와 y 사이에는 상관관계(correlation)가 있다고 한다. 두 변수 사이의 관계는 측정값을 도표상에 나타내는 산점도(scatter diagram)를 통해서 개략적인 관계를 알 수 있다.

예제 1

어떤 제품을 판매하는 제조업체에서 제품의 판매액(단위 : 백만 원)에 광고비(단위 : 십만 원)가 미치는 영향을 조사하기 위하여 10개 대리점을 조사하여 다음과 같은 자료를 얻었다. 광고비와 판매액에 대한 산점도를 그리시오.

광고비	13	10	9	15	11	14	12	7	8	6
판매액	30	23	23	35	29	31	27	18	19	19

풀이》

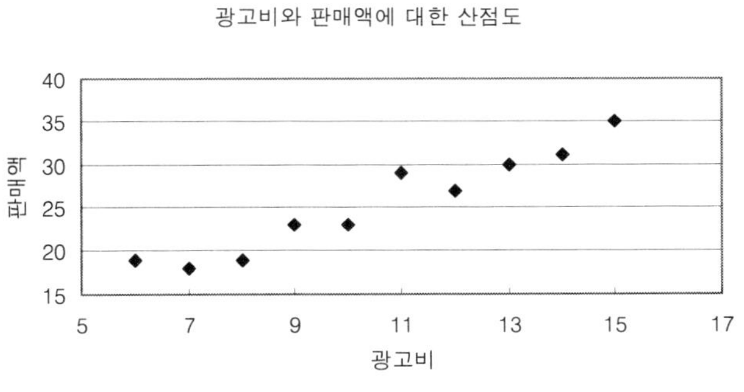

이 산점도를 통해서 광고비가 증가하면 판매액도 증가한다는 것을 알 수 있다. 그리고 두 변수의 관계가 대략적으로 직선적 관계가 있다는 것을 알 수 있다.

일반적으로 두 변수들의 관계는 매우 다양하게 나타날 수 있으나, 두 변수들의 측정값들이 직선 주위에 밀집해 있고, 〈그림 13.1〉의 (1)과 같이 한 변수의 측정값들이 증가할 때 다른 변수의 측정값들이 대체적으로 증가한다면 두 변수들 사이에는 양의 상관(positive correlation)이 있다고 하고, 〈그림 13.1〉의 (2)와 같이 한 변수의 측정값들이 증가할 때 다른 변수의 측정값들이 대체적으로 감소한다면 두 변수들 사이에는 음의 상관(negative correlation)이 있다고 한다. 또한 〈그림 13.1〉의 (3)과 같이 두 변수들의 측정값들이 직선적 관계가 없는 경우에는 무상관 또는 두 변수는 상관이 없다고 한다.

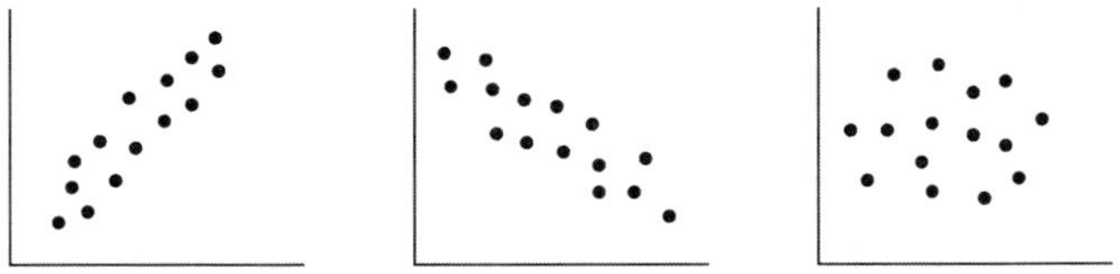

(1) 양의 상관 (2) 음의 상관 (3) 무상관

그림 13.1 산점도

13.2.1 상관계수

두 변수들의 관계가 얼마나 직선적 관계를 가지고 있는가를 판단할 수 있는 측도에 대하여 알아보자. 두 변수 x와 y 사이의 직선적인 상관관계의 정도를 표본 $(x_1, y_1), (x_2, y_2), \cdots, (x_n, y_n)$의 표본공분산과 표본표준편차를 이용하여 수량적으로 나타낸 값을 표본상관계수(sample correlation coefficient)라 하고 다음과 같이 정의된다.

$$r_{xy} = \frac{\frac{1}{n-1}\sum_{i=1}^{n}(x_i - \overline{x})(y_i - \overline{y})}{\sqrt{\frac{1}{n-1}\sum_{i=1}^{n}(x_i - \overline{x})^2 \frac{1}{n-1}\sum_{i=1}^{n}(y_i - \overline{y})^2}}$$

$$= \frac{\sum_{i=1}^{n}(x_i - \overline{x})(y_i - \overline{y})}{\sqrt{\sum_{i=1}^{n}(x_i - \overline{x})^2 \sum_{i=1}^{n}(y_i - \overline{y})^2}}$$

표본상관계수를 다음과 같이 간략하게 나타내자.

$$r_{xy} = \frac{S_{xy}}{\sqrt{S_{xx}S_{yy}}}$$

단, $S_{xy} = \sum_{i=1}^{n}(x_i - \overline{x})(y_i - \overline{y})$, $S_{xx} = \sum_{i=1}^{n}(x_i - \overline{x})^2$, $S_{yy} = \sum_{i=1}^{n}(y_i - \overline{y})^2$ 이다.

두 변수 x 와 y의 모상관계수(population correlation coefficient) ρ_{xy}는

$$\rho_{xy} = \frac{E[(X - \mu_x)(Y - \mu_y)]}{\sqrt{E(X - \mu_x)^2 E(Y - \mu_y)^2}}$$

로 정의된다.

표본상관계수 r_{xy} 의 성질을 살펴보면, 표본상관계수는 $-1 \leq r_{xy} \leq 1$ 사이의 값을 갖는다. 표본상관계수의 값이 1에 가까우면 직선적인 양의 상관을 갖고, -1에 가까우면 직선적인 음의 상관을 가지며, 0에 가까우면 직선적 관계가 없는 무상관의 관계를 갖는다고 볼 수 있다. 아래 그림에서 상관계수의 값이 1이나 -1에 가까우면 두 변수가 직선적 관계가 강하고 0에 가까우면 직선적 관계가 없다는 것을 알 수 있다. 상관계수의 값들과 산점도는 〈그림 13.2〉와 같다.

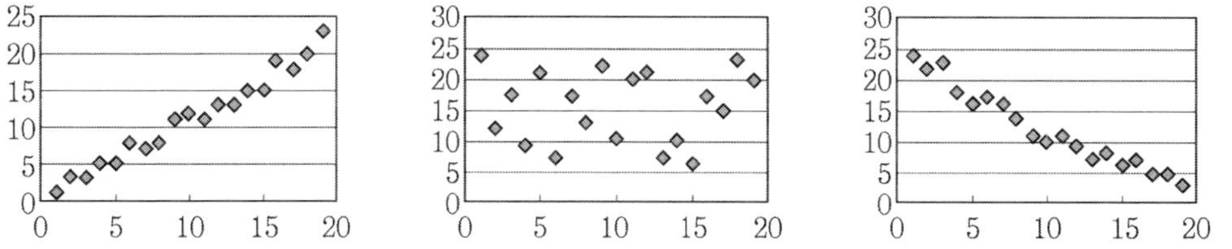

(1) $r_{xy} = 0.99$ (2) $r_{xy} = 0.01$ (3) $r_{xy} = -0.97$

그림 13.2 상관계수와 산점도

예제 2

〈예제 1〉에 주어진 자료에 대하여 표본상관계수를 구하시오.

풀이》 광고비를 독립변수 x 로 하고 판매액을 종속변수 y 로 하자. 광고비의 평균은 $\overline{x} = 10.5$ 이고, 판매액의 평균은 $\overline{y} = 25.4$이다. 또한

$$S_{xx} = (13 - 10.5)^2 + \cdots + (6 - 10.5)^2 = 82.5$$

$$S_{yy} = (30 - 25.4)^2 + \cdots + (19 - 25.4)^2 = 308.4$$

$$S_{xy} = (13 - 10.5)(30 - 25.4) + \cdots + (6 - 10.5)(19 - 25.4) = 154$$

이다. 따라서 표본상관계수는

$$r_{xy} = \frac{S_{xy}}{\sqrt{S_{xx}\, S_{yy}}} = \frac{154}{\sqrt{82.5 \times 308.4}} = 0.965$$

가 된다. 이 값은 1에 매우 가까우므로 광고비와 판매액 간에는 강한 양의 상관관계가 있으며, 광고비가 증가하면 판매액도 증가하는 직선적 관계가 있다는 것을 알 수 있다. 〈예제 1〉의 산점도를 통해서도 직선적 관계가 있다는 것을 볼 수 있다.

13.2.2 상관계수의 검정

모상관계수 ρ_{xy}에 대한 가설

$$H_0 : \rho_{xy} = 0 \quad \text{대} \quad H_1 : \rho_{xy} \neq 0$$

을 두 변수 x 와 y 의 표본상관계수 r_{xy} 을 이용하여 검정하여 두 변수 x 와 y 사이에 직선적인 관계가 있는지를 판단할 수 있다. 위 가설을 검정하기 위한 검정통계량은

$$t_0 = r_{xy} \sqrt{\frac{n-2}{1-r_{xy}^2}}$$

이다. 두 변수 x 와 y 의 결합분포가 이변량 정규분포를 따른다고 가정하면, 모상관계수가 $\rho_{xy} = 0$ 이라는 귀무가설 H_0 하에서 검정통계량 t_0 는 자유도가 $n-2$ 인 t 분포를 한다고 알려져 있다. 따라서 유의수준 α 에서 귀무가설 H_0 을 기각할 수 있는 기각역은

$$|t_0| > t_{\alpha/2}(n-2)$$

이다.

예제 3

〈예제 1〉에 주어진 자료에 대하여 모상관계수 ρ_{xy}가 0인지를 유의수준 5%로 검정하시오.

풀이 》 가설 $H_0 : \rho_{xy} = 0$ 대 $H_1 : \rho_{xy} \neq 0$ 에 대한 검정통계량의 값은

$$t_0 = r_{xy} \sqrt{\frac{n-2}{1-r_{xy}^2}} = 0.965 \sqrt{\frac{10-2}{1-0.965^2}} = 10.408$$

이고, $|t_0| > t_{0.025}(8) = 2.306$ 이므로 모상관계수 ρ_{xy} 가 0이라는 귀무가설 H_0 을 기각할 수 있다. 즉, 광고비와 판매액 사이에는 직선적인 상관관계가 존재한다고 할 수 있다.

13.3 단순선형회귀분석

하나의 종속변수와 하나의 독립변수의 관계를 직선적인 함수로 가정하고 분석하는 것을 단순(선형) 회귀분석이라 한다. 종속변수 y 와 독립변수 x 를 직선적인 함수 형태로 나타내는 단순회귀모형은 다음과 같다.

$$y_i = \beta_0 + \beta_1 x_i + \epsilon_i, \quad i = 1, 2, \cdots, n$$

여기서 y_i 는 i 번째 측정된 종속변수 y 의 값으로 확률변수이고, x_i 는 i 번째 측정된 독립변수 x 의 값으로 고정된 상수값이다. β_0 와 β_1 은 각각 절편과 기울기를 나타내는 회귀계수, 그리고 ϵ_i 는 오차항으로 서로 독립이며 평균이 0 이고 분산이 σ^2 인 정규분포를 따른다고 가정한다.

13.3.1 회귀식의 추정

단순회귀모형으로부터 두 변수 x 와 y 의 관계를 나타내는 회귀식을 구하기 위해서는 회귀계수 β_0 와 β_1 을 추정해야 한다. 회귀계수들을 구하기 위해서 모집단 전체를 조사하는 것은 일반적으로 불가능하며, 가능하더라도 경제적 손실이 크므로 표본으로부터 얻은 자료를 이용하여 회귀계수들을 추정한다. y 의 추정값 $\hat{y}$ 을 회귀계수 β_0 와 β_1 의 추정량 b_0 와 b_1 을 이용하여 나타내면

$$\hat{y} = b_0 + b_1 x$$

이 되며, 이 식을 표본회귀식(sample regression equation) 또는 추정된 회귀직선(estimated regression line)이라 한다. 여기서 b_0 는 추정된 회귀직선의 절편(intercept)으로 $x = 0$ 에서 $\hat{y}$ 의 값이며, b_1 은 추정된 회귀직선의 기울기(slope)로 x 가 한 단위 증가할 때마다 증가하는 $\hat{y}$ 의 증가량을 나타낸다.

어떤 x 의 값 x_i 에서 추정된 $\hat{y_i}$ 는 관측값 y_i 와 반드시 일치하는 것은 아니며 관측값과 추정값과의 차이를 잔차(residual)라 하고 e_i 로 표시하면

$$e_i = y_i - \hat{y_i}$$

가 된다.

이제 주어진 n 개의 표본자료 $(x_1, y_1), (x_2, y_2), \cdots, (x_n, y_n)$를 이용하여 두 변수 x 와 y 의 직선적인 관계를 가장 잘 나타낼 수 있는 회귀계수 β_0 와 β_1 의 추정량 b_0 와 b_1 을 어떻게 구할 것인가를 생각해보자. 표본자료를 이용하여 회귀계수를 추정하는 방법 중 널리 사용되는 것이 오차

ϵ_i 의 제곱합을 최소로 만드는 β_0 와 β_1 을 추정량 b_0 와 b_1 으로 하는 최소제곱법(least square method)이다. 즉, 표본자료 $(x_1,\ y_1),(x_2,\ y_2),\ \cdots\ ,\ (x_n,\ y_n)$에서 오차의 제곱합

$$Q = \sum_{i=1}^{n} \epsilon_i^2 = \sum_{i=1}^{n} [y_i - (\beta_0 + \beta_1 x_i)]^2$$

을 최소로 하는 β_0 와 β_1 의 값을 추정치 b_0 와 b_1 으로 택하는 것이다.

오차의 제곱합 Q를 β_0 와 β_1 에 대하여 각각 편미분하고, 편미분한 방정식을 0 으로 만드는 β_0 와 β_1 을 b_0 와 b_1 이라 하여 정리하면 다음과 같은 정규방정식(normal equation)

$$b_0 n + b_1 \sum_{i=1}^{n} x_i = \sum_{i=1}^{n} y_i$$

$$b_0 \sum_{i=1}^{n} x_i + b_1 \sum_{i=1}^{n} x_i^2 = \sum_{i=1}^{n} x_i y_i$$

을 얻을 수 있고, 이 식을 b_0 와 b_1 에 대하여 풀면

$$b_1 = \frac{\sum_{i=1}^{n} (x_i - \overline{x})(y_i - \overline{y})}{\sum_{i=1}^{n} (x_i - \overline{x})^2} = \frac{S_{xy}}{S_{xx}}$$

$$b_0 = \overline{y} - b_1 \overline{x}$$

을 얻는다. 얻어진 b_0 와 b_1 을 β_0 와 β_1 의 최소제곱추정량(least square estimator)이라 한다. 따라서 최소제곱추정량을 이용한 추정된 회귀직선

$$\hat{y_i} = b_0 + b_1 x_i,\ i = 1,\ 2, \cdots,\ n$$

을 얻을 수 있다.

예제 4

<예제 1>에 주어진 자료를 사용하여 최소제곱법으로 회귀계수 β_0 와 β_1 을 추정하여 추정식 $\hat{y_i}$ 을 구하고, 잔차 $e_i = y_i - \hat{y_i}$ 를 구하시오. 산점도 위에 추정된 회귀직선을 그리시오.

풀이》 〈예제 2〉에서 광고비의 평균은 $\overline{x} = 10.5$, 판매액의 평균은 $\overline{y} = 25.4$, $S_{xx} = 82.5$ 그리고 $S_{xy} = 154$이었다. 따라서 회귀계수의 추정치는

$$b_1 = \frac{S_{xy}}{S_{xx}} = \frac{154}{82.5} = 1.8667$$

$$b_0 = \overline{y} - b_1\overline{x} = 25.4 - 1.8667 \times 10.5 = 5.8$$

이므로 추정된 회귀직선은

$$\hat{y} = 5.8 + 1.8667x$$

이 된다. 따라서 추정값 $\widehat{y_i}$ 과 잔차 $e_i = y_i - \widehat{y_i}$ 는 다음 표와 같다.

x_i	y_i	$\widehat{y_i}$	$e_i = y_i - \widehat{y_i}$
13	30	30.0671	−0.0671
10	23	24.4670	−1.4670
9	23	22.6003	0.3997
15	35	33.8005	1.1995
11	29	26.3337	2.6663
14	31	31.9338	−0.9338
12	27	28.2004	−1.2004
7	18	18.8669	−0.8669
8	19	20.7336	−1.7336
6	19	17.0002	1.9998

추정된 회귀직선 $\hat{y}$ 을 산점도 위에 그려보면 다음과 같다.

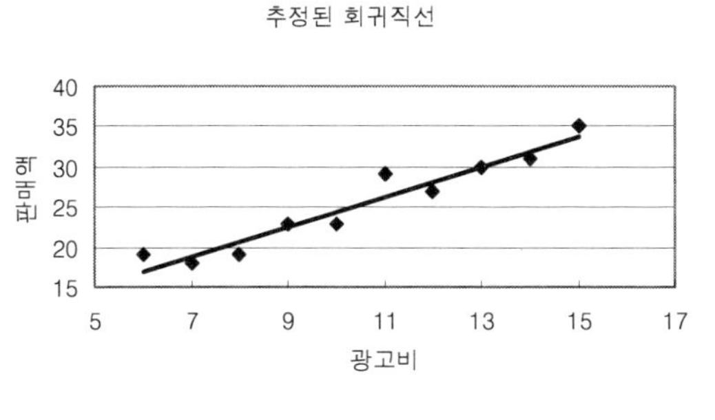

13.3.2 단순회귀모형에 대한 추론

단순회귀모형에서 특히 관심이 되는 것은 기울기 β_1이다. 왜냐하면 만일 β_1이 0이라면 독립변수와 종속변수 사이에 직선적인 관계가 없다는 것을 의미하기 때문이다. 따라서 두 변수가 직선적인

관계를 가지고 있는지를 판단하는 검정으로 가설

$$H_0 : \beta_1 = 0 \quad \text{대} \quad H_1 : \beta_1 \neq 0$$

을 검정하는 것은 단순회귀분석에서 중요하다. 위 가설을 검정하기 위한 검정통계량은

$$t_0 = \frac{b_1}{\sqrt{MSE/S_{xx}}}$$

이다. 여기서 MSE는 오차의 분산 σ^2의 추정량으로

$$\widehat{\sigma^2} = MSE = \frac{1}{n-2}\sum_{i=1}^{n}(y_i - \hat{y_i})^2$$

이며, 이 식을 평균제곱오차(mean square error : MSE)라고 한다. 귀무가설 H_0 하에서는 검정통계량이 자유도가 $n-2$인 t 분포를 따르기 때문에 유의수준 α에서 기각역은

$$|t_0| > t_{\alpha/2}(n-2)$$

가 된다. 즉, 검정통계량 값이 기각역 안에 포함되면 귀무가설 H_0을 기각한다. 또한 귀무가설 $H_0 : \beta_1 = 0$에 대해 대립가설이 $H_1 : \beta_1 > 0$이면 유의수준 α에서 기각역은 $t_0 > t_\alpha(n-2)$이고, 대립가설이 $H_1 : \beta_1 < 0$이면 기각역은 $t_0 < -t_\alpha(n-2)$가 된다.

귀무가설 $H_0 : \beta_1 = 0$하에서 검정통계량 t_0이 자유도가 $n-2$인 t분포를 따른다는 것을 이용하여 회귀계수 β_1에 대한 $100(1-\alpha)\%$의 신뢰구간

$$\left(b_1 - t_{\alpha/2}(n-2)\sqrt{MSE/S_{xx}}\ ,\ b_1 + t_{\alpha/2}(n-2)\sqrt{MSE/S_{xx}}\right)$$

을 구할 수 있다.

예제 5

〈예제 1〉의 자료를 이용하여 광고비와 판매액 사이에 직선적인 관계가 있는지를 유의수준 5%로 검정하고, 회귀계수 β_1에 대한 95% 신뢰구간을 구하시오.

풀이》 광고비와 판매액 사이에 직선적인 관계가 있는지를 알아보기 위하여 다음과 같은 가설을 고려할 수 있다.

$$H_0 : \beta_1 = 0 \quad \text{대} \quad H_1 : \beta_1 \neq 0$$

또한 $b_1 = 1.8667$, $S_{xx} = 82.5$ 그리고 <예제 4>에서 구한 잔차를 이용하면 $MSE = 2.617$이므로 검정통계량은

$$t_0 = \frac{1.8667}{\sqrt{\frac{2.617}{82.5}}} = 10.481$$

이 된다. $|t_0| > 2.306 = t_{0.05/2}(8)$이므로 귀무가설 H_0를 기각할 수 있다. 즉, 광고비와 판매액은 직선적인 관계가 있다고 할 수 있다.

회귀계수 β_1 에 대한 95% 신뢰구간을 구하면

$$\begin{aligned}&(1.8667 - 2.306 \times \sqrt{2.617/82.5}\,, 1.8667 + 2.306 \times \sqrt{2.617/82.5}\,)\\&= (1.456,\ 2.277)\end{aligned}$$

이 된다.

회귀분석의 중요한 목적 중의 하나는 어떤 주어진 독립변수 x 에 대한 평균 반응값 $E(y|x)$ 를 추정하는 일이다. 회귀모형을 적합시키기 위하여 사용된 표본자료에 포함된 독립변수의 임의의 값을 $x = x_0$ 이라 하면 $E(y|x_0)$ 의 추정치는 추정된 회귀직선 $\hat{y} = b_0 + b_1 x$ 에서 독립변수 x 에 x_0 를 대입하여 얻은 값이다. 즉,

$$\widehat{E(y|x_0)} = b_0 + b_1 x_0$$

이 된다. 또한 $x = x_0$ 일 때 평균 반응값 $E(y|x_0)$ 의 $100(1-\alpha)\%$의 신뢰구간은

$$(b_0 + b_1 x_0) \pm t_{\alpha/2}(n-2)\sqrt{MSE\left(\frac{1}{n} + \frac{(x_0 - \overline{x})^2}{S_{xx}}\right)}$$

이 된다. 위 식을 이용하여 각 독립변수에 대한 평균 반응값의 신뢰구간을 구하여 연결하면 상한과 하한으로 이루어지는 신뢰영역이 생기며, 이 영역을 신뢰대(confidence band)라 한다. 신뢰대는 독립변수 x 의 평균에서 가장 좁고 평균으로부터 멀어질수록 넓어지는 모양을 한다.

예제 6

<예제 1>의 자료를 이용하여 광고비가 $x = 10$일 때 판매액의 평균 반응값 $E(y|x = 10)$에 대한 95% 신뢰구간을 구하시오.

풀이 추정된 회귀직선이 $\hat{y} = 5.8 + 1.8667x$이므로 광고비가 $x = 10$일 때 판매액의 평균추정값은 $\hat{y} = 5.8 + 1.8667(10) = 24.467$이 된다. 따라서

$$24.467 \pm 2.306\sqrt{2.617\left(\frac{1}{10} + \frac{(10-10.5)^2}{82.5}\right)}$$

이므로 $E(y \mid x = 10)$에 대한 95% 신뢰구간은 $(23.270,\ 25.664)$가 된다.

13.3.3 분산분석을 이용한 단순회귀모형의 검정

앞 절에서 귀무가설 $H_0 : \beta_1 = 0$을 검정하는 절차를 살펴보았다. 분산분석 기법을 이용하여 귀무가설 $H_0 : \beta_1 = 0$을 검정하는 절차를 살펴보자. 관측치 y_i와 관측치의 평균 $\bar{y}$의 차이 $(y_i - \bar{y})$를 편차(deviation)라 하며 다음과 같은 두 종류의 편차로 분해하여 나타낼 수 있다.

$$(y_i - \bar{y}) = (y_i - \hat{y}_i) + (\hat{y}_i - \bar{y})$$

여기서 $(y_i - \hat{y}_i)$는 회귀선에 의하여 설명되지 않는 편차이며, $(\hat{y}_i - \bar{y})$는 회귀선에 의하여 설명되는 편차를 나타내고 있다.

위 식의 양변을 제곱하고 모든 i 에 대하여 합하여 정리하면

$$\sum_{i=1}^{n}(y_i - \bar{y})^2 = \sum_{i=1}^{n}(y_i - \hat{y}_i)^2 + \sum_{i=1}^{n}(\hat{y}_i - \bar{y})^2$$

을 얻을 수 있다. 따라서 제곱합의 분해를

$$SST = SSE + SSR$$

로 나타낼 수 있다. 여기서 SST는 총변동(total variation) 또는 총제곱합(total sum of squares)이며, SSE는 회귀선에 의해서 설명되지 않는 변동으로서 잔차제곱합(resiual sum of squares)이고, 그리고 SSR은 회귀선에 의하여 설명되는 변동으로서 회귀제곱합(regression sum of squares)이라 한다. 각 제곱합의 자유도를 살펴보면 SST는 $n-1$, SSE는 $n-2$, 그리고 SSR은 1의 자유도를 갖는다.

분할된 제곱합 그리고 자유도를 이용하여 분산분석표를 작성하면 〈표 13.1〉과 같다.

표 13.1 ▌단순회귀분석에서 분산분석표

요인	제곱합	자유도	평균제곱	F_0
회귀	SSR	1	MSR	MSR/MSE
잔차	SSE	$n-2$	MSE	
계	SST	$n-1$		

분산분석표에서 $F_0 = MSR/MSE$ 는 회귀의 평균제곱 MSR 과 잔차의 평균제곱 MSE 의 비율로서 이 비율이 상당히 크면 회귀에 의한 제곱합이 잔차에 의한 제곱합보다 상대적으로 많이 커져 두 변수 x와 y 사이의 직선적 관계가 유의하다는 의미가 된다. 즉, 귀무가설 H_0 : $\beta_1 = 0$이 옳지 않다는 의미가 된다.

그렇다면 F_0 의 값이 어느 정도 커야 유의한지를 살펴보자. 귀무가설 H_0하에서 F_0는 자유도가 $(1,\ n-2)$인 F분포를 따르기 때문에, 유의수준 α에서 귀무가설 H_0을 기각할 수 있는 기각역은 $F_0 \geq F_\alpha(1,\ n-2)$이 된다.

예제 7

〈예제 1〉의 자료를 이용하여 분산분석표를 작성하고 귀무가설 H_0 : $\beta_1 = 0$을 유의수준 5%로 검정하시오.

풀이 〈예제 4〉를 이용하여 제곱합을 구하면 다음과 같다.

$$SST = \sum_{i=1}^{10} (y_i - \overline{y})^2 = 308.4$$

$$SSR = \sum_{i=1}^{10} (\hat{y_i} - \overline{y})^2 = 287.477$$

$$SSE = \sum_{i=1}^{10} (y_i - \hat{y_i})^2 = 20.923$$

따라서 다음과 같은 분산분석표를 작성할 수 있다.

〈단순회귀분석에서의 분산분석표〉

요인	제곱합	자유도	평균제곱	F_0
회귀	287.477	1	287.477	109.934
잔차	20.923	8	2.615	
계	308.4	9		

분산분석표에서 $F_0 = 109.934$이고 유의수준 $\alpha = 0.05$에서 $F_{0.05}\,(1,\ 8) = 5.32$이므로 $F_0 > F_{0.05}(1,8)$이다. 따라서 귀무가설 H_0 을 기각할 수 있다. 따라서 〈예제 4〉에서 구한 추정된 회귀직선 $\hat{y} = 5.8 + 1.8667\,x$는 유의하다고 할 수 있다.

13.3.4 결정계수

회귀직선의 적합도를 평가하는 방법 중의 하나인 결정계수(coefficient of determination)는 표본으로부터 추정된 회귀직선이 표본 관측값에 얼마나 적합한가를 나타내는 척도로서 다음과 같이 정의된다.

$$R^2 = \frac{SSR}{SST} = 1 - \frac{SSE}{SST}$$

즉, 결정계수 R^2는 종속변수 y의 총변동 SST 중에서 회귀선에 의해 설명되는 변동 SSR의 비율을 의미하며, R^2값의 한계는 $0 \le R^2 \le 1$이 된다. 따라서 회귀선에 의하여 설명되는 부분이 많다면 R^2는 1에 가까운 값이 되고, 그렇지 않다면 R^2는 0에 가까운 값을 갖게 된다.

예제 8

〈예제 1〉의 자료를 이용하여 결정계수 R^2을 구하시오.

풀이 〈예제 7〉에서 구한 분산분석표를 이용하면 결정계수는

$$R^2 = \frac{SSR}{SST} = \frac{287.477}{308.4} = 0.93$$

이 된다. 즉 전체변동의 93%가량이 회귀직선에 의해 설명되므로 〈예제 4〉에서 구한 추정된 회귀직선 $\hat{y} = 5.8 + 1.8667x$는 유용하다고 할 수 있다.

13.4 모형의 진단

두 변수 x와 y의 관계를 단순회귀모형으로 분석하기 위해서 다음과 같은 몇 가지의 기본 가정을 한다.

① x와 y 사이에는 직선적인 함수관계, $y = \beta_0 + \beta_1 x + \epsilon$가 성립한다.

② 오차항 ϵ은 평균이 0이고, 분산이 σ^2인 정규분포를 따르며 서로 독립이다.

그러나 실제 문제에 있어서 위와 같은 가정들이 성립되는지 확실하지 않은 경우가 많이 발생한다. 따라서 분석을 하기 전에 위와 같은 가정들이 타당한지를 검토해야 한다. 위의 기본적인 가정들이 타당한가를 알아보는 방법에 대해서 살펴보자.

[잔차분석]

관측값 y_i과 예측값 $\hat{y_i}$의 차이로 정의된 잔차 $e_i = y_i - \hat{y_i}$ $(i = 1, 2, \cdots, n)$는 회귀모형에 의해서 설명되지 않는 변동의 크기를 나타내기도 하며 오차

$$\epsilon_i = y_i - E(y_i)$$

의 관측값이기도 하다. 따라서 앞에서 가정한 오차 ϵ_i 에 대한 가정은 잔차 e_i 를 이용하여 검토할 수 있다.

[회귀함수의 선형성]

분석하고자 하는 자료에 대하여 선형회귀함수가 타당한지에 대한 문제는 선형회귀모형을 가정하고 그 자료로부터 얻어진 잔차 e_i를 독립변수 x_i에 대하여 산점도를 그려봄으로써 판단할 수 있다. 잔차는 회귀직선모형이 타당하고 오차의 등분산성이 성립된다면 독립변수 x에 대하여 산점도를 그렸을 때 0을 중심으로 특정한 형태가 없이 완전히 랜덤하게 나타나야 한다. 다음은 여러 형태의 잔차의 산점도이다.

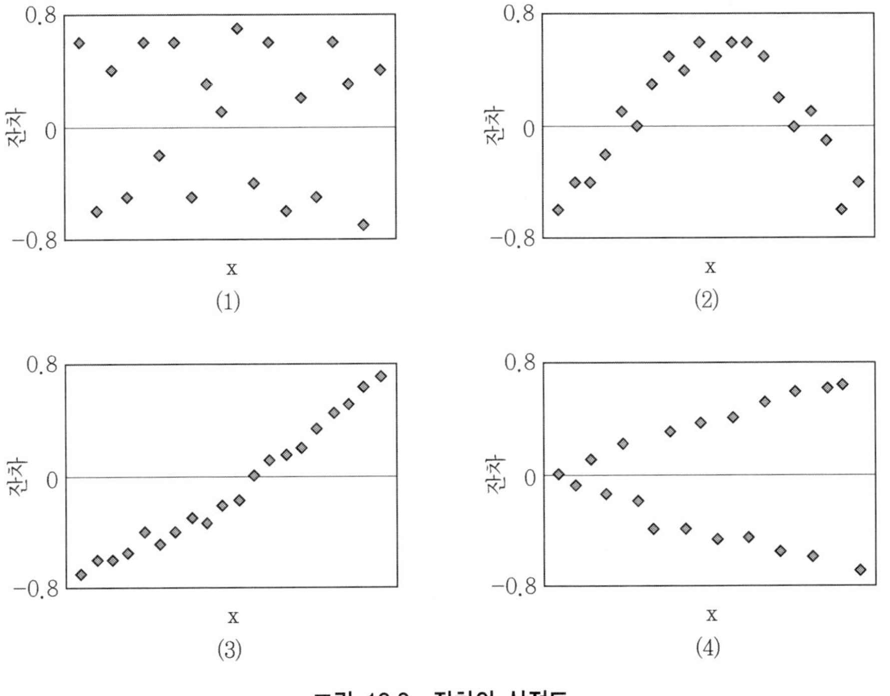

그림 13.3 잔차의 산점도

〈그림 13.3〉의 (1)은 0을 중심으로 특정한 형태 없이 흩어져 있어 가정한 회귀직선 모형과 오차의 등분산성이 타당하다고 할 수 있다. (2)는 이차곡선의 형태이며, 이러한 경우에는 회귀선으로 이차곡선식 $\hat{y} = b_0 + b_1 x + b_2 x^2$과 같은 것이 타당해 보인다. (3)은 오차가 서로 독립적이지 않고 일정한 규칙을 가지고 있음을 나타내고 있으며, 모형 속에 새로운 독립변수가 추가되면 좋을 것이라는 것을 나타내고 있다. (4)는 x가 증가함에 따라 오차의 분산이 증가하여 오차항의 등분산성을 만족하지 못하고 있는 경우이다.

[오차항의 등분산성]

선형회귀함수의 타당성은 잔차를 독립변수 x 에 대하여 산점도를 그려봄으로서 판단할 수 있었다. 그런데 이 잔차의 산점도는 앞에서 살펴본 것과 같이 오차의 등분산성에 대해서도 알 수 있다. 또한 잔차를 추정값 $\hat{y_i}$에 대하여 산점도를 그려보는 것도 오차의 등분산성을 판단할 수 있는 방법이다. 앞에서와 마찬가지로 0을 중심으로 잔차가 랜덤하게 나타나면 등분산의 가정에 모순이 없는 것으로 판단한다.

[오차항의 정규성]

오차항의 확률분포가 정규분포에서 조금 벗어나는 것은 별문제가 되지 않으나, 추정과 검정에서 사용되는 t 분포와 F 분포가 모두 정규분포를 가정함으로써 가능하기 때문에 정규분포에서 많이 벗어나는 경우에는 분석 결과에 중대한 영향을 미치게 된다.

오차항의 정규성을 판단하는 몇 가지 방법을 살펴보면 다음과 같다. 첫 번째 방법은 잔차들의 히스토그램을 그려보아서 정규분포에 가까운 형태를 이루고 있으면 정규성이 성립된다고 판단할 수 있다. 두 번째 방법은 표준화된 잔차 $e_i / \sqrt{MSE}$ 가 -1과 1 사이에 약 68%가 포함되는지 또는 -1.64와 1.64 사이에 약 90%가 포함되는지를 확인해 보는 것이다. 마지막으로 많이 이용되는 방법은 잔차들에 대한 정규확률도표를 그렸을 때 잔차들이 직선으로 나타나게 되면 정규성의 가정이 타당하다고 할 수 있다.

[오차항의 독립성]

오차항이 서로 독립이라는 가정의 타당성은 잔차를 독립변수 x 에 대하여 산점도를 그려봄으로써 알 수 있었다. 잔차들이 0을 중심으로 랜덤하게 나타나면 오차항이 서로 독립이라는 가정이 타당한 것이고, 그렇지 않으면 독립이라고 할 수 없다.

예제 9

〈예제 1〉에 주어진 자료에 대하여 엑셀을 이용하여 잔차분석을 하시오.

풀이 잔차분석

1) 잔차분석을 하기 위해서 회귀분석 대화상자에서 잔차 칸과 정규확률 칸의 옵션을 선택한다.

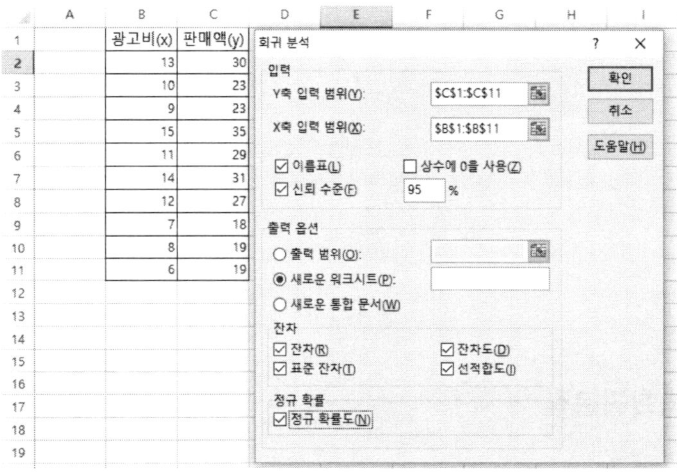

2) 출력결과를 살펴보면 다음과 같다.

① 잔차 그림

광고비(x)와 잔차에 대한 산점도는 아래와 같다. 잔차들이 0을 중심으로 랜덤하게 흩어져 있어 회귀함수의 선형성과 오차항의 등분산성을 만족하고 있다고 판단 할 수 있다.

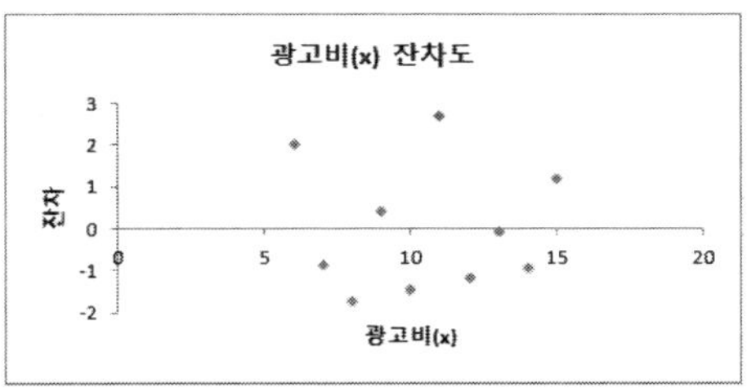

② 표준화 잔차와 정규확률도

출력된 표준화 잔차들을 살펴보면 -1과 1 사이에 70%가 포함되는 것을 알 수 있다. 따라서 오차항의 정규성이 타당하다고 할 수 있다. 또한 판매액 (y)에 대한 정규확률도가 직선적인 형태이므로 종속변수 또는 오차항의 정규성에 대한 가정이 타당하다고 볼 수 있다.

	잔차 출력			
23				
24	관측수	예측치 판매액(y)	잔차	표준 잔차
25	1	30.06666667	-0.06667	-0.04371
26	2	24.46666667	-1.46667	-0.96169
27	3	22.6	0.4	0.262278
28	4	33.8	1.2	0.786834
29	5	26.33333333	2.666667	1.748521
30	6	31.93333333	-0.93333	-0.61198
31	7	28.2	-1.2	-0.78683
32	8	18.86666667	-0.86667	-0.56827
33	9	20.73333333	-1.73333	-1.13654
34	10	17	2	1.311391

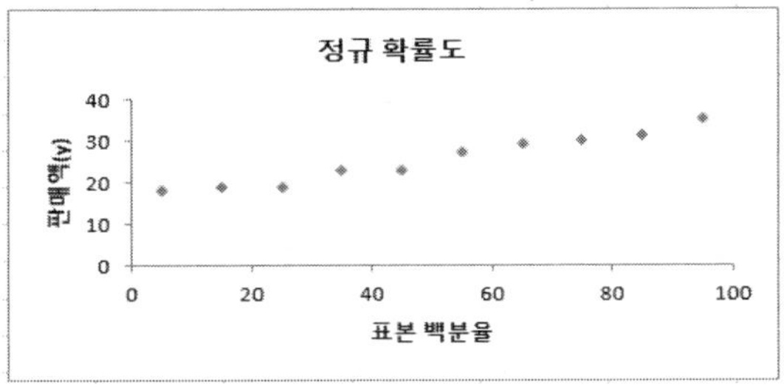

13.5 중회귀분석

지금까지는 종속변수에 영향을 주는 독립변수가 하나인 경우에 직선회귀모형을 적합시키는 단순회귀분석에 대해 살펴보았다. 그러나 일반적으로 종속변수에 영향을 미치는 독립변수들이 두 개 이상인 경우가 많다. 앞에서 예제로 사용된 광고비와 판매액의 문제에서는 판매액에 영향을 주는 변수로 광고비만 고려했으나 실제로는 광고비뿐만 아니라 다른 요인들, 즉 점포의 크기와 위치, 그리고 종업원의 수 등도 판매액에 영향을 준다고 생각할 수 있으므로 이러한 요인들을 모두 고려하여 분석하는 것이 판매액을 설명하는 데 더 정확한 결과를 얻을 수 있을 것이다.

이와 같이 두 개 이상의 독립변수들과 한 개의 종속변수의 관계를 나타내는 선형회귀모형을 중회귀모형(multiple regression model)이라 하고, 중회귀모형을 이용하여 변수들 간에 관련성을 분석하는 것을 중회귀분석(multiple regression analysis)이라 한다.

중회귀분석은 단순회귀분석보다 독립변수들이 더 많아 다소 복잡하지만 기본은 단순회귀분석과 동일하기 때문에 단순회귀분석을 잘 이해하고 있다면 중회귀분석을 이해하는 데 도움이 될 것이다.

13.5.1 독립변수가 k 개인 중회귀모형

독립변수가 x_1, x_2, $\cdots$, x_k인 중회귀모형은 다음과 같이 나타낼 수 있다.

$$y_i = \beta_0 + \beta_1 x_{i1} + \cdots + \beta_k x_{ik} + \epsilon_i\ ,\ i = 1,\ 2,\ \cdots,\ n$$

여기서 오차항 ϵ_i 는 단순회귀모형에서와 마찬가지로 서로 독립이며 정규분포 $N(0,\ \sigma^2)$를 따른다고 가정한다.

중회귀모형에서 모집단의 회귀계수 $\beta_0,\ \beta_1,\ \cdots,\ \beta_k$ 를 단순회귀모형에서 사용한 최소제곱법으로 추정하기 위해서 정규방정식을 만들면 $k+1$개의 연립방정식을 얻게 되어 계산이 복잡해진다. 그러나 행렬을 사용하면 정규방정식을 간결하게 나타낼 수 있으므로 행렬을 이용하여 회귀계수들을 추정하는 방법에 대해서 살펴보자.

독립변수가 k개인 중회귀모형을 행렬을 이용해서 나타내면 다음과 같다.

$$\boldsymbol{y} = \boldsymbol{X}\boldsymbol{\beta} + \boldsymbol{\epsilon}$$

여기서

$$\boldsymbol{y} = \begin{bmatrix} y_1 \\ y_2 \\ \vdots \\ y_n \end{bmatrix},\quad \boldsymbol{X} = \begin{bmatrix} 1 & x_{11} & x_{12} & \cdots & x_{1k} \\ 1 & x_{21} & x_{22} & \cdots & x_{2k} \\ \vdots & \vdots & \vdots & & \vdots \\ 1 & x_{n1} & x_{n2} & \cdots & x_{nk} \end{bmatrix},\quad \boldsymbol{\beta} = \begin{bmatrix} \beta_0 \\ \beta_1 \\ \vdots \\ \beta_k \end{bmatrix},\quad \boldsymbol{\epsilon} = \begin{bmatrix} \epsilon_1 \\ \epsilon_2 \\ \vdots \\ \epsilon_n \end{bmatrix}$$

이다. 행렬로 나타낸 중회귀모형에서 오차의 제곱합은

$$Q = \sum_{i=1}^{n} \epsilon_i^2 = \boldsymbol{\epsilon}^T\boldsymbol{\epsilon} = (\boldsymbol{y} - \boldsymbol{X}\boldsymbol{\beta})^T(\boldsymbol{y} - \boldsymbol{X}\boldsymbol{\beta})$$

$$= \boldsymbol{y}^T\boldsymbol{y} - 2\boldsymbol{\beta}^T\boldsymbol{X}^T\boldsymbol{y} + \boldsymbol{\beta}^T\boldsymbol{X}^T\boldsymbol{X}\boldsymbol{\beta}$$

가 되고, 이를 $\boldsymbol{\beta}$ 에 대하여 편미분하면

$$\frac{\partial Q}{\partial \boldsymbol{\beta}} = -2\boldsymbol{X}^T\boldsymbol{y} + 2\boldsymbol{X}^T\boldsymbol{X}\boldsymbol{\beta}$$

가 되며, 편미분을 0으로 하는 $\boldsymbol{\beta}$ 의 값을 $\boldsymbol{b}$라고 하여 정리하면 정규방정식

$$\boldsymbol{X}^T\boldsymbol{X}\boldsymbol{b} = \boldsymbol{X}^T\boldsymbol{y}$$

을 얻을 수 있다. 여기서 $\boldsymbol{X}^T\boldsymbol{X}$ 의 역행렬 $(\boldsymbol{X}^T\boldsymbol{X})^{-1}$이 존재하면 회귀계수 $\boldsymbol{\beta}$ 의 최소제곱추정량 $\boldsymbol{b}$는

$$b = \begin{bmatrix} b_0 \\ b_1 \\ \vdots \\ b_k \end{bmatrix} = (\boldsymbol{X}^T\boldsymbol{X})^{-1}\boldsymbol{X}^T\boldsymbol{y}$$

가 된다. 따라서 추정된 회귀식은

$$\hat{y_i} = b_0 + b_1 x_{i1} + \cdots + b_k x_{ik}\ ,\ i = 1,\ 2,\ \cdots,\ n$$

이 된다.

예제 10

어떤 제품을 판매하는 제조업체에서 제품의 판매액(단위 : 백만 원)에 광고비(단위 : 십만 원)와 상점의 크기(단위 : 평)가 미치는 영향을 조사하기 위해서 10개 대리점을 조사하여 다음과 같은 자료를 얻었다. 판매액을 종속변수 y로 하고 광고비와 상점의 크기를 각각 독립변수 x_1과 x_2로 하는 중회귀모형 $y = \beta_0 + \beta_1 x_1 + \beta_2 x_2 + \epsilon$의 추정된 회귀식을 구하시오.

광고비	13	10	9	15	11	14	12	7	8	6
상점의 크기	12	8	8	14	13	10	8	7	10	9
판매액	30	23	23	35	29	31	27	18	19	19

풀이 주어진 자료들을 사용하여 중회귀모형을 행렬로 나타내면

$$\boldsymbol{y} = \boldsymbol{X\beta} + \boldsymbol{\epsilon}$$

여기서

$$\boldsymbol{y} = \begin{bmatrix} 30 \\ 23 \\ 23 \\ 35 \\ 29 \\ 31 \\ 27 \\ 18 \\ 19 \\ 19 \end{bmatrix},\quad \boldsymbol{X} = \begin{bmatrix} 1 & 13 & 12 \\ 1 & 10 & 8 \\ 1 & 9 & 8 \\ 1 & 15 & 14 \\ 1 & 11 & 13 \\ 1 & 14 & 10 \\ 1 & 12 & 8 \\ 1 & 7 & 7 \\ 1 & 8 & 10 \\ 1 & 6 & 9 \end{bmatrix},\quad \boldsymbol{\beta} = \begin{bmatrix} \beta_0 \\ \beta_1 \\ \beta_2 \end{bmatrix},\quad \boldsymbol{\epsilon} = \begin{bmatrix} \epsilon_1 \\ \epsilon_2 \\ \epsilon_3 \\ \epsilon_4 \\ \epsilon_5 \\ \epsilon_6 \\ \epsilon_7 \\ \epsilon_8 \\ \epsilon_9 \\ \epsilon_{10} \end{bmatrix}$$

따라서

$$X^TX = \begin{bmatrix} 10 & 105 & 99 \\ 105 & 1185 & 1080 \\ 99 & 1080 & 1031 \end{bmatrix}, \quad X^Ty = \begin{bmatrix} 254 \\ 2821 \\ 2608 \end{bmatrix}$$

그리고

$$(X^TX)^{-1} = \begin{bmatrix} 2.16237 & -0.05217 & -0.15299 \\ -0.05217 & 0.01989 & -0.01583 \\ -0.15299 & -0.01583 & 0.03224 \end{bmatrix}$$

이므로 β 의 최소제곱량은

$$b = \begin{bmatrix} b_0 \\ b_1 \\ b_2 \end{bmatrix} = (X^TX)^{-1}X^Ty = \begin{bmatrix} 3.076788 \\ 1.584955 \\ 0.573857 \end{bmatrix}$$

이 된다. 따라서 추정된 회귀선은

$$\hat{y} = 3.076788 + 1.584955\,x_1 + 0.573857\,x_2$$

이 된다.

13.5.2 분산분석을 이용한 중회귀모형의 검정

종속변수 y 와 독립변수 $x_1, x_2, \cdots, x_k$ 사이의 선형적 관계를 규명하는 중회귀의 유의성 검정에 대한 귀무가설과 대립가설은

$$H_0 : \beta_1 = \beta_2 = \cdots = \beta_k = 0$$
$$H_1 : \text{적어도 한 } \beta_j\text{는 0이 아니다. } j = 1, 2, \cdots, k$$

가 된다. 만약 귀무가설 H_0가 기각되면 k개의 독립변수 $x_1, x_2, \cdots, x_k$ 중에서 적어도 하나는 종속변수의 변동에 영향을 준다는 것을 의미한다.

분산분석을 이용하여 귀무가설 H_0을 검정할 수 있다. 단순회귀분석에서와 마찬가지로 총변동(SST)을 회귀식에 의하여 설명되는 변동(SSR)과 잔차에 의해서 설명되는 변동(SSE)으로 나누어 나타내면

$$\sum_{i=1}^{n}(y_i - \bar{y})^2 = \sum_{i=1}^{n}(\hat{y}_i - \bar{y})^2 + \sum_{i=1}^{n}(y_i - \hat{y}_i)^2$$

이 되고, 다음과 같은 분산분석표를 작성할 수 있다.

표 13.2 ▌중회귀분석에서 분산분석표

요인	제곱합	자유도	평균제곱	F_0
회귀	SSR	k	MSR	MSR/MSE
잔차	SSE	$n-k-1$	MSE	
계	SST	$n-1$		

귀무가설 $H_0: \beta_1=\beta_2=\cdots=\beta_k=0$을 검정하기 위한 검정통계량 $F_0=MSR/MSE$은 귀무가설 H_0하에서 자유도가 $(k,\ n-k-1)$인 F분포를 따른다. 따라서 유의수준 α에서 검정통계량의 값 F_0 가 $F_0 \geq F_\alpha(k,\ n-k-1)$을 만족하면 귀무가설 H_0을 기각할 수 있다.

예제 11

〈예제 10〉에서 가정된 중회귀모형의 유의성을 분산분석표를 사용하여 검정하시오.

풀이 》 〈예제 10〉에서 구한 추정된 회귀식

$$\hat{y}=3.076788+1.584955x_1+0.573857x_2$$

을 이용하여 예측값과 잔차를 구하면 다음과 같다.

x_1	x_2	y	$\hat{y}$	$e=y-\hat{y}$
13	12	30	30.56749	−0.56749
10	8	23	23.51719	−0.51719
9	8	23	21.93224	1.067761
15	14	35	34.88511	0.114889
11	13	29	27.97143	1.028566
14	10	31	31.00473	−0.004730
12	8	27	26.68710	0.312896
7	7	18	18.18847	−0.188470
8	10	19	21.49500	−2.495000
6	9	19	17.75123	1.248769

각 변동의 제곱합은 다음과 같다.

$$SST=\sum_{i=1}^{10}(y_i-\bar{y})^2=(30-25.4)^2+\cdots+(19-25.4)^2=308.4$$

$$SSR = \sum_{i=1}^{10} (\hat{y_i} - \bar{y})^2 = (30.56749 - 25.4)^2 + \cdots + (17.75123 - 25.4)^2$$
$$= 297.6813$$
$$SSE = SST - SSR = 308.4 - 297.6813 = 10.7187$$

따라서 다음과 같은 분산분석표를 작성할 수 있다.

〈중회귀분석에서 분산분석표〉

요인	제곱합	자유도	평균제곱	F_0
회귀	297.6813	2	148.84	97.28
잔차	10.7187	7	1.53	
계	308.4	9		

분산분석표를 통해서 중회귀선의 유의성 검정에 대한 귀무가설

$$H_0 : \beta_1 = \beta_2 = 0$$

을 검정하기 위한 검정통계량의 값은 $F_0 = 97.28$이며 유의수준 $\alpha = 0.05$에서 $F_{0.05}(2,7) = 4.74$이므로 $F_0 > F_{0.05}(2,7)$를 만족한다. 따라서 귀무가설 H_0를 기각할 수 있다. 즉, 중회귀모형은 유의하다고 할 수 있다.

13.5.3 회귀계수 β_j의 검정

중회귀모형에서 하나의 독립변수를 추가하거나 제거하는 일은 그 결과에 중대한 영향을 미치므로 신중하게 결정해야 한다. 따라서 회귀계수에 대한 유의성 검정은 중요하다.

일반적으로 회귀계수의 유의성 검정에서 관심을 갖는 귀무가설과 대립가설은

$$H_0 : \beta_j = 0 \quad \text{대} \quad H_1 : \beta_j \neq 0$$

이 된다. 위 가설을 검정하기 위한 검정통계량

$$t_0 = \frac{b_j}{\sqrt{c_{jj} MSE}}$$

은 귀무가설하에서 자유도가 $n-k-1$인 t 분포를 따른다. 여기서 c_{jj}는 행렬

$$(\boldsymbol{X}^T\boldsymbol{X})^{-1} = \begin{bmatrix} c_{00} & c_{01} & \cdots & \cdots & c_{0k} \\ c_{10} & c_{11} & c_{12} & \cdots & c_{1k} \\ & & & \ddots & \vdots \\ c_{k0} & c_{k1} & \cdots & \cdots & c_{kk} \end{bmatrix}$$

의 대각원소이다. 그리고 MSE 는 오차의 분산 σ^2의 추정량인 평균제곱잔차

$$\widehat{\sigma^2} = MSE = \sum_{i=1}^{n} (y_i - \widehat{y_i})^2 / (n-k-1)$$

이다. 따라서 유의수준 α 에서 기각역은

$$|\, t_0 \,| \geq t_{\alpha/2}(n-k-1)$$

이 된다. 즉 기각역을 만족하면 귀무가설을 기각한다. 또한 검정통계량 t_0 이 자유도 $n-k-1$ 인 t 분포를 따른다는 사실을 이용하여 회귀계수 β_j 에 대한 $100(1-\alpha)\%$ 신뢰구간은

$$\left(b_j - t_{\alpha/2}(n-k-1)\sqrt{c_{jj}\, MSE},\ b_j + t_{\alpha/2}(n-k-1)\sqrt{c_{jj}\, MSE} \right)$$

이 된다.

예제 12

〈예제 10〉에서 회귀계수 β_1 과 β_2 에 대하여 다음에 답하시오.

1) 가설 $H_0 : \beta_1 = 0$ 대 $H_1 : \beta_1 \neq 0$을 유의수준 5%로 검정하고, 회귀계수 β_1에 대한 95% 신뢰구간을 구하시오.
2) 가설 $H_0 : \beta_2 = 0$ 대 $H_1 : \beta_2 \neq 0$을 유의수준 5%로 검정하고, 회귀계수 β_2에 대한 95% 신뢰구간을 구하시오.

풀이 1) 〈예제 10〉과 〈예제 11〉로부터 $b_1 = 1.584955$, $c_{11} = 0.019891$, 그리고 $MSE = 1.53$ 이므로 귀무가설 $H_0 : \beta_1 = 0$에 대한 검정통계량은

$$t_0 = \frac{b_1}{\sqrt{c_{11}\, MSE}} = \frac{1.584955}{\sqrt{0.019891 \times 1.53}} = 9.085$$

이고 $t_{0.025}(7) = 2.365$ 이므로 $t_0 > t_{0.025}(7)$를 만족한다. 따라서 귀무가설 $H_0 : \beta_1 = 0$을 기각할 수 있다. 즉 독립변수 광고비(x_1)는 종속변수 판매액(y)에 영향을 미친다고 할 수 있다.

회귀계수 β_1 에 대한 95% 신뢰구간은

$$(b_1 - t_{0.025}(7)\sqrt{c_{11}\,MSE},\ b_1 + t_{0.025}(7)\sqrt{c_{11}\,MSE})$$

으로부터 $(1.172,\ 1.998)$이 된다.

2) 〈예제 10〉과 〈예제 11〉로부터 $b_2 = 0.573857$, $c_{22} = 0.032239$, 그리고 $MSE = 1.53$ 이므로 귀무가설 $H_0 : \beta_2 = 0$ 에 대한 검정통계량은

$$t_0 = \frac{b_2}{\sqrt{c_{22}\,MSE}} = \frac{0.573857}{\sqrt{0.032239 \times 1.53}} = 2.584$$

이고 $t_{0.025}(7) = 2.365$이므로 $t_0 > t_{0.025}(7)$를 만족한다. 따라서 귀무가설 $H_0 : \beta_2 = 0$을 기각할 수 있다. 즉 독립변수 상점크기(x_2)는 종속변수 판매액(y)에 영향을 미친다고 할 수 있다.

회귀계수 β_2에 대한 95% 신뢰구간은

$$(b_2 - t_{0.025}(7)\sqrt{c_{22}\,MSE},\ b_2 + t_{0.025}(7)\sqrt{c_{22}\,MSE})$$

으로부터 $(0.049,\ 1.099)$가 된다.

13.5.4 결정계수와 수정된 결정계수

단순회귀모형에서 정의된 결정계수

$$R^2 = \frac{SSR}{SST} = 1 - \frac{SSE}{SST}$$

는 중회귀모형의 추정된 회귀식이 주어진 자료에 얼마나 잘 적합하고 있는지를 나타내는 측도로 사용할 수 있다. 일반적으로 결정계수 R^2의 값이 크면 가정된 회귀모형이 적합하다고 할 수 있으나 반드시 그런 것은 아니다. 예를 들어 가정된 중회귀모형에 독립변수 하나를 추가시키면 그 추가된 독립변수가 종속변수에 영향을 주지 않아도 결정계수 R^2의 값은 커지게 된다. 따라서 이러한 문제를 해결한 방법이 수정된 결정계수(adjusted coefficient of determinant) R_a^2이며, 다음과 같이 정의된다.

$$R_a^2 = 1 - \frac{n-1}{n-k-1}\frac{SSE}{SST} = 1 - \left(\frac{n-1}{n-k-1}\right)(1-R^2)$$

수정된 결정계수 R_a^2의 값은 독립변수의 수가 증가하여도 결정계수 R^2의 값처럼 반드시 증가되

는 것은 아니다. 따라서 수정된 결정계수를 이용하여 독립변수의 수가 다를 때 두 회귀모형의 적합성을 비교할 수 있다.

예제 12

〈예제 10〉에서 결정계수 R^2의 값과 수정된 결정계수 R_a^2의 값을 구하시오.

풀이〉〉 〈예제 11〉에서 작성한 분산분석표로부터 결정계수는

$$R^2 = \frac{SSR}{SST} = \frac{297.6813}{308.4} = 0.965$$

이며, 수정된 결정계수는

$$R_a^2 = 1 - \left(\frac{n-1}{n-k-1}\right)(1-R^2)$$

$$= 1 - \left(\frac{10-1}{10-2-1}\right)(1-0.965) = 0.955$$

가 된다. 즉, 광고비와 상점크기를 독립변수로 이용하여 종속변수인 판매액에 대한 총변동의 약 96%를 설명할 수 있다.

EXCEL 실습

[실습 1] 상관분석

① 〈예제 1〉에 주어진 자료를 워크시트에 입력한다.

	A	B	C	D
1		광고비(x)	판매액(y)	
2		13	30	
3		10	23	
4		9	23	
5		15	35	
6		11	29	
7		14	31	
8		12	27	
9		7	18	
10		8	19	
11		6	19	

② [데이터분석]을 선택하고 대화상자가 나타나면 「상관분석」을 선택하고 [확인]을 누른다.

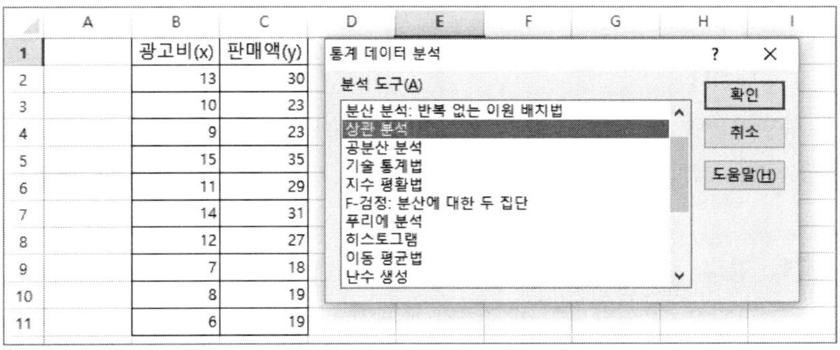

③ 「상관분석」 대화상자가 나오면 입력과 출력 옵션에 필요한 사항들을 입력한 후에 [확인]을 누른다.

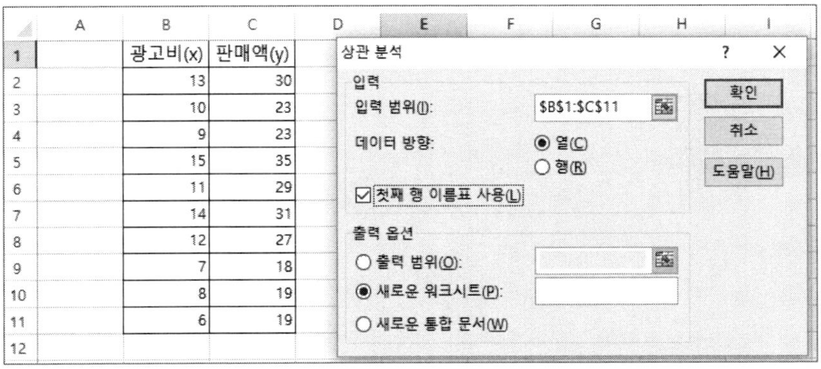

④ 결과를 살펴보면 광고비와 광고비 그리고 판매액과 판매액에 대한 표본상관계수의 값은 1이고, 광고비와 판매액에 대한 표본상관계수의 값은 셀 E3에 나타난 0.965465이다. 셀 F3에 값이 나타나지 않은 이유는 광고비와 판매액에 대한 표본상관계수와 판매액과 광고비에 대한 표본상관계수가 같기 때문이다.

	A	B	C	D
1		광고비(x)	판매액(y)	
2	광고비(x)	1		
3	판매액(y)	0.965465	1	
4				

⑤ 모상관계수에 대한 검정을 해 보자. 수식 입력줄에 함수들을 입력하여 필요한 통계량들을 구하는 방법에 대해 살펴보자.

표본상관계수를 이용하여 검정통계량을 계산하기 위해서 셀 E4에 표본상관계수 값이 있으므로 수식 입력줄에 =E3*SQRT(8/(1−E3^2))을 입력하고 Enter를 친다. 「SQRT」는 양의 제곱근을 구하는 함수이다.

유의수준 $\alpha = 0.05$에서 임계값 $t_{0.025}(8)$을 구하기 위해서 수식 입력줄에 =T.INV.2T(0.05, 8)를 입력하고 Enter를 친다. 「T.INV.2T」는 t 분포의 역함수를 구하는 함수로 T.INV.2T(유의수준, 자유도)의 형태이다.

마지막으로 유의확률인 $p-$값을 구하기 위해서 수식 입력줄에 =T.DIST.2T(B5, 8, 2)를 입력하고 Enter를 친다. t분포값을 구하는 함수인 「T.DIST.2T」는 양측검정확률을 구한다.

결과는 아래와 같고, $p-$값이 매우 작아(< 0.05) "모상관계수가 0이다"는 귀무가설 $H_0: \rho_{xy} = 0$을 기각시킬 수 있다. 즉, 광고비와 판매액 사이에는 상관관계가 존재한다고 할 수 있다.

	A	B	C	D
1		광고비(x)	판매액(y)	
2	광고비(x)	1		
3	판매액(y)	0.965465061	1	
4				
5	검정통계량	10.48140604		
6	임계값	2.306004135		
7	p-값	5.96898E-06		

[실습 2] 단순회귀분석

① 〈예제 1〉에 주어진 자료를 워크시트에 입력한다.

	A	B	C	D
1		광고비(x)	판매액(y)	
2		13	30	
3		10	23	
4		9	23	
5		15	35	
6		11	29	
7		14	31	
8		12	27	
9		7	18	
10		8	19	
11		6	19	

② [데이터 분석]을 선택하고 대화상자가 나타나면 「회귀분석」을 선택하고 [확인]을 누른다.

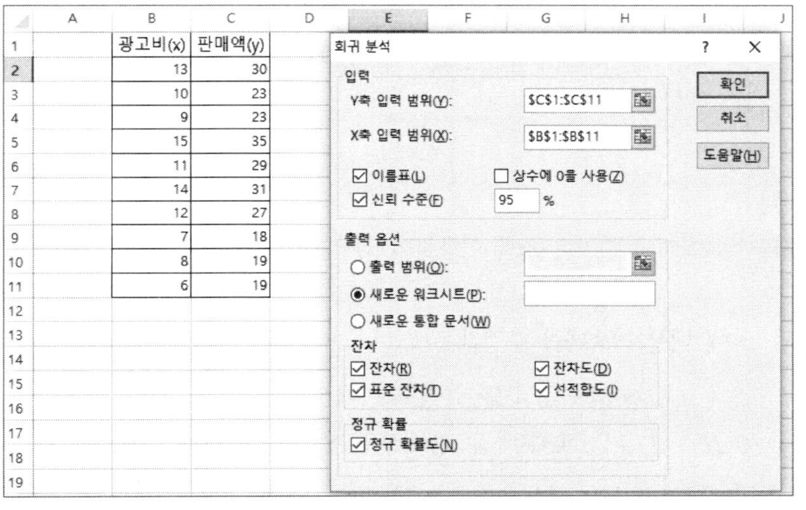

③ 「회귀분석」에 대한 대화상자를 살펴보면 다음과 같다. 우선 입력 칸에서 「Y축 입력범위」에 종속변수 y의 자료범위를, 「X축 입력범위」에 독립변수 x의 자료범위를 입력한다. 그리고 자료의 범위에 종속변수와 독립변수의 이름이 포함된 경우에는 「이름표」를 체크한다. 「상수에 0을 사용」은 회귀식에서 절편인 회귀계수 β_0를 0으로 하여 회귀식을 추정할 것인가를 묻는 것이고, 「신뢰수준」은 회귀계수에 대한 $100(1-\alpha)\%$ 신뢰구간을 구할 때 사용된다.

잔차 칸을 살펴보면 「잔차」는 종속변수 y의 추정값 $\hat{y}$과 잔차값 $e = y - \hat{y}$을 출력하고, 「잔차도」는 잔차 e와 독립변수 x와의 산점도를 출력하고, 「표준잔차」는 표준화된 잔차를 출력하고, 그리고 「선적합도」는 종속변수 y와 독립변수 x 그리고 추정값 $\hat{y}$와 독립변수 x에 대한 산점도를 같이 출력한다.

마지막으로 정규확률란에 「정규 확률도」는 종속변수 y가 정규분포를 따르는지를 판단할 수 있는 그림을 출력한다.

④ 앞에서 다룬 예제들을 중심으로 출력된 결과들을 부분별로 살펴보자.

1) 요약 출력과 분산분석

[회귀분석 통계량]

- 다중상관계수 : 종속변수 판매액과 독립변수 광고비에 대한 표본상관계수의 값이다. (예제 2)
- 결정계수 : 결정계수 R^2의 값이다. (예제 8)

[분산분석]

- 귀무가설 $H_0 : \beta_1 = 0$ 에 대한 검정통계량은 분산분석표에서 「F비」값이고, 「$p-$값」이 8.92×10^{-13}으로 매우 작아서 귀무가설 H_0을 기각할 수 있다. 즉, 회귀모형은 유의하다고 할 수 있다. (예제 7)

[회귀계수의 추론]

출력된 결과에서 제일 아래에 주어진 표를 이용하여 회귀계수의 추론에 대한 정보를 얻을 수 있다.

- 회귀계수 β_0와 β_1에 대한 최소제곱 추정값은 $b_0 = 5.8$과 $b_1 = 1.866667$이 되어 추정된 회귀직선 $\hat{y} = 5.8 + 1.866667x$를 구할 수 있다. (예제 4)
- 가설 $H_0 : \beta_0 = 0$ $H_1 : \beta_0 \neq 0$에 대한 검정통계량은 표 「Y절편」에서 「t통계량」값 2.991724이고, 「$p-$값」이 0.017288이므로 유의수준 5%에서 귀무가설을 기각할 수 있다. 또한 「하위 95%」와 「상위 95%」의 값 (1.32939, 10.27061)이 절편 β_0에 대한 95% 신뢰구간이 된다. 기울기 β_1에 대한 정보는 「광고비(X)」에 나와 있다. (예제 5)

	A	B	C	D	E	F	G	H	I
1	요약 출력								
2									
3	회귀분석 통계량								
4	다중 상관계수	0.9654651							
5	결정계수	0.9321228							
6	조정된 결정계수	0.9236381							
7	표준 오차	1.6176114							
8	관측수	10							
9									
10	분산 분석								
11		자유도	제곱합	제곱 평균	F 비	유의한 F			
12	회귀	1	287.46667	287.46667	109.8598726	5.96898E-06			
13	잔차	8	20.933333	2.6166667					
14	계	9	308.4						
15									
16		계수	표준 오차	t 통계량	P-값	하위 95%	상위 95%	하위 95.0%	상위 95.0%
17	Y 절편	5.8	1.9386812	2.9917245	0.017288423	1.329393104	10.270607	1.3293931	10.270607
18	광고비(x)	1.8666667	0.1780932	10.481406	5.96898E-06	1.455983116	2.2773502	1.4559831	2.2773502

2) 잔차 출력

추정된 회귀직선 $\hat{y} = 5.8 + 1.866667x$를 이용하여 판매액의 예측값과 잔차값 $e = y - \hat{y}$을 출력한다. (예제 4)

22	잔차 출력			
23				
24	관측수	예측치 판매액(y)	잔차	표준 잔차
25	1	30.06666667	-0.0666667	-0.043713
26	2	24.46666667	-1.4666667	-0.9616864
27	3	22.6	0.4	0.2622781
28	4	33.8	1.2	0.7868343
29	5	26.33333333	2.6666667	1.7485208
30	6	31.93333333	-0.9333333	-0.6119823
31	7	28.2	-1.2	-0.7868343
32	8	18.86666667	-0.8666667	-0.5682692
33	9	20.73333333	-1.7333333	-1.1365385
34	10	17	2	1.3113906

⑤ 출력된 선적합도 그림에 「추세선 추가」를 이용하여 추정된 회귀직선을 나타내었으며 가로축의 눈금을 조정한 그림은 아래와 같다.

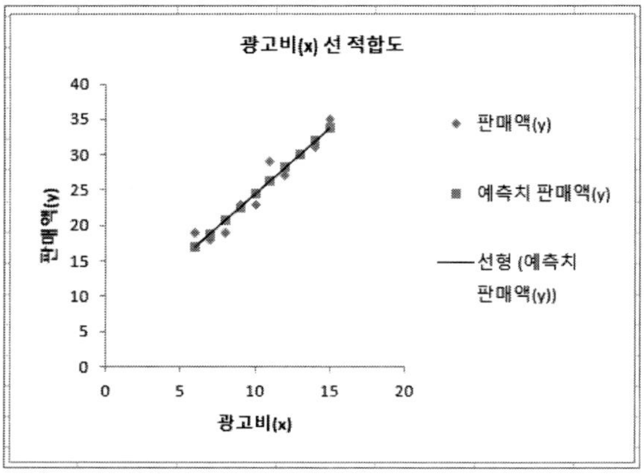

⑥ 이 밖에 옵션에 의해 출력되는 정규확률도표와 잔차그림은 [실습 3]에서 살펴보자.

[실습 3] 잔차분석

① 잔차분석을 하기 위해서 회귀분석 대화상자에서 잔차란과 정규확률란의 옵션을 선택한다.

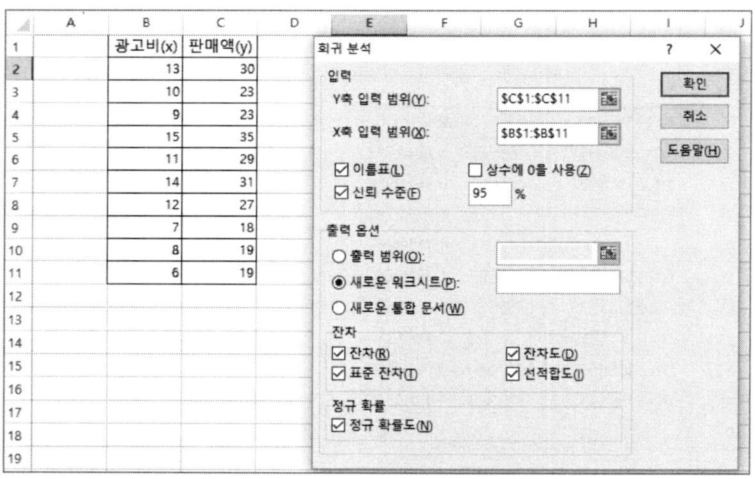

② 출력결과를 살펴보면 다음과 같다.

1) 잔차 그림

광고비(x)와 잔차에 대한 산점도는 다음과 같다. 잔차들이 0을 중심으로 랜덤하게 흩어져 있어 회귀함수의 선형성과 오차항의 등분산성을 만족하고 있다고 판단할 수 있다.

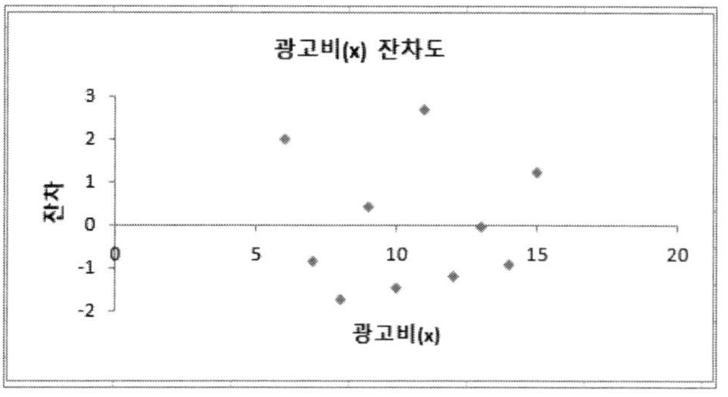

2) 표준화 잔차와 정규확률도

출력된 표준화 잔차들을 살펴보면 -1과 1 사이에 70%가 포함되는 것을 알 수 있다. 따라서 오차항의 정규성이 타당하다고 할 수 있다. 또한 판매액 (y)에 대한 정규확률도가 직선적인 형태이므로 종속변수 또는 오차항의 정규성에 대한 가정이 타당하다고 볼 수 있다.

22	잔차 출력			
23				
24	관측수	예측치 판매액(y)	잔차	표준 잔차
25	1	30.06666667	-0.0666667	-0.043713
26	2	24.46666667	-1.4666667	-0.9616864
27	3	22.6	0.4	0.2622781
28	4	33.8	1.2	0.7868343
29	5	26.33333333	2.6666667	1.7485208
30	6	31.93333333	-0.9333333	-0.6119823
31	7	28.2	-1.2	-0.7868343
32	8	18.86666667	-0.8666667	-0.5682692
33	9	20.73333333	-1.7333333	-1.1365385
34	10	17	2	1.3113906

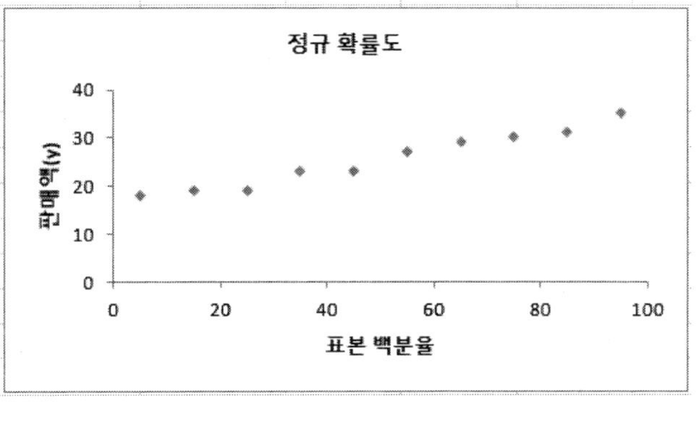

[실습 4] 중회귀계수의 추정

① 〈예제 10〉의 자료를 아래와 같이 워크시트에 입력시킨다.

	A	B	C	D	E	F
1		판매액(y)	상수	광고비(x1)	상점크기(x2)	
2		30	1	13	12	
3		23	1	10	8	
4		23	1	9	8	
5		35	1	15	14	
6		29	1	11	13	
7		31	1	14	10	
8		27	1	12	8	
9		18	1	7	7	
10		19	1	8	10	
11		19	1	6	9	
12						

② 행렬 $\boldsymbol{X}$의 잔차행렬 $\boldsymbol{X'}$을 구할 셀의 범위를 선택하고 「함수마법사」의 「찾기/참조 영역」에서 함수 「TRANSPOSE」를 사용하여 구할 수 있다. 「TRANSPOSE」 대화상자에서 「Array」에 행렬 $\boldsymbol{X}$의 범위를 지정한 후 [확인]을 누르면 선택된 범위의 첫 칸에만 값이 출력된다. 커서를 수식 입력줄에 놓고 클릭한 후에 Ctrl+Shift+Enter↵ 키를 동시에 누르면 선택한 영역 전체에 값이 출력된다.

C13 　 {=TRANSPOSE(C2:E11)}

	A	B	C	D	E	F	G	H	I	J	K	L
1		판매액(y)	상수	광고비(x1)	상점크기(x2)							
2		30	1	13	12							
3		23	1	10	8							
4		23	1	9	8							
5		35	1	15	14							
6		29	1	11	13							
7		31	1	14	10							
8		27	1	12	8							
9		18	1	7	7							
10		19	1	8	10							
11		19	1	6	9							
12												
13		X'=	1	1	1	1	1	1	1	1	1	1
14			13	10	9	15	11	14	12	7	8	6
15			12	8	8	14	13	10	8	7	10	9

③ 행렬의 곱 $\boldsymbol{X'X}$와 $\boldsymbol{X'y}$ 그리고 역행렬 $(\boldsymbol{X'X})^{-1}$는 「함수의 마법사」의 「수학/삼각」에서 「MMULT」 함수와 「MINVERSE」 함수를 사용하여 구할 수 있다. 「MMULT」 함수의 대화상자가 나오면 「Array1」에 행렬의 곱에서 앞에 있는 행렬의 범위를 그리고 「Array2」에 뒤에 있는 행렬의 범위를 입력한다. 또한 역행렬을 구하는 함수인 「MINVERSE」의 경우에도 대화상자가

나오면 「Array」에 역행렬을 구하고자 하는 행렬의 범위를 입력한다. 그리고 결과를 얻기 위한 나머지 과정은 ②에서 설명한 과정과 같다. 결과는 아래와 같다. 따라서 추정된 회귀식

$$\hat{y} = 3.076788 + 1.584955\, x_1 + 0.573857\, x_2$$

을 얻을 수 있다.

	A	B	C	D	E	F	G	H	I	J	K	L
1		판매액(y)	상수	광고비(x1)	상점크기(x2)							
2		30	1	13	12							
3		23	1	10	8							
4		23	1	9	8							
5		35	1	15	14							
6		29	1	11	13							
7		31	1	14	10							
8		27	1	12	8							
9		18	1	7	7							
10		19	1	8	10							
11		19	1	6	9							
12												
13		X'=	1	1	1	1	1	1	1	1	1	1
14			13	10	9	15	11	14	12	7	8	6
15			12	8	8	14	13	10	8	7	10	9
16												
17		X'X=	10	105	99							
18			105	1185	1080							
19			99	1080	1031							
20												
21		(X'X)^-1=	2.162368	-0.05217	-0.152989449							
22			-0.05217	0.019891	-0.015826495							
23			-0.15299	-0.01583	0.032239156							
24												
25		X'y=	254									
26			2821									
27			2608									
28												
29		B=(X'X)^-1X'y=	3.076788									
30			1.584955									
31			0.573857									

[실습 5] 중회귀분석

① 〈예제 10〉에 주어진 자료를 워크시트에 입력한다.

	A	B	C	D	E
1		판매액(y)	광고비(x1)	상점크기(x2)	
2		30	13	12	
3		23	10	8	
4		23	9	8	
5		35	15	14	
6		29	11	13	
7		31	14	10	
8		27	12	8	
9		18	7	7	
10		19	8	10	
11		19	6	9	

단순회귀분석과 마찬가지로 [데이터 분석]을 선택하고 대화상자 나타나면 「회귀분석」을 선택하고 [확인]을 누른다. 「회귀분석」 대화상자의 의미는 단순회귀분석 경우와 같다. 단, 「X축 입력범위」에 모든 독립변수들의 범위를 입력시킨다.

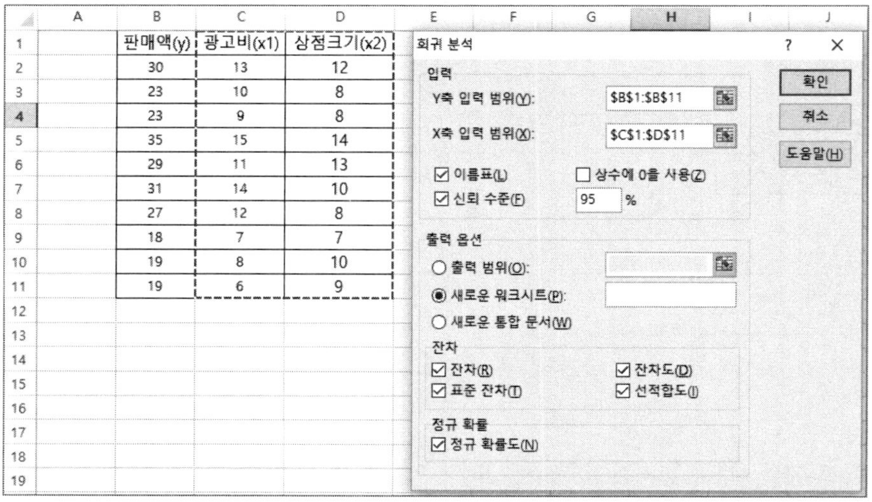

② 출력 결과는 아래와 같으며, 출력 결과를 부분적으로 살펴보면 다음과 같다.

1) 요약 출력

요약 출력으로부터 결정계수 R^2의 값은 $R^2 = 0.965244$이고 수정된 결정계수 R_a^2의 값은 $R_a^2 = 0.955314$라는 것을 알 수 있다. 따라서 독립변수 광고비와 상점의 크기를 이용하여 판매액 총변동의 약 96%를 설명할 수 있다.

1	요약 출력	
2		
3	회귀분석 통계량	
4	다중 상관계수	0.982468438
5	결정계수	0.965244231
6	조정된 결정계수	0.955314011
7	표준 오차	1.237432779
8	관측수	10
9		

2) 분산분석표

분산분석표를 통해서 중회귀선의 유의성 검정에 대한 귀무가설

$$H_0 : \beta_1 = \beta_2 = 0$$

을 검정하기 위한 검정통계량의 값은 $F_0 = 97.20271$이며 유의확률인 $P-$값이

7.83×10^{-6}으로 매우 작아서 "모든 회귀계수가 0이다"라는 귀무가설 H_0을 기각할 수 있다. 또한 오차항의 분산 σ^2의 추정량은 $\widehat{\sigma^2} = MSE = 1.53124$가 된다.

회귀계수에 대한 추론을 살펴보면 다음과 같다. 회귀계수 β_0, β_1, 그리고 β_2에 대한 추정값은 $b_0 = 3.076788$, $b_1 = 1.584955$, 그리고 $b_2 = 0.573857$이므로 가정된 중회귀모형에 대한 추정된 회귀식은

$$\hat{y} = 3.076788 + 1.584955\,x_1 + 0.573857\,x_2$$

이 된다.

[회귀계수 β_0에 대한 추론]

가설 $H_0: \beta_0 = 0$ 대 $H_1: \beta_0 \neq 0$에 대한 검정통계량은 $t_0 = 1.690873$이고, 유의확률인 「P－값」이 0.134704로 유의수준 $\alpha = 0.01$ 또는 $\alpha = 0.05$보다 크므로 귀무가설 H_0을 기각할 수 없다. 즉 절편이 없는 모형을 고려해볼 필요가 있다. 또한 회귀계수 β_0에 대한 95% 신뢰구간은 (－1.22598, 7.379559)가 된다.

[회귀계수 β_1에 대한 추론]

가설 $H_0: \beta_1 = 0$ 대 $H_1: \beta_1 \neq 0$에 대한 검정통계량은 $t_0 = 9.081793$이고, 유의확률인 「$P-$값」이 4.02×10^{-5}으로 매우 작아서 귀무가설 H_0을 기각할 수 있다. 그리고 회귀계수 β_1에 대한 95% 신뢰구간은 (1.172281, 1.997629)가 된다.

[회귀계수 β_2에 대한 추론]

가설 $H_0: \beta_2 = 0$ 대 $H_1: \beta_1 \neq 0$에 대한 검정통계량은 $t_0 = 2.582797$이고, 유의확률인 「$P-$값」이 0.036324로 유의수준 $\alpha = 0.05$에서는 귀무가설 H_0을 기각할 수 있으나 유의수준 $\alpha = 0.01$에서는 귀무가설 H_0을 기각할 수 없다. 그리고 회귀계수 β_2에 대한 95% 신뢰구간은 (0.048475, 1.099239)가 된다.

10	분산 분석								
11		자유도	제곱합	제곱 평균	F 비	유의한 F			
12	회귀	2	297.68132	148.84066	97.20270625	7.82698E-06			
13	잔차	7	10.718679	1.5312399					
14	계	9	308.4						
15									
16		계수	표준 오차	t 통계량	P-값	하위 95%	상위 95%	하위 95.0%	상위 95.0%
17	Y 절편	3.076787808	1.819644	1.6908735	0.134703571	-1.225986528	7.3795621	-1.2259865	7.3795621
18	광고비(x1)	1.584955061	0.1745201	9.0817928	4.02178E-05	1.172280684	1.9976294	1.1722807	1.9976294
19	상점크기(x2)	0.573856975	0.2221843	2.5827967	0.03632398	0.048474495	1.0992395	0.0484745	1.0992395
20									

3) 예측값과 잔차

추정된 회귀식 $\hat{y} = 3.076788 + 1.584955x_1 + 0.573857x_2$을 이용한 예측값과 잔차값 $e = y - \hat{y}$은 아래와 같다.

23	잔차 출력			
24				
25	관측수	예측치 판매액(y)	잔차	표준 잔차
26	1	30.5674873	-0.5674873	-0.5200041
27	2	23.51719422	-0.5171942	-0.4739192
28	3	21.93223916	1.0677608	0.9784184
29	4	34.88511137	0.1148886	0.1052756
30	5	27.97143415	1.0285658	0.9425029
31	6	31.00472841	-0.0047284	-0.0043328
32	7	26.68710434	0.3128957	0.2867148
33	8	18.18847206	-0.1884721	-0.1727021
34	9	21.49499805	-2.494998	-2.2862348
35	10	17.75123095	1.2487691	1.1442812

연습문제

01 **다음은 8주 동안 시간당 평균온도(단위 : °F)에 따른 석탄 소비량(단위 : 톤)에 대한 자료이다.**

시간당 평균온도	28.0	28.0	32.5	39.0	45.9	57.8	58.1	62.5
석탄의 소비량	12.4	11.7	12.4	10.8	9.4	9.5	8.0	7.5

1) 주어진 자료에 대한 산점도를 작성하시오.
2) 표본상관계수를 구하고 모상관계수가 0인지를 검정하시오.
3) 단순회귀 모형 $y = \beta_0 + \beta_1 x + \epsilon$ (단, y =석탄 소비량, 그리고 x =시간당 평균온도)을 가정하여 추정된 회귀식을 구하고 그 결과를 산점도 위에 작성하시오.
4) 시간당 평균온도가 32.5일 때 석탄 소비량을 추정하시오.
5) 잔차 $e_i = y_i - \hat{y_i}$에 대한 관측값 y_i의 산점도를 그리고 가정된 모형의 타당성을 검토하시오.

02 **다음 자료는 제조된 벨트에 충격을 가한 후 벨트의 수명에 관한 자료이다. 충격을 독립변수 x, 그리고 수명을 종속변수 y로 하고 단순회귀모형 $y = \beta_0 + \beta_1 x + \epsilon$을 가정하여 답하시오.**

충격	61	72	85	84	98	53	54	89
수명	18.0	17.4	14.5	14.0	13.4	24.4	22.7	12.7

1) 추정된 회귀식을 구하시오.
2) 회귀계수 β_0와 β_1에 대한 95% 신뢰구간을 구하시오.
3) $H_0 : \beta_0 = 0 \ H_1 : \beta_0 \neq 0$을 유의수준 $\alpha = 0.05$로 검정하시오.
4) $H_0 : \beta_1 = 0 \ H_1 : \beta_1 \neq 0$을 t 분포를 사용하여 유의수준 $\alpha = 0.05$로 검정하시오.
5) 분산분석표를 작성하시오.
6) 분산분석표를 이용하여 $H_0 : \beta_1 = 0$ 대 $H_1 : \beta_1 \neq 0$을 유의수준$\alpha = 0.05$로 검정하고 그 결과를 2)와 비교하시오.
7) 결정계수 R^2의 값을 구하시오.
8) 오차항의 분산 σ^2의 추정값을 구하시오.
9) 충격이 98일 때 수명의 예측값을 구하고 평균수명 $E(y|x = 98)$에 대한 95% 신뢰구간을 구하시오.

03 **다음은 연습문제 [1]과 관련된 자료로 석탄 소비량(y)에 영향을 미치는 독립변수로 시간당 평균온도(x_1) 외에 한랭지수(x_2)를 포함한 자료이다.**

시간당 평균온도	28.0	28.0	32.5	39.0	45.9	57.8	58.1	62.5
한랭지수	18.0	14.0	24.0	22.0	8.0	16.0	1.0	0.0
석탄의 소비량	12.4	11.7	12.4	10.8	9.4	9.5	8.0	7.5

1) 시간당 평균온도(x_1)와 한랭지수(x_2)에 대한 석탄 소비량(y)의 산점도를 각각 작성하시오.

2) 중회귀모형 $y = \beta_0 + \beta_1 x_1 + \beta_2 x_2 + \epsilon$을 가정하고 추정된 회귀식을 구하시오.

3) 분산분석표를 작성하고 중회귀모형의 유의성에 대하여 검정하시오.

4) 결정계수 R^2과 수정된 결정계수 R_a^2의 값을 구하고 의미를 설명하시오.

04 **다음 자료는 통조림 제조공장에서 가열시간(단위 : 분)과 박테리아 수를 조사한 것이다.**

가열시간	1	2	3	4	5	6	7	8	9	10
박테리아 수	170	106	92	80	69	47	45	30	28	18

1) 산점도를 그려서 독립변수를 가열시간, 그리고 종속변수를 박테리아 수로하는 단순회귀모형의 적합성을 검토하시오.

2) 단순회귀모형을 적합시키고 분산분석을 작성하시오.

3) 결정계수 R^2의 값을 구하시오.

4) 단순회귀모형을 적합시켜 구한 잔차들의 산점도를 작성하고 모형의 선형성을 검토하시오.

5) 잔차에 대한 정규확률도를 그려보고 오차항의 정규성을 검토하시오.

05 **어린이들의 체중(단위 : 파운드)이 신장(단위 : 인치)과 연령(단위 : 년)에 따라 어떻게 영향을 받는지를 연구하기 위해서 12명의 어린이로부터 다음과 같은 자료를 얻었다(단, 체중$=y$, 신장$=x_1$, 연령$=x_2$).**

체중	64	71	53	67	55	58	77	57	56	51	76	68
신장	57	59	49	62	51	50	55	48	42	42	61	57
연령	8	10	6	11	8	7	10	9	10	6	12	9

1) 신장에 대한 체중, 그리고 연령에 대한 체중의 산점도를 작성하고 각각의 표본상관계수 $r_{x_1 y}$와 $r_{x_2 y}$를 구하시오.

2) 단순회귀모형 $y = \beta_0 + \beta_1 x_1 + \epsilon$을 가정하여 추정된 회귀식을 구하고 잔차의 제곱합을 구하시오.

3) 단순회귀모형 $y = \beta_0 + \beta_2 x_2 + \epsilon$을 가정하여 추정된 회귀식을 구하고 잔차의 제곱합을 구하시오.
4) 중회귀모형 $y = \beta_0 + \beta_1 x_1 + \beta_2 x_2 + \epsilon$을 가정하여 추정된 회귀식을 구하고 잔차의 제곱합을 구하시오.
5) 위 3개 모형의 제곱합을 비교하고 그 결과에 대해 논의하시오.

06 **시중에서 판매되고 있는 대표적인 차종 중 8가지 모델에 대해 엔진의 크기(cid)와 연비(mpg)를 비교한 자료는 다음과 같다.**

차종	엔진의 크기	연비
A	121	30
B	120	31
C	97	34
D	98	27
E	122	29
F	97	34
G	85	38
H	122	32

1) 단순회귀모형 $y = \beta_0 + \beta_1 x + \epsilon$ (단, $y =$ 연비, 그리고 $x =$ 엔진의 크기)을 가정하여 추정된 회귀식을 구하고 그 결과를 산점도 위에 작성하시오.
2) 추정된 회귀식을 사용하여 연비와 엔진크기의 관계를 설명하시오.

07 **다음과 같은 변환된 자료에 대하여 답하시오.**

y	14	17	18	12	14	16
x_1	2	2	4	2	2	4
x_2	1	1	1	-1	-1	-1
x_3	0	-1	1	0	-1	-1

1) 절편이 없는 중회귀모형 $y = \beta_1 x_1 + \beta_2 x_2 + \beta_3 x_3 + \epsilon$을 가정하고 추정된 회귀식을 구하시오.
2) 절편이 있는 중회귀모형 $y = \beta_0 + \beta_1 x_1 + \beta_2 x_2 + \beta_3 x_3 + \epsilon$을 가정하고 추정된 회귀식을 구하고, 1)의 결과와 비교하시오.

제14장

분산분석

제14장 분산분석

14.1 서론

11장에서 두 개 집단의 평균을 비교하는 방법에 대해 알아보았다. 비교하고자 하는 집단이 셋 이상일 때 이용되는 방법이 영국의 통계학자 R. A. Fisher에 의해 고안된 분산분석(Analysis of Variance : ANOVA)이다. 분산분석은 자료집단에 존재하는 변동의 총 제곱합을 실험과 관련된 인자(factor)의 제곱합으로 분해하여 오차의 제곱합에 비해 특히 큰 영향을 주는 인자를 찾아내는 방법이다. 실험과 관련된 인자가 하나인 경우의 분산분석을 일원분산분석(one-way ANOVA)이라 하고, 인자가 두 개인 경우에는 이원분산분석(two-way ANOVA)이라 한다.

분산분석의 용어로는 인자와 인자 수준(factor level) 또는 처리(treatment)가 있다. 인자란 어떤 실험에 영향을 미치는 요인을 말하며, 인자 수준 또는 처리는 인자가 취하는 값들로서 양적인 단계를 나타낼 수도 있고, 질적인 종류를 나타내기도 한다. 예를 들어 원사 생산 공정에서 온도(60℃, 65℃, 70℃, 75℃)가 생산되는 원사 제품의 강도에 영향을 주는 것으로 생각된다. 따라서 온도의 변화에 따라 강도가 어떻게 변하고, 어떤 온도의 수준에서 가장 높은 강도를 갖는가를 알기 위해서 실험을 한다고 하자. 이 실험에 영향을 주는 요인으로 인자는 온도가 되며 인자 수준은 네 개의 온도 60℃, 65℃, 70℃, 75℃가 된다.

14.2 일원분산분석

인자가 하나이고 k개의 수준, A_1, A_2, $\cdots$, A_k을 가지고 있는 경우에 이 k개의 수준 사이에 차이가 있는지를 분석하는 방법이 일원분산분석이다. 각 수준에서 반복 측정된 관측값들의 개수가 모두 다른 경우에 일원분산분석의 자료구조는 〈표 14.1〉과 같다.

표 14.1 ▌ 일원분산분석의 자료구조

	인자의 수준			
	A_1	A_2	$\cdots$	A_k
반복 측정된 관측값	y_{11}	y_{21}	$\cdots$	y_{k1}
	y_{12}	y_{22}	$\cdots$	y_{k2}
	$\vdots$	$\vdots$	$\vdots$	$\vdots$
	y_{1n_1}	y_{2n_2}	$\cdots$	y_{kn_k}
크기	n_1	n_2	$\cdots$	n_k
평균	$\overline{y_{1.}}$	$\overline{y_{2.}}$	$\cdots$	$\overline{y_{k.}}$

<표 14.1>로부터 각 수준에서 관측값의 평균과 전체 관측값의 평균(총평균)은 각각 다음과 같이 정의된다.

$$\overline{y_{i.}} = \frac{1}{n_i}\sum_{j=1}^{n_i} y_{ij}\,,\ \overline{y_{..}} = \frac{1}{N}\sum_{i=1}^{k}\sum_{j=1}^{n_i} y_{ij}\,,\quad N = \sum_{i=1}^{k} n_i$$

일원분산분석에서 관측값을 나타내는 통계적 모형은 다음과 같다.

$$y_{ij} = \mu_i + \epsilon_{ij}\,,\ i = 1,\ 2,\ \cdots,\ k,\ \ j = 1,\ 2,\ \cdots,\ n_i$$

여기서 y_{ij}는 i번째 수준에서 관측된 j번째 관측값이고, μ_i는 i 번째 수준에서의 모평균이다. ϵ_{ij}는 오차항으로 서로 독립이며 평균이 0이고 분산이 σ^2인 정규분포를 따른다고 가정한다. k개의 수준 사이에 평균 차이가 있는지를 검정하기 위한 귀무가설 H_0과 대립가설 H_1은 다음과 같다.

$$H_0 : \mu_1 = \mu_2 = \cdots = \mu_k$$

H_1 : 적어도 한 μ_i는 같지 않다.

이 가설을 검정하기 위한 검정통계량을 구하기 위해서 총변동을 인자 수준 간에 발생하는 변동과 오차에 의해서 발생하는 변동으로 분해하면

$$y_{ij} - \overline{y_{..}} = (\overline{y_{i.}} - \overline{y_{..}}) + (y_{ij} - \overline{y_{i.}})$$

이 된다. 위 식의 양변을 제곱하여 모든 i 와 j 에 대하여 더하여 정리하면

$$\sum_{i=1}^{k}\sum_{j=1}^{n_i}(y_{ij}-\overline{y_{..}})^2=\sum_{i=1}^{k}n_i(\overline{y_{i.}}-\overline{y_{..}})^2+\sum_{i=1}^{k}\sum_{j=1}^{n_i}(y_{ij}-\overline{y_{i.}})^2$$

과 같은 제곱합의 얻을 수 있다. 따라서 제곱합의 분해를

$$SST=SS_{trt}+SSE$$

로 나타낼 수 있다. 여기서

$SST=\sum_{i=1}^{k}\sum_{j=1}^{n_i}(y_{ij}-\overline{y_{..}})^2$ 는 총제곱합(total sum of squares : SST),

$SS_{trt}=\sum_{i=1}^{k}n_i(\overline{y_{i.}}-\overline{y_{..}})^2$ 는 처리제곱합(treatment sum of squares : SS_{trt}),

$SSE=\sum_{i=1}^{k}\sum_{j=1}^{n_i}(y_{ij}-\overline{y_{i.}})^2$ 는 오차제곱합(error sum of squares : SSE)

이라고 한다.

변동의 분해를 통해서 k개 인자 수준의 모평균이 모두 같다면 총제곱합 중에서 처리제곱합이 오차제곱합보다 상대적으로 작아지지만 모평균의 차이가 크다면 처리제곱합이 상대적으로 커진다. 따라서 처리제곱합이 오차제곱합에 비해 충분히 크다면 모든 인자 수준의 모평균이 같다는 귀무가설 H_0을 채택할 수 없을 것이다.

분산분석은 변동의 제곱합을 직접 사용하지 않고 제곱합을 자유도로 나눈 평균제곱(mean square)을 사용한다. 총제곱합, 처리제곱합, 그리고 오차제곱합의 자유도는 각각 $N-1$, $k-1$, 그리고 $N-k$이다. 따라서 처리와 오차에 대한 평균제곱은

$$MS_{trt}=\frac{SS_{trt}}{k-1}$$

$$MSE=\frac{SSE}{N-k}$$

가 된다. 이들의 비 $MS_{trt}\,/\,MSE$가 크다면 귀무가설 H_0을 채택할 수 없다. 귀무가설 H_0하에서

$$F_0=\frac{MS_{trt}}{MSE}$$

은 자유도가 $(k-1,\,N-k)$인 F분포를 따른다. 이것을 이용하면 유의수준 α에서 귀무가설 H_0를 검정하기 위한 기각역은

$$F_0 > F_\alpha(k-1,\ N-k)$$

이 된다. 즉, 검정통계량 F_0이 기각값보다 크면 귀무가설 H_0를 기각할 수 있다. 분산분석에 필요한 제곱합, 자유도, 평균제곱, 그리고 검정통계량 F_0을 표로 정리한 것을 분산분석표(ANOVA table)라 하며 〈표 14.2〉와 같다.

표 14.2 ▌일원분산분석표

요인	제곱합	자유도	평균제곱	F_0
처리	SS_{trt}	$k-1$	MS_{trt}	$MS_{trt}\ /\ MSE$
오차	SSE	$N-k$	MSE	
계	SSE	$N-1$		

예제 1

혈청 콜레스테롤을 감소시키기 위한 네 종류의 식이요법의 효과를 비교하기 위해서 실험을 하였다. 20명의 남자를 확률적으로 각 식이요법에 할당하고 3개월 후에 그들의 혈청 콜레스테롤을 측정하여 다음과 같은 자료를 얻었다. 네 종류 식이요법의 효과가 다르다고 할 수 있는가? 분산분석표를 작성하고 유의수준 5%에서 검정하시오.

	식이요법1	식이요법2	식이요법3	식이요법4	
	225	225	185	265	
	265	230	220	265	
	225	215	250	285	
	240	210	200	235	
	245	220		250	
	240				
크기	$n_1 = 6$	$n_2 = 5$	$n_3 = 4$	$n_4 = 5$	
평균	$\overline{y_{1.}} = 240$	$\overline{y_{2.}} = 220$	$\overline{y_{3.}} = 213.75$	$\overline{y_{4.}} = 260$	$\overline{y_{..}} = 234.75$

풀이》 관측값의 통계적 모형은 다음과 같다.

$$y_{ij} = \mu_i + \epsilon_{ij},\ i = 1, 2, 3, 4,\ j = 1, 2, \cdots, n_i$$

여기서 μ_i 는 식이요법 i 의 모평균이다. 따라서 식이요법들이 차가 있는가를 검정하기 위하여 다음과 같은 가설을 고려할 수 있다.

$$H_0 : \mu_1 = \mu_2 = \mu_3 = \mu_4$$
$$H_1 : \text{적어도 한 } \mu_i \text{ 는 같지 않다.}$$

주어진 자료로부터 다음과 같은 제곱합을 구하여 〈표 14.2〉와 같은 분산분석표를 작성할 수 있다.

$$N = 6 + 5 + 4 + 5 = 20$$

$$SST = \sum_{i=1}^{4}\sum_{j=1}^{n_i}(y_{ij} - \overline{y_{..}})^2$$

$$= (225 - 234.75)^2 + \cdots + (250 - 234.75)^2$$

$$= 11323.75$$

$$SS_{trt} = \sum_{i=1}^{4} n_i(\overline{y_{i.}} - \overline{y_{..}})^2$$
$$= 6(240 - 234.75)^2 + 5(220 - 234.75)^2$$
$$+ 4(213.75 - 234.75)^2 + 5(260 - 234.75)^2$$
$$= 6205$$
$$SSE = SST - SS_{trt} = 11323.75 - 6205 = 5118.75$$

〈일원분산분석표〉

요인	제곱합	자유도	평균제곱	F_0
처리	6205.00	3	2068.33	6.47
오차	5118.75	16	319.92	
계	11323.75	19		

유의수준 $\alpha = 0.05$에서 기각값은 $F_{0.05}(3, 16) = 3.24$이다. 따라서 $F_0 = 6.47 > F_{0.05}(3, 16)$가 되어 유의수준 5%하에서 귀무가설을 채택할 수 없다. 즉, 유의수준 5%에서 혈청 콜레스테롤을 감소시키기 위한 식이요법의 효과가 모두 같다고 말할 수 없다.

14.3 일원분산분석 모형의 재표현

일원분산분석 모형은 모수의 정의에 따라 여러 가지 형태로 표현될 수 있다. 본 절에서는 cell mean 모형, grand mean 모형, 그리고 회귀식 형태의 모형을 소개하겠다.

14.2절에서 소개된 일원분산분석 모형은 흔히 cell mean 모형이라고 불린다.

$$\text{Cell mean 모형} : y_{ij} = \mu_i + \epsilon_{ij},\ i = 1,\ 2,\ \cdots,\ k\ \ j = 1,\ 2,\ \cdots,\ n_i$$

여기에서 μ_i는 i번째 수준에서 모평균을 의미한다. 모수 μ_i는 각 인자수준 관측치 평균을 구하여 다음과 같이 추정한다.

$$\hat{\mu_i} = \frac{\sum_{j=1}^{n_i} y_{ij}}{n_i}$$

Grand mean 모형은 cell mean 모형과 비슷하지만 모수의 의미가 약간 다르다.

$$\text{Grand mean 모형} : y_{ij} = \mu + \alpha_i + \epsilon_{ij},\ i = 1,\ 2, \cdots,\ k,\ j = 1,\ 2,\ \cdots,\ n_i$$

Grand mean 모형에서 μ는 전체 모평균을 의미하고 α_i는 각 인자수준 i의 평균이 전체 모평균과 얼마나 다른지를 나타내는 값이다. 즉, i번째 수준의 모평균은 $\mu + \alpha_i$로 대체할 수 있다. Grand mean 모형은 cell mean 모형보다 다소 복잡해 보이지만 두 개 이상의 요인이 존재하는 경우 편리하게 사용될 수 있다. Grand mean 모형이 본 교과서의 14.5절에서 두 개의 요인을 가진 경우를 설명하기 위하여 사용되고 있다.

통계학을 배우게 되면 SAS, SPSS 등과 같은 여러 가지 소프트웨어를 접하게 된다. 이런 소프트웨어에서는 위에서 설명된 cell mean 모형이나 grand mean 모형을 그대로 사용하는 것이 아니라 회귀모형의 형태로 변환시켜 추정 및 기타 통계량 계산을 실행하게 된다. k개 수준을 가진 일원분산분석 모형을 재표현하는 회귀식은 흔히 다음과 같은 $(k-1)$개의 가변수 x_{ij}를 가진다.

$$\text{일원분산분석 회귀모형} : y_{ij} = \beta_0 + \beta_1 x_{1i} + \beta_2 x_{2i} + \ \cdots\ + \beta_{k-1} x_{(k-1)i} + \epsilon_{ij},$$

여기서 $i = 1,\ 2,\ \cdots,\ k,\ j = 1,\ 2,\ \cdots,\ n_i,$

$$x_{1i}=\begin{cases}1, & \text{if} \quad i=1 \\ 0, & \text{if} \quad i\neq 1\end{cases},\ x_{2i}=\begin{cases}1, & \text{if} \quad i=2 \\ 0, & \text{if} \quad i\neq 2\end{cases},\ \cdots,$$

$$x_{(k-1)i}=\begin{cases}1, & \text{if} \quad i=k-1 \\ 0, & \text{if} \quad i\neq k-1\end{cases}.$$

첫 번째 가변수 x_{1i}는 관측치가 첫 번째 수준에 속하는 경우($i=1$) 1을 가지고 나머지 경우에는 0을 가진다. 비슷한 방식으로 $(k-1)$개의 가변수 $x_{1i},\ x_{2i},\ \cdots,\ x_{(k-1)i}$를 생성한다. 가변수는 관측치가 어떠한 수준에 속하는지를 나타내는 표시자 역할을 한다. 예를 들어 관측치가 첫 번째 수준에 속하는 경우 $(x_{1i},\ x_{2i},\cdots,\ x_{(k-1)i})=(1,\ 0,\cdots,\ 0)$이고, 관측치가 두 번째 수준에 속하는 경우 $(x_{1i},\ x_{2i},\cdots,\ x_{(k-1)i})=(0,\ 1,\cdots,0)$이고, 마지막 범주 k에 속하는 경우 $(x_{1i},\ x_{2i},\ \cdots,\ x_{(k-1)i})=(0,\ 0,\cdots,\ 0)$이다. 이를 바탕으로 다중회귀모형을 꾸민 것이 일원분산분석 회귀모형이다. Cell mean 모형에서의 첫 번째 수준 모평균 μ_i는 일원분산분석 회귀모형에서는 다음과 같이 표현된다.

$$\begin{aligned}\mu_1&=\beta_0+\beta_1X_{1i}+\beta_2X_{2i}+\cdots+\beta_{k-1}X_{(k-1)i}\\&=\beta_0+\beta_1\times 1+\beta_2\times 0+\cdots+\beta_{k-1}\times 0\\&=\beta_0+\beta_1\end{aligned}$$

비슷한 방식으로 다음과 같이 각 범주의 평균을 구할 수 있다.

$$\mu_2=\beta_0+\beta_2,\ \mu_3=\beta_0+\beta_3,\ \cdots,\ \mu_{(k-1)}=\beta_0+\beta_{(k-1)},\ \mu_k=\beta_0.$$

예제 2

〈예제 1〉의 자료에 맞게 가변수를 이용한 일원분산분석 회귀모형을 서술하고 모형을 추정하시오.

풀이 일원분산분석 회귀모형 : $y_{ij}=\beta_0+\beta_1x_{1i}+\beta_2x_{2i}+\beta_3x_{3i}+\epsilon_{ij}$,

여기서 $i=1,\ 2,\ 3,\ 4,\ j=1,\ 2,\ \cdots,\ n_i$,

$$x_{1i}=\begin{cases}1, & \text{if} \quad i=1 \\ 0, & \text{if} \quad i\neq 1\end{cases},$$

$$x_{2i}=\begin{cases}1, & \text{if} \quad i=2 \\ 0, & \text{if} \quad i\neq 2\end{cases},\ x_{3i}=\begin{cases}1, & \text{if} \quad i=3 \\ 0, & \text{if} \quad i\neq 3\end{cases}.$$

〈회귀분산분석표〉

	자유도	제곱합	제곱 평균	F_0	P-값	$F_\alpha(k-1,N-k)$
회귀	3	6205	2068.33	6.47	0.004	3.24
잔차	16	5118.75	319.92			
계	19	11323.75				

〈회귀분석의 추정치〉

	계수	표준 오차	t통계량	P-값	하위 95%	상위 95%	하위 95.0%	상위 95.0%
절편	260.00	7.99	32.50	4.85×10^{-16}	243.04	276.96	243.04	276.96
x_1	−20.00	10.83	−1.85	0.083	−42.96	2.96	−42.96	2.96
x_2	−40.00	11.31	−3.54	0.003	−63.98	−16.02	−63.98	−16.02
x_3	−46.25	11.99	−3.85	0.001	−71.69	−20.81	−71.69	−20.81

위의 표를 이용하여 추정된 회귀식은 다음과 같다.

$$\widehat{y_{ij}} = 260 - 20x_{1i} - 40x_{2i} - 46.25x_{3i}$$

예제 3

〈예제 1〉에서 서술된 각 식이요법의 평균 혈청 콜레스테롤 양을 회귀분석 결과를 바탕으로 추정하시오.

풀이 〈예제 2〉에서 구한 추정된 회귀식 : $\widehat{y_{ij}} = 260 - 20x_{1i} - 40x_{2i} - 46.25x_{3i}$

식이요법1의 평균 혈청 콜레스테롤 양은 추정된 회귀식에 $x_{1i}=1$, $x_{2i}=0$, $x_{3i}=0$을 대입하여 얻은 결과값이다.

$$\widehat{y_{1.}} = 260 - 20(1) - 40(0) - 46.25(0)$$

따라서 식이요법1의 평균 혈청 콜레스테롤 양은 240이다. 또한 식이요법2의 평균 혈청 콜레스테롤 양은 추정된 회귀식에 $x_{1i}=0$, $x_{2i}=1$, $x_{3i}=0$을 대입하여 얻은 값으로 220이다. 비슷한 방식으로 식이요법3과 식이요법4의 평균 혈청 콜레스테롤 양은 각각 213.75와 260이다.

14.4 다중비교

일원분산분석 결과 귀무가설 $H_0 : \mu_1 = \mu_2 = \cdots = \mu_k$이 기각되었을 때 어느 평균들이 다른가를 구체적으로 알 수가 없다. 따라서 분산분석을 한 후 귀무가설 H_0이 기각되면 모든 가능한 모평균들의 쌍에 대하여 검정하여 그중 어느 것이 기각되었는지를 알아보는 방법이 다중비교검정(multiple comparison test)이다. 여러 가지 다중비교 방법이 제안되었으나 여기서는 Bonferroni 방법에 대해서만 살펴보기로 한다.

Bonferroni 방법은 분산분석과 같은 가정을 가지며, 만약 k개의 처리가 있는 경우에는 $m = \binom{k}{2} = \frac{k(k-1)}{2}$개의 평균들의 쌍에 대하여 검정해야 한다. 〈예제 14.1〉의 경우에는 $k = 4$이므로, 모두 6개의 쌍, $H_0 : \mu_i = \mu_j$ 대 $H_1 : \mu_i \neq {}_j$ $(i < j\ ;\ i, j = 1, 2, 3, 4)$에 대해 t 검정을 하여야 한다. 전체 유의수준을 α로 만들기 위해서 각 쌍에 대한 검정의 유의수준을 $\alpha^* = \alpha / m$로 조정해야 한다. 이러한 방법을 Bonferroni 방법이라 한다.

가설 $H_0 : \mu_i = \mu_j$ 대 $H_1 : \mu_i \neq \mu_j\ (i < j\ ;\ i, j = 1, 2, 3, 4)$을 검정하기 위한 검정통계량은

$$t = \frac{\overline{y_{i.}} - \overline{y_{j.}}}{\sqrt{MSE\left(\frac{1}{n_i} + \frac{1}{n_j}\right)}}$$

이 되며, 귀무가설 H_0하에서 자유도가 $N-k$인 t 분포를 따른다는 것을 이용할 수 있다. 여기서 MSE는 평균제곱오차(mean square error)이다. 만일 검정통계량의 절댓값이

$$|t| > t_{\alpha^*/2}(N-k)$$

을 만족하면 귀무가설 H_0를 기각할 수 있다. 또는 $p-$값이 유의수준 α^*보다 작으면 귀무가설을 기각할 수 있다.

예제 1

〈예제 1〉에서 분산분석을 통하여 혈청 콜레스테롤을 감소시키기 위한 식이요법의 효과가 모두 같지 않다는 것을 알았다. Bonferroni 방법을 이용하여 어느 식이요법의 쌍들이 유의하게 차이가 나는지 검정하시오.

풀이》 서로 다른 식이요법이 4가지이므로 모두

$$m = \binom{4}{2} = \frac{4 \times 3}{2} = 6$$

으로 총 6개의 쌍에 대한 검정을 실시해야 한다. 전체적인 유의수준을 $\alpha = 0.05$로 한다면 각각의 검정에 대한 유의수준은 $\alpha^* = 0.05/6 = 0.0083$으로 조정해야 한다.
식이요법1과 식이요법2를 비교해보자. 귀무가설과 대립가설은 $H_0: \mu_1 = \mu_2$ 대 $H_1: \mu_1 \neq \mu_2$이 되고 〈예제 1〉의 결과를 이용하면 검정통계량

$$t = \frac{240 - 220}{\sqrt{319.92 \times (1/6 + 1/5)}} = 1.85$$

를 얻는다. $t_{0.0083/2}(16) = 3.34$이고 $|t| < t_{0.0083/2}(16)$이므로 귀무가설 H_0를 기각할 수 없다. 즉, 유의수준 5%에서 식이요법1과 식이요법2는 통계적으로 유의한 차이가 있다고 할 수 없다. 나머지 5개의 쌍에 대해서도 같은 방법으로 검정할 수 있다.

14.5 이원분산분석

실험에 영향을 미치는 인자가 두 개인 이원분산분석에 대해 알아보자. 일원분산분석에서는 인자 수준이 하나의 처리가 되지만 이원분산분석에서는 각 인자 수준의 조합이 처리가 된다. 예를 들어 직물을 연구하는 사람이 한 직물의 세탁에 대한 내구성을 연구하려고 한다. 내구성은 물의 온도와 세제의 종류에 영향을 받기 때문에, 이 두 요인이 내구성에 미치는 영향을 조사하기로 하였다. 인자 A는 물의 온도이고, 그 수준은 60℃, 40℃, 20℃로 했다. 인자 B는 세제이고 갑, 을, 병, 세 종류의 세제를 그 수준으로 정했다. 이 경우에 인자 A와 B 수준의 조합인 9개의 처리가 가능하며, 이 9개의 처리를 실험함으로써 직물의 내구력에 온도가 미치는 영향(인자 A의 효과), 세제가 미치는 영향(인자 B의 효과)과 온도와 세제의 조합이 미치는 영향(인자 A와 B의 교호작용 효과)에 관한 정보를 얻을 수 있다.

교호작용(interaction)이란 두 개 이상의 인자수준의 조합에서 일어나는 효과를 말한다. 인자 A의 효과가 인자 B의 수준변화에 따라 변화는 경우 "A와 B인자 간에 교호작용 AB가 존재한다"라고 말한다. 그래프를 이용하여 두 인자 사이에 교호작용이 존재하는지를 대략적으로 판단할 수 있다. 예를 들어 인자 A의 수준이 A_1, A_2이고 인자 B의 수준이 B_1, B_2라고 할 때 교호작용 효과가 존재하는 경우와 존재하지 않는 경우의 그림은 다음과 같다.

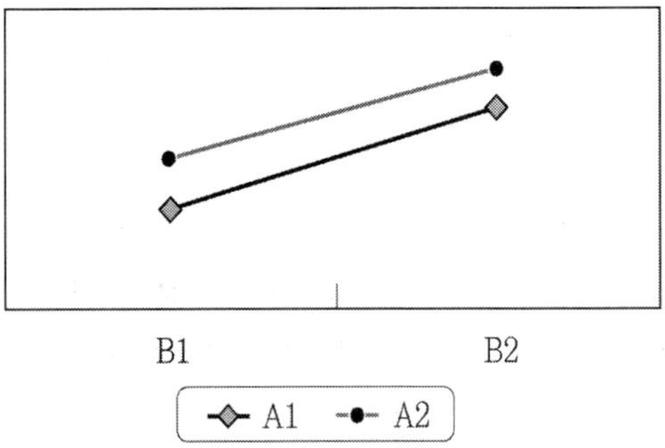

그림 14.1 교호작용 효과가 존재하지 않은 경우

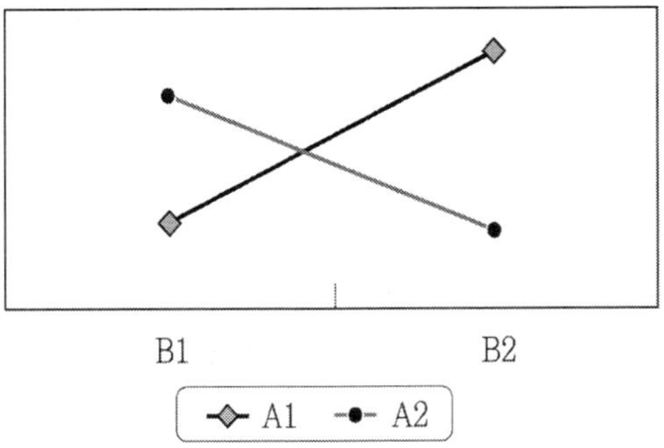

그림 14.2 교호작용 효과가 존재하는 경우

이원분산분석에서 두 인자의 교호작용 효과를 검정하기 위해서는 각 수준의 조합에서 2회 이상 반복실험을 해야 한다. 따라서 이원분산분석은 반복실험을 하는 경우와 그렇지 않은 경우로 나누어 고려할 수 있다.

14.5.1 반복이 없는 이원분산분석

두 개의 인자 A와 B가 각각 a개와 b개의 수준을 가지며 반복 실험을 하지 않아 각 수준의 조합에 측정값이 하나인 자료 구조는 〈표 14.3〉과 같다.

표 14.3 ▌이원분산분석의 자료구조

인자 B \ 인자 A	A_1	A_2	$\cdots$	A_a
B_1	y_{11}	y_{21}	$\cdots$	y_{a1}
B_2	y_{12}	y_{22}	$\cdots$	y_{a2}
$\vdots$	$\vdots$	$\vdots$	$\vdots$	$\vdots$
B_b	y_{1b}	y_{2b}	$\cdots$	y_{ab}

반복이 없는 이원분산분석에서 관측값의 통계적 모형은 다음과 같다.

$$y_{ij} = \mu + \alpha_i + \beta_j + \epsilon_{ij}, \quad i = 1, 2, \cdots, a, \quad j = 1, 2, \cdots, b$$

여기서 y_{ij}는 인자 A의 i번째 수준과 인자 B의 j번째 수준에서의 관측값이고, μ는 모평균, α_i는 인자 A의 i번째 수준효과, β_j는 인자 B의 j번째 수준효과, 그리고 ϵ_{ij}는 오차항으로 서로 독립이며 평균이 0이고 분산이 σ^2인 정규분포를 따른다고 가정한다.

변동의 제곱합을 구하기 위하여 총 변동을 인자 A, 인자 B, 그리고 오차에 의한 변동으로 분해하면

$$(y_{ij} - \overline{y_{..}}) = (\overline{y_{i.}} - \overline{y_{..}}) + (\overline{y_{.j}} - \overline{y_{..}}) + (y_{ij} - \overline{y_{i.}} - \overline{y_{.j}} + \overline{y_{..}})$$

가 된다. 여기서 $\overline{y_{..}}$는 전체평균, $\overline{y_{i.}}$는 인자 A의 각 수준에 대한 평균, 그리고 $\overline{y_{.j}}$는 인자 B의 각 수준에 대한 평균이다. 일원분산분석에서와 마찬가지로 분해된 변동의 양변을 제곱한 후 모든 i 와 j 에 대하여 합하면 다음과 같은 변동의 제곱합들을 얻을 수 있다.

$$\begin{aligned}\sum_{i=1}^{a}\sum_{j=1}^{b}(y_{ij} - \overline{y_{..}})^2 &= \sum_{i=1}^{a} b\,(\overline{y_{i.}} - \overline{y_{..}})^2 \\ &+ \sum_{j=1}^{b} a\,(\overline{y_{.j}} - \overline{y_{..}})^2 \\ &+ \sum_{i=1}^{a}\sum_{j=1}^{b}(y_{ij} - \overline{y_{i.}} - \overline{y_{.j}} + \overline{y_{..}})^2\end{aligned}$$

위 식을 순서대로

$$SST = SSA + SSB + SSE$$

로 나타내면 SST는 총변동의 제곱합, SSA는 인자 A의 변동의 제곱합, SSB는 인자 B의 변동의 제곱합, 그리고 SSE는 오차변동의 제곱합이 된다. 변동의 제곱합을 이용하여 분산분석표를 만들면 〈표 14.4〉와 같다.

표 14.4 ▌이원분산분석표(반복이 없는 경우)

요인	제곱합	자유도	평균제곱	F_0
인자 A	SSA	$a-1$	$MSA = SSA/(a-1)$	MSA/MSE
인자 B	SSB	$b-1$	$MSB = SSB/(b-1)$	MSB/MSE
오차	SSE	$(a-1)(b-1)$	$MSE = SSE/(a-1)(b-1)$	
계	SST	$ab-1$		

분산분석표를 이용하여 인자 A와 인자 B의 효과를 검정할 수 있다. 인자 A의 효과에 검정하기 위한 가설은

$$H_0 : \alpha_1 = \alpha_2 = \cdots = \alpha_a = 0$$
$$H_1 : \text{적어도 한 } \alpha_i \text{는 } 0\text{이 아니다.}$$

이 되고, 이 가설에 대한 검정통계량은

$$F_0 = MSA \,/\, MSE$$

이 되며, 귀무가설 H_0가 사실일 때 검정통계량 F_0는 자유도가 $(a-1, (a-1)(b-1))$인 F분포를 따른다. 따라서 유의수준 α에서 검정통계량이

$$F_0 \geq F_\alpha(a-1,\ (a-1)(b-1))$$

를 만족하면 귀무가설 H_0를 기각하고 인자 A의 효과가 있다고 볼 수 있다.

인자 B의 효과에 대한 검정도 인자 A와 비슷하며 가설, 검정통계량, 그리고 귀무가설을 기각할 수 있는 기각역은 아래와 같다.

가설 : $H_0 : \beta_1 = \beta_2 = \cdots = \beta_b = 0$

H_1 : 적어도 한 β_j 는 0이 아니다.

검정통계량 : $F_0 = MSB \,/\, MSE$

기각역 : 유의수준 α에서 $F_0 \geq F_\alpha(b-1,\ (a-1)(b-1))$

검정통계량이 기각역을 만족하면 귀무가설 H_0를 기각하고 인자 B의 효과가 있다고 볼 수 있다.

예제 4

식품 생산업체(갑, 을, 병)들은 연구소(연구소1, 연구소2, 연구소3, 연구소4)에 의뢰하여 그들이 생산하는 같은 종류의 땅콩버터에 대해 땅콩버터 1그램에 포함된 열량을 조사하였다. 실험 결과는 다음과 같다. 각 연구소에서 조사된 결과가 다르다고 할 수 있는가? 또한 각 업체에서 생산되는 땅콩버터의 열량이 다르다고 할 수 있는가? 유의수준 $\alpha = 0.05$로 검정하시오.

업체 \ 연구소	1	2	3	4	평균
갑	16.6	17.7	16.0	16.3	16.7
을	16.0	15.5	15.6	15.9	15.8
병	16.4	16.3	15.9	16.2	16.2
평균	16.3	16.5	15.8	16.1	16.2

풀이》 식품 생산업체를 인자 A, 그리고 연구소를 인자 B로 하여 제곱합을 구하면 다음과 같다.

$$SST = (16.6-16.2)^2 + (17.7-16.2)^2 + \cdots + (16.2-16.2)^2 = 3.58$$
$$SSA = 4 \times [(16.7-16.2)^2 + (15.8-16.2)^2 + (16.2-16.2)^2] = 1.62$$
$$SSB = 3 \times [(16.3-16.2)^2 + (16.5-16.2)^2 + (15.8-16.2)^2 + (16.1-16.2)^2] = 0.74$$
$$SSE = SST - SSA - SSB = 1.22$$

따라서 반복이 없는 이원분산분석표는 아래와 같다.

〈반복이 없는 이원분산분석표〉

요인	제곱합	자유도	평균제곱	F_0
인자A	1.62	2	0.81	4.05
인자B	0.74	3	0.25	1.25
오차	1.22	6	0.20	
계	3.58	11		

인자 A의 효과를 검정하기 위한 귀무가설 $H_0: \alpha_1 = \alpha_2 = \alpha_3 = 0$에 대한 검정통계량 값은 $F_0 = 4.05$이고 F분포로부터 $F_{0.05}(2,6) = 5.14$이다. $F_0 < F_{0.05}(2,6)$이므로 귀무가설 H_0를 기각할 수 없다. 즉 유의수준 5%에서 각 연구소에서 조사된 결과가 다르다고 할 수 없다.

인자 B의 효과를 검정하기 위한 귀무가설은 $H_0: \beta_1 = \beta_2 = \beta_3 = \beta_4 = 0$이고 검정통계량 값은 $F_0 = 1.25$이다. 또한 $F_{0.05}(3, 6) = 4.76$이고 $F_0 < F_{0.05}(3,6)$이므로 귀무가설 H_0를 기각할 수 없다. 즉 유의수준 5%에서 각 식품 제조업체에서 생산되는 땅콩버터의 열량이 다르다고 할 수 없다.

14.5.2 반복이 있는 이원분산분석

반복이 없는 이원분산분석과 같이 두 개의 인자 A와 B가 각각 a개와 b개의 수준을 갖지만 반복실험을 하여 각 수준의 $a \times b$개의 조합에 측정값이 r개씩 있다고 하자. 반복실험을 함으로서 인자 A와 B에 대한 교호작용을 검정할 수 있다.

반복이 있는 이원분산분석에서 관측값을 나타내는 모형은 다음과 같다.

$$y_{ijk} = \mu + \alpha_i + \beta_j + (\alpha\beta)_{ij} + \epsilon_{ijk},$$

$$i = 1, 2, \cdots, a, \quad j = 1, 2, \cdots, b, \quad k = 1, 2, \cdots, r$$

여기서 y_{ijk}는 인자 A의 i번째 수준과 인자 B의 j번째 수준에서 k 번째 관측값이고, μ는 모평균, α_i는 인자 A의 i번째 주효과, β_j는 인자 B의 j번째 주효과, $(\alpha\beta)_{ij}$는 인자 A의 i번째 수준과 인자 B의 j번째 수준 간에 교호작용, 그리고 ϵ_{ijk}는 오차항으로 서로 독립이며 평균이 0이고 분산이 σ^2인 정규분포를 따른다고 가정한다.

일원분산분석에서 총 변동을 분해한 것과 마찬가지로 이원분산분석에서 총 변동을 인자 A에 의한 변동, 인자 B에 의한 변동, 인자 A와 B의 교호작용에 의한 변동, 그리고 오차에 의한 변동으로 분해하면 다음과 같다.

$$(y_{ijk} - \overline{y_{...}}) = (\overline{y_{i..}} - \overline{y_{...}}) + (\overline{y_{.j.}} - \overline{y_{...}}) + (\overline{y_{ij.}} - \overline{y_{i..}} - \overline{y_{.j.}} + \overline{y_{...}}) + (y_{ijk} - \overline{y_{ij.}})$$

여기서 $\overline{y_{...}}$은 전체평균, $\overline{y_{i..}}$는 인자 A의 각 수준에 대한 평균, $\overline{y_{.j.}}$는 인자 B의 각 수준에 대한 평균, 그리고 $\overline{y}_{ij.}$는 인자 A의 i 번째 수준과 인자 B의 j번째 수준에서 r번 반복에 대한 평균이다. 분해된 변동의 양변을 제곱하고 모든 i, j, k에 대하여 합하여 제곱합을 구하면 다음과 같다.

$$\begin{aligned}\sum_{i=1}^{a}\sum_{j=1}^{b}\sum_{k=1}^{r}(y_{ijk} - \overline{y_{...}})^2 &= \sum_{i=1}^{a} br(\overline{y_{i..}} - \overline{y_{...}})^2 \\ &+ \sum_{j=1}^{b} ar(\overline{y_{.j.}} - \overline{y_{...}})^2 \\ &+ \sum_{i=1}^{a}\sum_{j=1}^{b} r(\overline{y_{ij.}} - \overline{y_{i..}} - \overline{y_{.j.}} + \overline{y_{...}})^2 \\ &+ \sum_{i=1}^{a}\sum_{j=1}^{b}\sum_{k=1}^{r}(y_{ijk} - \overline{y_{ij.}})^2\end{aligned}$$

위 식을 순서대로

$$SST = SSA + SSB + SSAB + SSE$$

로 나타내면 SST는 총변동의 제곱합, SSA는 인자 A의 변동의 제곱합, SSB는 인자 B의 변동의 제곱합, $SSAB$는 교호작용의 변동의 제곱합, 그리고 SSE는 오차변동의 제곱합이 된다. 또한 제곱합을 자유도로 나눈 것이 평균제곱이다. 따라서 분산분석표를 작성하면 〈표 14.5〉와 같다.

표 14.5 ▮ 반복이 있는 이원분산분석표

요인	제곱합	자유도	평균제곱(MS)	F_0
인자A	SSA	$a-1$	MSA	$MSA\ /\ MSE$
인자B	SSB	$b-1$	MSB	$MSB\ /\ MSE$
교호작용AB	$SSAB$	$(a-1)(b-1)$	$MSAB$	$MSAB\ /\ MSE$
오차	SSE	$ab(r-1)$	MSE	
계	SST	$abr-1$		

이원분산분석표를 이용하여 인자 A, 인자 B, 그리고 교호작용 AB에 대한 다음과 같은 가설검정을 할 수 있다.

① 인자 A와 인자 B의 교호작용효과 검정

- 가설 : H_0: 모든 $(\alpha\beta)_{ij}=0$

  H_1: 적어도 한 $(\alpha\beta)_{ij}\neq 0$는 0이 아니다.
- 검정통계량 : $F_0=MSAB\ /\ MSE$
- 기각역 : $F_0>F_\alpha((a-1)(b-1),\ ab(r-1))$이면

  유의수준 α에서 귀무가설 H_0를 기각한다.

② 인자 A의 주효과 검정

- 가설 : H_0 : $\alpha_1=\alpha_2=\cdots=\alpha_a=0$

  H_1: 적어도 한 α_i는 0이 아니다.
- 검정통계량 : $F_0=MSA\ /\ MSE$
- 기각역 : $F_0>F_\alpha(a-1,\ ab(r-1))$이면

  유의수준 α에서 귀무가설 H_0를 기각한다.

③ 인자 B의 주효과 검정

- 가설 : H_0 : $\beta_1=\beta_2=\cdots=\beta_b=0$

  H_1 : 적어도 한 β_j는 0이 아니다.
- 검정통계량 : $F_0=MSB\ /\ MSE$
- 기각역 : $F_0>F_\alpha(b-1,\ ab(r-1))$이면

  유의수준 α에서 귀무가설 H_0를 기각한다.

반복이 있는 이원분산분석의 경우에는 교호작용효과를 먼저 검정해야 한다. 교호작용이 유의하다면 주효과도 유의할 것이다. 따라서 교호작용효과가 유의하면 주효과를 검정하는 것은 큰 의미가 없을 뿐만 아니라 잘못된 결론을 내릴 수도 있다. 교호작용이 존재하면 인자 A의 각 수준에서 인자 B의 효과를 비교하고, 또한 인자 B의 각 수준에서 인자 A의 효과를 비교한다.

예제 5

병아리의 체중(g)에 영향을 주는 인자로 사료(I, II, III)와 비타민(V1, V2)이 고려된다. 18마리의 병아리를 랜덤하게 6개의 처리에 배치하고 일정한 시간이 경과한 후에 체중을 측정한 결과는 다음과 같다. 각 인자가 체중에 영향을 주는가? 유의수준 $\alpha = 0.05$로 검정하시오.

비타민 \ 사료	I	II	III
V1	51 80 64	125 99 127	41 54 55
V2	60 92 90	121 101 93	38 52 51

풀이 인자 A를 비타민, 인자 B를 사료로 하고, 관측값 y_{ijk} 를 인자 A의 i 번째 수준과 인자 B의 j 번째 수준에서 k 번째 관측값이라고 하면 관측값 y_{ijk} 를 나타내는 통계적 모형은 다음과 같다.

$$y_{ijk} = \mu + \alpha_i + \beta_j + (\alpha\beta)_{ij} + \epsilon_{ijk} ,$$

$$i = 1, 2 , \ j = 1, 2, 3, \ k = 1, 2, 3$$

여기서 μ 는 모평균, α_i 는 인자 A의 i 번째 주효과, β_j 는 인자 B의 j 번째 주효과, $(\alpha\beta)_{ij}$ 는 인자 A의 i 번째 수준과 인자 B의 j 번째 수준 간에 교호작용효과, 그리고 ϵ_{ijk}는 오차항으로 서로 독립이며 평균이 0이고 분산이 σ^2인 정규분포를 따른다고 가정한다. 각 수준조합별로 평균과 제곱합은 다음과 같다.

비타민 \ 사료	I	II	III	평균
V1	$\overline{y_{11.}} = 65$	$\overline{y_{12.}} = 117$	$\overline{y_{13.}} = 50$	$\overline{y_{1..}} = 77.33$
V2	$\overline{y_{21.}} = 80.66$	$\overline{y_{22.}} = 105$	$\overline{y_{23.}} = 47$	$\overline{y_{2..}} = 77.56$
평균	$\overline{y_{.1.}} = 72.83$	$\overline{y_{.2.}} = 111$	$\overline{y_{.3.}} = 48.5$	$\overline{y_{...}} = 78.89$

$$SST = \sum_{i=1}^{2}\sum_{j=1}^{3}\sum_{k=1}^{3}(y_{ijk} - \overline{y_{...}})^2 = 14720.44$$

$$SSA = \sum_{i=1}^{2} 3 \times 3 \times (\overline{y_{i..}} - \overline{y_{...}})^2 = 0.22$$

$$SSB = \sum_{j=1}^{3} 2 \times 3 \times (\overline{y_{.j.}} - \overline{y_{...}})^2 = 11910.11$$

$$SSAB = \sum_{i=1}^{2}\sum_{j=1}^{3} 3 \times (\overline{y_{ij.}} - \overline{y_{i..}} - \overline{y_{.j.}} + \overline{y_{...}})^2 = 597.44$$

$$SSE = SST - SSA - SSB - SSAB = 2212.67$$

따라서 다음과 같은 이원분산분석표를 얻는다.

〈반복이 있는 이원분산분석표〉

요인	제곱합	자유도	평균제곱(MS)	F_0
인자A	0.22	1	0.22	0.0012
인자B	11910.11	2	5955.06	32.29
교호작용AB	597.44	2	298.72	1.62
오차	2212.67	12	184.39	
계	14720.44	17		

분산분석표에서 인자의 주효과에 대한 검정보다 교호작용 AB의 효과를 먼저 검정해야 한다. 유의수준 $\alpha = 0.05$로 교호작용효과를 검정해보면 $F_0 = 1.62 < 3.89 = F_{0.05}(2, 12)$이므로 "교호작용효과가 없다"는 귀무가설 H_0:모든 $(\alpha\beta)_{ij} = 0$을 기각시킬 수 없다. 즉, 유의수준 5%에서 사료와 비타민 간에는 유의한 교호작용효과가 있다고 할 수 없다. 교호작용효과가 유의하지 않으므로 주효과에 대한 검정을 하자.

인자 A인 비타민에 대한 검정을 하면 $F_0 = 0.0012 < 4.75 = F_{0.05}(1, 12)$가 되므로 "비타민의 효과가 모두 같다"는 귀무가설 H_0: $\alpha_1 = \alpha_2 = 0$ 을 기각할 수 없다. 즉 유의수준 5%에서 두 종류의 비타민이 병아리 체중에 미치는 효과는 같다고 할 수 있다.

인자 B인 사료에 대한 검정을 하면 $F_0 = 32.29 > 3.89 = F_{0.05}(2, 12)$를 만족하므로 "사료의 효과가 모두 같다."는 귀무가설 H_0: $\beta_1 = \beta_2 = \beta_3 = 0$을 기각한다. 따라서 유의수준 5%에서 세 종류의 사료가 병아리 체중에 미치는 영향은 모두 같다고 할 수 없다.

EXCEL 실습

[실습 1] 일원분산분석

① 〈예제 1〉에 주어진 자료를 워크시트에 입력한다.

	A	B	C	D	E	F
1	식이용법1	식이용법2	식이용법3	식이용법4		
2	225	225	185	265		
3	265	230	220	265		
4	225	215	250	285		
5	240	210	200	235		
6	245	220		250		
7	240					
8						

② [데이터] 메뉴에서 [데이터 분석]을 선택한 후 분석도구에서 [분산 분석 : 일원배치법]을 선택하고 [확인]을 누른다.

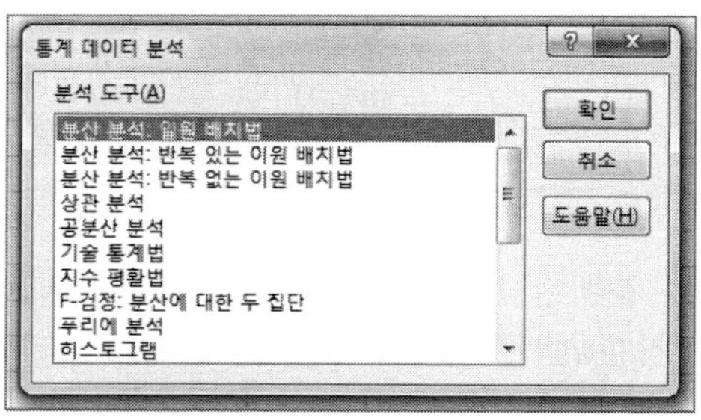

③ 대화상자가 나오면 필요한 사항들을 입력시킨다. [입력범위]란에 자료의 범위를 입력한다. 자료를 열로 입력시켰으므로 [데이터 방향]에서 [열]을 선택한다. 자료의 범위에 변수이름(식이요법1, …, 식이요법4)을 포함시켰으므로 [첫째 행 이름표 사용]을 선택한다. [유의수준]칸에 원하는 유의수준을 입력한다. 입력이 모두 끝나면 [확인]을 누른다.

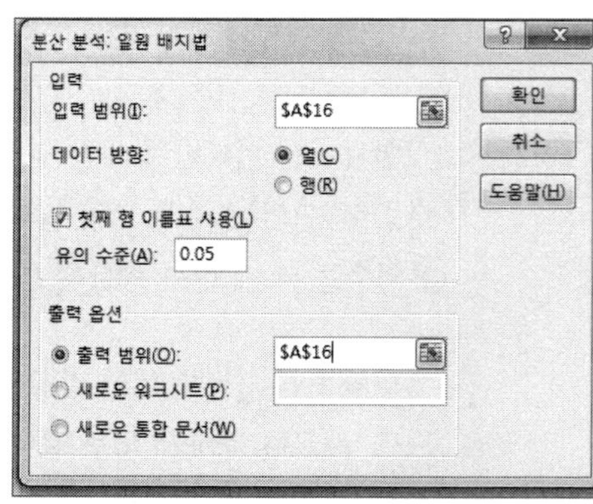

④ 출력 결과를 살펴보면 다음과 같다. 요약표에 각 수준에 대한 기초통계량이 나타나 있다. 분산분석표를 살펴보면 검정통계량 F_0 의 값은 「F비」값이고 $F_{0.05}(3, 16)$의 값은 「F기각치」값이다. 따라서 $F_0 = 6.46512 > 3.238867 = F_{0.05}(3, 16)$가 되어 유의수준 5%하에서 귀무가설 H_0을 채택할 수 없다.

분산분석표에서 제공되는 「P－값」을 이용하여 가설검정을 하는 경우에는 유의수준의 크기와 비교하면 된다. 즉, 「P－값」이 유의수준보다 작으면 귀무가설 H_0을 채택할 수 없다. 따라서 p－값＝ 0.004498 ＜ 0.05 ＝유의수준이므로 귀무가설을 채택할 수 없다.

	A	B	C	D	E	F	G
16							
17	분산 분석: 일원 배치법						
18							
19	요약표						
20	인자의 수준	관측수	합	평균	분산		
21	식이용법1	6	1440	240	220		
22	식이용법2	5	1100	220	62.5		
23	식이용법3	4	855	213.75	789.58333		
24	식이용법4	5	1300	260	350		
25							
26							
27	분산 분석						
28	변동의 요인	제곱합	자유도	제곱 평균	F 비	P-값	F 기각치
29	처리	6205	3	2068.3333	6.4651201	0.004498459	3.238871517
30	잔차	5118.75	16	319.92188			
31							
32	계	11323.75	19				

[실습 2] 일원분산분석 모형의 재표현

① 〈예제 1〉에 주어진 자료에 맞게 가변수를 사용하여 워크시트에 입력한다.

	A	B	C	D	E
1		콜레스테롤	x1	x2	x3
2	식이용법1	225	1	0	0
3	식이용법1	265	1	0	0
4	식이용법1	225	1	0	0
5	식이용법1	240	1	0	0
6	식이용법1	245	1	0	0
7	식이용법1	240	1	0	0
8	식이용법2	225	0	1	0
9	식이용법2	230	0	1	0
10	식이용법2	215	0	1	0
11	식이용법2	210	0	1	0
12	식이용법2	220	0	1	0
13	식이용법3	185	0	0	1
14	식이용법3	220	0	0	1
15	식이용법3	250	0	0	1
16	식이용법3	200	0	0	1
17	식이용법4	265	0	0	0
18	식이용법4	265	0	0	0
19	식이용법4	285	0	0	0
20	식이용법4	235	0	0	0
21	식이용법4	250	0	0	0

② [데이터] 메뉴에서 [데이터 분석]을 선택한 후 분석도구에서 [회귀 분석]을 선택하고 [확인]을 누른다.

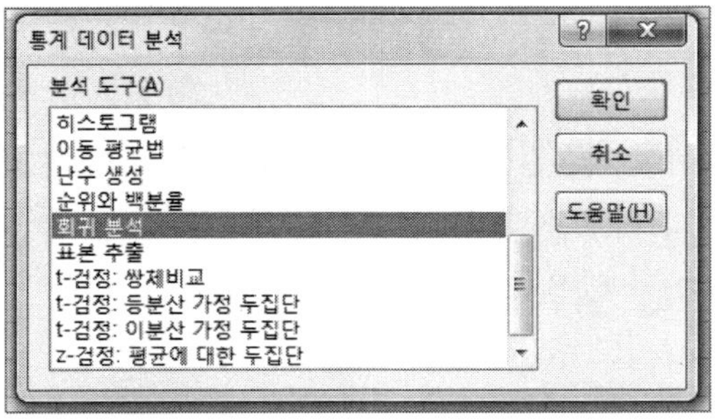

③ 대화상자가 나오면 필요한 사항들을 입력시킨다. [Y축 입력범위]란에 콜레스테롤 수치(B열)를 입력하고 [X축 입력범위]란에 가변수인 x1, x2, x3의 범위를 입력한다. 자료의 범위에 변수이름(콜레스테롤, x1, x2, x3)을 포함시켰으므로 [이름표]를 클릭하고 결과값을 출력시킬 [출력범위]를 지정한 후 [확인]을 누른다.

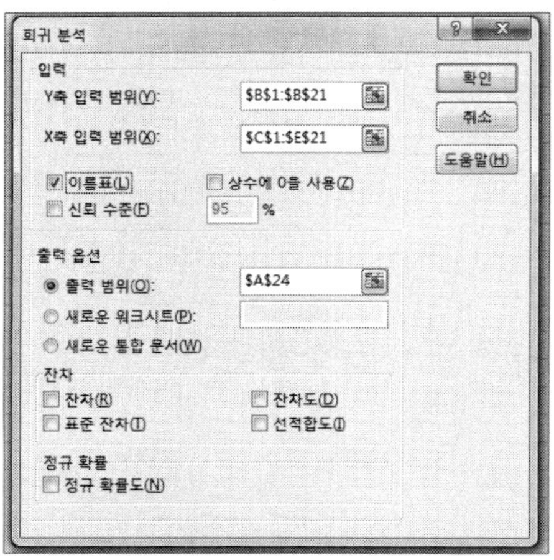

④ 출력 결과를 살펴보면 다음과 같다. 분산분석표를 살펴보면 [실습 1]의 분산분석 결과와 가변수를 생성하여 회귀분석을 한 결과가 같음을 알 수 있다.

	A	B	C	D	E	F	G	H	I
1	요약 출력								
2									
3	회귀분석 통계량								
4	다중 상관계수	0.740245							
5	결정계수	0.547963							
6	조정된 결정계수	0.463206							
7	표준 오차	17.88636							
8	관측수	20							
9									
10	분산 분석								
11		자유도	제곱합	제곱 평균	F 비	유의한 F			
12	회귀	3	6205	2068.333	6.46512	0.004498459			
13	잔차	16	5118.75	319.9219					
14	계	19	11323.75						
15									
16		계수	표준 오차	t 통계량	P-값	하위 95%	상위 95%	하위 95.0%	상위 95.0%
17	Y 절편	260	7.999023	32.50397	4.85E-16	243.042828	276.957172	243.042828	276.957172
18	x1	-20	10.83073	-1.8466	0.083386	-42.96011949	2.960119491	-42.96011949	2.960119491
19	x2	-40	11.31233	-3.53597	0.002747	-63.98106269	-16.01893731	-63.98106269	-16.01893731
20	x3	-46.25	11.99854	-3.85464	0.001402	-71.68575807	-20.81424193	-71.68575807	-20.81424193

[실습 3] 다중비교(Bonferroni 방법)

① 〈예제 1〉에서 입력한 자료를 이용해서 다중비교 검정에 필요한 처리별 자료의 개수와 평균을 구하고 검정통계량과 $p-$값을 구할 셀들을 아래와 같이 적는다. 평균은 함수마법사 단추(f_x)를 클릭하여 대화상자가 나오면 [범주 선택]에서 「통계」를 선택하고 [함수 선택]에서 「AVERAGE」를 선택하고 확인을 누른다.

	A	B	C	D	E	F	G	H	I
1		식이용법1	식이용법2	식이용법3	식이용법4			검정통계량	P-값
2		225	225	185	265		식이요법 1과 2		
3		265	230	220	265		식이요법 1과 3		
4		225	215	250	285		식이요법 1과 4		
5		240	210	200	235		식이요법 2과 3		
6		245	220		250		식이요법 2과 4		
7		240					식이요법 3과 4		
8									
9	자료 개수	6	5	4	5				
10	평균	240	220	213.75	260				
11									

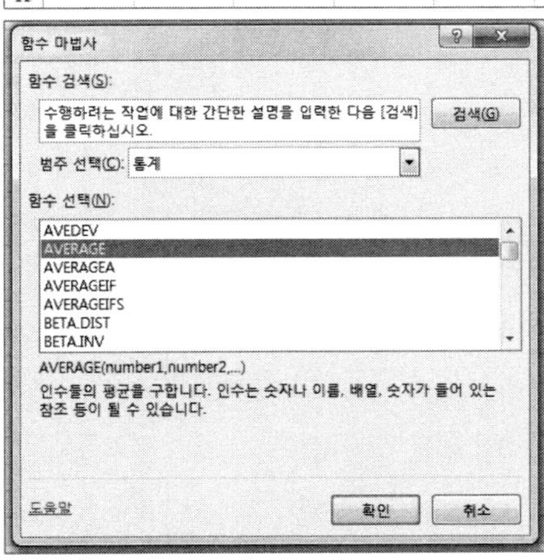

② 검정통계량을 구하는 데 필요한 값들이 있는 셀을 클릭하여 검정통계량 식을 만든다. 예를 들어 식이요법1과 2를 비교하기 위한 검정통계량을 출력할 셀 H2를 먼저 선택하고 엑셀의 수식 입력줄에 =(B10－C10)/SQRT(D30*(1/B9+1/C9))를 입력하여 구할 수 있다. 이 식을 살펴보면 셀 B10과 C10에 식이요법1과 2의 평균, 셀 D30에 MSE, 그리고 셀 B9과 C9에 식이요법1과 2의 자료 개수가 있는 경우이다. 함수 SQRT는 제곱근 함수를 나타낸다. 「P－값」을 구하기 위해 식을 통해 구한 검정통계량에 절대값을 취하여 $|t|$ 변수를 만든다.

H2 =(B10-C10)/SQRT(D30*(1/B9+1/C9))

	A	B	C	D	E	F	G	H	I	J
1		식이용법1	식이용법2	식이용법3	식이용법4			검정통계량(t)	|t|	P-값
2		225	225	185	265		식이요법 1과 2	1.846597793	1.84659779	
3		265	230	220	265		식이요법 1과 3	2.27359424	2.27359424	
4		225	215	250	285		식이요법 1과 4	-1.846597793	1.84659779	
5		240	210	200	235		식이요법 2과 3	0.520896923	0.52089692	
6		245	220		250		식이요법 2과 4	-3.535965569	3.53596557	
7		240					식이요법 3과 4	-3.854637232	3.85463723	
8										
9	자료 개수	6	5	4	5					
10	평균	240	220	213.75	260					

③ 「P－값」은 양측 검정에 해당하는 T.DIST.2T 함수를 이용하여 구할 수 있다. 함수마법사 단추를 클릭하고 대화상자가 나타나면 [범주 선택]에서 「통계」를, 그리고 함수이름에서 「T.DIST.2T」를 선택하고 확인을 누른 다음 「T.DIST.2T」 대화상자가 나오면 필요한 값들을 입력시킨다. 「X」칸에 검정통계량 또는 검정통계량이 있는 셀(I2)을 입력시킨다. 「Deg_freedom」칸에는 t 분포의 자유도를 쓴다. 모든 입력이 끝나면 [확인]을 누른다.

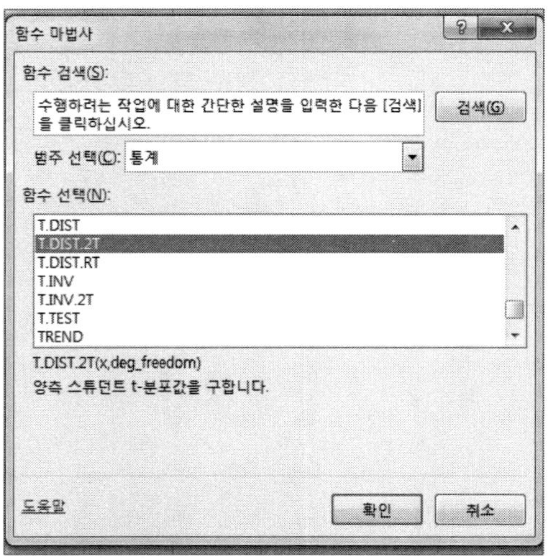

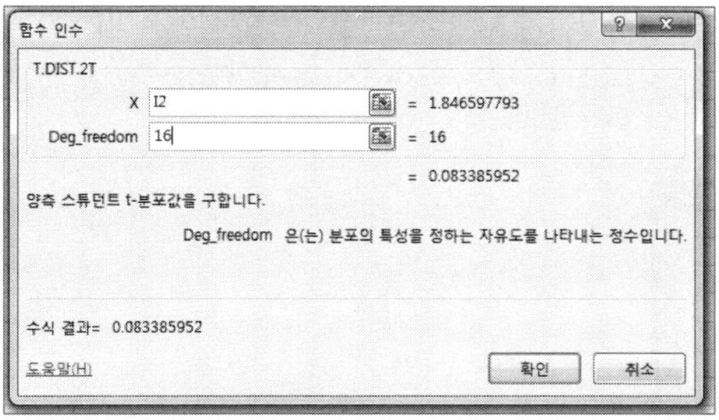

④ 결과는 다음과 같다. 유의수준 $\alpha^* = 0.008$과 「P－값」을 비교하여 식이요법1과 2, 식이요법1과 3, 식이요법1과 4, 그리고 식이요법2와 3은 유의한 차이를 보이지 않고 있으며 식이요법2와 4, 그리고 식이요법3과 4는 유의한 차이를 보이고 있다는 것을 알 수 있다.

	A	B	C	D	E	F	G	H	I	J
1		식이용법1	식이용법2	식이용법3	식이용법4			검정통계량(t)	|t|	P-값
2		225	225	185	265		식이요법 1과 2	1.846597793	1.84659779	0.083386
3		265	230	220	265		식이요법 1과 3	2.27359424	2.27359424	0.03712
4		225	215	250	285		식이요법 1과 4	-1.846597793	1.84659779	0.083386
5		240	210	200	235		식이요법 2과 3	0.520896923	0.52089692	0.609573
6		245	220		250		식이요법 2과 4	-3.535965569	3.53596557	0.002747
7		240					식이요법 3과 4	-3.854637232	3.85463723	0.001402
8										
9	자료 개수	6	5	4	5					
10	평균	240	220	213.75	260					

[실습 3] 반복이 없는 이원분산분석

① 〈예제 3〉에 주어진 자료를 워크시트에 입력한다.

	A	B	C	D	E	F
1		연구소1	연구소2	연구소3	연구소4	
2	갑	16.6	17.7	16.0	16.3	
3	을	16.0	15.5	15.6	15.9	
4	병	16.4	16.3	15.9	16.2	
5						

② [데이터]에서 [데이터 분석]을 선택하고 대화상자 나타나면 [분산 분석 : 반복없는 이원배치법]을 선택하고 [확인]을 누른다.

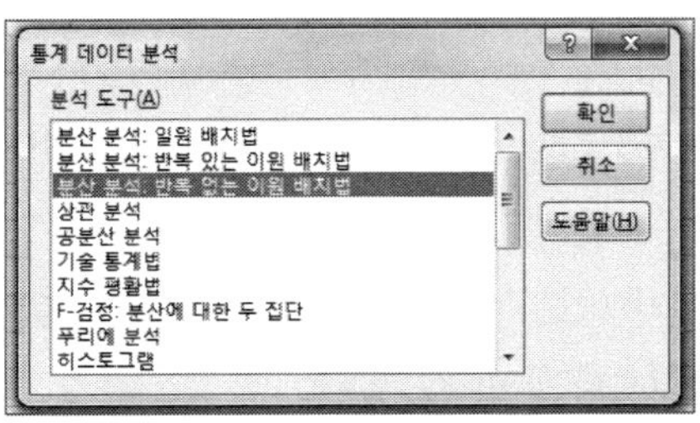

③ [분산 분석 : 반복 없는 이원배치법]의 대화상자가 나타나면 일원분산분석에서 입력하는 방법과 같은 방법으로 입력시킨 후 [확인]을 누른다. 출력 옵션에서 출력 범위로 셀 A7을 선택하였다.

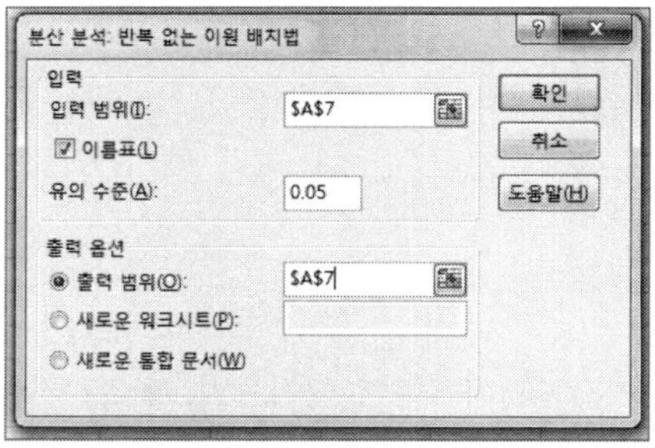

④ 다음과 같은 분산분석표를 얻을 수 있다. 분산분석표를 살펴보면 요약표에 인자 A인 식품 생산업체(갑, 을, 병)와 인자 B인 연구소(1, 2, 3, 4)에 대한 기초통계량이 계산되어 있다. 분산분석을 보면 변동의 요인에 「인자 A(행)」는 자료가 행 방향으로 입력된 인자를 말하며, 「인자 B(열)」는 자료가 열 방향으로 입력된 인자를 말한다. 이 예제에서는 「인자 A(행)」는 식품 생산업체 그리고 「인자 B(열)」는 연구소를 나타내고 있다. 「F비」, 「P−값」, 그리고 「F 기각치」의 의미는 일원분산분석의 경우와 같다.

	A	B	C	D	E	F	G
7	분산 분석: 반복 없는 이원 배치법						
8							
9	요약표	관측수	합	평균	분산		
10	갑	4	66.6	16.65	0.55		
11	을	4	63	15.75	0.056667		
12	병	4	64.8	16.2	0.046667		
13							
14	연구소1	3	49	16.33333	0.093333		
15	연구소2	3	49.5	16.5	1.24		
16	연구소3	3	47.5	15.83333	0.043333		
17	연구소4	3	48.4	16.13333	0.043333		
18							
19							
20	분산 분석						
21	변동의 요인	제곱합	자유도	제곱 평균	F 비	P-값	F 기각치
22	인자 A(행)	1.62	2	0.81	3.983607	0.079273	5.143253
23	인자 B(열)	0.74	3	0.246667	1.213115	0.382885	4.757063
24	잔차	1.22	6	0.203333			
25							
26	계	3.58	11				

「P−값」을 이용하면 식품 생산업체에 대한 「P−값」은 0.08으로 유의수준 0.05보다 크므로 "식품 생산업체의 수준에 따른 차이가 없다"는 귀무가설을 기각할 수 없다. 즉, 각 업체에서 생산되는 땅콩버터의 열량이 다르다고 할 수 없다. 또한 연구소에 대한 「P−값」, 0.38도 유의수준 0.05보다 크므로 "연구소의 수준에 따른 차이가 없다"는 귀무가설을 기각할 수 없다. 즉, 유의수준 5%에서 각 연구소에서 조사된 결과가 다르다고 할 수 없다.

[실습 4] 반복이 있는 이원분산분석

① 〈예제 4〉에 주어진 자료를 워크시트에 입력한다.

	A	B	C	D	E	F
1		사료Ⅰ	사료Ⅱ	사료Ⅲ		
2	비타민A	51	125	41		
3		80	99	54		
4		64	127	55		
5	비타민B	60	121	38		
6		92	101	52		
7		90	93	51		
8						

② [데이터]에서 [데이터 분석]을 선택하고 대화상자 나타나면「분산분석 : 반복 있는 이원배치법」을 선택하고 [확인]을 누른다.

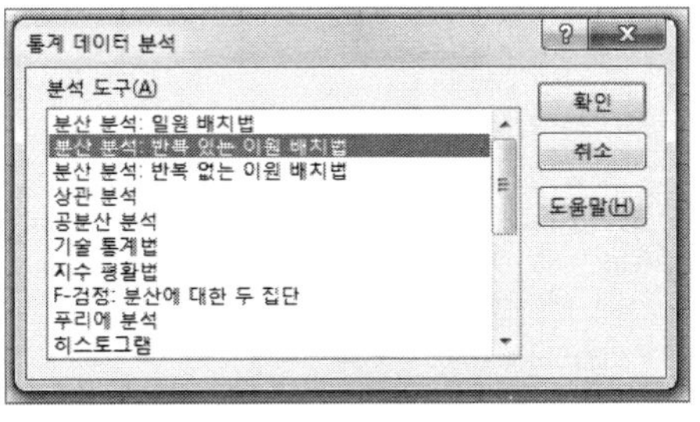

③「분산분석 : 반복 있는 이원배치법」의 대화상자가 나타나면 입력 범위, 표본당 행수, 유의수준, 그리고 출력 옵션을 입력하고 [확인]을 누른다.

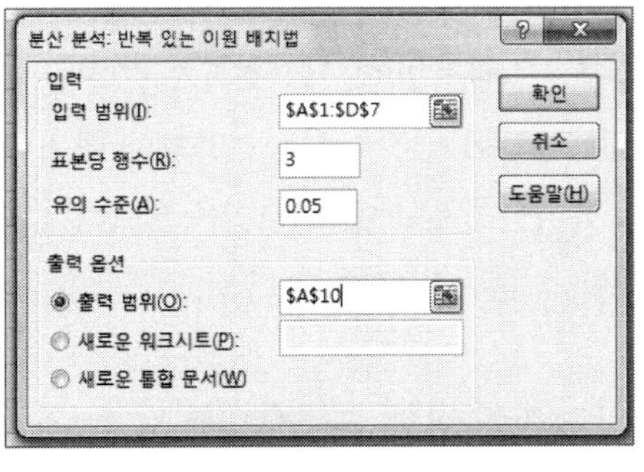

④ 다음과 같은 분산분석표를 얻을 수 있다. 요약표에 비타민과 사료에 대한 각 수준과 수준의 조합에 대한 기초통계량이 나타나 있다. 분산분석표를 살펴보자. 자료를 워크시트에 입력시킬 때 비타민에 대한 자료는 행으로 사료에 대한 자료는 열로 입력했기 때문에 분산분석표에서 변동의 요인에서「인자 A(행)」는 비타민에 대한 것이고,「인자 B(열)」는 사료를 나타내고 있다.「F비」,「P－값」, 그리고「F 기각역」의 의미는 반복이 없는 이원분산분석에서와 같다.

	A	B	C	D	E	F	G
10	분산 분석: 반복 있는 이원 배치법						
11							
12	요약표	사료 I	사료 II	사료 III	계		
13	비타민A						
14	관측수	3	3	3	9		
15	합	195	351	150	696		
16	평균	65	117	50	77.33333		
17	분산	211	244	61	1056.25		
18							
19	비타민B						
20	관측수	3	3	3	9		
21	합	242	315	141	698		
22	평균	80.66667	105	47	77.55556		
23	분산	321.3333	208	61	783.7778		
24							
25	계						
26	관측수	6	6	6			
27	합	437	666	291			
28	평균	72.83333	111	48.5			
29	분산	286.5667	224	51.5			
30							
31							
32	분산 분석						
33	변동의 요인	제곱합	자유도	제곱 평균	F 비	P-값	F 기각치
34	인자 A(행)	0.222222	1	0.222222	0.001205	0.972877	4.747225
35	인자 B(열)	11910.11	2	5955.056	32.29617	1.48E-05	3.885294
36	교호작용	597.4444	2	298.7222	1.620066	0.238317	3.885294
37	잔차	2212.667	12	184.3889			

「P-값」을 이용해서 먼저 교호작용효과에 대한 검정을 하면 교호작용에 대한 「P-값」이 0.238317이 0.05보다 크므로 유의수준 5%에서 "교호작용효과가 없다"는 귀무가설을 기각할 수 없다. 교호작용효과가 존재하지 않으므로 주효과에 대한 검정을 하자. 비타민에 대한 「P-값」은 0.972877이고 0.05보다 크므로 유의수준 5%에서 "비타민의 효과가 같다"는 귀무가설을 기각할 수 없다. 그러나 사료에 대한 「P-값」은 1.48×10-5이고 0.05보다 매우 작아서 "사료의 효과가 같다"는 귀무가설을 기각한다. 즉 유의수준 5%에서 비타민은 병아리의 체중에 미치는 영향이 같지만 사료에 의한 영향은 다르다는 결론을 내릴 수 있다.

⑤ 각 인자들에 대해서 수준별 변화를 살펴볼 수 있는 차트 작성 절차에 대해 알아보자.

1) 워크시트에 각 인자의 수준별 평균을 입력한다(이미 입력된 자료와 함수 「AVERAGE」를 사용하여 평균을 구할 수 있다).

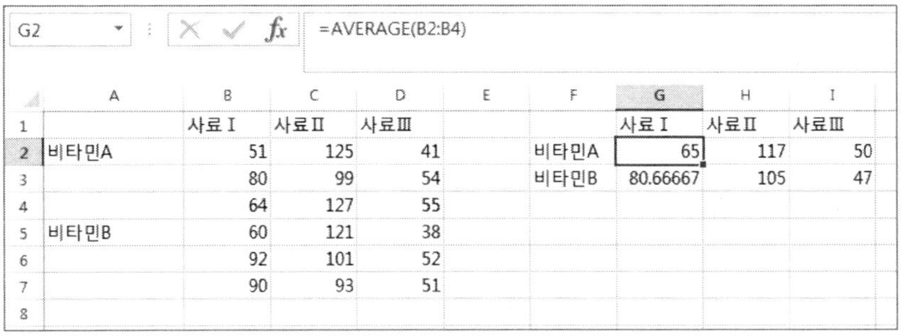

2) [삽입]에 [2차원 꺾은선형]–[표식이 있는 꺾은선형]을 이용하여 사료에 따른 병아리의 평균몸무게와 비타민에 따른 병아리의 평균몸무게에 대한 다음과 같은 차트를 얻을 수 있다.

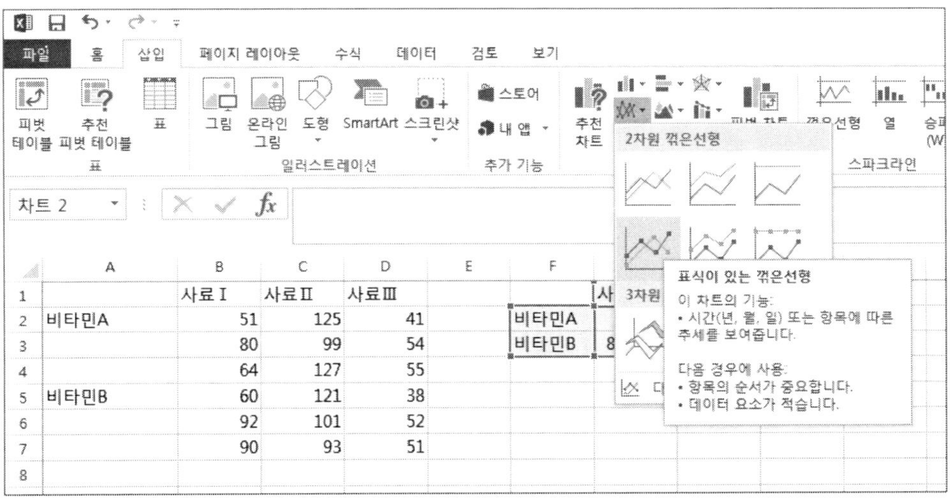

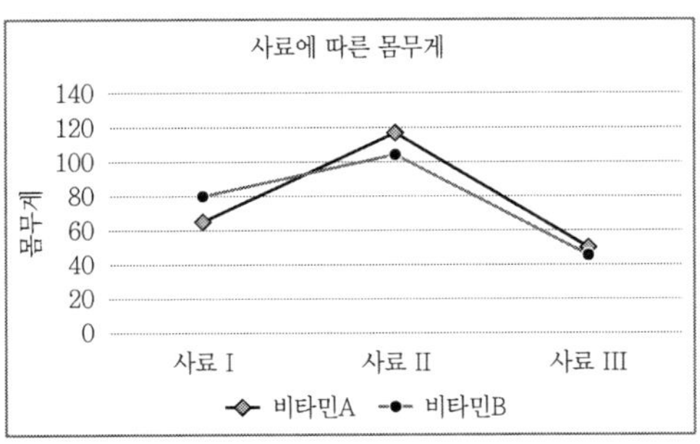

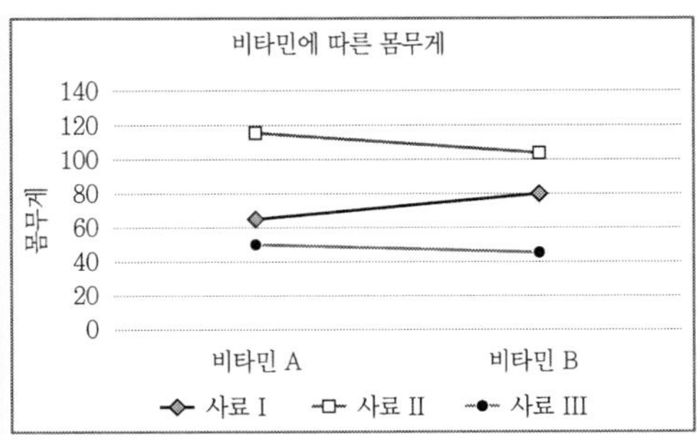

연습문제

01 **세 종류의 담배에 포함된 타르의 양을 비교하기 위하여 종류별로 5갑을 랜덤하게 선택하여 한 갑당 포함된 타르의 양(단위 : mg)을 측정한 결과가 다음 표와 같다.**

담배의 종류		
A	B	C
334	357	330
317	344	315
329	329	325
319	349	316
337	339	340

담배의 종류에 따라 타르의 양이 다르다고 할 수 있는가? 분산분석표를 작성하고 유의수준 5%로 검정하시오.

02 **5가지 사료에 각각 10마리씩 실험동물을 랜덤하게 배치하고 일정 기간 사육을 한 다음 혈당량(mg/100ml)을 측정한 결과는 다음과 같다.**

사료의 종류				
A	B	C	D	E
130	127	125	115	116
106	122	139	107	120
127	103	122	107	149
110	122	141	106	150
120	129	148	119	149
118	127	121	121	127
118	108	123	103	120
101	130	121	130	133
116	101	142	128	139
124	111	117	104	142

사료 종류별로 혈당량에 차이가 있다고 할 수 있는가? 분산분석표를 작성하고 유의수준 5%로 검정하시오. 만약 사료 종류별로 혈당량에 차이가 있다면 Bonferroni 방법으로 다중비교를 실시하시오.

03 다음 자료는 조건이 같은 60마리의 실험용 동물을 각각 30마리씩 두 그룹으로 나누어 한 그룹에는 안정제 A를 그리고 또 다른 그룹에는 안정제 B를 5, 10, 20mg씩 투여했을 때 관찰된 불안도이다.

안정제 \ 복용량	5	10	20
A	15 16 16 15 18 16 13 17 19 15	18 16 17 15 18 19 19 18 20 16	20 17 19 18 21 21 18 20 19 17
B	16 15 17 15 18 18 17 17 15 16	19 18 21 20 22 21 23 22 20 19	24 23 25 24 23 22 25 26 25 24

1) 분산분석표를 작성하시오.
2) 안정제와 복용량 사이에 교호작용이 존재하는가?
3) 안정제 또는 복용량의 효과가 존재하는지 유의수준 5%로 검정하시오.

04 다음은 3종류의 콩에 4종류의 비료를 배치한 후 수확량을 측정한 자료이다.

콩 \ 비료	1	2	3	4
A	53	64	92	89
B	23	42	89	93
C	36	54	88	95

1) 분산분석표를 작성하시오.
2) 콩의 종류별 수확량에 차이가 있는가? 유의수준 5%로 검정하시오.
3) 비료의 종류별 수확량에 차이가 있는가? 유의수준 5%로 검정하시오.

05 연습문제 [4]에서 반복실험을 하여 다음과 같은 자료를 얻었다.

콩 \ 비료	1	2	3	4
A	53 44	64 67	92 87	89 82
B	23 32	42 57	89 85	93 96
C	36 39	54 58	88 89	95 90

1) 분산분석표를 작성하시오.

2) 교호작용의 존재 여부를 유의수준 5%로 검정하시오.

3) 콩의 종류별 수확량에 차이가 있는가? 유의수준 5%로 검정하시오.

4) 비료의 종류별 수확량에 차이가 있는가? 유의수준 5%로 검정하시오.

06 다음은 인조광물을 합성하는데 이용되는 3종류의 촉매와 2종류의 압력을 사용하여 얻은 인조광물의 수확량(%)이다.

압력 \ 촉매	I	II	III
높은 압력	0.22 0.64 0.27	0.24 0.41 0.53	0.35 0.41 0.25
낮은 압력	0.74 0.74 0.81	0.06 0.34 0.08	0.22 0.50 0.56

1) 분산분석표를 작성하시오.

2) 촉매 또는 압력의 효과가 존재하는지 유의수준 5%로 검정하시오.

3) 촉매와 압력의 교호작용 효과가 존재하는가?

부록

표 1. 난수표

표 2. 이항분포표

표 3. 포아송분포표

표 4. 표준정규분포표

표 5. t-분포표

표 6. 카이제곱분포표

표 7. F-분포표

부 록

〈표 1〉 난수표

92630	78240	19267	95457	53497	23894	37708	79862	76471	66418
79445	78735	71549	44843	26104	67318	00701	34986	66751	99723
59654	71966	27386	50004	05358	94031	29281	18544	52429	06080
31524	49587	76612	39789	13537	48086	59483	60680	84675	53014
06348	76938	90379	51392	55887	71015	09209	79157	24440	30244
28703	51709	94456	48396	73780	06436	86641	69239	57662	80181
68108	89266	94730	95761	75023	48464	65544	96583	18911	16391
99938	90704	93621	66330	33393	95261	95349	51769	91616	33238
91543	73196	34449	63513	83834	99411	58826	40456	69268	48562
42103	02781	73920	56297	72678	12249	25270	36678	21313	75767
17138	27584	25296	28387	51350	61664	37893	05363	44143	42677
28297	14280	54524	21618	95320	38174	60579	08089	94999	78460
09331	56712	51333	06289	75345	08811	82711	57392	25252	30333
31295	04204	93712	51287	05754	79396	87399	51773	33075	97061
36146	15560	27592	42089	99281	59640	15221	96079	09961	05371
29553	18432	13630	05529	02791	81017	49027	79031	50912	09399
23501	22642	63081	08191	89420	67800	55137	54707	32945	64522
57888	85846	67967	07835	11314	01545	48535	17142	08552	67457
55336	71264	88472	04334	63919	36394	11196	92470	70543	29776
10087	10072	55980	64688	68239	20461	89381	93809	00796	95945
34101	81277	66090	88872	37818	72142	67140	50785	21380	16703
53362	44940	60430	22834	14130	96593	23298	56203	92671	15925
82975	66158	84731	19436	55790	69229	28661	13675	99318	76873
54827	84673	22898	08094	14326	87038	42892	21127	30712	48489
25464	59098	27436	89421	80754	89924	19097	67737	80368	08795
67609	60214	41475	84950	40133	02546	09570	45682	50165	15609
44921	70924	61295	51137	47596	86735	35561	76649	18217	63446
33170	30972	98130	95828	49786	13301	36081	80761	33985	68621
84687	85445	06208	17654	51333	02878	35010	67578	61574	20749
71886	56450	36567	09395	96951	35507	17555	35212	69106	01679
00475	02224	74722	14721	40215	21351	08596	45625	83981	63748
25993	38881	68361	59560	41274	69742	40703	37993	03435	18873
92882	53178	99195	93803	56985	53089	15305	50522	55900	43026
25138	26810	07093	15677	60688	04410	24505	37890	67186	62829
84631	71882	12991	83028	82484	90339	91950	74579	03539	90122
34003	92326	12793	61453	48121	74271	28363	66561	75220	35908
53775	45749	05734	86169	42762	70175	97310	73894	88606	19994
59316	97885	72807	54966	60859	11932	35265	71601	55577	67715
20479	66557	50705	26999	09854	52591	14063	30214	19890	19292
86180	84931	25455	26044	02227	52015	21820	50599	51671	65411
21451	68001	72710	40261	61281	13172	63819	48970	51732	54113
98062	68375	80089	24135	72355	95428	11808	29740	81644	86610
01788	64429	14430	94575	75153	94576	61393	96192	03227	32258
62465	04841	43272	68702	01274	05437	22953	18946	99053	41690
94324	31089	84159	92933	99989	89500	91586	02802	69471	68274
05797	43984	21575	09908	70221	19791	51578	36432	33494	79888
10395	14289	52185	09721	25789	38562	54794	04897	59012	89251
35177	56986	25549	59730	64718	52630	31100	62384	49483	11409
25633	89619	75882	98256	02126	72099	57183	55887	09320	73463
16464	48280	94254	45777	45150	68865	11382	11782	22695	41988

〈표 2〉 이항분포표

$$P(X=x)=\binom{n}{x}p^{x}(1-p)^{n-x}$$

n	x	p .01	.05	.10	.15	.20	.25	.30	.35	.40	.45	.50	.55	.60	.65	.70	.75	.80	.85	.90	.95
2	0	.980	.903	.810	.723	.640	.563	.490	.423	.360	.303	.250	.203	.160	.123	.090	.063	.040	.023	.010	.003
	1	.020	.095	.180	.255	.320	.375	.420	.455	.480	.495	.500	.495	.480	.455	.420	.375	.320	.255	.180	.095
	2	.000	.003	.010	.023	.040	.063	.090	.123	.160	.203	.250	.303	.360	.423	.490	.563	.640	.723	.810	.903
3	0	.970	.857	.729	.614	.512	.422	.343	.275	.216	.166	.125	.091	.064	.043	.027	.016	.008	.003	.001	.000
	1	.029	.135	.243	.325	.384	.422	.441	.444	.432	.408	.375	.334	.288	.239	.189	.141	.096	.057	.027	.007
	2	.000	.007	.027	.057	.096	.141	.189	.239	.288	.334	.375	.408	.432	.444	.441	.422	.384	.325	.243	.135
	3	.000	.000	.001	.003	.008	.016	.027	.043	.064	.091	.125	.166	.216	.275	.343	.422	.512	.614	.729	.857
4	0	.961	.815	.656	.522	.410	.316	.240	.179	.130	.092	.063	.041	.026	.015	.008	.004	.002	.001	.000	.000
	1	.039	.171	.292	.368	.410	.422	.412	.384	.346	.299	.250	.200	.154	.111	.076	.047	.026	.011	.004	.000
	2	.001	.014	.049	.098	.154	.211	.265	.311	.346	.368	.375	.368	.346	.311	.265	.211	.154	.098	.049	.014
	3	.000	.000	.004	.011	.026	.047	.076	.111	.154	.200	.250	.299	.346	.384	.412	.422	.410	.368	.292	.171
	4	.000	.000	.000	.001	.002	.004	.008	.015	.026	.041	.063	.092	.130	.179	.240	.316	.410	.522	.656	.815
5	0	.951	.774	.590	.444	.328	.237	.168	.116	.078	.050	.031	.018	.010	.005	.002	.001	.000	.000	.000	.000
	1	.048	.204	.328	.392	.410	.396	.360	.312	.259	.206	.156	.113	.077	.049	.028	.015	.006	.002	.000	.000
	2	.001	.021	.073	.138	.205	.264	.309	.336	.346	.337	.313	.276	.230	.181	.132	.088	.051	.024	.008	.001
	3	.000	.001	.008	.024	.051	.088	.132	.181	.230	.276	.313	.337	.346	.336	.309	.264	.205	.138	.073	.021
	4	.000	.000	.000	.002	.006	.015	.028	.049	.077	.113	.156	.206	.259	.312	.360	.396	.410	.392	.328	.204
	5	.000	.000	.000	.000	.000	.001	.002	.005	.010	.018	.031	.050	.078	.116	.168	.237	.328	.444	.590	.774
6	0	.941	.735	.531	.377	.262	.178	.118	.075	.047	.028	.016	.008	.004	.002	.001	.000	.000	.000	.000	.000
	1	.057	.232	.354	.399	.393	.356	.303	.244	.187	.136	.094	.061	.037	.020	.010	.004	.002	.000	.000	.000
	2	.001	.031	.098	.176	.246	.297	.324	.328	.311	.278	.234	.186	.138	.095	.060	.033	.015	.005	.001	.000
	3	.000	.002	.015	.041	.082	.132	.185	.235	.276	.303	.313	.303	.276	.235	.185	.132	.082	.041	.015	.002
	4	.000	.000	.001	.005	.015	.033	.060	.095	.138	.186	.234	.278	.311	.328	.324	.297	.246	.176	.098	.031
	5	.000	.000	.000	.000	.002	.004	.010	.020	.037	.061	.094	.136	.187	.244	.303	.356	.393	.399	.354	.232
	6	.000	.000	.000	.000	.000	.000	.001	.002	.004	.008	.016	.028	.047	.075	.118	.178	.262	.377	.531	.735
7	0	.932	.698	.478	.321	.210	.133	.082	.049	.028	.015	.008	.004	.002	.001	.000	.000	.000	.000	.000	.000
	1	.066	.257	.372	.396	.367	.311	.247	.185	.131	.087	.055	.032	.017	.008	.004	.001	.000	.000	.000	.000
	2	.002	.041	.124	.210	.275	.311	.318	.298	.261	.214	.164	.117	.077	.047	.025	.012	.004	.001	.000	.000
	3	.000	.004	.023	.062	.115	.173	.227	.268	.290	.292	.273	.239	.194	.144	.097	.058	.029	.011	.003	.000
	4	.000	.000	.003	.011	.029	.058	.097	.144	.194	.239	.273	.292	.290	.268	.227	.173	.115	.062	.023	.004
	5	.000	.000	.000	.001	.004	.012	.025	.047	.077	.117	.164	.214	.261	.298	.318	.311	.275	.210	.124	.041
	6	.000	.000	.000	.000	.000	.001	.004	.008	.017	.032	.055	.087	.131	.185	.247	.311	.367	.396	.372	.257
	7	.000	.000	.000	.000	.000	.000	.000	.001	.002	.004	.008	.015	.028	.049	.082	.133	.210	.321	.478	.698

〈표 2〉 이항분포표(계속)

		p																			
n	x	.01	.05	.10	.15	.20	.25	.30	.35	.40	.45	.50	.55	.60	.65	.70	.75	.80	.85	.90	.95
8	0	.923	.663	.430	.272	.168	.100	.058	.032	.017	.008	.004	.002	.001	.000	.000	.000	.000	.000	.000	.000
	1	.075	.279	.383	.385	.336	.267	.198	.137	.090	.055	.031	.016	.008	.003	.001	.000	.000	.000	.000	.000
	2	.003	.051	.149	.238	.294	.311	.296	.259	.209	.157	.109	.070	.041	.022	.010	.004	.001	.000	.000	.000
	3	.000	.005	.033	.084	.147	.208	.254	.279	.279	.257	.219	.172	.124	.081	.047	.023	.009	.003	.000	.000
	4	.000	.000	.005	.018	.046	.087	.136	.188	.232	.263	.273	.263	.232	.188	.136	.087	.046	.018	.005	.000
	5	.000	.000	.000	.003	.009	.023	.047	.081	.124	.172	.219	.257	.279	.279	.254	.208	.147	.084	.033	.005
	6	.000	.000	.000	.000	.001	.004	.010	.022	.041	.070	.109	.157	.209	.259	.296	.311	.294	.238	.149	.051
	7	.000	.000	.000	.000	.000	.000	.001	.003	.008	.016	.031	.055	.090	.137	.198	.267	.336	.385	.383	.279
	8	.000	.000	.000	.000	.000	.000	.000	.000	.001	.002	.004	.008	.017	.032	.058	.100	.168	.272	.430	.663
9	0	.914	.630	.387	.232	.134	.075	.040	.021	.010	.005	.002	.001	.000	.000	.000	.000	.000	.000	.000	.000
	1	.083	.299	.387	.368	.302	.225	.156	.100	.060	.034	.018	.008	.004	.001	.000	.000	.000	.000	.000	.000
	2	.003	.063	.172	.260	.302	.300	.267	.216	.161	.111	.070	.041	.021	.010	.004	.001	.000	.000	.000	.000
	3	.000	.008	.045	.107	.176	.234	.267	.272	.251	.212	.164	.116	.074	.042	.021	.009	.003	.001	.000	.000
	4	.000	.001	.007	.028	.066	.117	.172	.219	.251	.260	.246	.213	.167	.118	.074	.039	.017	.005	.001	.000
	5	.000	.000	.001	.005	.017	.039	.074	.118	.167	.213	.246	.260	.251	.219	.172	.117	.066	.028	.007	.001
	6	.000	.000	.000	.001	.003	.009	.021	.042	.074	.116	.164	.212	.251	.272	.267	.234	.176	.107	.045	.008
	7	.000	.000	.000	.000	.000	.001	.004	.010	.021	.041	.070	.111	.161	.216	.267	.300	.302	.260	.172	.063
	8	.000	.000	.000	.000	.000	.000	.000	.001	.004	.008	.018	.034	.060	.100	.156	.225	.302	.368	.387	.299
	9	.000	.000	.000	.000	.000	.000	.000	.000	.000	.001	.002	.005	.010	.021	.040	.075	.134	.232	.387	.630
10	0	.904	.599	.349	.197	.107	.056	.028	.013	.006	.003	.001	.000	.000	.000	.000	.000	.000	.000	.000	.000
	1	.091	.315	.387	.347	.268	.188	.121	.072	.040	.021	.010	.004	.002	.001	.000	.000	.000	.000	.000	.000
	2	.004	.075	.194	.276	.302	.282	.233	.176	.121	.076	.044	.023	.011	.004	.001	.000	.000	.000	.000	.000
	3	.000	.010	.057	.130	.201	.250	.267	.252	.215	.166	.117	.075	.042	.021	.009	.003	.001	.000	.000	.000
	4	.000	.001	.011	.040	.088	.146	.200	.238	.251	.238	.205	.160	.111	.069	.037	.016	.006	.001	.000	.000
	5	.000	.000	.001	.008	.026	.058	.103	.154	.201	.234	.246	.234	.201	.154	.103	.058	.026	.008	.001	.000
	6	.000	.000	.000	.001	.006	.016	.037	.069	.111	.160	.205	.238	.251	.238	.200	.146	.088	.040	.011	.001
	7	.000	.000	.000	.000	.001	.003	.009	.021	.042	.075	.117	.166	.215	.252	.267	.250	.201	.130	.057	.010
	8	.000	.000	.000	.000	.000	.000	.001	.004	.011	.023	.044	.076	.121	.176	.233	.282	.302	.276	.194	.075
	9	.000	.000	.000	.000	.000	.000	.000	.001	.002	.004	.010	.021	.040	.072	.121	.188	.268	.347	.387	.315
	10	.000	.000	.000	.000	.000	.000	.000	.000	.000	.000	.001	.003	.006	.013	.028	.056	.107	.197	.349	.599
11	0	.895	.569	.314	.167	.086	.042	.020	.009	.004	.001	.000	.000	.000	.000	.000	.000	.000	.000	.000	.000
	1	.099	.329	.384	.325	.236	.155	.093	.052	.027	.013	.005	.002	.001	.000	.000	.000	.000	.000	.000	.000
	2	.005	.087	.213	.287	.295	.258	.200	.140	.089	.051	.027	.013	.005	.002	.001	.000	.000	.000	.000	.000
	3	.000	.014	.071	.152	.221	.258	.257	.225	.177	.126	.081	.046	.023	.010	.004	.001	.000	.000	.000	.000
	4	.000	.001	.016	.054	.111	.172	.220	.243	.236	.206	.161	.113	.070	.038	.017	.006	.002	.000	.000	.000
	5	.000	.000	.002	.013	.039	.080	.132	.183	.221	.236	.226	.193	.147	.099	.057	.027	.010	.002	.000	.000
	6	.000	.000	.000	.002	.010	.027	.057	.099	.147	.193	.226	.236	.221	.183	.132	.080	.039	.013	.002	.000
	7	.000	.000	.000	.000	.002	.006	.017	.038	.070	.113	.161	.206	.236	.243	.220	.172	.111	.054	.016	.001
	8	.000	.000	.000	.000	.000	.001	.004	.010	.023	.046	.081	.126	.177	.225	.257	.258	.221	.152	.071	.014
	9	.000	.000	.000	.000	.000	.000	.001	.002	.005	.013	.027	.051	.089	.140	.200	.258	.295	.287	.213	.087
	10	.000	.000	.000	.000	.000	.000	.000	.000	.001	.002	.005	.013	.027	.052	.093	.155	.236	.325	.384	.329
	11	.000	.000	.000	.000	.000	.000	.000	.000	.000	.000	.000	.001	.004	.009	.020	.042	.086	.167	.314	.569

〈표 2〉 이항분포표(계속)

n	x	.01	.05	.10	.15	.20	.25	.30	.35	.40	.45	.50	.55	.60	.65	.70	.75	.80	.85	.90	.95
12	0	.886	.540	.282	.142	.069	.032	.014	.006	.002	.001	.000	.000	.000	.000	.000	.000	.000	.000	.000	.000
	1	.107	.341	.377	.301	.206	.127	.071	.037	.017	.008	.003	.001	.000	.000	.000	.000	.000	.000	.000	.000
	2	.006	.099	.230	.292	.283	.232	.168	.109	.064	.034	.016	.007	.002	.001	.000	.000	.000	.000	.000	.000
	3	.000	.017	.085	.172	.236	.258	.240	.195	.142	.092	.054	.028	.012	.005	.001	.000	.000	.000	.000	.000
	4	.000	.002	.021	.068	.133	.194	.231	.237	.213	.170	.121	.076	.042	.020	.008	.002	.001	.000	.000	.000
	5	.000	.000	.004	.019	.053	.103	.158	.204	.227	.222	.193	.149	.101	.059	.029	.011	.003	.001	.000	.000
	6	.000	.000	.000	.004	.016	.040	.079	.128	.177	.212	.226	.212	.177	.128	.079	.040	.016	.004	.000	.000
	7	.000	.000	.000	.001	.003	.011	.029	.059	.101	.149	.193	.222	.227	.204	.158	.103	.053	.019	.004	.000
	8	.000	.000	.000	.000	.001	.002	.008	.020	.042	.076	.121	.170	.213	.237	.231	.194	.133	.068	.021	.002
	9	.000	.000	.000	.000	.000	.000	.001	.005	.012	.028	.054	.092	.142	.195	.240	.258	.236	.172	.085	.017
	10	.000	.000	.000	.000	.000	.000	.000	.001	.002	.007	.016	.034	.064	.109	.168	.232	.283	.292	.230	.099
	11	.000	.000	.000	.000	.000	.000	.000	.000	.000	.001	.003	.008	.017	.037	.071	.127	.206	.301	.377	.341
	12	.000	.000	.000	.000	.000	.000	.000	.000	.000	.000	.000	.001	.002	.006	.014	.032	.069	.142	.282	.540
15	0	.860	.463	.206	.087	.035	.013	.005	.002	.000	.000	.000	.000	.000	.000	.000	.000	.000	.000	.000	.000
	1	.130	.366	.343	.231	.132	.067	.031	.013	.005	.002	.000	.000	.000	.000	.000	.000	.000	.000	.000	.000
	2	.009	.135	.267	.286	.231	.156	.092	.048	.022	.009	.003	.001	.000	.000	.000	.000	.000	.000	.000	.000
	3	.000	.031	.129	.218	.250	.225	.170	.111	.063	.032	.014	.005	.002	.000	.000	.000	.000	.000	.000	.000
	4	.000	.005	.043	.116	.188	.225	.219	.179	.127	.078	.042	.019	.007	.002	.001	.000	.000	.000	.000	.000
	5	.000	.001	.010	.045	.103	.165	.206	.212	.186	.140	.092	.051	.024	.010	.003	.001	.000	.000	.000	.000
	6	.000	.000	.002	.013	.043	.092	.147	.191	.207	.191	.153	.105	.061	.030	.012	.003	.001	.000	.000	.000
	7	.000	.000	.000	.003	.014	.039	.081	.132	.177	.201	.196	.165	.118	.071	.035	.013	.003	.001	.000	.000
	8	.000	.000	.000	.001	.003	.013	.035	.071	.118	.165	.196	.201	.177	.132	.081	.039	.014	.003	.000	.000
	9	.000	.000	.000	.000	.001	.003	.012	.030	.061	.105	.153	.191	.207	.191	.147	.092	.043	.013	.002	.000
	10	.000	.000	.000	.000	.000	.001	.003	.010	.024	.051	.092	.140	.186	.212	.206	.165	.103	.045	.010	.001
	11	.000	.000	.000	.000	.000	.000	.001	.002	.007	.019	.042	.078	.127	.179	.219	.225	.188	.116	.043	.005
	12	.000	.000	.000	.000	.000	.000	.000	.000	.002	.005	.014	.032	.063	.111	.170	.225	.250	.218	.129	.031
	13	.000	.000	.000	.000	.000	.000	.000	.000	.000	.001	.003	.009	.022	.048	.092	.156	.231	.286	.267	.135
	14	.000	.000	.000	.000	.000	.000	.000	.000	.000	.000	.000	.002	.005	.013	.031	.067	.132	.231	.343	.366
	15	.000	.000	.000	.000	.000	.000	.000	.000	.000	.000	.000	.000	.000	.002	.005	.013	.035	.087	.206	.463

〈표 2〉 이항분포표(계속)

		p																			
n	x	.01	.05	.10	.15	.20	.25	.30	.35	.40	.45	.50	.55	.60	.65	.70	.75	.80	.85	.90	.95
16	0	.851	.440	.185	.074	.028	.010	.003	.001	.000	.000	.000	.000	.000	.000	.000	.000	.000	.000	.000	.000
	1	.138	.371	.329	.210	.113	.053	.023	.009	.003	.001	.000	.000	.000	.000	.000	.000	.000	.000	.000	.000
	2	.010	.146	.275	.277	.211	.134	.073	.035	.015	.006	.002	.001	.000	.000	.000	.000	.000	.000	.000	.000
	3	.000	.036	.142	.229	.246	.208	.146	.089	.047	.022	.009	.003	.001	.000	.000	.000	.000	.000	.000	.000
	4	.000	.006	.051	.131	.200	.225	.204	.155	.101	.057	.028	.011	.004	.001	.000	.000	.000	.000	.000	.000
	5	.000	.001	.014	.056	.120	.180	.210	.201	.162	.112	.067	.034	.014	.005	.001	.000	.000	.000	.000	.000
	6	.000	.000	.003	.018	.055	.110	.165	.198	.198	.168	.122	.075	.039	.017	.006	.001	.000	.000	.000	.000
	7	.000	.000	.000	.005	.020	.052	.101	.152	.189	.197	.175	.132	.084	.044	.019	.006	.001	.000	.000	.000
	8	.000	.000	.000	.001	.006	.020	.049	.092	.142	.181	.196	.181	.142	.092	.049	.020	.006	.001	.000	.000
	9	.000	.000	.000	.000	.001	.006	.019	.044	.084	.132	.175	.197	.189	.152	.101	.052	.020	.005	.000	.000
	10	.000	.000	.000	.000	.000	.001	.006	.017	.039	.075	.122	.168	.198	.198	.165	.110	.055	.018	.003	.000
	11	.000	.000	.000	.000	.000	.000	.001	.005	.014	.034	.067	.112	.162	.201	.210	.180	.120	.056	.014	.001
	12	.000	.000	.000	.000	.000	.000	.000	.001	.004	.011	.028	.057	.101	.155	.204	.225	.200	.131	.051	.006
	13	.000	.000	.000	.000	.000	.000	.000	.000	.001	.003	.009	.022	.047	.089	.146	.208	.246	.229	.142	.036
	14	.000	.000	.000	.000	.000	.000	.000	.000	.000	.001	.002	.006	.015	.035	.073	.134	.211	.277	.275	.146
	15	.000	.000	.000	.000	.000	.000	.000	.000	.000	.000	.000	.001	.003	.009	.023	.053	.113	.210	.329	.371
	16	.000	.000	.000	.000	.000	.000	.000	.000	.000	.000	.000	.000	.000	.001	.003	.010	.028	.074	.185	.440
20	0	.818	.358	.122	.039	.012	.003	.001	.000	.000	.000	.000	.000	.000	.000	.000	.000	.000	.000	.000	.000
	1	.165	.377	.270	.137	.058	.021	.007	.002	.000	.000	.000	.000	.000	.000	.000	.000	.000	.000	.000	.000
	2	.016	.189	.285	.229	.137	.067	.028	.010	.003	.001	.000	.000	.000	.000	.000	.000	.000	.000	.000	.000
	3	.001	.060	.190	.243	.205	.134	.072	.032	.012	.004	.001	.000	.000	.000	.000	.000	.000	.000	.000	.000
	4	.000	.013	.090	.182	.218	.190	.130	.074	.035	.014	.005	.001	.000	.000	.000	.000	.000	.000	.000	.000
	5	.000	.002	.032	.103	.175	.202	.179	.127	.075	.036	.015	.005	.001	.000	.000	.000	.000	.000	.000	.000
	6	.000	.000	.009	.045	.109	.169	.192	.171	.124	.075	.037	.015	.005	.001	.000	.000	.000	.000	.000	.000
	7	.000	.000	.002	.016	.055	.112	.164	.184	.166	.122	.074	.037	.015	.004	.001	.000	.000	.000	.000	.000
	8	.000	.000	.000	.005	.022	.061	.114	.161	.180	.162	.120	.073	.035	.014	.004	.001	.000	.000	.000	.000
	9	.000	.000	.000	.001	.007	.027	.065	.116	.160	.177	.160	.119	.071	.034	.012	.003	.000	.000	.000	.000
	10	.000	.000	.000	.000	.002	.010	.031	.069	.117	.159	.176	.159	.117	.069	.031	.010	.002	.000	.000	.000
	11	.000	.000	.000	.000	.000	.003	.012	.034	.071	.119	.160	.177	.160	.116	.065	.027	.007	.001	.000	.000
	12	.000	.000	.000	.000	.000	.001	.004	.014	.035	.073	.120	.162	.180	.161	.114	.061	.022	.005	.000	.000
	13	.000	.000	.000	.000	.000	.000	.001	.004	.015	.037	.074	.122	.166	.184	.164	.112	.055	.016	.002	.000
	14	.000	.000	.000	.000	.000	.000	.000	.001	.005	.015	.037	.075	.124	.171	.192	.169	.109	.045	.009	.000
	15	.000	.000	.000	.000	.000	.000	.000	.000	.001	.005	.015	.036	.075	.127	.179	.202	.175	.103	.032	.002
	16	.000	.000	.000	.000	.000	.000	.000	.000	.000	.001	.005	.014	.035	.074	.130	.190	.218	.182	.090	.013
	17	.000	.000	.000	.000	.000	.000	.000	.000	.000	.000	.001	.004	.012	.032	.072	.134	.205	.243	.190	.060
	18	.000	.000	.000	.000	.000	.000	.000	.000	.000	.000	.000	.001	.003	.010	.028	.067	.137	.229	.285	.189
	19	.000	.000	.000	.000	.000	.000	.000	.000	.000	.000	.000	.000	.000	.002	.007	.021	.058	.137	.270	.377
	20	.000	.000	.000	.000	.000	.000	.000	.000	.000	.000	.000	.000	.000	.000	.001	.003	.012	.039	.122	.358

〈표 3〉 포아송분포표

$$P(X=x)=\frac{e^{-\mu}\mu^{x}}{x!}$$

	μ									
x	0.1	0.2	0.3	0.4	0.5	0.6	0.7	0.8	0.9	1.0
0	.9048	.8187	.7408	.6703	.6065	.5488	.4966	.4493	.4066	.3679
1	.0905	.1637	.2222	.2681	.3033	.3293	.3476	.3595	.3659	.3679
2	.0045	.0164	.0333	.0536	.0758	.0988	.1217	.1438	.1647	.1839
3	.0002	.0011	.0033	.0072	.0126	.0198	.0284	.0383	.0494	.0613
4	.0000	.0001	.0003	.0007	.0016	.0030	.0050	.0077	.0111	.0153
5	.0000	.0000	.0000	.0001	.0002	.0004	.0007	.0012	.0020	.0031
6	.0000	.0000	.0000	.0000	.0000	.0000	.0001	.0002	.0003	.0005
7	.0000	.0000	.0000	.0000	.0000	.0000	.0000	.0000	.0000	.0001

	μ									
x	1.1	1.2	1.3	1.4	1.5	1.6	1.7	1.8	1.9	2.0
0	.3329	.3012	.2725	.2466	.2231	.2019	.1827	.1653	.1496	.1353
1	.3662	.3614	.3543	.3452	.3347	.3230	.3106	.2975	.2842	.2707
2	.2014	.2169	.2303	.2417	.2510	.2584	.2640	.2678	.2700	.2707
3	.0738	.0867	.0998	.1128	.1255	.1378	.1496	.1607	.1710	.1804
4	.0203	.0260	.0324	.0395	.0471	.0551	.0636	.0723	.0812	.0902
5	.0045	.0062	.0084	.0111	.0141	.0176	.0216	.0260	.0309	.0361
6	.0008	.0012	.0018	.0026	.0035	.0047	.0061	.0078	.0098	.0120
7	.0001	.0002	.0003	.0005	.0008	.0011	.0015	.0020	.0027	.0034
8	.0000	.0000	.0001	.0001	.0001	.0002	.0003	.0005	.0006	.0009
9	.0000	.0000	.0000	.0000	.0000	.0000	.0001	.0001	.0001	.0002

	μ									
x	2.1	2.2	2.3	2.4	2.5	2.6	2.7	2.8	2.9	3.0
0	.1225	.1108	.1003	.0907	.0821	.0743	.0672	.0608	.0550	.0498
1	.2572	.2438	.2306	.2177	.2052	.1931	.1815	.1703	.1596	.1494
2	.2700	.2681	.2652	.2613	.2565	.2510	.2450	.2384	.2314	.2240
3	.1890	.1966	.2033	.2090	.2138	.2176	.2205	.2225	.2237	.2240
4	.0992	.1082	.1169	.1254	.1336	.1414	.1488	.1557	.1622	.1680
5	.0417	.0476	.0538	.0602	.0668	.0735	.0804	.0872	.0940	.1008
6	.0146	.0174	.0206	.0241	.0278	.0319	.0362	.0407	.0455	.0504
7	.0044	.0055	.0068	.0083	.0099	.0118	.0139	.0163	.0188	.0216
8	.0011	.0015	.0019	.0025	.0031	.0038	.0047	.0057	.0068	.0081
9	.0003	.0004	.0005	.0007	.0009	.0011	.0014	.0018	.0022	.0027
10	.0001	.0001	.0001	.0002	.0002	.0003	.0004	.0005	.0006	.0008
11	.0000	.0000	.0000	.0000	.0000	.0001	.0001	.0001	.0002	.0002
12	.0000	.0000	.0000	.0000	.0000	.0000	.0000	.0000	.0000	.0001

〈표 3〉 포아송분포표(계속)

	μ									
x	3.1	3.2	3.3	3.4	3.5	3.6	3.7	3.8	3.9	4.0
0	.0450	.0408	.0369	.0334	.0302	.0273	.0247	.0224	.0202	.0183
1	.1397	.1304	.1217	.1135	.1057	.0984	.0915	.0850	.0789	.0733
2	.2165	.2087	.2008	.1929	.1850	.1771	.1692	.1615	.1539	.1465
3	.2237	.2226	.2209	.2186	.2158	.2125	.2087	.2046	.2001	.1954
4	.1733	.1781	.1823	.1858	.1888	.1912	.1931	.1944	.1951	.1954
5	.1075	.1140	.1203	.1264	.1322	.1377	.1429	.1477	.1522	.1563
6	.0555	.0608	.0662	.0716	.0771	.0826	.0881	.0936	.0989	.1042
7	.0246	.0278	.0312	.0348	.0385	.0425	.0466	.0508	.0551	.0595
8	.0095	.0111	.0129	.0148	.0169	.0191	.0215	.0241	.0269	.0298
9	.0033	.0040	.0047	.0056	.0066	.0076	.0089	.0102	.0116	.0132
10	.0010	.0013	.0016	.0019	.0023	.0028	.0033	.0039	.0045	.0053
11	.0003	.0004	.0005	.0006	.0007	.0009	.0011	.0013	.0016	.0019
12	.0001	.0001	.0001	.0002	.0002	.0003	.0003	.0004	.0005	.0006
13	.0000	.0000	.0000	.0000	.0001	.0001	.0001	.0001	.0002	.0002
14	.0000	.0000	.0000	.0000	.0000	.0000	.0000	.0000	.0000	.0001

	μ									
x	**4.1**	**4.2**	**4.3**	**4.4**	**4.5**	**4.6**	**4.7**	**4.8**	**4.9**	**5.0**
0	.0166	.0150	.0136	.0123	.0111	.0101	.0091	.0082	.0074	.0067
1	.0679	.0630	.0583	.0540	.0500	.0462	.0427	.0395	.0365	.0337
2	.1393	.1323	.1254	.1188	.1125	.1063	.1005	.0948	.0894	.0842
3	.1904	.1852	.1798	.1743	.1687	.1631	.1574	.1517	.1460	.1404
4	.1951	.1944	.1933	.1917	.1898	.1875	.1849	.1820	.1789	.1755
5	.1600	.1633	.1662	.1687	.1708	.1725	.1738	.1747	.1753	.1755
6	.1093	.1143	.1191	.1237	.1281	.1323	.1362	.1398	.1432	.1462
7	.0640	.0686	.0732	.0778	.0824	.0869	.0914	.0959	.1002	.1044
8	.0328	.0360	.0393	.0428	.0463	.0500	.0537	.0575	.0614	.0653
9	.0150	.0168	.0188	.0209	.0232	.0255	.0281	.0307	.0334	.0363
10	.0061	.0071	.0081	.0092	.0104	.0118	.0132	.0147	.0164	.0181
11	.0023	.0027	.0032	.0037	.0043	.0049	.0056	.0064	.0073	.0082
12	.0008	.0009	.0011	.0013	.0016	.0019	.0022	.0026	.0030	.0034
13	.0002	.0003	.0004	.0005	.0006	.0007	.0008	.0009	.0011	.0013
14	.0001	.0001	.0001	.0001	.0002	.0002	.0003	.0003	.0004	.0005
15	.0000	.0000	.0000	.0000	.0001	.0001	.0001	.0001	.0001	.0002

〈표 3〉 포아송분포표(계속)

	μ									
x	5.1	5.2	5.3	5.4	5.5	5.6	5.7	5.8	5.9	6.0
0	.0061	.0055	.0050	.0045	.0041	.0037	.0033	.0030	.0027	.0025
1	.0311	.0287	.0265	.0244	.0225	.0207	.0191	.0176	.0162	.0149
2	.0793	.0746	.0701	.0659	.0618	.0580	.0544	.0509	.0477	.0446
3	.1348	.1293	.1239	.1185	.1133	.1082	.1033	.0985	.0938	.0892
4	.1719	.1681	.1641	.1600	.1558	.1515	.1472	.1428	.1383	.1339
5	.1753	.1748	.1740	.1728	.1714	.1697	.1678	.1656	.1632	.1606
6	.1490	.1515	.1537	.1555	.1571	.1584	.1594	.1601	.1605	.1606
7	.1086	.1125	.1163	.1200	.1234	.1267	.1298	.1326	.1353	.1377
8	.0692	.0731	.0771	.0810	.0849	.0887	.0925	.0962	.0998	.1033
9	.0392	.0423	.0454	.0486	.0519	.0552	.0586	.0620	.0654	.0688
10	.0200	.0220	.0241	.0262	.0285	.0309	.0334	.0359	.0386	.0413
11	.0093	.0104	.0116	.0129	.0143	.0157	.0173	.0190	.0207	.0225
12	.0039	.0045	.0051	.0058	.0065	.0073	.0082	.0092	.0102	.0113
13	.0015	.0018	.0021	.0024	.0028	.0032	.0036	.0041	.0046	.0052
14	.0006	.0007	.0008	.0009	.0011	.0013	.0015	.0017	.0019	.0022
15	.0002	.0002	.0003	.0003	.0004	.0005	.0006	.0007	.0008	.0009
16	.0001	.0001	.0001	.0001	.0001	.0002	.0002	.0002	.0003	.0003
17	.0000	.0000	.0000	.0000	.0000	.0001	.0001	.0001	.0001	.0001

	μ									
x	**6.1**	**6.2**	**6.3**	**6.4**	**6.5**	**6.6**	**6.7**	**6.8**	**6.9**	**7.0**
0	.0022	.0020	.0018	.0017	.0015	.0014	.0012	.0011	.0010	.0009
1	.0137	.0126	.0116	.0106	.0098	.0090	.0082	.0076	.0070	.0064
2	.0417	.0390	.0364	.0340	.0318	.0296	.0276	.0258	.0240	.0223
3	.0848	.0806	.0765	.0726	.0688	.0652	.0617	.0584	.0552	.0521
4	.1294	.1249	.1205	.1162	.1118	.1076	.1034	.0992	.0952	.0912
5	.1579	.1549	.1519	.1487	.1454	.1420	.1385	.1349	.1314	.1277
6	.1605	.1601	.1595	.1586	.1575	.1562	.1546	.1529	.1511	.1490
7	.1399	.1418	.1435	.1450	.1462	.1472	.1480	.1486	.1489	.1490
8	.1066	.1099	.1130	.1160	.1188	.1215	.1240	.1263	.1284	.1304
9	.0723	.0757	.0791	.0825	.0858	.0891	.0923	.0954	.0985	.1014
10	.0441	.0469	.0498	.0528	.0558	.0588	.0618	.0649	.0679	.0710
11	.0244	.0265	.0285	.0307	.0330	.0353	.0377	.0401	.0426	.0452
12	.0124	.0137	.0150	.0164	.0179	.0194	.0210	.0227	.0245	.0263
13	.0058	.0065	.0073	.0081	.0089	.0099	.0108	.0119	.0130	.0142
14	.0025	.0029	.0033	.0037	.0041	.0046	.0052	.0058	.0064	.0071
15	.0010	.0012	.0014	.0016	.0018	.0020	.0023	.0026	.0029	.0033
16	.0004	.0005	.0005	.0006	.0007	.0008	.0010	.0011	.0013	.0014
17	.0001	.0002	.0002	.0002	.0003	.0003	.0004	.0004	.0005	.0006
18	.0000	.0001	.0001	.0001	.0001	.0001	.0001	.0002	.0002	.0002
19	.0000	.0000	.0000	.0000	.0000	.0000	.0001	.0001	.0001	.0001

〈표 3〉 포아송분포표(계속)

	μ									
x	7.1	7.2	7.3	7.4	7.5	7.6	7.7	7.8	7.9	8.0
0	.0008	.0007	.0007	.0006	.0006	.0005	.0005	.0004	.0004	.0003
1	.0059	.0054	.0049	.0045	.0041	.0038	.0035	.0032	.0029	.0027
2	.0208	.0194	.0180	.0167	.0156	.0145	.0134	.0125	.0116	.0107
3	.0492	.0464	.0438	.0413	.0389	.0366	.0345	.0324	.0305	.0286
4	.0874	.0836	.0799	.0764	.0729	.0696	.0663	.0632	.0602	.0573
5	.1241	.1204	.1167	.1130	.1094	.1057	.1021	.0986	.0951	.0916
6	.1468	.1445	.1420	.1394	.1367	.1339	.1311	.1282	.1252	.1221
7	.1489	.1486	.1481	.1474	.1465	.1454	.1442	.1428	.1413	.1396
8	.1321	.1337	.1351	.1363	.1373	.1381	.1388	.1392	.1395	.1396
9	.1042	.1070	.1096	.1121	.1144	.1167	.1187	.1207	.1224	.1241
10	.0740	.0770	.0800	.0829	.0858	.0887	.0914	.0941	.0967	.0993
11	.0478	.0504	.0531	.0558	.0585	.0613	.0640	.0667	.0695	.0722
12	.0283	.0303	.0323	.0344	.0366	.0388	.0411	.0434	.0457	.0481
13	.0154	.0168	.0181	.0196	.0211	.0227	.0243	.0260	.0278	.0296
14	.0078	.0086	.0095	.0104	.0113	.0123	.0134	.0145	.0157	.0169
15	.0037	.0041	.0046	.0051	.0057	.0062	.0069	.0075	.0083	.0090
16	.0016	.0019	.0021	.0024	.0026	.0030	.0033	.0037	.0041	.0045
17	.0007	.0008	.0009	.0010	.0012	.0013	.0015	.0017	.0019	.0021
18	.0003	.0003	.0004	.0004	.0005	.0006	.0006	.0007	.0008	.0009
19	.0001	.0001	.0001	.0002	.0002	.0002	.0003	.0003	.0003	.0004
20	.0000	.0000	.0001	.0001	.0001	.0001	.0001	.0001	.0001	.0002
21	.0000	.0000	.0000	.0000	.0000	.0000	.0000	.0000	.0001	.0001

〈표 3〉 포아송분포표(계속)

	μ									
x	**8.1**	**8.2**	**8.3**	**8.4**	**8.5**	**8.6**	**8.7**	**8.8**	**8.9**	**9.0**
0	.0003	.0003	.0002	.0002	.0002	.0002	.0002	.0002	.0001	.0001
1	.0025	.0023	.0021	.0019	.0017	.0016	.0014	.0013	.0012	.0011
2	.0100	.0092	.0086	.0079	.0074	.0068	.0063	.0058	.0054	.0050
3	.0269	.0252	.0237	.0222	.0208	.0195	.0183	.0171	.0160	.0150
4	.0544	.0517	.0491	.0466	.0443	.0420	.0398	.0377	.0357	.0337
5	.0882	.0849	.0816	.0784	.0752	.0722	.0692	.0663	.0635	.0607
6	.1191	.1160	.1128	.1097	.1066	.1034	.1003	.0972	.0941	.0911
7	.1378	.1358	.1338	.1317	.1294	.1271	.1247	.1222	.1197	.1171
8	.1395	.1392	.1388	.1382	.1375	.1366	.1356	.1344	.1332	.1318
9	.1256	.1269	.1280	.1290	.1299	.1306	.1311	.1315	.1317	.1318
10	.1017	.1040	.1063	.1084	.1104	.1123	.1140	.1157	.1172	.1186
11	.0749	.0776	.0802	.0828	.0853	.0878	.0902	.0925	.0948	.0970
12	.0505	.0530	.0555	.0579	.0604	.0629	.0654	.0679	.0703	.0728
13	.0315	.0334	.0354	.0374	.0395	.0416	.0438	.0459	.0481	.0504
14	.0182	.0196	.0210	.0225	.0240	.0256	.0272	.0289	.0306	.0324
15	.0098	.0107	.0116	.0126	.0136	.0147	.0158	.0169	.0182	.0194
16	.0050	.0055	.0060	.0066	.0072	.0079	.0086	.0093	.0101	.0109
17	.0024	.0026	.0029	.0033	.0036	.0040	.0044	.0048	.0053	.0058
18	.0011	.0012	.0014	.0015	.0017	.0019	.0021	.0024	.0026	.0029
19	.0005	.0005	.0006	.0007	.0008	.0009	.0010	.0011	.0012	.0014
20	.0002	.0002	.0002	.0003	.0003	.0004	.0004	.0005	.0005	.0006
21	.0001	.0001	.0001	.0001	.0001	.0002	.0002	.0002	.0002	.0003
22	.0000	.0000	.0000	.0000	.0001	.0001	.0001	.0001	.0001	.0001

〈표 3〉 포아송분포표(계속)

	μ									
x	**9.1**	**9.2**	**9.3**	**9.4**	**9.5**	**9.6**	**9.7**	**9.8**	**9.9**	**10.0**
0	.0001	.0001	.0001	.0001	.0001	.0001	.0001	.0001	.0001	.0000
1	.0010	.0009	.0009	.0008	.0007	.0007	.0006	.0005	.0005	.0005
2	.0046	.0043	.0040	.0037	.0034	.0031	.0029	.0027	.0025	.0023
3	.0140	.0131	.0123	.0115	.0107	.0100	.0093	.0087	.0081	.0076
4	.0319	.0302	.0285	.0269	.0254	.0240	.0226	.0213	.0201	.0189
5	.0581	.0555	.0530	.0506	.0483	.0460	.0439	.0418	.0398	.0378
6	.0881	.0851	.0822	.0793	.0764	.0736	.0709	.0682	.0656	.0631
7	.1145	.1118	.1091	.1064	.1037	.1010	.0982	.0955	.0928	.0901
8	.1302	.1286	.1269	.1251	.1232	.1212	.1191	.1170	.1148	.1126
9	.1317	.1315	.1311	.1306	.1300	.1293	.1284	.1274	.1263	.1251
10	.1198	.1210	.1219	.1228	.1235	.1241	.1245	.1249	.1250	.1251
11	.0991	.1012	.1031	.1049	.1067	.1083	.1098	.1112	.1125	.1137
12	.0752	.0776	.0799	.0822	.0844	.0866	.0888	.0908	.0928	.0948
13	.0526	.0549	.0572	.0594	.0617	.0640	.0662	.0685	.0707	.0729
14	.0342	.0361	.0380	.0399	.0419	.0439	.0459	.0479	.0500	.0521
15	.0208	.0221	.0235	.0250	.0265	.0281	.0297	.0313	.0330	.0347
16	.0118	.0127	.0137	.0147	.0157	.0168	.0180	.0192	.0204	.0217
17	.0063	.0069	.0075	.0081	.0088	.0095	.0103	.0111	.0119	.0128
18	.0032	.0035	.0039	.0042	.0046	.0051	.0055	.0060	.0065	.0071
19	.0015	.0017	.0019	.0021	.0023	.0026	.0028	.0031	.0034	.0037
20	.0007	.0008	.0009	.0010	.0011	.0012	.0014	.0015	.0017	.0019
21	.0003	.0003	.0004	.0004	.0005	.0006	.0006	.0007	.0008	.0009
22	.0001	.0001	.0002	.0002	.0002	.0002	.0003	.0003	.0004	.0004
23	.0000	.0001	.0001	.0001	.0001	.0001	.0001	.0001	.0002	.0002
24	.0000	.0000	.0000	.0000	.0000	.0000	.0000	.0001	.0001	.0001

〈표 3〉 포아송분포표(계속)

	μ									
x	11	12	13	14	15	16	17	18	19	20
0	.0000	.0000	.0000	.0000	.0000	.0000	.0000	.0000	.0000	.0000
1	.0002	.0001	.0000	.0000	.0000	.0000	.0000	.0000	.0000	.0000
2	.0010	.0004	.0002	.0001	.0000	.0000	.0000	.0000	.0000	.0000
3	.0037	.0018	.0008	.0004	.0002	.0001	.0000	.0000	.0000	.0000
4	.0102	.0053	.0027	.0013	.0006	.0003	.0001	.0001	.0000	.0000
5	.0224	.0127	.0070	.0037	.0019	.0010	.0005	.0002	.0001	.0001
6	.0411	.0255	.0152	.0087	.0048	.0026	.0014	.0007	.0004	.0002
7	.0646	.0437	.0281	.0174	.0104	.0060	.0034	.0019	.0010	.0005
8	.0888	.0655	.0457	.0304	.0194	.0120	.0072	.0042	.0024	.0013
9	.1085	.0874	.0661	.0473	.0324	.0213	.0135	.0083	.0050	.0029
10	.1194	.1048	.0859	.0663	.0486	.0341	.0230	.0150	.0095	.0058
11	.1194	.1144	.1015	.0844	.0663	.0496	.0355	.0245	.0164	.0106
12	.1094	.1144	.1099	.0984	.0829	.0661	.0504	.0368	.0259	.0176
13	.0926	.1056	.1099	.1060	.0956	.0814	.0658	.0509	.0378	.0271
14	.0728	.0905	.1021	.1060	.1024	.0930	.0800	.0655	.0514	.0387
15	.0534	.0724	.0885	.0989	.1024	.0992	.0906	.0786	.0650	.0516
16	.0367	.0543	.0719	.0866	.0960	.0992	.0963	.0884	.0772	.0646
17	.0237	.0383	.0550	.0713	.0847	.0934	.0963	.0936	.0863	.0760
18	.0145	.0255	.0397	.0554	.0706	.0830	.0909	.0936	.0911	.0844
19	.0084	.0161	.0272	.0409	.0557	.0699	.0814	.0887	.0911	.0888
20	.0046	.0097	.0177	.0286	.0418	.0559	.0692	.0798	.0866	.0888
21	.0024	.0055	.0109	.0191	.0299	.0426	.0560	.0684	.0783	.0846
22	.0012	.0030	.0065	.0121	.0204	.0310	.0433	.0560	.0676	.0769
23	.0006	.0016	.0037	.0074	.0133	.0216	.0320	.0438	.0559	.0669
24	.0003	.0008	.0020	.0043	.0083	.0144	.0226	.0328	.0442	.0557
25	.0001	.0004	.0010	.0024	.0050	.0092	.0154	.0237	.0336	.0446
26	.0000	.0002	.0005	.0013	.0029	.0057	.0101	.0164	.0246	.0343
27	.0000	.0001	.0002	.0007	.0016	.0034	.0063	.0109	.0173	.0254
28	.0000	.0000	.0001	.0003	.0009	.0019	.0038	.0070	.0117	.0181
29	.0000	.0000	.0001	.0002	.0004	.0011	.0023	.0044	.0077	.0125
30	.0000	.0000	.0000	.0001	.0002	.0006	.0013	.0026	.0049	.0083
31	.0000	.0000	.0000	.0000	.0001	.0003	.0007	.0015	.0030	.0054
32	.0000	.0000	.0000	.0000	.0001	.0001	.0004	.0009	.0018	.0034
33	.0000	.0000	.0000	.0000	.0000	.0001	.0002	.0005	.0010	.0020
34	.0000	.0000	.0000	.0000	.0000	.0000	.0001	.0002	.0006	.0012
35	.0000	.0000	.0000	.0000	.0000	.0000	.0000	.0001	.0003	.0007
36	.0000	.0000	.0000	.0000	.0000	.0000	.0000	.0001	.0002	.0004
37	.0000	.0000	.0000	.0000	.0000	.0000	.0000	.0000	.0001	.0002
38	.0000	.0000	.0000	.0000	.0000	.0000	.0000	.0000	.0000	.0001
39	.0000	.0000	.0000	.0000	.0000	.0000	.0000	.0000	.0000	.0001

〈표 4〉 표준정규분포표

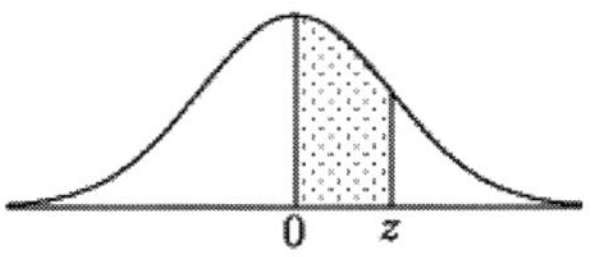

z	0.00	0.01	0.02	0.03	0.04	0.05	0.06	0.07	0.08	0.09
0.0	0.0000	0.0040	0.0080	0.0120	0.0160	0.0199	0.0239	0.0279	0.0319	0.0359
0.1	0.0398	0.0438	0.0478	0.0517	0.0557	0.0596	0.0636	0.0675	0.0714	0.0753
0.2	0.0793	0.0832	0.0871	0.0910	0.0948	0.0987	0.1026	0.1064	0.1103	0.1141
0.3	0.1179	0.1217	0.1255	0.1293	0.1331	0.1368	0.1406	0.1443	0.1480	0.1517
0.4	0.1554	0.1591	0.1628	0.1664	0.1700	0.1736	0.1772	0.1808	0.1844	0.1879
0.5	0.1915	0.1950	0.1985	0.2019	0.2054	0.2088	0.2123	0.2157	0.2190	0.2224
0.6	0.2257	0.2291	0.2324	0.2357	0.2389	0.2422	0.2454	0.2486	0.2517	0.2549
0.7	0.2580	0.2611	0.2642	0.2673	0.2703	0.2734	0.2764	0.2794	0.2823	0.2852
0.8	0.2881	0.2910	0.2939	0.2967	0.2995	0.3023	0.3051	0.3078	0.3106	0.3133
0.9	0.3159	0.3186	0.3212	0.3238	0.3264	0.3289	0.3315	0.3340	0.3365	0.3389
1.0	0.3413	0.3438	0.3461	0.3485	0.3508	0.3531	0.3554	0.3577	0.3599	0.3621
1.1	0.3643	0.3665	0.3686	0.3708	0.3729	0.3749	0.3770	0.3790	0.3810	0.3830
1.2	0.3849	0.3869	0.3888	0.3907	0.3925	0.3944	0.3962	0.3980	0.3997	0.4015
1.3	0.4032	0.4049	0.4066	0.4082	0.4099	0.4115	0.4131	0.4147	0.4162	0.4177
1.4	0.4192	0.4207	0.4222	0.4236	0.4251	0.4265	0.4279	0.4292	0.4306	0.4319
1.5	0.4332	0.4345	0.4357	0.4370	0.4382	0.4394	0.4406	0.4418	0.4429	0.4441
1.6	0.4452	0.4463	0.4474	0.4484	0.4495	0.4505	0.4515	0.4525	0.4535	0.4545
1.7	0.4554	0.4564	0.4573	0.4582	0.4591	0.4599	0.4608	0.4616	0.4625	0.4633
1.8	0.4641	0.4649	0.4656	0.4664	0.4671	0.4678	0.4686	0.4693	0.4699	0.4706
1.9	0.4713	0.4719	0.4726	0.4732	0.4738	0.4744	0.4750	0.4756	0.4761	0.4767
2.0	0.4772	0.4778	0.4783	0.4788	0.4793	0.4798	0.4803	0.4808	0.4812	0.4817
2.1	0.4821	0.4826	0.4830	0.4834	0.4838	0.4842	0.4846	0.4850	0.4854	0.4857
2.2	0.4861	0.4864	0.4868	0.4871	0.4875	0.4878	0.4881	0.4884	0.4887	0.4890
2.3	0.4893	0.4896	0.4898	0.4901	0.4904	0.4906	0.4909	0.4911	0.4913	0.4916
2.4	0.4918	0.4920	0.4922	0.4925	0.4927	0.4929	0.4931	0.4932	0.4934	0.4936
2.5	0.4938	0.4940	0.4941	0.4943	0.4945	0.4946	0.4948	0.4949	0.4951	0.4952
2.6	0.4953	0.4955	0.4956	0.4957	0.4959	0.4960	0.4961	0.4962	0.4963	0.4964
2.7	0.4965	0.4966	0.4967	0.4968	0.4969	0.4970	0.4971	0.4972	0.4973	0.4974
2.8	0.4974	0.4975	0.4976	0.4977	0.4977	0.4978	0.4979	0.4979	0.4980	0.4981
2.9	0.4981	0.4982	0.4982	0.4983	0.4984	0.4984	0.4985	0.4985	0.4986	0.4986
3.0	0.4987	0.4987	0.4987	0.4988	0.4988	0.4989	0.4989	0.4989	0.4990	0.4990

〈표 5〉 t-분포의 상위 α 의 확률을 주는 값

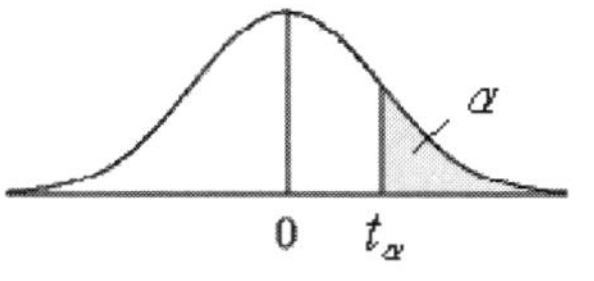

	α					
자유도	0.25	0.10	0.05	0.025	0.01	0.005
1	1.000	3.078	6.314	12.706	31.821	63.656
2	0.816	1.886	2.920	4.303	6.965	9.925
3	0.765	1.638	2.353	3.182	4.541	5.841
4	0.741	1.533	2.132	2.776	3.747	4.604
5	0.727	1.476	2.015	2.571	3.365	4.032
6	0.718	1.440	1.943	2.447	3.143	3.707
7	0.711	1.415	1.895	2.365	2.998	3.499
8	0.706	1.397	1.860	2.306	2.896	3.355
9	0.703	1.383	1.833	2.262	2.821	3.250
10	0.700	1.372	1.812	2.228	2.764	3.169
11	0.697	1.363	1.796	2.201	2.718	3.106
12	0.695	1.356	1.782	2.179	2.681	3.055
13	0.694	1.350	1.771	2.160	2.650	3.012
14	0.692	1.345	1.761	2.145	2.624	2.977
15	0.691	1.341	1.753	2.131	2.602	2.947
16	0.690	1.337	1.746	2.120	2.583	2.921
17	0.689	1.333	1.740	2.110	2.567	2.898
18	0.688	1.330	1.734	2.101	2.552	2.878
19	0.688	1.328	1.729	2.093	2.539	2.861
20	0.687	1.325	1.725	2.086	2.528	2.845
21	0.686	1.323	1.721	2.080	2.518	2.831
22	0.686	1.321	1.717	2.074	2.508	2.819
23	0.685	1.319	1.714	2.069	2.500	2.807
24	0.685	1.318	1.711	2.064	2.492	2.797
25	0.684	1.316	1.708	2.060	2.485	2.787
26	0.684	1.315	1.706	2.056	2.479	2.779
27	0.684	1.314	1.703	2.052	2.473	2.771
28	0.683	1.313	1.701	2.048	2.467	2.763
29	0.683	1.311	1.699	2.045	2.462	2.756
∞	0.674	1.282	1.645	1.960	2.326	2.576

〈표 6〉 χ^2–분포의 상위 α를 주는 값

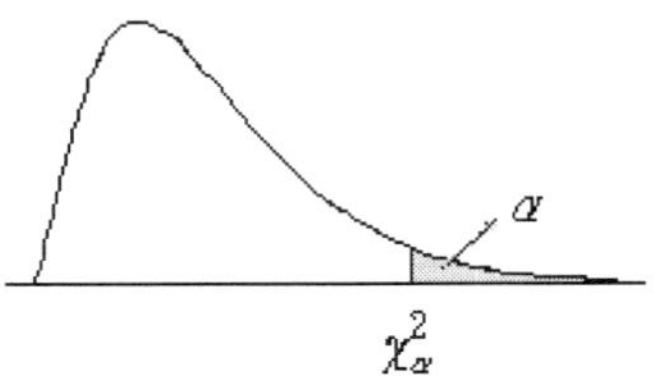

자유도	0.995	0.99	0.975	0.95	0.90	0.10	0.05	0.025	0.01	0.005
	α									
1	—	—	0.001	0.004	0.016	2.706	3.841	5.024	6.635	7.879
2	0.010	0.020	0.051	0.103	0.211	4.605	5.991	7.378	9.210	10.597
3	0.072	0.115	0.216	0.352	0.584	6.251	7.815	9.348	11.345	12.838
4	0.207	0.297	0.484	0.711	1.064	7.779	9.488	11.143	13.277	14.860
5	0.412	0.554	0.831	1.145	1.610	9.236	11.070	12.832	15.086	16.750
6	0.676	0.872	1.237	1.635	2.204	10.645	12.592	14.449	16.812	18.548
7	0.989	1.239	1.690	2.167	2.833	12.017	14.067	16.013	18.475	20.278
8	1.344	1.647	2.180	2.733	3.490	13.362	15.507	17.535	20.090	21.955
9	1.735	2.088	2.700	3.325	4.168	14.684	16.919	19.023	21.666	23.589
10	2.156	2.558	3.247	3.940	4.865	15.987	18.307	20.483	23.209	25.188
11	2.603	3.053	3.816	4.575	5.578	17.275	19.675	21.920	24.725	26.757
12	3.074	3.571	4.404	5.226	6.304	18.549	21.026	23.337	26.217	28.300
13	3.565	4.107	5.009	5.892	7.041	19.812	22.362	24.736	27.688	29.819
14	4.075	4.660	5.629	6.571	7.790	21.064	23.685	26.119	29.141	31.319
15	4.601	5.229	6.262	7.261	8.547	22.307	24.996	27.488	30.578	32.801
16	5.142	5.812	6.908	7.962	9.312	23.542	26.296	28.845	32.000	34.267
17	5.697	6.408	7.564	8.672	10.085	24.769	27.587	30.191	33.409	35.718
18	6.265	7.015	8.231	9.390	10.865	25.989	28.869	31.526	34.805	37.156
19	6.844	7.633	8.907	10.117	11.651	27.204	30.144	32.852	36.191	38.582
20	7.434	8.260	9.591	10.851	12.443	28.412	31.410	34.170	37.566	39.997
21	8.034	8.897	10.283	11.591	13.240	29.615	32.671	35.479	38.932	41.401
22	8.643	9.542	10.982	12.338	14.041	30.813	33.924	36.781	40.289	42.796
23	9.260	10.196	11.689	13.091	14.848	32.007	35.172	38.076	41.638	44.181
24	9.886	10.856	12.401	13.848	15.659	33.196	36.415	39.364	42.980	45.558
25	10.520	11.524	13.120	14.611	16.473	34.382	37.652	40.646	44.314	46.928
26	11.160	12.198	13.844	15.379	17.292	35.563	38.885	41.923	45.642	48.290
27	11.808	12.878	14.573	16.151	18.114	36.741	40.113	43.195	46.963	49.645
28	12.461	13.565	15.308	16.928	18.939	37.916	41.337	44.461	48.278	50.994
29	13.121	14.256	16.047	17.708	19.768	39.087	42.557	45.722	49.588	52.335
30	13.787	14.953	16.791	18.493	20.599	40.256	43.773	46.979	50.892	53.672
40	20.707	22.164	24.433	26.509	29.051	51.805	55.758	59.342	63.691	66.766
50	27.991	29.707	32.357	34.764	37.689	63.167	67.505	71.420	76.154	79.490
60	35.534	37.485	40.482	43.188	46.459	74.397	79.082	83.298	88.379	91.952
70	43.275	45.442	48.758	51.739	55.329	85.527	90.531	95.023	100.425	104.215
80	51.172	53.540	57.153	60.391	64.278	96.578	101.879	106.629	112.329	116.321
90	59.196	61.754	65.647	69.126	73.291	107.565	113.145	118.136	124.116	128.299
100	67.328	70.065	74.222	77.929	82.358	118.498	124.342	129.561	135.807	140.170

〈표 7〉 F-분포의 상위 α의 확률을 주는 값

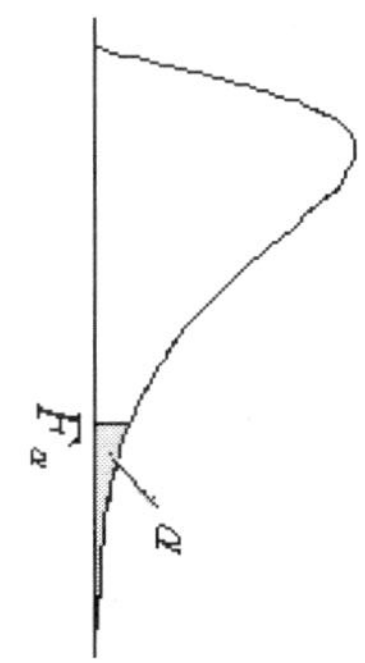

$\alpha = 0.10$

ν_2 \ ν_1	1	2	3	4	5	6	7	8	9	10	12	15	20	25	30	40	60
1	39.86	49.50	53.59	55.83	57.24	58.20	58.91	59.44	59.86	60.19	60.71	61.22	61.74	62.05	62.26	62.53	62.79
2	8.53	9.00	9.16	9.24	9.29	9.33	9.35	9.37	9.38	9.39	9.41	9.42	9.44	9.45	9.46	9.47	9.47
3	5.54	5.46	5.39	5.34	5.31	5.28	5.27	5.25	5.24	5.23	5.22	5.20	5.18	5.17	5.17	5.16	5.15
4	4.54	4.32	4.19	4.11	4.05	4.01	3.98	3.95	3.94	3.92	3.90	3.87	3.84	3.83	3.82	3.80	3.79
5	4.06	3.78	3.62	3.52	3.45	3.40	3.37	3.34	3.32	3.30	3.27	3.24	3.21	3.19	3.17	3.16	3.14
6	3.78	3.46	3.29	3.18	3.11	3.05	3.01	2.98	2.96	2.94	2.90	2.87	2.84	2.81	2.80	2.78	2.76
7	3.59	3.26	3.07	2.96	2.88	2.83	2.78	2.75	2.72	2.70	2.67	2.63	2.59	2.57	2.56	2.54	2.51
8	3.46	3.11	2.92	2.81	2.73	2.67	2.62	2.59	2.56	2.54	2.50	2.46	2.42	2.40	2.38	2.36	2.34
9	3.36	3.01	2.81	2.69	2.61	2.55	2.51	2.47	2.44	2.42	2.38	2.34	2.30	2.27	2.25	2.23	2.21
10	3.29	2.92	2.73	2.61	2.52	2.46	2.41	2.38	2.35	2.32	2.28	2.24	2.20	2.17	2.16	2.13	2.11
11	3.23	2.86	2.66	2.54	2.45	2.39	2.34	2.30	2.27	2.25	2.21	2.17	2.12	2.10	2.08	2.05	2.03
12	3.18	2.81	2.61	2.48	2.39	2.33	2.28	2.24	2.21	2.19	2.15	2.10	2.06	2.03	2.01	1.99	1.96
13	3.14	2.76	2.56	2.43	2.35	2.28	2.23	2.20	2.16	2.14	2.10	2.05	2.01	1.98	1.96	1.93	1.90
14	3.10	2.73	2.52	2.39	2.31	2.24	2.19	2.15	2.12	2.10	2.05	2.01	1.96	1.93	1.91	1.89	1.86
15	3.07	2.70	2.49	2.36	2.27	2.21	2.16	2.12	2.09	2.06	2.02	1.97	1.92	1.89	1.87	1.85	1.82
16	3.05	2.67	2.46	2.33	2.24	2.18	2.13	2.09	2.06	2.03	1.99	1.94	1.89	1.86	1.84	1.81	1.78
17	3.03	2.64	2.44	2.31	2.22	2.15	2.10	2.06	2.03	2.00	1.96	1.91	1.86	1.83	1.81	1.78	1.75
18	3.01	2.62	2.42	2.29	2.20	2.13	2.08	2.04	2.00	1.98	1.93	1.89	1.84	1.80	1.78	1.75	1.72
19	2.99	2.61	2.40	2.27	2.18	2.11	2.06	2.02	1.98	1.96	1.91	1.86	1.81	1.78	1.76	1.73	1.70
20	2.97	2.59	2.38	2.25	2.16	2.09	2.04	2.00	1.96	1.94	1.89	1.84	1.79	1.76	1.74	1.71	1.68
21	2.96	2.57	2.36	2.23	2.14	2.08	2.02	1.98	1.95	1.92	1.87	1.83	1.78	1.74	1.72	1.69	1.66
22	2.95	2.56	2.35	2.22	2.13	2.06	2.01	1.97	1.93	1.90	1.86	1.81	1.76	1.73	1.70	1.67	1.64
23	2.94	2.55	2.34	2.21	2.11	2.05	1.99	1.95	1.92	1.89	1.84	1.80	1.74	1.71	1.69	1.66	1.62
24	2.93	2.54	2.33	2.19	2.10	2.04	1.98	1.94	1.91	1.88	1.83	1.78	1.73	1.70	1.67	1.64	1.61
25	2.92	2.53	2.32	2.18	2.09	2.02	1.97	1.93	1.89	1.87	1.82	1.77	1.72	1.68	1.66	1.63	1.59
26	2.91	2.52	2.31	2.17	2.08	2.01	1.96	1.92	1.88	1.86	1.81	1.76	1.71	1.67	1.65	1.61	1.58
27	2.90	2.51	2.30	2.17	2.07	2.00	1.95	1.91	1.87	1.85	1.80	1.75	1.70	1.66	1.64	1.60	1.57
28	2.89	2.50	2.29	2.16	2.06	2.00	1.94	1.90	1.87	1.84	1.79	1.74	1.69	1.65	1.63	1.59	1.56
29	2.89	2.50	2.28	2.15	2.06	1.99	1.93	1.89	1.86	1.83	1.78	1.73	1.68	1.64	1.62	1.58	1.55
30	2.88	2.49	2.28	2.14	2.05	1.98	1.93	1.88	1.85	1.82	1.77	1.72	1.67	1.63	1.61	1.57	1.54
40	2.84	2.44	2.23	2.09	2.00	1.93	1.87	1.83	1.79	1.76	1.71	1.66	1.61	1.57	1.54	1.51	1.47
60	2.79	2.39	2.18	2.04	1.95	1.87	1.82	1.77	1.74	1.71	1.66	1.60	1.54	1.50	1.48	1.44	1.40
120	2.75	2.35	2.13	1.99	1.90	1.82	1.77	1.72	1.68	1.65	1.60	1.55	1.48	1.45	1.41	1.37	1.32
∞	2.71	2.30	2.08	1.94	1.85	1.77	1.72	1.67	1.63	1.60	1.55	1.49	1.42	1.38	1.34	1.30	1.24

〈표 7〉 F분포의 상위 α의 확률을 주는 값(계속)

$\alpha=0.05$

ν_2 \ ν_1	1	2	3	4	5	6	7	8	9	10	12	15	20	25	30	40	60
1	161.5	199.5	215.7	224.6	230.2	234.0	236.8	238.9	240.5	241.9	243.9	246.0	248.0	249.3	250.1	251.1	252.2
2	18.51	19.00	19.16	19.25	19.30	19.33	19.35	19.37	19.38	19.40	19.41	19.43	19.45	19.46	19.46	19.47	19.48
3	10.13	9.55	9.28	9.12	9.01	8.94	8.89	8.85	8.81	8.79	8.74	8.70	8.66	8.63	8.62	8.59	8.57
4	7.71	6.94	6.59	6.39	6.26	6.16	6.09	6.04	6.00	5.96	5.91	5.86	5.80	5.77	5.75	5.72	5.69
5	6.61	5.79	5.41	5.19	5.05	4.95	4.88	4.82	4.77	4.74	4.68	4.62	4.56	4.52	4.50	4.46	4.43
6	5.99	5.14	4.76	4.53	4.39	4.28	4.21	4.15	4.10	4.06	4.00	3.94	3.87	3.83	3.81	3.77	3.74
7	5.59	4.74	4.35	4.12	3.97	3.87	3.79	3.73	3.68	3.64	3.57	3.51	3.44	3.40	3.38	3.34	3.30
8	5.32	4.46	4.07	3.84	3.69	3.58	3.50	3.44	3.39	3.35	3.28	3.22	3.15	3.11	3.08	3.04	3.01
9	5.12	4.26	3.86	3.63	3.48	3.37	3.29	3.23	3.18	3.14	3.07	3.01	2.94	2.89	2.86	2.83	2.79
10	4.96	4.10	3.71	3.48	3.33	3.22	3.14	3.07	3.02	2.98	2.91	2.85	2.77	2.73	2.70	2.66	2.62
11	4.84	3.98	3.59	3.36	3.20	3.09	3.01	2.95	2.90	2.85	2.79	2.72	2.65	2.60	2.57	2.53	2.49
12	4.75	3.89	3.49	3.26	3.11	3.00	2.91	2.85	2.80	2.75	2.69	2.62	2.54	2.50	2.47	2.43	2.38
13	4.67	3.81	3.41	3.18	3.03	2.92	2.83	2.77	2.71	2.67	2.60	2.53	2.46	2.41	2.38	2.34	2.30
14	4.60	3.74	3.34	3.11	2.96	2.85	2.76	2.70	2.65	2.60	2.53	2.46	2.39	2.34	2.31	2.27	2.22
15	4.54	3.68	3.29	3.06	2.90	2.79	2.71	2.64	2.59	2.54	2.48	2.40	2.33	2.28	2.25	2.20	2.16
16	4.49	3.63	3.24	3.01	2.85	2.74	2.66	2.59	2.54	2.49	2.42	2.35	2.28	2.23	2.19	2.15	2.11
17	4.45	3.59	3.20	2.96	2.81	2.70	2.61	2.55	2.49	2.45	2.38	2.31	2.23	2.18	2.15	2.10	2.06
18	4.41	3.55	3.16	2.93	2.77	2.66	2.58	2.51	2.46	2.41	2.34	2.27	2.19	2.14	2.11	2.06	2.02
19	4.38	3.52	3.13	2.90	2.74	2.63	2.54	2.48	2.42	2.38	2.31	2.23	2.16	2.11	2.07	2.03	1.98
20	4.35	3.49	3.10	2.87	2.71	2.60	2.51	2.45	2.39	2.35	2.28	2.20	2.12	2.07	2.04	1.99	1.95
21	4.32	3.47	3.07	2.84	2.68	2.57	2.49	2.42	2.37	2.32	2.25	2.18	2.10	2.05	2.01	1.96	1.92
22	4.30	3.44	3.05	2.82	2.66	2.55	2.46	2.40	2.34	2.30	2.23	2.15	2.07	2.02	1.98	1.94	1.89
23	4.28	3.42	3.03	2.80	2.64	2.53	2.44	2.37	2.32	2.27	2.20	2.13	2.05	2.00	1.96	1.91	1.86
24	4.26	3.40	3.01	2.78	2.62	2.51	2.42	2.36	2.30	2.25	2.18	2.11	2.03	1.97	1.94	1.89	1.84
25	4.24	3.39	2.99	2.76	2.60	2.49	2.40	2.34	2.28	2.24	2.16	2.09	2.01	1.96	1.92	1.87	1.82
26	4.23	3.37	2.98	2.74	2.59	2.47	2.39	2.32	2.27	2.22	2.15	2.07	1.99	1.94	1.90	1.85	1.80
27	4.21	3.35	2.96	2.73	2.57	2.46	2.37	2.31	2.25	2.20	2.13	2.06	1.97	1.92	1.88	1.84	1.79
28	4.20	3.34	2.95	2.71	2.56	2.45	2.36	2.29	2.24	2.19	2.12	2.04	1.96	1.91	1.87	1.82	1.77
29	4.18	3.33	2.93	2.70	2.55	2.43	2.35	2.28	2.22	2.18	2.10	2.03	1.94	1.89	1.85	1.81	1.75
30	4.17	3.32	2.92	2.69	2.53	2.42	2.33	2.27	2.21	2.16	2.09	2.01	1.93	1.88	1.84	1.79	1.74
40	4.08	3.23	2.84	2.61	2.45	2.34	2.25	2.18	2.12	2.08	2.00	1.92	1.84	1.78	1.74	1.69	1.64
60	4.00	3.15	2.76	2.53	2.37	2.25	2.17	2.10	2.04	1.99	1.92	1.84	1.75	1.69	1.65	1.59	1.53
120	3.92	3.07	2.68	2.45	2.29	2.18	2.09	2.02	1.96	1.91	1.83	1.75	1.66	1.60	1.55	1.50	1.43
∞	3.84	3.00	2.61	2.37	2.21	2.10	2.01	1.94	1.88	1.83	1.75	1.67	1.57	1.51	1.46	1.39	1.32

연습문제풀이(홀수번)

연습문제풀이(홀수번)

제2장 자료의 요약

01 계급간격 $W = R/C$

1) $R = 81 - 17 = 64$, $W = 64/8 = 8$
2) $R = 102.3 - 14.5 = 87.8$, $W = 87.8/7 = 12.54 \approx 13$
3) $R = 204 - 23 = 181$, $W = 181/11 = 16.45 \approx 17$
4) $R = 73.6 - 13.6 = 60$, $W = 60/12 = 5$

03

계급	도수	상대도수	누적도수	누적상대도수
1−4	14	0.175	14	0.175
5−8	18	0.225	32	0.400
9−12	12	0.150	44	0.550
13−16	16	0.200	60	0.750
17−20	20	0.250	80	1.000

05 $c = 3.3(\log {}^{n}_{10}) + 1$

1) 6　　2) 7　　3) 8　　4) 8　　5) 10

07

계급	도수	누적도수
66−70	2	2
71−75	4	6
76−80	10	16
81−85	7	23
86−90	4	27
91−95	1	28

09

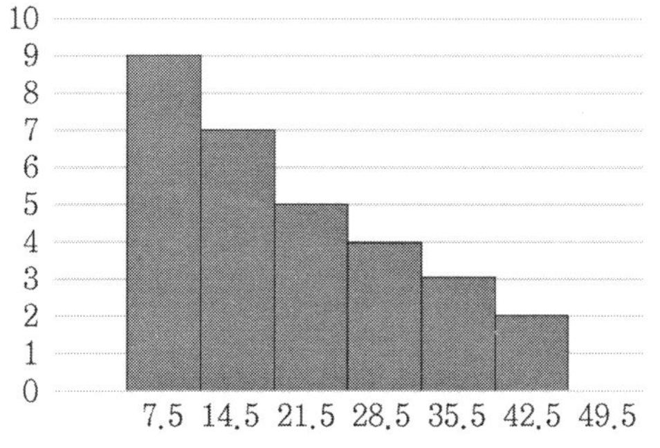

11

계급	도수	누적도수
1−4	1	1
5−8	18	19
9−12	12	31
13−16	16	47
17−29	20	67

13

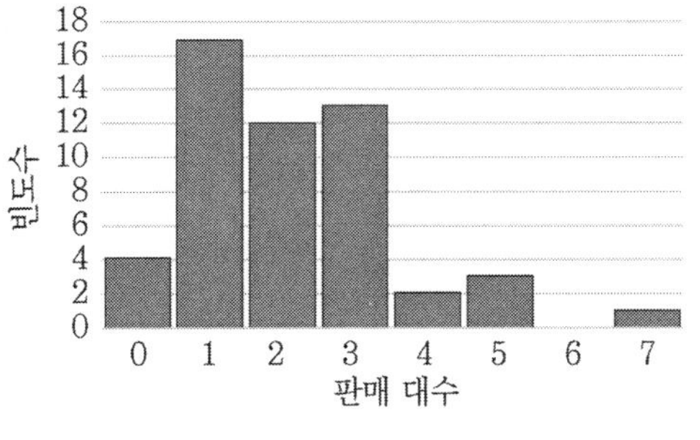

제3장 기술통계 : 일변량 자료의 분석

01

1) **평균** : $\bar{x}=\frac{1}{6}(201+187+234+208+198)=198.33$

2) **중앙값** : $\frac{1}{2}(198+201)=199.5$

3) **최빈수** : **없음**

4) 중앙범위 : $\frac{1}{2}(162+234)=198$

5) $Q_1=187$, $Q_3=208$

6) $D_4=198$

03 1) 중앙값 : 55

2) 평균 : $\overline{x}=\frac{\sum x_i f_i}{\sum f_i}=\frac{2325}{25}=93$

3) 중앙범위 : $\frac{1}{2}(55+300)=177.5$

4) 왜도 : 2.43

5) $IQR=Q_3-Q_1=80-55=25$

6) $D_6=70$

7) 표준편차 : 78.51

05 산술평균=147.0, 중앙값=146.75, 최빈수=149

07 1) 산술평균=76, 중앙값=75.65, 최빈수=74.5

2) 표준편차=9.47, 분산=89.42

3) 왜도=0.05, 분포의 모양 : 우 비대칭분포

09 1) $s^2=\frac{1}{n-1}\left(\sum x^2-n(\overline{x})^2\right)=\frac{1}{8}\left(52-9\times\left(\frac{7}{9}\right)^2\right)=5.82,\ \ s=\sqrt{5.82}=2.41$

2) $s^2=\frac{1}{n-1}\left(\sum x^2-n(\overline{x})^2\right)=\frac{1}{19}\left(25-20\times\left(\frac{12}{20}\right)^2\right)=0.94,\ \ s=\sqrt{5.82}=0.97$

11 1)$\mu=12$ 2) $\sigma=5.66$

3) 4 : −1.41, 8 : −0.71, 12 : 0, 16 : 0.71, 20 : 1.41

4) 평균 = 0, 분산 = 1

13 A : $\frac{75-65}{10}=1$ B : $\frac{75-70}{5}=1$ C : $\frac{75-55}{15}=1.33$

D : $\frac{75-75}{2}=0$ E : $\frac{75-70}{3}=1.67$

∴ E 학급에서 가장 높다.

19 1) $R=71-40=31,\ s=\frac{31}{4}\approx 7.75$ 2) $\bar{y}=59.2,\ s=10.36$

∴ (1)에서 구한 근사값보다 크다.

21 1) $\bar{x}=\frac{1}{19}(7.28+8.54+\cdots+7.66)=7.26$

2) $s=3.20$

3) $\frac{10-7.26}{3.20}=0/86$

23 2) $\bar{y}=\frac{1}{100}(0\times 69+\cdots+8\times 1)=0.66$

$$s=\sqrt{\frac{(0-0.66)^2+\cdots+(8-0.66)^2}{100}}=1.39$$

3) 체비세프 정리에 의하면 이 자료의 $1-\frac{1}{2^2}=75\%$ 이상이 $\bar{y}\pm 2s=0.66\pm 2.78$ 구간 내에 존재한다.

25 $\bar{x}=\frac{2+3+3+5+7}{5}=4$

27 $\bar{x}=\frac{\sum x_i f_i}{\sum f_i}=106.24$, $s=\sqrt{\frac{\sum (x_i-\bar{x})^2 f_i}{\sum f_i}}=36.17$

$\alpha_3=0.38,\ \beta=0.546$

29 $s^2 = \dfrac{(x_1 - \overline{x})^2 + (x_2 - \overline{x})^2}{2-1}, \quad \overline{x} = \dfrac{x_1 + x_2}{2}$

$$\Leftrightarrow s^2 = \left(x_1 - \frac{1}{2}(x_1 + x_2)\right)^2 + \left(x_2 - \frac{1}{2}(x_1 + x_2)\right)^2$$

$$= \left(\frac{x_1 - x_2}{2}\right)^2 + \left(\frac{x_2 - x_1}{2}\right)^2$$

$$= \frac{1}{2}(x_1 - x_2)^2$$

제4장 기술통계 : 이변량 자료의 정리

01 $r = \dfrac{S_{XY}}{S_X S_Y} = 1$, 완전 양상관

03 $\overline{x} = 1.33,\ \sum x_i^2 = 82,\ \overline{y} = -0.66,\ \sum y_i^2 = 74,\ \sum x_i y_i = 66$이므로

$$a = \overline{y} - \frac{S_{XY}}{S_X^2}\overline{x} = -2, \qquad b = \frac{S_{XY}}{S_X^2} = 1$$

$$\therefore \hat{y} = -2 + x$$

05 $\overline{x} = 540.417,\ \sum x_i^2 = 3793827,\ \overline{y} = 6,\ \sum y_i^2 = 504,\ \sum x_i y_i = 42300$

1) $a = \overline{y} - \dfrac{S_{XY}}{S_X^2}\overline{y} = -0.334, \quad b = \dfrac{S_{XY}}{S_X^2} = 0.0117$

$$\therefore \hat{y} = -0.334 + 0.0117x$$

2) $r = \dfrac{S_{XY}}{S_X S_Y} = 0.743$

07 $\overline{x}=3,\ \sum x_i^2=55,\ \overline{y}=10.6,\ \sum y_i^2=729, \sum x_i y_i=198$

2) $r=\dfrac{S_{XY}}{S_X S_Y}=0.954$

3) $a=\overline{y}-\dfrac{S_{XY}}{S_X^2}\overline{x}=-1.1,\ b=\dfrac{S_{XY}}{S_X^2}=3.9$

$\therefore \hat{y}=-1.1+3.9x$

4) 3.9

5) $-1.1+3.9\times 3.5=12.55$

09

$$s_{XY}=\frac{1}{n}\sum_{i=1}^{n}(x_i-\overline{x})(y_i-\overline{y})$$

$$=\frac{1}{n}\left(\sum_{i=1}^{n}x_i y_i-\overline{x}\sum_{i=1}^{n}y_i-\overline{y}\sum_{i=1}^{n}x_i+\overline{x}\,\overline{y}\right)$$

$$=\frac{1}{n}\sum_{i=1}^{n}x_i y_i-\overline{x}\,\overline{y}-\overline{x}\,\overline{y}+\overline{x}\,\overline{y}$$

$$=\frac{1}{n}\sum_{i=1}^{n}x_i y_i-\overline{x}\,\overline{y}$$

11 $\overline{x}=126.2,\ \sum x_i^2=159434,\ \overline{y}=27,\ \sum y_i^2=7402,\ \sum x_i y_i=34171$

$r=\dfrac{S_{XY}}{S_X S_Y}=0.7038$

① Y의 X에 관한 회귀선

$a=\overline{y}-\dfrac{S_{XY}}{S_X^2}\overline{x}=-45.178,\ b=\dfrac{S_{XY}}{S_X^2}=0.572$

$\therefore \hat{y}=-45.178+0.572x$

② X의 Y에 관한 회귀선

$a=\overline{x}-\dfrac{S_{XY}}{S_Y^2}\overline{y}=101.458,\ b=\dfrac{S_{XY}}{S_Y^2}=0.952$

$\therefore \hat{x}=101.458+0.952y$

제5장 기초확률론

01 1) $\Omega = \{HHH, HHT, HTH, HTT, THH, THT, TTH, TTT\}$

2) $A = \{HHH, HHT, THH, THT\}$

$B = \{HHT, HTH, THH\}$

3) $A \cup B = \{HHH, HHT, HTH, THH, THT\}$

$A \cap B = \{HHT, THH\}$

$A^c = \{HTH, HTT, TTH, TTT\}$

$B^c = \{HHH, HTT, THT, TTH, TTT\}$

$(A \cap B)^c = \{HHH, HTH, HTT, THT, TTH, TTT\}$

$A^c \cap B = \{HTH\}$

03 $A \cup (A \cap B)^c = A \cup (A^c \cup B^c) = (A \cup A^c) \cup (A \cup B^c) = \Omega \cup (A \cup B^c) = \Omega$

05 $6 \times 2 \times 2 = 24$가지

07 $(5 \times 4 \times 3) + (4 \times 4 \times 3 \times 2) = 60 + 96 = 156$가지

09 $\binom{7}{3} = 35$가지

11 1) 5/12 2) 3/123 3) 3/12

13 1) 거짓 2) 참

15 $P(A \cup B \cup C) = P\{A \cup (B \cup C)\}$

$$= P(A) + P(B \cup C) - P\{A \cap (B \cup C)\}$$
$$= P(A) + P(B \cup C) - P\{(A \cap B) \cup (A \cap C)\}$$
$$= P(A) + P(B) + P(C) - P(A \cap B) - P(A \cap C)$$
$$- P(B \cap C) + P(A \cap B \cap C)$$

17 $A = \{(2,6), (3,5), (4,4), (5,3), (6,2)\}$, $P(A) = 5/36$

$B = \{((2,2), (2,4), (2,6), (4,2), (4,4), (4,6), (6,2), (6,4), (6,6)\}$, $P(B) = 9/36$

$A \cap B = \{(2,6), (4,4), (6,2)\}$, $P(A \cap B) = 3/36$

$P(A)P(B) = (5/36)(9/36) = 5/144 \neq 3/36 = P(A \cap B)$

따라서 A와 B는 독립이 아니다.

19 $E(X) = \frac{1}{6}(1^2 + 2^2 + 3^2 + 4^2 + 5^2 + 6^2) = \frac{91}{6}$

제6장 이산확률분포

01 1) $P(X=3) = P(X \leq 3) - P(X \leq 2) = 0.055 - 0.012$

2) $P(X=11) = P(X \leq 11) - P(X \leq 10) = 0.010 - 0.003$

3) $P(X=5) = P(X \leq 5) - P(X \leq 4) = 0.975 - 0.901$

03 1) $P(X \leq 5) = 0.004$

2) $P(X > 8) = 1 - P(X \leq 8) = 1 - 0.131 = 0.869$

3) $P(6 \leq X \leq 10) = P(X \leq 10) - P(X \leq 5) = 0.485 - 0.004 = 0.481$

05 $\mu = 20 \times 0.3 = 6$

$\sigma = \sqrt{\sigma^2} = \sqrt{20 \times 0.3 \times 0.7} = \sqrt{4.2}$

07 $X \sim Bin(15, 0.6)$

1) $P(X \le 5) = 0.034$

2) $P(X \ge 5) = 1 - P(X \le 4) = 1 - 0.009 = 0.991$

3) $\mu = 15 \times 0.6 = 9$

$\sigma = \sqrt{\sigma^2} = \sqrt{15 \times 0.6 \times 0.4} = \sqrt{3.6}$

09 $n = 3000,\ p = 0.0005$에 대한 이항분포표가 없으므로 포아송 근사를 이용한다.

$\lambda = np = 3000 \times 0.0005 = 1.5$이므로

$P(X \ge 2) = 1 - P(X \le 1) = 1 - 0.558 = 0.442$

11 $\mu = 20 \times 0.20 = 4$

$\sigma^2 = 20 \times 0.20 \times 0.80 = 3.2$

13 $P(X \ge 2) = 1 - P(X \le 1) = 1 - [P(X=0) + P(X=1)]$

$$= 1 - \left[\binom{6}{0}(\frac{3}{4})^0(1-\frac{3}{4})^6 + \binom{6}{1}(\frac{3}{4})^1(\frac{1}{4})^5\right]$$

$$= 0.99536$$

15 1) X는 $n = 3$이고 $P = \frac{D}{N} = \frac{6}{10} = 0.6$인 이항분포를 따른다.

2)

x	$P(X=x)$
0	$0.064 = \binom{3}{0}(0.6)^0(0.4)^3$
1	0.288
2	0.432
3	0.216

17 $N=20,\ D=5,\ n=4$**인 초기하 분포**

1) $P(X=2)=\dfrac{\binom{5}{2}\binom{15}{2}}{\binom{20}{4}}$

2) $P(X\leq 1)=P(X=0)+P(X=1)=\dfrac{\binom{5}{0}\binom{15}{4}}{\binom{20}{4}}+\dfrac{\binom{5}{1}\binom{15}{3}}{\binom{20}{4}}$

3) $P(X=4)=\dfrac{\binom{5}{4}\binom{15}{0}}{\binom{20}{4}}$

19 1) $P(X=0)=0.942$

2) $P(X=10)=P(X\leq 10)-P(X\leq 9)=0.583-0.458=0.125$

3) $P(X=6)=P(X\leq 6)-P(X\leq 5)=0.999-0.996=0.003$

21 $\lambda=500\times 0.02=10$

1) $P(X=8)=P(X\leq 8)-P(X\leq 7)=0.333-0.220=0.113$

2) $P(X\leq 6)=0.130$

3) $P(X\geq 2)=1-P(X\leq 1)=1-0.000=1$

23 $n=60,\ p=0.05,\ \lambda=60\times 0.05=3$

X : **당첨될 복권수**

$P(X>0)=1-P(X=0)=1-0.050=0.95$

제7장 연속확률분포

01 $X\sim U(30,80)\qquad f(x)=\dfrac{1}{80-30}=\dfrac{1}{50},\ 30<x<80$

1) $P(X=37)=0$

2) $P(X > 53) = \int_{53}^{80} \frac{1}{50} dx = \frac{80-53}{50} = \frac{27}{50}$

3) $P(43 < x < 72) = \int_{43}^{72} \frac{1}{50} dx = \frac{1}{50}(72-43) = \frac{29}{50}$

03 $X \sim U(-15,10) \quad f(x) = \frac{1}{10-(-15)} = \frac{1}{25}, \ -15 < x < 10$

1) $P(X \le -3) = \int_{-15}^{-3} \frac{1}{25} dx = \frac{12}{25}$

2) $P(-6 \le X \le 3) = \int_{-6}^{3} \frac{1}{25} dx = \frac{9}{25}$

3) $P(X \le -12) + P(X \ge 7) = \int_{-15}^{-12} \frac{1}{25} dx + \int_{7}^{10} \frac{1}{25} dx = \frac{3}{25} + \frac{3}{25} = \frac{6}{25}$

05 교수가 수업시간에 도착할 시간은 8시 57분과 9시 4분 사이에 균등하게 도착한다.

$X \sim U(-3,4) \quad f(x) = \frac{1}{7}, \ -3 < x < 4$

$P(X \le 0) = \int_{-3}^{0} \frac{1}{7} dx = \frac{3}{7}$

07 1) $P(Z > z) = 0.025 \quad \Rightarrow P(0 < Z < z) = 0.5 - 0.025 = 0.475 \Rightarrow z = 1.96$

2) $P(-z < Z < z) = 0.90 \quad \Rightarrow z = 1.645$

3) $P(-z < Z < 2) = 0.94 \quad \Rightarrow P(Z < 2) - P(Z < -z) = 0.94$

$\Rightarrow 0.9772 - P(Z < -z) = 0.94$

$\Rightarrow P(Z < -z) = 0.0372$

$\Rightarrow P(0 < Z < z) = 0.5 - 0.0372$

$\Rightarrow z = 1.785$

4) $P(Z< z)+P(Z>1.1)=0.90 \Rightarrow P\ \ (Z< z)+0.1335=0.90$

$\Rightarrow P(Z< z)=0.7665$

$\Rightarrow z=0.725$

09 $X \sim N(70, 5^2)$

1) $P(X< k)=0.95 \quad \Rightarrow P\left(\frac{X-70}{5}< \frac{k-70}{5}\right)= P\left(Z< \frac{k-70}{5}\right)=0.95$

$\Rightarrow \frac{k-70}{5}=1.645 \quad \Rightarrow k=7.225$

2) $P(X>k)=0.05 \quad \Rightarrow P\left(Z> \frac{k-70}{5}\right)=0.05 \qquad k=78.225$

3) $P(-k< X< k)=0.75 \quad \Rightarrow P\left(\frac{-k-70}{5}< \frac{X-70}{5}< \frac{k-70}{5}\right)$

$\Rightarrow P\left(\frac{-k-70}{5}< Z< \frac{k-70}{5}\right)=0.75$

$\Rightarrow P\left(0< Z< \frac{k-70}{5}\right)=0.375 \quad \Rightarrow \frac{k-70}{5}=1.15$

$\Rightarrow k=75.75$

4) $P(X< k)=P\left(\frac{X-70}{5}< k-70\frac{)}{5}\right)$

$=P\left(Z< \frac{k-70}{5}\right)=0.409$

$\Rightarrow \frac{k-70}{5}=-0.23 \Rightarrow k=68.85$

11 $X \sim N(850, 80^2)$

1) $P(X \le 900)=P\left(Z \le \frac{900-850}{80}\right)=P(Z \le 0.625)=0.734$

2) $P(X \ge 800)=P(Z \ge \left(\frac{800-850}{80}\right)=P(Z \ge -0.625)=0.734$

3) $P(850 \le X \le 950)=P\left(\frac{850-850}{80} \le Z \le \frac{950-850}{80}\right)$

$$= P(0 \leq Z \leq 1.25) = 0.3944$$

4) $P(X \geq x) = 0.98 \quad \Rightarrow P\left(Z \geq \dfrac{x-850}{80}\right) = 0.98$

$$\Rightarrow \frac{x-850}{80} = -z = -2.055$$

$$\Rightarrow x = 685.6$$

13 $P(X > x) = \dfrac{20}{200} = 0.1$

$$\Rightarrow P\left(\frac{X-70}{15} > \frac{x-70}{15}\right) = 0.1$$

$$\Rightarrow \frac{x-70}{15} = 1.285 \Rightarrow x = 89.28$$

∴ 적어도 89.28점 이상은 받아야 한다.

15 $X \sim Bin(100,\ 0.2)$

$\mu = E(X) = 100 \times 0.2 = 20$

$\sigma = \sqrt{var(X)} = \sqrt{100 \times 0.2 \times 0.8} = 4$

1) $P(X \geq 18) \approx P\left(\dfrac{X-20}{4} \geq \dfrac{18-20}{4}\right) = P(Z \geq -0.5) = 0.6915$

2) $P(X < 25) = P(X \leq 24) \approx P\left(\dfrac{X-20}{4} \leq \dfrac{24-20}{4}\right) = P(Z \leq 1) = 0.8413$

3) $P(15 < X \leq 30) = P(16 \leq X \not\leq 30) \approx P\left(\dfrac{16-20}{4} \leq Z \leq \dfrac{30-20}{4}\right)$

$$= P(-1 \leq Z \leq 2.5) = 0.8351$$

4) $P(17 \leq X \leq 32) \approx P\left(\dfrac{17-20}{4} \leq Z \leq \dfrac{32-20}{4}\right) = P(-0.75 \leq Z \leq 3) = 0.7721$

17 $X \sim Bin(1000,\ 0.5)$

$\mu = E(X) = 1000 \times 0.5 = 500$

$\sigma = \sqrt{var(X)} = \sqrt{1000 \times 0.5 \times 0.5} = 15.81$

1) $P(X \geq 730) \approx P(X \geq 729.5) = P\left(\frac{X-500}{15.81} \geq \frac{729.5-500}{15.81}\right)$

$= P(Z \geq 14.52) \approx 0$

2) $P(470 \leq X \leq 510) \approx P(469.5 \leq X \leq 510.5)$

$= P\left(\frac{469.5-500}{15.81} \leq Z \leq \frac{510.5-500}{15.81}\right)$

$P(-1.93 \leq Z \leq 0.66) = 0.7186$

3) $P(X=515) \approx P(514.5 \leq x \leq 515.5)$

$= P\left(\frac{514.5-500}{15.81} \leq Z \leq \frac{515.5-500}{15.81}\right)$

$= P(0.92 \leq Z \leq 0.98)$

$= 0.0153$

4) $P(X \leq 520) \approx P(X \leq 520.5) = P\left(\frac{X-500}{15.81} \leq \frac{520.5-500}{15.81}\right)$

$= P(Z \leq 1.296) = 0.9025$

5) $P(X < 495) \approx P(X \leq 494.5) = P\left(\frac{X-500}{15.81} \leq \frac{494.5-500}{15.81}\right)$

$= P(Z \leq -0.348) = 0.364$

19 $X \sim Bin(300, 0.6)$

$\mu = E(X) = 300 \times 0.6 = 180$

$\sigma = \sqrt{var(X)} = \sqrt{300 \times 0.6 \times 0.4} = 8.48$

1) $P(150 \leq X \leq 175) \approx P(149.5 \leq X \leq 175.5)$

$= P\left(\frac{150.5-180}{8.48} \leq Z \leq \frac{175.5-180}{8.48}\right)$

$\approx P(-3.6 \leq Z \leq -0.53) = 0.2981$

2) $P(X=180) \approx P(179.5 \leq X \leq 180.5) = P\left(\frac{179.5-180}{8.48} \leq Z \leq \frac{180.5-180}{8.48}\right)$

$= P(-0.06 \leq Z \leq 0.06)$

$= 2 \times 0.0239 = 0.0478$

제8장 표본추출법과 표본분포

01 층화임의추출법

03 복원 : 5^3 = 125가지 비복원 : $\binom{5}{3}$= 10가지

05 $\frac{N-n}{N-1}=\frac{100-10}{100-1}=\frac{90}{99}=\frac{10}{11}$

07 $N(0,1)$: 평균이 0이고 분산이 1인 표준정규분포

09 $X\sim N(800,40^2),\ n=16 \Rightarrow \overline{X}\sim N\left(800,\frac{40^2}{16}\right)$

$P(\overline{X}<780)=P\left(Z<\frac{780-800}{40/4}\right)=P\left(Z<\frac{-20}{10}\right)=P(Z<-2)=0.0228$

11 $X\sim(170,6^2),\ n=36 \Rightarrow \overline{X}\sim N(170,1)$

$P(169\le\overline{X}\le 172)=P(-2\le Z\le 2)=0.9589$

13 $X\sim(100,5),\ \ n=50\Rightarrow Var(\overline{X})=\frac{\sigma^2}{n}=\frac{5}{50}=0.1$

15 $\overline{X}\sim N\left(\mu,\frac{4}{n}\right)$

$P(|\overline{X}-\mu|\le 0.1)\ge 0.95$

$\Rightarrow P(|Z|\le\frac{0.1}{2/\sqrt{n}})\ge 0.95$

$$\Rightarrow \frac{0-1}{2/\sqrt{n}} = 1.96$$

$n = 1536.94 \quad \approx 1537$

17 $p = 0.2,\ n = 64$

$$P\left(\hat{p} > \frac{16}{64}\right) = P(\hat{p} > 0.25) = P\left(Z > \frac{0.25 - 0.2}{0.05}\right) = P(Z > 1) = 1 - 0.8413 = 0.1587$$

19 표준정규분포

21 1) 1.645　2) 1.960　3) 2.576

23 컴퓨터 실습

제9장 추정

01 1) $n = 20$, $\sigma^2 = 4$이므로 95% 추정오차의 한계는

$$1.96 \times \frac{\sigma}{\sqrt{n}} = 1.96 \times 1.96 \frac{2}{\sqrt{20}} = 0.8765$$ 이다.

2) $n = 100,\ \sigma^2 = 0.9$인 경우, $1.96 \times \frac{\sigma}{\sqrt{n}} = 1.96 \times 1.96 \frac{\sqrt{0.9}}{\sqrt{100}} = 0.1859$

3) $n = 50,\ \sigma^2 = 12$ 인 경우, $1.96 \times \frac{\sigma}{\sqrt{n}} = 1.96 \times 1.96 \frac{\sqrt{12}}{\sqrt{50}} = 0.9602$

03 $\sigma =$ 10인 경우, 95% 신뢰구간은 $\left[\bar{x} - 1.96 \times \frac{10}{\sqrt{n}},\ \bar{x} + 1.96 \times \frac{10}{\sqrt{n}}\right]$

이다. 이때 신뢰구간의 폭은 $\bar{x} + 1.96 \times \frac{10}{\sqrt{n}} - \left(\bar{x} - 1.96 \times \frac{10}{\sqrt{n}}\right) = 3.92 \times \frac{10}{\sqrt{n}}$ 이다.

1) $n=100$인 경우, $3.92\times\frac{10}{\sqrt{100}}=3.92$

2) $n=200$인 경우, $3.92\times\frac{10}{\sqrt{200}}=2.7719$

3) $n=400$인 경우, $3.92\times\frac{10}{\sqrt{400}}=1.96$이다.

05 1) $\left[\overline{x}-1.645\times\frac{10}{\sqrt{100}},\ \overline{x}+1.645\times\frac{10}{\sqrt{100}}\right]$으로부터, 신뢰구간의 폭은 3.33이다.

2) $\left[\overline{x}-2.575\times\frac{10}{\sqrt{100}},\ \overline{x}+2.575\times\frac{10}{\sqrt{100}}\right]$으로부터, 신뢰구간의 폭은 5.16이다.

3) 신뢰계수가 증가함에 따라 신뢰구간의 폭이 넓어졌다.

07 $n=200,\ \overline{x}=0.072,\ s=0.056$ 이므로 $\hat{\mu}=0.072$이고, 95% 추정오차의 한계는

$1.96\times\frac{0.056}{\sqrt{200}}=0.0078$이다.

09 $n=30,\ \overline{x}=0.145,\ s=0.0051$이므로, μ에 대한 90% 신뢰구간은

$$\left[0.145-1.645\times\frac{0.0051}{\sqrt{30}},\ 0.145+1.645\times\frac{0.0051}{\sqrt{30}}\right]=[0.1435,\ 0.1465]$$

11 $n_1=30,\ \overline{x_1}=21.3,\ s_1=2.6$

$n_2=30,\ \overline{x_2}=13.4,\ s_2=1.9$

이다. 모평균 차이$(\mu_1-\mu_2)$에 대한 95% 신뢰구간은

$$\left[(\overline{x_1}-\overline{x_2})-z_{\alpha/2}\sqrt{\frac{\sigma_1^2}{n_1}+\frac{\sigma_2^2}{n_2}},\ (\overline{x_1}-\overline{x_2})+z_{\alpha/2}\sqrt{\frac{\sigma_1^2}{n_1}+\frac{\sigma_2^2}{n_2}}\right]$$

로부터 구할 수 있다. 여기서, $n_1=n_2=30$이므로, σ_1^2과 σ_2^2 대신에 각각 s_1^2과 s_2^2을 사용하자. 따라서,

$(21.3-13.4)\pm1.96\sqrt{\frac{(2.6)^2}{30}+\frac{(1.9)^2}{30}}=[6.7477,\ 9.0523]$이다.

13 1) $\hat{p} = \dfrac{1134}{2000} = 0.567$

2) $\left[0.567 - 2.575\sqrt{\dfrac{0.567 \times 0.433}{2000}},\ 0.567 + 2.575\sqrt{\dfrac{0.567 \times 0.433}{2000}}\right]$

$= [0.5384, 0.5956]$

15 1) $\widehat{p_1} = \dfrac{42}{50} = 0.84,\ \widehat{p_2} = \dfrac{25}{50} = 0.5$**이므로,**

점추정 값의 차이$= 0.84 - 0.5 = 0.34$

추정오차의 한계$= 1.96\sqrt{\dfrac{0.84 \times 0.16}{50} + \dfrac{0.5 \times 0.5}{50}} = 0.1719$

2) $[0.34 - 0.1719, 0.34 + 0.1719] = [0.1671,\ 0.5119]$

17 $n = \dfrac{1.65^2 \times 0.6 \times 0.4}{0.02^2} = 1633.5$**이므로, 약 1,634명**

19 $\widehat{p_1} = 0.71,\ \widehat{p_2} = 0.75,\ n_1 = n_2 = 1500,\ \alpha = 0.01$**이므로,**

$(0.71 - 0.75) \pm 2.58 \times \sqrt{\dfrac{0.71 \times 0.29}{1500} + \dfrac{0.75 \times 0.25}{1500}} = [-0.0818,\ 0.0018]$

제9장 추정

01 1) $n = 20$, $\sigma^2 = 4$**이므로 95% 추정오차의 한계는**

$1.96 \times \dfrac{\sigma}{\sqrt{n}} = 1.96 \times 1.96\dfrac{2}{\sqrt{20}} = 0.8765$**이다.**

2) $n = 100$, $\sigma^2 = 0.9$**인 경우,** $1.96 \times \dfrac{\sigma}{\sqrt{n}} = 1.96 \times 1.96\dfrac{\sqrt{0.9}}{\sqrt{100}} = 0.1859$

3) $n = 50$, $\sigma^2 = 12$ **인 경우,** $1.96 \times \dfrac{\sigma}{\sqrt{n}} = 1.96 \times 1.96\dfrac{\sqrt{12}}{\sqrt{50}} = 0.9602$

03 μ : 미지, $\sigma = 10$인 경우, 95% 신뢰구간은

$$\left[\bar{x} - 1.96 \times \frac{10}{\sqrt{n}},\ \bar{x} + 1.96 \times \frac{10}{\sqrt{n}}\right]$$

이다. 이때 신뢰구간의 폭은 $\bar{x} + 1.96 \times \frac{10}{\sqrt{n}} - \left(\bar{x} - 1.96 \times \frac{10}{\sqrt{n}}\right) = 3.92 \times \frac{10}{\sqrt{n}}$이다.

1) $n = 100$인 경우, $3.92 \times \frac{10}{\sqrt{100}} = 3.92$

2) $n = 200$인 경우, $3.92 \times \frac{10}{\sqrt{200}} = 2.7719$

3) $n = 400$인 경우, $3.92 \times \frac{10}{\sqrt{400}} = 1.96$이다.

05 1) $\left[\bar{x} - 1.645 \times \frac{10}{\sqrt{100}},\ \bar{x} + 1.645 \times \frac{10}{\sqrt{100}}\right]$으로부터, 신뢰구간의 폭은 3.33이다.

2) $\left[\bar{x} - 2.575 \times \frac{10}{\sqrt{100}},\ \bar{x} + 2.575 \times \frac{10}{\sqrt{100}}\right]$으로부터, 신뢰구간의 폭은 5.16이다.

3) 신뢰계수가 증가함에 따라 신뢰구간의 폭이 넓어졌다.

07 $n = 200,\ \bar{x} = 0.072,\ s = 0.056$이므로, $\hat{\mu} = 0.072$이고, 95% 추정오차의 한계는

$1.96 \times \frac{0.056}{\sqrt{200}} = 0.0078$이다.

09 $n = 30,\ \bar{x} = 0.145,\ s = 0.0051$이므로, μ에 대한 90% 신뢰구간은

$$\left[0.145 - 1.645 \times \frac{0.0051}{\sqrt{30}},\ 0.145 + 1.645 \times \frac{0.0051}{\sqrt{30}}\right] = [0.1435,\ 0.1465]$$

11 $n_1 = 30,\ \overline{x_1} = 21.3,\ s_1 = 2.6$

$n_2 = 30,\ \overline{x_2} = 13.4,\ s_2 = 1.9$

이다. 모평균 차이$(\mu_1 - \mu_2)$에 대한 95% 신뢰구간은

$$\left[(\overline{x_1}-\overline{x_2})-z_{\alpha/2}\sqrt{\frac{\sigma_1^2}{n_1}+\frac{\sigma_2^2}{n_2}},\ (\overline{x_1}-\overline{x_2})+z_{\alpha/2}\sqrt{\frac{\sigma_1^2}{n_1}+\frac{\sigma_2^2}{n_2}}\right]$$

로부터 구할 수 있다. 여기서, $n_1=n_2=30$이므로, σ_1^2 과 σ_2^2 대신에 각각 s_1^2과 s_2^2을 사용하자. 따라서,

$(21.3-13.4)\pm 1.96\sqrt{\frac{(2.6)^2}{30}+\frac{(1.9)^2}{30}}=[6.7477,\ 9.0523]$이다.

13 1) $\hat{p}=\frac{1134}{2000}=0.567$

2) $\left[0.567-2.575\sqrt{\frac{0.567\times 0.433}{2000}}, 0.567+2.575\sqrt{\frac{0.567\times 0.433}{2000}}\right]$

$=[0.5384, 0.5956]$

15 1) $\widehat{p_1}=\frac{42}{50}=0.84,\ \widehat{p_2}=\frac{25}{50}=0.5$이므로,

점추정값의 차이$=0.84-0.5=0.34$

추정오차의 한계$=1.96\sqrt{\frac{0.84\times 0.16}{50}+\frac{0.5\times 0.5}{50}}=0.1719$

2) $[0.34-0.1719,\ 0.34+0.1719]=[0.1671,\ 0.5119]$

17 $n=\frac{1.65^2\times 0.6\times 0.4}{0.02^2}=1633.5$이므로, 약 1,634명

19 $\widehat{p_1}=0.71,\ \widehat{p_2}=0.75,\ n_1=n_2=1500,\ \alpha=0.01$이므로,

$(0.71-0.75)\pm 2.575\times\sqrt{\frac{0.71\times 0.29}{1500}+\frac{0.75\times 0.25}{1500}}=[-0.0818,\ 0.0018]$

제10장 가설검정

01 1) $H_0: \mu = 2.3$ 대 $H_1: \mu > 2.3$

2) $\mu = 2.3$이 옳음에도 불구하고 $\mu > 2.3$을 채택하는 오류

3) 검정통계량 $Z_0 = \dfrac{2.4 - 2.3}{0.29/\sqrt{35}} = 2.0408$이므로, H_0를 기각한다. 따라서, 이 자료는 $\mu > 2.3$임을 나타내는 확실한 증거가 된다.

03 1단계 : 가설설정 $H_0: \mu = 0.8$ 대 $H_1: \mu < 0.8$

2단계 : 검정통계량 계산

$$Z = \frac{0.797 - 0.8}{0.08/\sqrt{100}} = -3.75$$

3단계 : 기각역 결정

$\alpha = 0.05$이므로, 검정통계량 Z_0 값이 $Z_0 <$ −1.645이면 H_0을 기각한다.

4단계 : 의사결정

이 경우 검정통계량 $Z = 3.75$가 기각역 내에 있으므로, 유의수준 5%하에서 H_0을 기각한다. 따라서, 제약회사의 주장을 논박할 충분한 근거가 된다.

05 1단계 : 가설설정 $H_0: \mu = 300$ 대 $H_1: \mu \neq 300$

2단계 : 검정통계량

$$Z_0 = \frac{\bar{x} - \mu_0}{\sigma/\sqrt{n}} = \frac{272 - 300}{42/\sqrt{36}} = -4.0$$

3단계 : 유의수준 $\alpha = 0.05$이므로 기각역은 $|Z_0| \leq 1.96$이다. 따라서, 검정통계량 $Z_0 = -4.0$은 기각역 내에 있으므로 귀무가설을 기각한다.

07 자료로부터 $\bar{x} = 12.744$, $s = 0.0783$이다.

1단계 : 가설설정 $H_0: \mu = 12.70$ 대 $H_1: \mu \neq 12.70$

2단계 : 검정통계량

$$t_0 = \frac{12.744 - 12.70}{0.0783/\sqrt{10}} = 1.7742$$

3단계 : 유의수준 $\alpha = 0.05$이므로 검정통계량 t_0가 $|t_0| > t_{0.025}(9) = 2.262$이면, H_0을 기각한다. 검정통계량 t_0가 기각역 내에 포함되지 않았으므로 유의수준 5%하에서 H_0을 기각할 수 없다. 따라서, 납품서와 같다고 할 수 있다.

09 $\alpha = P(H_1\text{채택} \mid \mu = 1152.8)$

$= P(\overline{x} < 1130.4 \mid \mu = 1152.8)$

$= P\left(Z < \dfrac{1130.4 - 1152.8}{20/\sqrt{400}}\right)$

$= P(Z < -2.24)$

$= 0.0125$

제11장 두모수에 대한 추론

01 1) $H_0 : \mu_1 = \mu_2$ 대 $H_1 : \mu_1 > \mu_2$

2) $Z_0 = \dfrac{11.6 - 9.7}{\sqrt{\dfrac{27.9}{80} + \dfrac{38.4}{80}}} = 2.0870$

유의수준 $\alpha = 0.05$일 때, 기각역은 $Z_0 > Z_{0.10} = 1.645$

3) 검정통계량이 기각역 내에 있으므로, $\alpha = 0.10$ 하에서 귀무가설을 기각한다. 따라서, 이 자료는 $\mu_1 > \mu_2$임을 나타내기에 충분한 자료가 된다.

03 1) 가설검정 $H_0 : \mu_1 = \mu_2$ 대 $H_1 : \mu_1 \neq \mu_2$

2) 검정통계량 계산

$$Z_0 = \frac{1.24 - 1.31}{\sqrt{\dfrac{0.056}{36} + \dfrac{0.054}{45}}} = -0.6014$$

$\alpha = 0.05$에서 기각역은 $|Z_0| > Z_{0.025} = 1.96$이다.

3) 검정통계량이 기각역 내에 포함되지 않으므로, 유의수준 5%하에서 H_0을 기각하지 않는다. 따라서 위의 자료는 $\mu_1 \neq \mu_2$임을 나타내기에 충분한 근거가 되지 못한다.

05 1단계 : 가설설정 $H_0 : p_1 = p_2$ 대 $H_1 : p_1 > p_2$

2단계 : 검정통계량을 구하기 위해 p를 계산하면

$$p = \frac{37+23}{50+50} = \frac{60}{100} = 0.6$$

$$Z_0 = \frac{0.74-0.46}{\sqrt{(0.6 \times 0.4)\left(\frac{1}{50}+\frac{1}{50}\right)}} = 2.8571$$

3단계 : $\alpha = 0.05$하에서 기각역은 $Z_0 > Z_{0.05} = 1.645$이다. 이 경우, 검정통계량이 기각역 내에 있으므로 귀무가설 H_0을 기각한다. 따라서, 여성모델을 사용한 경우가 더 비싸다고 인식하는 데 영향을 미친다.

07 1단계 : 가설설정 $H_0 : p_1 = p_2$ 대 $H_1 : p_1 \neq p_2$

2단계 : 검정통계량을 구하기 위해 p를 계산하면

$$p = \frac{12+2}{51+47} = 0.1429$$

$$Z_0 = \frac{0.2353-0.0426}{\sqrt{(0.1428 \times 0.8572)\left(\frac{1}{51}+\frac{1}{47}\right)}} = 4.7138$$

3단계 : $\alpha = 0.05$하에서 기각역은 $|Z_0| > Z_{0.025} = 1.96$이다. 이 경우, 검정통계량이 기각역 내에 포함되므로 H_0을 기각한다. 따라서, 유의적인 차이가 있다.

09 1단계 : 가설설정 $H_0 : \mu_1 = \mu_2$ 대 $H_1 : \mu_1 \neq \mu_2$

2단계 : $\bar{d} = -3.500$, $S_d = 3.1623$이므로,

$$t_0 = \frac{-3.500}{3.1623/\sqrt{8}} = -3.130$$이다.

3단계 : $\alpha = 0.05$이므로 기각역은 $|t_0| > t_{0.025}(7) = 2.365$이다. 이 경우, 검정통계량이 기각역 내에 포함되므로 H_0을 기각한다. 따라서, 두 사료의 우유생산량은 차이가 있다.

제12장 범주형 자료 분석

01 χ^2**분포**

03 $H_0:\ p_1 = 9/16,\ p_2 = 3/16,\ p_3 = 3/16,\ p_4 = 1/16$

꽃의 종류	관측도수	기대도수
A	310	315
B	120	105
C	100	105
D	30	35
합	560	500

$$\chi^2 = \sum \frac{(O_i - E_i)^2}{E_i}$$
$$= \frac{(310-315)^2}{315} + \frac{(120-105)^2}{105} + \frac{(100-105)^2}{100} + \frac{(30-35)^2}{35}$$
$$= 3.17$$

$p-$**값**$= P(\chi^2(3) > 3.17) = 0.3656 > \alpha = 0.05$

$\therefore$ **유의수준**$\alpha = 0.05$**로 귀무가설을 기각하지 않는다.**

05 H_0 **: 신상품에 대한 선호도와 성별은 서로 독립이다**

성별 \ 신상품	A	B	C	합
남	10(12)	50(26)	20(32)	80
여	20(18)	40(54)	60(48)	120
합	30	90	80	200

$$\chi^2 = \sum_i \sum_j \frac{(O_{ij} - E_{ij})^2}{E_ij} = 19.758$$

$p-$값$= P(\chi^2(2) > 19.758) = 0.000191 < \alpha = 0.05$

$\therefore$ 유의수준 $\alpha = 0.05$로 귀무가설을 기각한다. 즉, 신상품에 대한 선호도와 성별은 종속이다.

07 $H_0: \ p_1 = p_2 = p_3 = p_4 = p_5 = 3/100$

크기	공장1	공장2	공장3	공장4	공장5	합
관찰도수	10	5	8	1	6	30
기대도수	6	6	6	6	6	30

$$\chi^2 = \sum \frac{(O_i - E_i)^2}{E_i} = 7.67$$

$p-$값$= P(\chi^2(4) > 7.67) = 0.1046 > \alpha = 0.05$

$\therefore$ 유의수준 $\alpha = 0.05$에서 귀무가설을 채택한다. 즉, 공장마다 불량률이 다르다는 충분한 증거가 없다.

09 H_0 **: 직업과 혈압 간에는 서로 관련성이 없다(독립이다).**

직업 \ 혈압	낮다	정상	높다	계
농업	3(1)	5(7)	2(2)	10
근로자	5(6)	45(42)	10(12)	60
기타	2(3)	20(21)	8(6)	30
계	10	70	20	100

$$\chi^2 = \sum\sum \frac{(O_{ij} - E_{ij})^2}{E_{ij}} = 6.33$$

$p-$값$= P(\chi^2(4) > 6.33) = 0.1726 > \alpha = 0.05$

$\therefore$ 유의수준 $\alpha = 0.05$로 귀무가설을 채택한다. 즉, 직업과 혈압은 서로 독립이다.

제13장 회귀분석 (Excel의 결과를 사용한 답안)

01 2) **표본상관계수는** $r_{xy} = -0.948413871$**이며 가설** $H_0: \ \rho_{xy} = 0$ **대** $H_1: \ \rho_{xy} \neq 0$**에 대한 검정통계량은** $t_0 = -7.32768$**이고** $|t_0| > t_{0.025}(6) = 2.446914$ **이므로 모상관계수** ρ_{xy} **가 0 이라고 할 수 없다.**

3) $\hat{y} = 15.83785741 - 0.127921715x$

4) $15.83785741 - 0.127921715 \times 32.5 = 11.68040168$(톤)

03 2) $\hat{y} = 13.10873722 - 0.090013872x_1 + 0.082494974x_2$

3) 분산분석표

요인	자유도	제곱합	제곱 평균	F 비
회귀	2	24.87501798	12.43751	92.30309
잔차	5	0.673732024	0.134746	
계	7	25.54875		

F비 $> F_{0.05}(2,5) = 5.786148$이므로 중회귀모형은 유의하다.

4) 결정계수 $R^2 = 0.97362955$ 그리고 수정된 결정계수 $R_a^2 = 0.963081371$

05 1) 표본상관계수 $r_{x_1 y} = 0.81426$, $r_{x_2 y} = 0.76982$

2) $\hat{y} = 6.18984871 + 1.07223036x_1$, $SSE = 299.327477$

3) $\hat{y} = 30.5714286 + 3.64285714x_2$, $SSE = 361.857143$

4) $\hat{y} = 6.55304825 + 0.72203796x_1 + 2.05012635x_2$, $SSE = 195.427393$

07 1) $\hat{y} = 4.916667x_1 + 2.333333x_2 - 3.5x_3$

2) $\hat{y} = 10.28571 + 1.678571x_1 + 1.571429x_2 - 1.21429x_3$

제14장 분산분석 (Excel의 결과를 사용한 답안)

01 분산분석표

요인	제곱합	자유도	제곱 평균	F비
처리	1019.2	2	509.6	5.135371
잔차	1190.8	12	99.23333	
계	2210	14		

F비 $> F_{0.05}(2,12) = 3.88529$이므로 유의수준 5%에서 담배의 종류에 따라 타르의 양이 같다

고 말할 수 없다.

03 1) 분산분석표

요인	제곱합	자유도	제곱 평균	F비
안정제	117.6	1	117.6	54.6506
복용량	286.6333	2	143.3167	66.60155
교호작용	55.3	2	27.65	12.8494
잔차	116.2	54	2.151852	
계	575.7333	59		

2) 교호작용에 대해 $12.8494 = F$비$> F_{0.05}(2,54) = 3.168246$이므로 안정제와 복용량 간에는 교효작용 효과가 없다고 할 수 없다.

3) 안정제에 대해 $54.6506 = F$비$> F_{0.05}(1,54) = 4.01954$이므로 안정제의 효과가 같다고 할 수 없다. 또한 복용량은 $66.60155 = F_0 > F_{0.05}(2,54) = 3.168246$이므로 복용량의 효과 또한 같다고 할 수 없다.

05 1) 분산분석표

요인	제곱합	자유도	제곱 평균	F비
콩	232.75	2	116.375	5.115385
비료	11789	3	3929.667	172.7326
교호작용	563.25	6	93.875	4.126374
잔차	273	12	22.75	
계	12858	23		

2) 콩과 비료의 교호작용의 효과는 $4.126374 = F$비$> F_{0.05}(6,12) = 2.996117$이므로 교호작용의 효과가 있다.

3) 콩의 경우 $5.115385 = F$비$> F_{0.05}(2,12) = 3.88529$이므로 콩의 종류별 수확량에 차이가 있다.

4) 비료의 경우 $172.7326 = F$비$> F_{0.05}(3,12) = 3.4903$이므로 비료별 수확량에 차이가 있다.

찾아보기

ㄱ

ㄴ

ㄷ

ㄹ

ㅁ

ㅂ

ㅅ

ㅇ

ㅊ

ㅋ

ㅌ

ㅍ

Q

R

S

T

저자 약력

김 혜 중
미국 캘리포니아대학(UC-Riverside)
통계학 박사
미국 캘리포니아대학(UC-Riverside)
객원교수
현: 동국대학교 통계학과 교수

이 관 제
미국 뉴저지 주립대학(Rutgers)
통계학 박사
미국 뉴저지 주립대학(Rutgers) 객원교수
현: 동국대학교 통계학과 교수

심 규 박
동국대학교 통계학과 이학박사
미국 미네소타 주립대학 객원교수
현: 동국대학교(경주) 응용통계학과 교수

조 태 경
미국 오클라호마 주립대학 통계학과
통계학 박사
미국 인디에나 주립대학 객원교수
현: 동국대학교(경주) 응용통계학과 교수

이 영 섭
미국 뉴저지 주립대학(Rutgers)
통계학 박사
현: 동국대학교 통계학과 교수

김 선 웅
동국대학교 통계학과 이학박사
미국 미시간 대학(UM-Ann Arbor)
박사 후 연구원
현: 동국대학교 통계학과 교수

안 홍 엽
미국 위스콘신 대학(UW-Madison)
통계학 박사
현: 동국대학교 통계학과 교수

김 진 석
서울대학교 계산통계학과 이학박사
현: 동국대학교(경주) 응용통계학과 교수

주 용 성
미국 코넬 대학 통계학 박사
현: 동국대학교 통계학과 교수

손 창 균
동국대학교 통계학과 이학박사
현: 동국대학교(경주) 응용통계학과 교수

박 주 현
미국 노스캐롤라이나 주립 대학
(UNC-Chapel Hill) 생물통계학 박사
현: 동국대학교 통계학과 교수

일반통계학 및 실습

초판3쇄발행 2023년 6월 15일

지은이 김혜중·이관제·심규박·조태경·이영섭·김선웅
안홍엽·김진석·주용성·손창균·박주현

펴낸이 오판근

펴낸곳 (주)교우

주 소 서울시 동대문구 약령시로 8 교우빌딩 2층 (주)교우

전 화 02-925-2861 / **팩 스** 02-925-2860, **편집부** 02-925-2825

홈페이지&북스토어 www.kyowoo.co.kr / 이메일 kyowoo@kyowoo.co.kr

등 록 1994년 3월 24일 제1994-000013호

ISBN 979-11-251-0193-2 (93310)

Published by Kyowoo Co., Ltd. Printed in Korea

(주) 교우는 보다 혁신적이고 참신한 도서를 다양하게 기획하고 있습니다.
책으로 펴내고자 하는 아이디어나 원고는 메일로 보내주세요.
(주) 교우는 전과정을 책임지고 최선을 다하겠습니다.

값 38,000원

교우미디어는 (주) 교우의 Imprint 사입니다.
수학정원·과학정원은 (주) 교우의 새로운 브랜드명입니다.

잘못된 책은 구입하신 서점에서 교환해 드립니다.